Helmut Pucher
Jörn Kahrstedt (Hrsg.)
und 77 Mitautoren

Motorprozesssimulation
und Aufladung II

Prof. Dr.-Ing. Helmut Pucher
Dipl.-Ing. Jörn Kahrstedt (Hrsg.)
und 77 Mitautoren

# Motorprozesssimulation und Aufladung II

Engine Process Simulation and Supercharging

Mit 350 Bildern und 17 Tabellen

Haus der Technik Fachbuch Band 83

Herausgeber:
Prof. Dr.-Ing. Ulrich Brill · Essen

**HAUS DER TECHNIK**
Außeninstitut der RWTH Aachen
Kooperationspartner der Universitäten Duisburg-Essen
Münster · Bonn · Braunschweig

**Bibliografische Information Der Deutschen Bibliothek**

Die Deutsche Bibliothek verzeichnet diese Publikation
in der Deutschen Nationalbibliografie;
detaillierte bibliografische Daten sind im Internet über
http://dnb.ddb.de abrufbar.

**Bibliographic Information published by Die Deutsche Bibliothek**

Die Deutsche Bibliothek lists this Publication
in the Deutsche Nationalbibliografie;
detailed bibliographic data is available in the Internet at
http://dnb.ddb.de .

ISBN 978-3-8169-2693-1

Bei der Erstellung des Buches wurde mit großer Sorgfalt vorgegangen; trotzdem können Fehler nicht vollständig ausgeschlossen werden. Verlag und Autoren können für fehlerhafte Angaben und deren Folgen weder eine juristische Verantwortung noch irgendeine Haftung übernehmen.
Für Verbesserungsvorschläge und Hinweise auf Fehler sind Verlag und Autoren dankbar.

© 2007 by expert verlag, Wankelstr. 13, D-71272 Renningen
Tel.: +49 (0) 71 59-92 65-0, Fax: +49 (0) 71 59-92 65-20
E-Mail: expert@expertverlag.de, Internet: www.expertverlag.de
Alle Rechte vorbehalten
Printed in Germany

Das Werk einschließlich aller seiner Teile ist urheberrechtlich geschützt. Jede Verwertung außerhalb der engen Grenzen des Urheberrechtsgesetzes ist ohne Zustimmung des Verlags unzulässig und strafbar. Dies gilt insbesondere für Vervielfältigungen, Übersetzungen, Mikroverfilmungen und die Einspeicherung und Verarbeitung in elektronischen Systemen.

# Vorwort

Die Herausforderung einer globalen Reduzierung der $CO_2$-Emission, welche die Entwickler von Fahrzeugantrieben in den nächsten Jahren in besonderem Maße beschäftigen wird, lässt eine progressiv steigende Systemkomplexität im Antriebsstrang erwarten. Aus diesem Grunde wird die Bedeutung von Motorprozesssimulation im Entwicklungsprozess weiterhin zunehmen, ebenso wie der Marktanteil aufgeladener Verbrennungsmotoren, da diese Kraftstoffverbrauchsersparnis mit ansprechenden Fahrleistungen kombinieren können. Insofern sind die Herausgeber überzeugt, dass *„Motorprozesssimulation und Aufladung"* mehr denn je Schlüsselthemen für die Entwicklung von zukunftsfähigen Fahrzeugantrieben darstellen. Die fortschreitende „Hybridisierung" von Antrieben wie auch der zu erwartende Einsatz diverser alternativer Kraftstoffe werden als zusätzliche Treiber für diese beiden eng zusammenhängenden Themen wirken.

Das Ihnen vorliegende Buch stellt die Zusammenfassung des Wissens- und Erfahrungsaustauschs im Rahmen der 2. Tagung „Motorprozesssimulation und Aufladung" dar, welche am 25. und 26. Juni 2007 in Berlin veranstaltet wurde. Die Autoren der Beiträge in diesem Buch berichten unter anderem zu folgenden Themen:

- Modellierung des Brennverlaufs
- Aufladungskonzepte inkl. Ladungswechselstrategien
- Entwicklung und Prüfung von Turboladern
- Motormodellierung (Otto und Diesel, Online und in Echtzeit)
- Simulationsgestützte Applikation
- Analyse des Hochdruck-, des Ladungswechsel- und des Gesamtprozesses.

Die Herausgeber dieses Buches wünschen allen Lesern eine nutzbringende Beschäftigung mit dieser Thematik und hoffen, durch die hochinteressanten Beiträge auch dem Entwickler und Forscher den einen oder anderen Denkanstoß geben zu können.

Abschließend sei allen Autoren gedankt, die mit Ihren wertvollen Beiträgen dieses Buch ermöglicht haben. Besonderer Dank gilt Frau Silvia Spannekrebs, Herrn Marc Sens und Herrn Matthias Zahn, alle von der IAV GmbH, sowie Herrn Dr. Hahn vom Haus der Technik e.V. und Herrn Dr. Krais vom expert verlag für die gute Zusammenarbeit.

Berlin, im Juni 2007                                                Jörn Kahrstedt
                                                                                          Helmut Pucher

# Preface

The challenge to achieve global reductions in $CO_2$ emissions, which will be occupying engineers involved in the development of vehicle drive systems to a special extent in the next years, can be expected to lead to progressively increasing system complexity in the powertrain.

This will make engine process simulation increasingly significant in the development process, together with a further increase in the market share of supercharged combustion engines which can combine these fuel consumption savings with adequate performance.

Altogether, the publishers are convinced that *"engine process simulation and supercharging"* will more than ever be the key issues for developing viable vehicle drive systems. The progressive trend towards hybrid drives and the expected use of various forms of alternative fuel will act as additional drivers to these two closely related topics.

This book presents a summary of the exchange of know-how and experience during the 2nd "Engine process simulation and supercharging" conference on 25 and 26 June 2007 in Berlin. The authors of the contributions in this book report among others on the following topics:

- o Modeling the combustion process
- o Supercharging concepts including gas exchange strategies
- o Development and testing of superchargers
- o Engine modeling (spark ignition and diesel, online and in real time)
- o Simulation-based calibration
- o Analysis of high-pressure phase, gas exchange phase, and full cycle engine process.

The publishers of this book would like to wish all readers that they have a profitable look at this topic, and hope that the highly interesting contributions will also provide food for thought for development engineers and research scientists.

Finally, many thanks go to all authors whose valuable contributions made this book possible. Special thanks to Silvia Spannekrebs, Marc Sens and Matthias Zahn, all from IAV GmbH, and Dr. Hahn from Haus der Technik e.V. and Dr. Krais from expert verlag for their positive cooperation.

Berlin, June 2007                                                                                          Jörn Kahrstedt
                                                                                                           Helmut Pucher

# Inhaltsverzeichnis – Table of Contents

Vorwort – *Preface*
Helmut Pucher, Jörn Kahrstedt

1    Null-dimensionale Modellierung des Brennratenverlaufs
von DI-Dieselmotoren auf Basis eines Einspritzstrahlmodells    1
*Zero-Dimensional Simulation of Heat Release Rate
of DI-Diesel Engines Based on a Fuel Spray Model*
Gerhard Pirker, Franz Chmela, Andreas Wimmer

2    *Toyota's Diesel Transient Simulation
with an Innovative Combustion Model
Adaptable to the Latest* Combustion Concept    19
Shigeki Nakayama, Matsuei Ueda, Kazuhisa Inagaki,
Kiyomi Nakakita, Takao Fukuma

3    Druckverlaufsanalyse im Start von Verbrennungsmotoren:
Ein Werkzeug für Entwicklung und Applikation    34
*Cylinder Pressure Analysis Development
and Calibration Tool for Engine Start-up*
Andreas Kufferath, Daniel Scherrer, David Lejsek, André Kulzer

4    Die Druckverlaufsanalyse der Gemischbildung:
Eine Kombination aus Simulation und Experiment
zur Quantifizierung von Kraftstoffverdampfung und Gemischgüte    46
*Pressure Analysis for Mixture Formation:
A Combination of Simulation and Experiment
to Quantify Fuel Evaporation and Mixture Quality*
Frank Schürg, Stefan Arndt, Caroline Schmid, Bernhard Weigand

5    Messmethoden am Heißgasprüfstand    62
*Measurement Methods Performed at Hot Gas Test Bench*
Edwin Kamphues, Marc Sens, Holger Bolz

6    Untersuchungen zur Robustheitsreserve
bei der Auslegung von Abgasturboladern für Ottomotoren    83
*Analysis of the Robustness Reserve
for the Matching of Turbo Chargers*
Jens Neumann, Andrei Stanciu, Bodo Banischewski

| 7 | The Simulation of Turbocharger Performance for Engine Matching | 101 |
|---|---|---|
| | Nick Baines, Carl Fredriksson | |

| 8 | Entwicklungsschwerpunkte bei zweistufigen Abgasturbolader-Systemen für Fahrzeuganwendungen<br>*Focuses of the Development of Two-Stage Turbo-Charging-Systems for Vehicle Application* | 112 |
|---|---|---|
| | Friedrich Wirbeleit, Heinz-Georg Schmitz, Günther Vogt | |

| 9 | *Extensive Use of Simulation for Two-Stage Turbocharger Diesel Engine Control Strategy Development* | 124 |
|---|---|---|
| | Antoine Albrecht, Michaël Marbaix, Philippe Moulin, Arnaud Guinois, Laurent Fontvieille | |

| 10 | Simulationsgestützte Entwicklung eines unsynchronisierten Schraubenladers<br>*Simulation Supported Development of a Screw-Type Supercharger without Timing Gear* | 146 |
|---|---|---|
| | Magnus Janicki, Jörg Temming, Knut Kauder, Andreas Brümmer | |

| 11 | Bewertung neuer Luftführungsstrategien mit den Mitteln der eindimensionalen Simulation<br>*Evaluation of New Air Management Systems by Means of One Dimensional Simulation* | 169 |
|---|---|---|
| | Eberhard Schutting | |

| 12 | *Air System Control for Advanced Diesel Engines* | 183 |
|---|---|---|
| | John Shutty, Houcine Benali, Lorenz Däubler, Michael Traver | |

| 13 | Effiziente Pkw-Dieselmotoren für EURO 6 ohne geregeltes $NO_x$-ANB-System: Aufladung und Abgasrückführung bei Diesel-Hybridkonzepten<br>*Efficient Passenger Car Diesel Engines for EURO 6 without $NO_x$ Aftertreatment: Charging and EGR for Diesel-Hybrid Concepts* | 193 |
|---|---|---|
| | Jan Kabitzke, Torsten Tietze, Marko Gustke, Daniel Hess, Ansgar Sommer | |

| 14 | Bestimmung der Niederdruckverläufe für schnelle Motorprozessrechnungen<br>*Determination of Crank Angle Resolved Intake and Back Pressure for Fast Process Simulation* | 219 |
|---|---|---|
| | Andre Hering, Wolfgang Thiemann | |

| | | |
|---|---|---|
| 15 | Entwicklung eines kurbelwinkelsynchronen Motormodells für die Echtzeitsimulation<br>*Development of a Crank Angle Based Engine Model for Realtime Simulation*<br>Sebastian Zahn, Rolf Isermann | 255 |
| 16 | Simulation und Verifikation eines Ottomotors mit vollvariabler Ventilsteuerung und mit Abgasturboaufladung mit GT-Power<br>*Simulation and Verification of a Turbocharged Gasoline Engine with Full Variable Valvetrain with GT-Power*<br>Rudolf Flierl, Mark Paulov | 280 |
| 17 | Kurbelwinkelbasierte Dieselmotormodellierung für Hardware-in-the-Loop-Anwendungen mit Zylinderinnendrucksensoren<br>*Diesel Engine Models in Hardware-in-the-Loop Systems for Electronic Control Units with In-Cylinder Pressure Sensors*<br>Torsten Kluge, Tino Schulze, Markus Wiedemeier, Herbert Schuette | 293 |
| 18 | Entwicklung eines Motormodells (Enhanced Mean-Value-Model) zur Optimierung von Thermomanagementmaßnahmen<br>*Development of an Enhanced Mean-Value-Model for Optimization of Measures of Thermal-Management*<br>Michael Weinrich, Michael Bargende | 327 |
| 19 | Prozessgestaltung in einem Pkw-Dieselmotor mit hoher Leistungsdichte auf Basis kombinierter Simulationsmodelle<br>*Process Configuration in a High Performance Car Diesel Engine in Base on Combined Simulation Models*<br>Cornel Stan, Lutz Drischmann, Sören Täubert | 351 |
| 20 | Echtzeit-Motorsimulation in SiL, HiL und Prüfstandsanwendungen<br>*Real-Time Engine Simulation for Advanced SIL, HIL and Test Bed Applications*<br>Hannes Böhm, Gerhard Putz, Bernd Hollauf, Martin Schüssler, Holger Hülser, Peter Schöggl | 371 |
| 21 | Gesamtprozessanalyse in Echtzeit: Modellbasierte Berechnung der Zylinderladung zur Regelung moderner Brennverfahren<br>*Real-Time Analysis of Overall Engine Process: Model Based Calculation of Cylinder States for Controlling Modern Combustion Systems*<br>Busso von Bismarck, Helmut Pucher, Carsten Roesler | 387 |

| 22 | *Creating Synergies between Virtual Development and Testing for Diesel Engine Applications* | 397 |

Georgios Bikas, Jürgen Grimm, Michael Fischer

| 23 | **Einsatz der Ladungswechsel- und Prozesssimulation zur Bedatung aufgeladener Motoren** | 407 |

*Gas Exchange and Working Cycle Simulation as an Effective Method of Engine Control Unit Calibration of Supercharged Engines*

Steffen Zwahr, Michael Günther

| 24 | **Erweiterte thermodynamische Analyse mittels AVL-GCA zur effektiven Unterstützung der Entwicklung und Kalibrierung von Verbrennungsmotoren** | 425 |

*Advanced Thermodynamic Analysis with AVL-GCA Efficiently Supports Development and Calibration of Internal Combustion Engines*

Robert Fairbrother, Thomas Leifert, Fernando Moreno Nevado

**Autorenverzeichnis –** *The Authors*

# 1 Null-dimensionale Modellierung des Brennratenverlaufs von DI-Dieselmotoren auf Basis eines Einspritzstrahlmodells
## Zero-Dimensional Simulation of Heat Release Rate of DI-Diesel Engines Based on a Fuel Spray Model

Gerhard Pirker, Franz Chmela, Andreas Wimmer

## Abstract

In order to minimise time and cost for engine development, reliable simulation tools are needed for pre-optimisation of the thermodynamic working cycle. Due to the increasing number of possible degrees of freedom in the engine management system, the focus is on simulation tools with short computation time. The zero-dimensional Magnussen approach based on integral values for available fuel mass and turbulence density during combustion, as used by e.g. the well-known MCC (Mixing Controlled Combustion) model, turned out to be insufficient for describing distinctively dynamic injection shapes.

In this paper, a remedy was found for this shortcoming by adding a separate detailed description of the mixing process in the injection spray. The various possible histories of the fuel particles from leaving the nozzle hole until reaching the pool of unburned fuel outside the spray and after the injection phase are considered. This was done by referring to a quasi-dimensional spray model developed elsewhere. In this way it is possible to determine the instantaneous fuel mass that is undergoing oxidation in the flame sheet around the spray plume. The heat release rate in the spray is then added to the heat release rate in the fuel pool mentioned before by using the MCC approach.

By applying this more detailed combustion model, it is actually possible to predict the burn rate of engines equipped with common rail injection system with improved accuracy.

## Kurzfassung

Um Zeit und Kosten für die Entwicklung eines neuen Motors zu minimieren, sind verlässliche Simulationswerkzeuge zur Voroptimierung des Motor-Kreisprozesses erforderlich. Bedingt durch die steigende Anzahl an möglichen Freiheitsgraden durch die vermehrte Einführung von Common Rail Einspritzsystemen oder variablen Ventiltrieben liegt der Schwerpunkt auf leicht zu bedienenden Simulationsmethoden mit kurzer Rechenzeit. Der null-dimensionale Ansatz nach Magnussen auf Basis globaler Werte für die während der Verbrennung momentan verfügbare Kraftstoffmasse und die Turbulenzdichte, der zum Beispiel in dem bekannten MCC-Modell (Mixing Controlled Combustion) verwendet wird, erwies sich für ausgeprägt dynamische Formen des Einspritzratenverlaufs als unzureichend.

In diesem Beitrag wurde diese Schwäche durch eine detaillierte Beschreibung der Mischungsvorgänge im Einspritzstrahl behoben. Die verschiedenen möglichen Lebensgeschichten der Kraftstoffpartikel werden auf ihrem Weg vom Spritzloch-Austritt bis zum Erreichen des Bereichs unverbrannten Kraftstoffs nach Einspritzende verfolgt, wobei ein an anderer Stelle entwickeltes Strahlmodell zur Anwendung kommt. Auf diese Weise ist es möglich, die Kraftstoffmasse zu bestimmen, die in der den Einspritzstrahl umgebenden Flammenzone oxidiert wird. Die Brennrate in der strahlnahen Zone wird dann zu der Brennrate in der nach Einspritzende verbleibenden unverbrannten Zone addiert, die mit dem ursprünglichen MCC-Ansatz berechnet wird.

Mit diesem detaillierteren Brennratenmodell ist es in der Tat möglich, den Brennratenverlauf von Motoren mit Common Rail Einspritzung mit größerer Treffsicherheit vorherzusagen.

## 1. Einleitung

Bei der Entwicklung von neuen Motoren steigt der Zeit- und Kostendruck für die Hersteller aufgrund der immer höher werdenden Anforderungen hinsichtlich Leistung und Verbrauch, aber auch durch die vom Gesetzgeber immer strenger limitierten Emissionsgrenzwerte. Um Kosten und Zeit zu sparen, ergibt sich die dringende Notwendigkeit, die Phänomene der Gemischbildung und Verbrennung bereits im Entwurfsstadium über eine Anzahl von Motorkonfigurationen und Betriebsparametern vorzuoptimieren. Daraus entsteht der Bedarf nach Modellen zur Beschreibung der Verbrennung und der Schadstoffbildung, die auf möglichst allgemeingültigen und weitgehend auf physikalischen Zusammenhängen basierenden Formulierungen aufgebaut sind, um mit möglichst wenig Anpassungsaufwand für die Vorausrechnung eingesetzt werden zu können. Simulationsverfahren mit einfacher Handhabung und kurzen Rechenzeiten erweisen sich hier als vorteilhaft. Trotz der gegenüber dreidimensionalen Berechnungsverfahren eingeschränkten Aussagekraft hinsichtlich der Einflüsse der Motorgeometrie kommen nulldimensionale Verfahren den genannten Forderungen in hohem Maße entgegen und wurden daher in diesem Beitrag als Grundlage gewählt. Auf der anderen Seite bestehen dadurch Einschränkungen hinsichtlich der weniger detaillierten Beschreibung der Gemischbildung und Verbrennung sowie der schwer möglichen Berücksichtigung von dreidimensionalen Effekten, beispielsweise aus der Brennraumgeometrie.

## 2. Versuchsträger

Für die Verifikation stehen Messergebnisse von drei Versuchsmotoren zur Verfügung. Die Motoren unterscheiden sich primär in der Motorgröße und der verwendeten Einspritzausrüstung. Zwei Motoren sind mit einem nockengetriebenen Einspritzsystem ausgestattet, der dritte wird mit einem Speichereinspritzsystem betrieben. Daraus ergeben sich deutlich unterschiedliche Einspritzdrücke und Einspritzratenverläufe. Eine Übersicht findet sich in Tabelle 1.

|  | Motor 1 | Motor 2 | Motor 3 |
|---|---|---|---|
| Hubraum pro Zylinder | 15 Liter | 2 Liter | 2 Liter |
| Einspritzsystem | PLD | PLD | CR |

*Tabelle 1:* Versuchsträger

## 3. Ansatz für die Modellierung der Reaktionsrate

Der Zustand der Zylinderladung im Dieselmotor während des Hochdruckteils ist sowohl durch hohe Turbulenzdichte, die durch die Kolbenbewegung und vor allem durch den Impuls des Einspritzstrahles erzeugt wird, als auch durch hohe Temperatur aus der Verdichtung und Energiefreisetzung geprägt. Die Prozesse der Gemischbildung und Verbrennung können daher hauptsächlich mit zwei Arten von Reaktionsprinzipien beschrieben werden, nämlich einerseits mit der turbulenzkontrollierten Ratenformulierung nach Magnussen, andererseits mit der temperaturabhängigen Reaktionsrate nach Arrhenius.
Die momentane Verfügbarkeit der Reaktionspartner für die Reaktion wird durch Transport- und Mischungsprozesse gesteuert. Kinetische Energie und Turbulenzdichte sind dabei die treibenden Phänomene für die Mischungsgeschwindigkeit der Reaktanden. Die derart kontrollierte Reaktionsrate lässt sich nach Magnussen [1] mittels Gleichung (1) ausdrücken.

$$r_{Mag} = C_{Mag}\, c_R\, \frac{\sqrt{k}}{\sqrt[3]{V_{Zyl}}} \qquad (1)$$

Der Turbulenzterm wird durch die Wurzel der turbulenten kinetischen Energie $k$ bezogen auf eine charakteristische Länge, die in diesem Fall als die dritte Wurzel aus dem Zylindervolumen angenommen wird, beschrieben. Die ratenbestimmende Konzentration $c_R$ ist die relativ zur Stöchiometrie kleinere Konzentration, also bei $\lambda > 1$ die Kraftstoffkonzentration und bei $\lambda < 1$ die Sauerstoffkonzentration.
Für die chemischen Reaktionen wiederum wird angenommen, dass sie einem Arrhenius-Gesetz ausgedrückt durch Gleichung (2) folgen.

$$r_{Arr} = C_{Arr}\, c_K\, c_O\, e^{\frac{-k_2 T_A}{T}} \qquad (2)$$

Die Konzentrationen der beteiligten Reaktionspartner Kraftstoff und Sauerstoff werden durch $c_K$ und $c_O$ beschrieben, $T_A$ ist die Aktivierungstemperatur.
Das Gemischvolumen $V_{Gem}$ enthält die Kraftstoffmasse $m_K$ und die verfügbare Luftmenge $m_L$, siehe Gleichung (3). Das mittlere Verbrennungsluftverhältnis $\lambda$ ist ein Modellparameter.

$$V_{Gem} = m_K \left( \frac{1}{\rho_{K,d}} + \frac{\lambda\, L_{min}}{\rho_L} \right) \qquad (3)$$

Unter Verwendung dieser Gleichung können die Konzentrationen von Kraftstoff und Luft wie folgt ausgedrückt werden:

$$c_K = \frac{m_K}{V_{Gem}} = \frac{1}{\frac{1}{\rho_{k,d}} + \frac{\lambda\, L_{min}}{\rho_L}} \qquad (4)$$

$$c_O = \lambda c_K = \frac{\lambda}{\dfrac{1}{\rho_{K,d}} + \dfrac{\lambda L_{min}}{\rho_L}} \quad (5)$$

In der letzteren Gleichung ist $c_O$ die relative Sauerstoffkonzentration, die durch den Bezug auf den stöchiometrischen Sauerstoffbedarf $O_{2,min}$ berechnet wird. Für die Beschreibung der Mischung und der chemischen Reaktionen bei der motorischen Verbrennung sind in Wirklichkeit immer beide Prozesse, das heißt, sowohl die reaktionskinetisch gesteuerte als auch die turbulenzgesteuerte Reaktionsrate notwendig. Sie können jedoch einen unterschiedlich hohen Beitrag zur gesamten Reaktionsrate leisten, was auch bedeuten kann, dass eine der beiden dominiert
Daher kann die generelle Formulierung einer kombinierten Reaktionsrate mittels eines Additionstheorems für die Reaktionsraten abgeleitet werden. Der Grundgedanke besteht in der Beschreibung der Zeit, die notwendig ist, um von einem ungemischten und unverbrannten Ausgangszustand zu einem gemischten und verbrannten Endzustand zu gelangen. Jeder Mechanismus benötigt eine charakteristische Zeit, $\tau_{Mag}$ für die Mischung der Reaktanden und $\tau_{Arr}$ für die anschließende chemische Umsetzung. Die gesamte verstrichene charakteristische Zeit für den Übergang vom Ausgangszustand in den Endzustand ist dann durch Gleichung (6) gegeben.

$$\tau_{ges} = \tau_{Mag} + \tau_{Arr} \quad (6)$$

Diese charakteristischen Zeiten werden durch die Kehrwerte der Reaktionsgeschwindigkeiten der beiden Prozesse dargestellt. Der Kehrwert der Gesamtzeit repräsentiert dann die resultierende Reaktionsrate, dargestellt in Gleichung (7).

$$r_{ges} = \frac{1}{\tau_{ges}} = \frac{1}{\dfrac{1}{r_{Mag}} + \dfrac{1}{r_{Arr}}} = \frac{r_{Mag} r_{Arr}}{r_{Mag} + r_{Arr}} \quad (7)$$

Die kombinierte Formulierung der Reaktionsraten kann für eine Vielzahl von Prozessen und Teilmodellen in der Verbrennungsmodellierung verwendet werden. Dabei muss besonderes Augenmerk auf die Gewichtung der beiden Prozesse zueinander entsprechend den Anforderungen der physikalischen Gegebenheiten des jeweils modellierten Phänomens gelegt werden. Als Beispiele für die Anwendung können der Zündverzug und die vorgemischte Verbrennung genannt werden, die später noch im Detail diskutiert werden.
Bei Fällen, wo sich die Reaktionsraten auf signifikant unterschiedlichen Niveaus befinden, ist die jeweils niedrigere Rate die dominierende, wie aus den Gleichungen (8) und (9) ersichtlich ist. Wenn die Magnussen-Rate viel größer als die Arrhenius-Rate ist, dann geht der Bruch im Nenner gegen 0 und die resultierende Rate entspricht der Arrhenius-Rate.

$$r_{tot} = \frac{r_{Arr}}{1 + \dfrac{r_{Arr}}{r_{Mag}}} \sim r_{Arr} \quad (8)$$

Dies bedeutet, dass die Mischung der Reaktanden sehr schnell vor sich geht, beziehungsweise im Falle eines homogenen Gemisches bereits abgeschlossen ist, und die benötigte Zeit rein von der Reaktionskinetik in Anspruch genommen wird. Wenn im umgekehrten Fall die Arrhenius-Rate viel größer als die Magnussen-Rate ist, dann entspricht die resultierende Reaktionsrate der Magnussen-Rate.

$$r_{tot} = \frac{r_{Mag}}{\frac{r_{Mag}}{r_{Arr}}+1} \sim r_{Mag} \tag{9}$$

In diesem Fall geht die Reaktionskinetik viel schneller vonstatten als die turbulenzgesteuerte Mischung, was den Mischungsprozess zum limitierenden Faktor macht. Die Reaktionsrate für die Diffusionsverbrennung basiert auf dieser Beschreibung.

## 4. Zündverzug

Grundsätzlich versteht man beim Dieselmotor unter der Zündverzugszeit jene Zeit, die zwischen dem Beginn der Einspritzung und der ersten messbaren Energieumsetzung verstreicht. In dieser Zündverzugszeit laufen mehrere parallele Prozesse ab, die sowohl physikalischer als auch chemischer Natur sind. Neben den physikalischen Prozessen wie der Zerstäubung des flüssigen Kraftstoffes, der Verdampfung und der Vermischung mit Luft, laufen die chemischen Prozesse als so genannte Vorreaktionen im Kraftstoff-Luft-Gemisch ab. Schlussendlich führen alle diese Prozesse während des Kompressionshubes zur Selbstzündung des Gemisches, wenn die Konzentration der freien Radikale ein bestimmtes Niveau erreicht.
Als Basis für die Berechnung des Zündverzuges kann die kombinierte Ratengleichung (7) zur Beschreibung der Zunahme der Radikalkonzentration herangezogen werden. Die für die Berechnung der Kraftstoffkonzentration nach Gleichung (4) erforderliche momentane Kraftstoffmasse wird bei direkteinspritzenden Motoren aus dem Einspritzverlauf ermittelt. Für die ratenbestimmende Konzentration $c_R$ in Gleichung (1) wird die Sauerstoffkonzentration $c_O$ herangezogen.
Das Gemischvolumen für die Berechnung der Konzentration wird nach Gleichung (3) bestimmt, wobei das lokale Luftverhältnis eine Modellkonstante darstellt. Die Entflammung wird eingeleitet, wenn die so errechnete Radikalkonzentration einen bestimmten Schwellwert $K$ erreicht. Dies wird durch die folgende Integralgleichung (10) abgebildet.

$$\frac{1}{K} \int_{t_{EB}}^{t_{VB}} r_{ges}\, dt = 1 \tag{10}$$

Die Konstanten $C_{Mag}$ und $C_{Arr}$ werden dabei so gewählt, dass das Integral der kombinierten Reaktionsrate zum Zeitpunkt der Entflammung den Wert 1 erreicht.
Das beschriebene Berechnungsverfahren gilt für beliebige Kraftstoffe und Verbrennungsverfahren. Die Modellkonstanten müssen dazu jeweils aus Messwerten bestimmt werden.

Im Folgenden werden simulierte Zündverzüge von mehreren Betriebspunkten von zwei Forschungsmotoren verglichen, die mit unterschiedlichen Einspritzdrücken betrieben wurden. Die dabei auftretenden signifikant unterschiedlichen Turbulenzniveaus sind in Abbildung 1 ersichtlich.

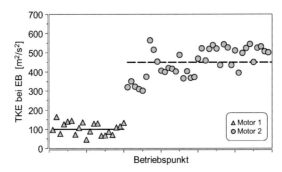

*Abbildung 1:* Turbulente kinetische Energiedichte im Brennraum bei Verbrennungsbeginn für zwei unterschiedliche Motoren

Unter Verwendung des kombinierten Ansatzes in Gleichung (7), der den bescheunigenden Effekt aufgrund des höheren Turbulenzniveaus bei Motor 2 berücksichtigt, kann der Zündverzug für eine große Anzahl von Betriebsbedingungen korrekt wiedergegeben werden, wie in Abbildung 2 zu sehen ist.

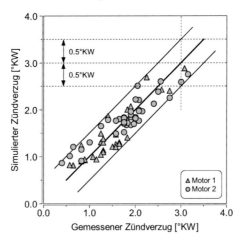

*Abbildung 2:* Gemessener Zündverzug verglichen mit dem errechneten Zündverzug an zwei unterschiedlichen Motoren unter Verwendung der kombinierten Formulierung für die Reaktionsrate

## 4. Vorgemischte Verbrennung

Die genaue physikalische Beschreibung der Vorgänge im Zylinder bei der vorgemischten Verbrennung ist ein wichtiger Bestandteil in der Kette der Simulationsmodelle. Besonders bei Betriebspunkten im Teillastbereich kommt der vorgemischten Verbrennung eine wichtige Rolle zu, da sie bei niedrigen Lasten prozentuell einen großen Anteil an der gesamt umgesetzten Kraftstoffmenge hat. Andererseits sollte sie auch bei höheren Lasten nicht vernachlässigt werden, da sie einen Teil der Kraftstoffmenge konsumiert, der deshalb den nachfolgenden Modellen für die Diffusionsverbrennung nicht mehr zur Verfügung steht.
In diesem Beitrag wird der dem vorgemischten Teil des Verbrennungsprozesses zugrunde liegende Reaktionsmechanismus ähnlich jenem des Zündverzuges nach Gleichung (7) modelliert, da davon ausgegangen wird, dass die Vorgänge im Brennraum ähnlich sind.
Um eine Brennrate zu erhalten, muss die Reaktionsrate in Gleichung (7) mit zusätzlichen Termen entsprechend Gleichung (11) erweitert werden.

$$\frac{dQ_{vor}}{dt} = r_{ges} \, V_{Gem} \, H_u \, (t - t_{EB})^2 \qquad (11)$$

Es hat sich gezeigt, dass der quadratische Term, der die seit Brennbeginn verstrichene Zeit beschreibt, für die Modellierung der vorgemischten Verbrennung notwendig ist. Analog der Beschreibung der Brennrate in direktgezündeten Gasmotoren [4] zeigt diese Formulierung, dass die Verbrennung des vorgemischten Anteils im Dieselmotor in ähnlicher Weise als Flammenfront fortschreitet.
Für die Kraftstoffmasse wird die momentan verfügbare Kraftstoffmasse laut Gleichung (12) eingesetzt.

$$m_{K,vor,verf}(t) = x_{vor} \int_{EB}^{t} dm_{K,inj} - \frac{Q_{vor}(t)}{H_u} \qquad (12)$$

In dieser Gleichung definiert die Modellkonstante $x_{vor}$ jenen Anteil der gesamten bis zum Brennbeginn eingespritzten Kraftstoffmasse, der der vorgemischten Verbrennung zur Verfügung stehen soll. Der zweite Term stellt die bereits verbrannte Kraftstoffmasse dar.
Die vorgemischte Verbrennung findet in einem kegelförmigen Bereich aus Luft und Kraftstoff statt, dessen aktuelles Volumen $V_{Gem}$ mittels Gleichung (3) berechnet werden kann.

## 5. Diffusionsverbrennung

Der Modellansatz für die mischungsgesteuerte Verbrennung (MCC-Ansatz) [2] beschreibt die Diffusionsverbrennung als globalen Prozess, der durch die momentan global verfügbare Kraftstoffmasse und die global ermittelte Turbulenzdichte, also durch zeitlich und räumlich integrale Größen, kontrolliert wird.
Der MCC-Ansatz liefert gute Ergebnisse für wenig dynamische Einspritzratenverläufe. Aufgrund der ständig steigenden Einspritzdrücke und der Dynamik der Ein-

spritzverläufe werden aber die Abweichungen zwischen der Simulation und den analysierten Messergebnissen signifikanter, wie in Abbildung 3 sichtbar ist.
In dieser Abbildung und in einigen der folgenden sind sowohl der Einspritzratenverlauf als auch der Brennratenverlauf nach den Gleichungen (13) und (14) auf die gesamte Einspritzmenge beziehungsweise auf die insgesamt umgesetzte Energie bezogen.

$$dQ^* = \frac{dQ}{Q(VE)} \tag{13}$$

$$\dot{m}_E^* = \frac{dm_{K,e}}{m_{K,e}(EE)} \tag{14}$$

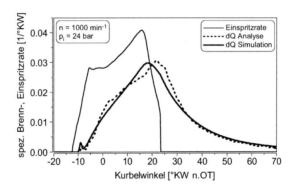

*Abbildung 3:* Einspritzrate und analysierte Brennrate verglichen mit der simulierten Brennrate des einstufigen MCC-Modells

Insgesamt gesehen ist die Qualität der Übereinstimmung annehmbar, jedoch bei genauerer Betrachtung zeigt sich, dass der simulierte Brennratenverlauf während der Einspritzphase doch signifikante Abweichungen vom analysierten Verlauf aufweisen kann. Die beobachteten Ähnlichkeiten zwischen Brennratenverlauf und Einspritzratenverlauf, die insbesondere bei Volllastpunkten auftreten, gaben daher Anlass, ein Modell zu entwickeln, das den Zusammenhang zwischen beiden Verläufen direkter beschreibt [9]. Der Weg führt dabei über eine zusätzliche Beschreibung der Prozesse im Einspritzstrahl.
Zur Beschreibung dieser Phänomene muss ein detailliertes Strahlmodell verwendet werden, das für die nachfolgend beschriebenen erweiterten Verbrennungsmodelle die benötigten Werte der lokalen ratenbestimmenden Konzentrationen, sowie die momentane Turbulenzdichte im Einspritzstrahl zur Verfügung stellen kann. Das Modell liefert die momentanen Verteilungen von Konzentration und Geschwindigkeit im Strahl für beliebige Formen von Einspritzratenverläufen. Basis dafür sind die Arbeiten von Correas [8] und López [6].
Ein weiterer Ausgangspunkt waren die Untersuchungen des brennenden Einspritzstrahls im fundamentalen Werk von Dec [7], der die Vorgänge vom Einspritzdüsenloch bis zur Flammenzone in großer Detailliertheit beschreibt.

Daraus ergab sich die Frage, ob eine analytische Beschreibung der Prozesse im Einspritzstrahl für die Modellierung der Brennrate der Diffusionsverbrennung ausreichend ist.
Die Antwort kann durch die Beobachtung gegeben werden, dass nicht der gesamte eingespritzte Kraftstoff während der Einspritzphase in der Flammenzone verbrennt. Dies kann leicht dadurch bewiesen werden, dass zum Zeitpunkt des Endes der Einspritzung, also wenn der Kraftstoffstrahl zusammenfällt, noch eine große Menge an Kraftstoff unverbrannt ist. Als Beispiel ist in Abbildung 4 für einen beliebigen Betriebspunkt der Verlauf des Umsetzungsgrades $\eta_U$ der Kraftstoffenergie aufgetragen, also die zum jeweiligen Zeitpunkt umgesetzte Kraftstoffenergie berechnet aus dem kumulierten Brennratenverlauf bezogen auf die Energie des eingespritzten Kraftstoffs.

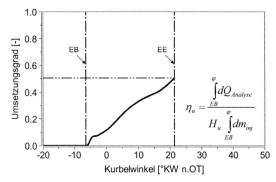

*Abbildung 4:* Umsetzungsgrad $\eta_U$ der Kraftstoffenergie

In diesem Beispiel ist bei Ende der Einspritzung etwa 50 % des eingespritzten Kraftstoffes noch unverbrannt. Daraus wird klar, dass eine Teilmenge an unverbranntem Kraftstoff die Flammenzone entweder außerhalb des stöchiometrischen Bereiches durch die mageren Gemischzonen in der Strahlperipherie passiert, oder den Weg direkt durch die Flammenzone in Form von teilverbranntem Kraftstoff nimmt. Der Hauptteil des bei Einspritzende noch unverbrannten Kraftstoffes befindet sich jedoch vermutlich noch innerhalb der Kontur des zerfallenden Kraftstoffstrahles.
Die Idee für die weitere Modellentwicklung besteht daher darin, dass nicht der gesamte eingespritzte Kraftstoff in der Flammenzone des Strahls verbrennt, sondern die Energieumsetzung in zwei sequentiell hintereinander liegenden Phasen stattfindet, die sowohl logisch als auch zeitlich als getrennte Prozesse beschrieben werden. Dies kann auch bei den Ergebnissen der Analyse eines direkteinspritzenden Dieselmotors in Abbildung 5 beobachtet werden, die eine deutliche Unterscheidung zwischen der Charakteristik der Brennrate während und nach der Einspritzung zeigt.

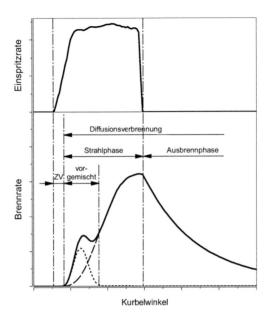

*Abbildung 5:* Schematische Darstellung der Phasen des Verbrennungsablaufes beim direkteinspritzenden Dieselmotor

Das zweistufige Verbrennungsmodell verwendet also jene Kraftstoffmasse, die direkt im Strahl unter etwa stöchiometrischen Bedingungen verbrennt für die erste Stufe, und die verbleibende unverbrannte Kraftstoffmasse für die zweite Stufe. Die Reaktionsraten für beide Stufen werden mittels eines Magnussen-Ansatzes entsprechend Gleichung (1) beschrieben, die noch zu Gleichung (15) erweitert werden muss.

$$\frac{dQ_{diff}}{dt} = C_{Mod} \, H_u \, m_{K,diff,verf} \, \frac{\sqrt{k}}{\sqrt[3]{V_{Zyl}}} \qquad (15)$$

Die verfügbare Kraftstoffmasse muss für jede Stufe separat berechnet werden. Die gesamte Brennrate ergibt sich dann, wie mit Gleichung (16) beschrieben wird, als Summe der Brennraten für die vorgemischte Verbrennung, die Verbrennung im Strahl und in der Ausbrennphase.

$$\frac{dQ_{ges}}{dt} = \frac{dQ_{vor}}{dt} + \frac{dQ_{Str}}{dt} + \frac{dQ_{aus}}{dt} \qquad (16)$$

## 5.1 Umsetzung im Kraftstoffstrahl

Für turbulente Diffusionsflammen kann die Reaktionsrate nach Magnussen durch die mittlere Konzentration der limitierenden Spezies und einen Turbulenzterm beschrieben werden, wobei zwei Fälle unterschieden werden. Wenn das Verbrennungsluftverhältnis λ überstöchiometrisch ist, dann ist genug Luft vorhanden, somit ist der Kraftstoff wie bereits erwähnt die limitierende Spezies und die Kraftstoffkonzentration dominiert. Gleichung (1) wird daher zu Gleichung (17) entwickelt.

$$r_{Mag} = C_{Mag}\ c_K\ f(k) \qquad \forall \lambda \geq 1 \qquad (17)$$

Wenn das lokale Verbrennungsluftverhältnis unterstöchiometrisch ist, dann dominiert die Sauerstoffkonzentration und Gleichung (18) wird verwendet.

$$r_{Mag} = C_{Mag}\ c_O\ f(k) \qquad \forall \lambda < 1 \qquad (18)$$

Eine Darstellung der ratenbestimmenden Konzentration aufgetragen über dem Luftverhältnis λ zeigt Abbildung 6.

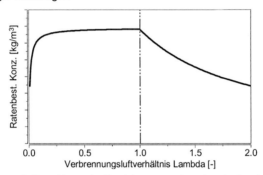

*Abbildung 6:* Resultierende Reaktionsrate über dem Luftverhältnis λ

Die für die erste Stufe der Verbrennung verfügbare Kraftstoffmasse kann nun unter Verwendung der Lambda-Verteilung innerhalb des Strahlvolumens berechnet werden.
Zu Beginn muss die axiale Verteilung des Kraftstoffmassenanteils, der laut Gleichung 19 als Kraftstoffmasse bezogen auf die Gemischmasse definiert ist, bestimmt werden.

$$Y_K(\lambda) = \frac{m_K}{m_K + m_L} = \frac{1}{1 + \lambda\ L_{min}} \qquad (19)$$

Das Luftverhältnis folgt daraus mit Gleichung (20).

$$\lambda = \frac{1}{L_{min}}\left(\frac{1}{Y_K} - 1\right) \qquad (20)$$

Die Abnahme des Kraftstoffmassenanteils entlang der Achse, die durch die mitgerissene Luft hervorgerufen wird, wird in Gleichung (21) beschrieben. Der äquivalente Durchmesser $d_{eq}$ ist vom Durchmesser des Düsenlochs $d_0$, sowie von den Dichten von Luft und Kraftstoff abhängig. Die Länge x charakterisiert den jeweiligen Abstand vom Düsenloch. Eine Diskussion darüber findet sich in [5].

$$Y_K(x) = k_3 \frac{d_{eq}}{x} \qquad (21)$$

Durch Einsetzen und Umformen ergibt sich Gleichung (22), aus der abgelesen werden kann, dass das lokale Luftverhältnis λ in der Strahlachse einen linearen Verlauf in Abhängigkeit des Abstands des Gemischteilchens vom Düsenloch besitzt.

$$\lambda(x) = \frac{1}{L_{min}} \left( \frac{x}{k_3 \, d_{eq}} - 1 \right) \qquad (22)$$

Abbildung 7 zeigt die Abnahme des Kraftstoffmassenanteils im Gemisch und den linearen Anstieg des Luftverhältnisses λ entlang der Strahlachse in Abhängigkeit von der Eindringtiefe.

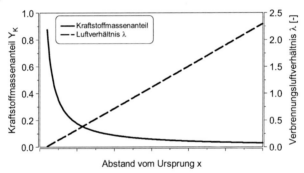

*Abbildung 7:* Kraftstoffmassenanteil und Verbrennungsluftverhältnis in Abhängigkeit des Abstandes von der Düse

Der Wert des Kraftstoffmassenanteils in einem radialen Abstand r von der Strahlachse wird mit Hilfe einer Gauß-Verteilung beschrieben, die in Gleichung (23) definiert ist.

$$\frac{Y_K}{Y_{K,Achse}} = e^{-4.6 \, Sc \left( \frac{r}{R} \right)^2} \qquad (23)$$

R ist der Radius des Strahlkegels mit einem Kegelwinkel δ an einer bestimmten Position x an der Achse, errechnet mittels Gleichung (24). Der Exponent 4.6 ergibt sich aus der Forderung, dass der Wert des Kraftstoffmassenanteils am Kegelmantel (r=R) 1% des Wertes an der Achse betragen soll (Gleichung (25)). Sc repräsentiert die

Schmidt-Zahl, die aus der Literatur bei [6] entnommen wurde und eine kraftstoffspezifische Konstante darstellt.

$$R = x \tan\frac{\delta}{2} \quad (26)$$

$$\frac{Y_K(x,R)}{Y_{K,Achse}(x,0)} = 0.01 \quad (26)$$

Gleichung (19) eingesetzt in Gleichung (23) ergibt die radiale Verteilung des lokalen Verbrennungsluftverhältnisses λ.

$$\lambda = \frac{1 + \lambda_{Achse} \, L_{min} - e^{-4.6\, Sc\left(\frac{r}{R}\right)^2}}{L_{min}\, e^{-4.6\, Sc\left(\frac{r}{R}\right)^2}} \quad (26)$$

Abbildung 8 zeigt beispielhaft unter Verwendung von Gleichung (26) die radiale Verteilung des lokalen Luftverhältnisses λ in einem bestimmten Abstand von der Düsenöffnung. Die radiale Verteilung ist in diesem Bild gültig für ein Luftverhältnis in der Achse von 0.1 dargestellt.

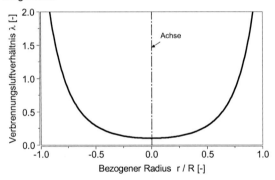

*Abbildung 8:* Lambda-Verteilung im Querschnitt des Kraftstoffstrahles

Wird die Gleichung (26) für den Radius r gelöst, ist es möglich, die radiale Position eines bestimmten λ-Wertes in jedem Abstand von der Düsenöffnung mittels Gleichung. (27) zu berechnen.

$$r = \pm\sqrt{\frac{\ln\left(\frac{x}{k_3 \, d_{eq}\, (1 + \lambda\, L_{min})}\right)}{-4.6\, Sc}}\, R \quad (27)$$

In Abbildung 9 ist die Strahlkontur für das stöchiometrische Luftverhältnis abgebildet. Diese Gestalt stimmt gut mit den mittels Endoskopie erhaltenen Bildern überein.

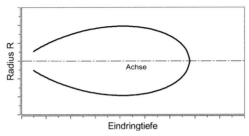

*Abbildung 9:* Strahlkontur für stöchiometrisches Verbrennungsluftverhältnis

Um die lokale Kraftstoffkonzentration aus dem lokalen Verbrennungsluftverhältnis zu berechnen wird Gleichung (4) verwendet. Die verfügbare Kraftstoffmasse im Strahl für die Ratengleichung nach Magnussen wird durch Integration über das Strahlvolumen erhalten, wobei $L$ die momentane Eindringtiefe beschreibt, siehe Gleichung (28).

$$m_{K,diff,Str} = \int_{x=0}^{L} \int_{r=0}^{R} c_K \, dr \, dx \qquad (28)$$

Zusätzlich zur momentanen Kraftstoffkonzentration im Strahl wird die entsprechende Turbulenzdichte benötigt. Die turbulente kinetische Energiedichte im Strahl $E_{kin,Str}$ wird wie in [2] und [3] beschrieben aus dem Impuls des Einspritzstrahles berechnet. Die lokale Gemischdichte $\rho_{Gem}$ für jedes Teilchen kann von der lokalen Kraftstoffkonzentration $c_K$ abgeleitet werden.

$$\rho_{Gem} = c_K \left(1 + \lambda \, L_{min}\right) \qquad (29)$$

Die Gemischmasse im Strahl kann durch Integration der Gemischdichten berechnet werden.

$$m_{Str} = \int_{x=0}^{L} \int_{r=0}^{R} \rho_{Gem} \, dr \, dx \qquad (30)$$

Die momentane turbulente kinetische Energiedichte für den Strahl kann mit Gleichung (31) aus der kinetischen Energie bezogen auf die relevante Gemischmasse $m_{Str}$ unter Berücksichtigung eines Faktors $C_{Turb}$, der die Effizienz der Umwandlung von kinetischer in turbulente kinetische Energie beschreibt, berechnet werden.

$$k_{Str} = C_{Turb} \frac{E_{kin,Str}}{m_{Str}} \qquad (31)$$

## 5.2 Ausbrennphase

Wie bereits gesagt wurde, wird die zweite Stufe der Verbrennung nach dem Ende der Einspritzung ähnlich dem bisherigen MCC-Ansatz [2] berechnet. Gleichung (32) beschreibt die die verfügbare Kraftstoffmasse für die zweite Stufe.

$$m_{diff,aus} = \int dm_{K,inj} - \frac{1}{H_u} \int dQ_{ges} \qquad (32)$$

Als relevante turbulente kinetische Energiedichte für die zweite Stufe wird ebenso wie bisher die globale Turbulenzdichte verwendet.
Sowohl die verfügbare Kraftstoffmasse aus Gleichung (32) als auch die TKE werden in Gleichung (15) eingesetzt, womit die Brennrate für die zweite Stufe berechnet werden kann.
In Abbildung 10 sind die errechneten Brennratenverläufe für beide Stufen sowie die Summe der Einzelverläufe (vgl. Gleichung (16)) dargestellt.

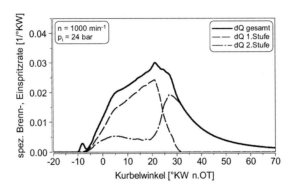

*Abbildung 10:* Brennratenverläufe für beide Stufen errechnet mit dem zweistufigen Modell für die Diffusionsverbrennung

## 5. Verifikation

Abbildung 11 zeigt den Brennratenverlauf, der mit dem zweistufigen Modell nach Abstimmung der Modellparameter errechnet wurde, verglichen mit dem gemessenen Brennratenverlauf. Man erkennt, dass die Übereinstimmung wesentlich besser gelingt als mit dem einstufigen Modell (vgl. Abbildung 3).

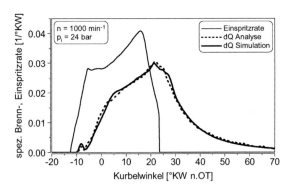

*Abbildung 11:* Brennratenverläufe errechnet mit dem zweistufigen Modell verglichen mit der Messung

Zur weiteren Verifikation wurde das Modell an einer Anzahl von Betriebspunkten von Motor 1 angewendet. Diese Untersuchungen beinhalten hauptsächlich Variationen von Drehzahl, Last und Einspritzdruck. Es konnte ein Parametersatz gefunden werden, der nicht nur für einen Betriebspunkt Gültigkeit hat, sondern mit dem alle Betriebspunkte von Motor 1 gut abgebildet werden können. Die sehr gute Übereinstimmung der berechneten Brennratenverläufe von zwei Betriebspunkten mit unterschiedlicher Last ist in Abbildung 12 dargestellt.

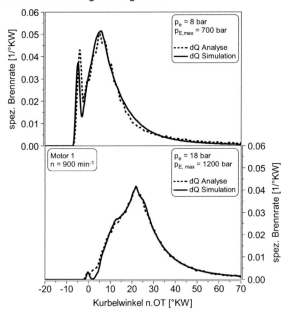

*Abbildung 12:* Brennratenverlauf an einem Großmotor errechnet mit dem zweistufigen Modell verglichen mit der Analyse

Abbildung 13 zeigt den mit dem zweistufigen Modell errechneten Brennratenverlauf verglichen mit dem gemessenen Verlauf für einen Motor mit 2 Liter Hubraum pro Zylinder und nockengetriebenem Einspritzsystem (Motor 2)

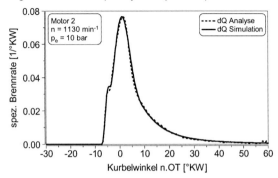

*Abbildung 13:* Brennratenverlauf an einem Heavy-Duty-Motor mit PLD-System errechnet mit dem zweistufigen Modell verglichen mit der Analyse

Auch in diesem Fall ergibt sich eine gute Übereinstimmung zwischen Simulation und Messung. Für diesen gänzlich anderen Motor mussten allerdings einige Modellparameter beim zweistufigen Modell angepasst werden. Dies war notwendig, weil die Effekte einer geänderten Düsengeometrie sowie der Einspritzhydraulik auf die Strahlcharakteristik vom Modell zur Zeit noch nicht abgebildet werden können.
Weiters wurde das Modell an einigen Betriebspunkten eines weiteren Heavy-Duty-Motors (Motor 3) mit Common-Rail-System verifiziert. Auch in diesem Fall liefert das Modell mit kleinen Anpassungen der Konstanten eine sehr gute Übereinstimmung (Abbildung 14).

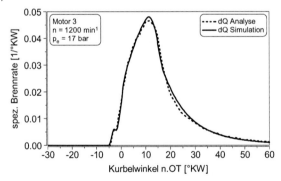

*Abbildung 14:* Brennratenverlauf an einem Heavy-Duty-Motor mit CR-System errechnet mit dem zweistufigen Modell verglichen mit der Analyse

# 6. Zusammenfassung

In diesem Beitrag wird ein verbessertes Berechnungsmodell für den Brennratenverlauf in direkteinspritzenden Dieselmotoren präsentiert, das einen neuartigen zweistufigen Ansatz zur Beschreibung der Diffusionsverbrennung verwendet. Der Fortschritt liegt in der verbesserten Berücksichtigung von hochdynamischen Einspritzvorgängen durch eine detailliertere Beschreibung der Vorgänge im Einspritzstrahl. Weiters werden zur Beschreibung von Zündverzug und vorgemischter Verbrennung Modelle entwickelt, die primär auf physikalischen Zusammenhängen basieren. Beide Phänomene werden mittels einer Kombination der Ratengleichungen von Arrhenius und Magnussen beschrieben, lediglich die Modellkonstanten müssen für jeden Vorgang separat angepasst werden. Die Termstrukturen sind so einheitlich wie möglich gestaltet, da angenommen werden kann, dass die Vorgänge im Brennraum bei Zündverzug und vorgemischter Verbrennung in ähnlicher Weise ablaufen.

## Literatur

[1] Magnussen, B. F. and Hjertager, B. H.: On Mathematical Modeling of Turbulent Combustion with Special Emphasis on Soot Formation and Combustion. 16th International Symposium on Combustion, 1976.
[2] Chmela, F.G., Orthaber, G.C. Rate of Heat Release Prediction for Direct Injection Diesel Engines Based on Purely Mixing Controlled Combustion. SAE Paper 1999-01-0186, 1999.
[3] Chmela, F., Engelmayer, M., Pirker, G. Prediction of turbulence controlled combustion in diesel engines. Conference on thermo- and fluid dynamic processes in diesel engines (THIESEL), Valencia, 2004
[4] Chmela, F.; Engelmayer, M.; Beran, R.; Ludu, A. Prediction of Heat Release Rate and NOx Emission for Large Open Chamber Gas Engines with Spark Ignition. 3rd Dessau Gas Engine Conference, 2003.
[5] García Oliver, J.M. Aportaciones al estudio del proceso de combustión turbulenta de chorros en motores diesel de inyección directa. Tesis Doctoral, Universidad Politécnica de Valencia, 2004
[6] López Sánchez, J.J. Estudio teórico-experimental del chorro libre diesel no evaporativo y de su interacción con el movimiento del aire. Tesis Doctoral, Universidad Politécnica de Valencia, 2003
[7] Dec J.E. A Conceptual Model of DI Diesel Combustion Based on Laser-Sheet Imaging. SAE Paper 970873, 1997
[8] Correas Jiménez, D.: „Estudio teórico-experimental del chorro libre diesel isotermo", Tesis Doctoral, Universidad Politécnica de Valencia, 1998.
[9] Pirker, G.; Chmela, F.; Wimmer, A.: ROHR Simulation for DI Diesel Engines Based on Sequential Combustion Mechanisms. SAE Paper 2006-01-0654, 2006.

2   *Toyota's Diesel Transient Simulation
with an Innovative Combustion Model
Adaptable to the Latest* Combustion Concept

Shigeki Nakayama, Matsuei Ueda, Kazuhisa Inagaki,
Kiyomi Nakakita, Takao Fukuma

## Abstract

An innovative diesel combustion simulation model has been developed. The simulation can predict diesel combustion process for various engine operating parameters, such as fuel injection pattern with multi-pilot injections, and in-cylinder physical conditions includes Exhaust Gas Recirculation (EGR). And this model is also able to calculate each combustion cycle within practical short time within 1 minute on general personal computers. In our approach, an in-cylinder region is divided into 5 zones with a zoning model. In the each zone, the probability density function (PDF) concept is applied to consider effects of local heterogeneity on the combustion characteristics.

In this paper, we introduce the outline of this simulation model. Then we reported the simulated results in cases including multi pilot injections, and change of combustion from conventional concept to HCCI as well. Consequently, it was proven that the transient engine behavior is predicted very accurately by the combustion simulation environment.

## 1. Introduction

From the viewpoint of the global warming control, reduction of exhaust emissions from diesel engine is urgent demand. However, it needs further development in combustion control besides after treatment system.

NOx reduction by larger amount of EGR and low noise combustion by the multi pilot injection have been realized, research of a new combustion concept such as homogeneous charge compression ignition (HCCI) is also progressing as a drastic solution. To achieve these new technologies, the engine system and its control algorithm become more complex. Creation of optimum system configuration, especially to design control strategies, which work desirably in transient conditions require huge effort. The understanding of transient cycle-to-cycle combustion change process is a key to its effective and fast development. Therefore a suitable simulation environment is becoming indispensable. Recent 3D CFD simulations considering detailed chemical reactions become possible to use for combustion design. However these kinds of simulation take long time to calculate an engine cycle even on latest computers. Therefore, it is not practical to simulate transient engine operation that includes a number of combustion cycles by 3D CFD.

Under those backgrounds, we developed a unique engine cycle simulation, which covers the latest combustion technique using multi pilot injection and HCCI concept, with high accuracy and reasonable calculation time. The combustion model employed in the cycle simulation represents the heterogeneity of air-fuel mixture by zero dimensional probability density function (PDF), and it is able to calculate combustion process of one cycle within 1 minute on generally available personal computers. Then we constructed the overall engine simulation environment by the combustion model linked into an existent engine model.

## 2. The Basic Concept of the Combustion Model

For the simulation of diesel combustion process, it is general to use 3D CFD in these days. However, it is not suitable for analysis of transient behavior over several cycles, because it often needs very long time to calculate, typically several hours for one cycle. Therefore we developed a novel multi zone model combined with the probability density function (PDF) concept for much smaller calculation time than 3D CFD. The model employs zero dimensional engine cycle simulation with some phenomenological spray and combustion models[4][5], and it is so designed as to cover multi injection cases of double pilots and single main injections. The principal models are summarized in Table 1 and detailed in the following section.

| Local Heterogeneity of Mixture | Multi Zone Model with PDF |
|---|---|
| Air Entrainment | Hiroyasu Model[6] |
| Droplet Size | Kawamura's Equation[7] |
| Droplet Evaporation | Spalding Model[8] |
| Low Temperature Oxidation | Multi-step Shell Model[10] |
| Combustion | Kong Model[11] |
| Turbulence | Ikegami Model[9] |
| Swirl Flow, Squish Flow | Arai Model[12] |
| Heat Loss | Woschni Model[13] |
| Combustion Noise | Taki Model[14] |

*Table 1:* The principal models

### 2.1 The Zoning Model

Figure 1 illustrates the outline of zoning model. In the models in-cylinder volume is divided into an 'In-cylinder charged gas zone (Zone2)', and a 'Spray zone'. 'Spray zone' is sub-divided into two regions of 'premixed zone (Zone1)' and 'diffusive zone (Zone3)'. The Zone 1 is formed before an ignition, and the Zone3 is formed after it. The ignition is defined as the timing when temperature of the Zone1 exceeds the reference temperature. Before the ignition occurs, in-cylinder gas is entrained into the Zone1 from the Zone2, while fuel droplets are injected into the Zone1. And then, after the ignition, the in-cylinder gas is introduced into both of the Zone1 and 3 from the Zone2, and fuel droplets are injected into not the Zone1 but the Zone3.

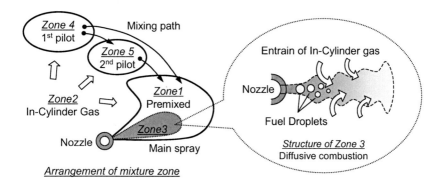

*Figure 1:* Schematics of the Zoning Model for Diesel Combustion with Multi Injection

In the latest diesel engines, multi injection strategy is applied to low noise combustion and to improve emissions. In order to analyze such a combustion technology up to double-pilot and single main injections, 'Pilot spray zone (Zone4 and 5)' are introduced. The Zone4 and 5 express 1st pilot and 2nd pilot sprays, respectively. In the multi injection case, gas is entrained into a spray zone from not only the Zone2, but also the other spray zones. It is important how much of burnt gas from pilot zones is entrained into main spray, because it affects mixture temperature in the main spray, and then the following ignition event. In this study, each fraction in the entrained gas is given proportionally to its volume fraction in the total gas volume in the cylinder.

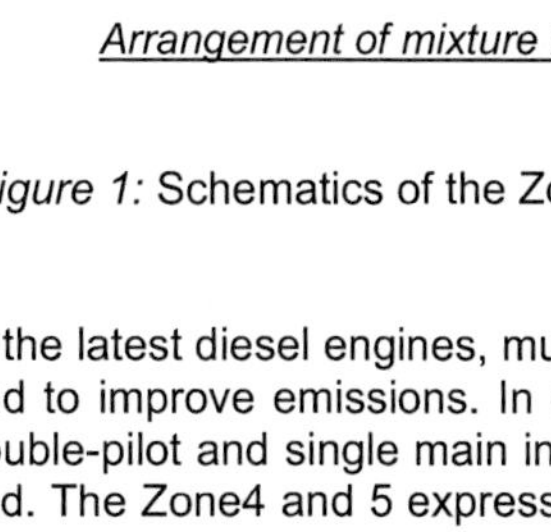

$$S = \begin{cases} 0.39\sqrt{2\Delta P/\rho_f} \cdot t & (0 \leq t \leq t_b) \\ 2.95(\Delta P/\rho_a)^{0.25}\sqrt{d_0 t} & (t > t_b) \end{cases} \quad (1)$$

$$\theta = 0.05\left(\frac{\rho_a \Delta P d_0^2}{\mu_a^2}\right) \quad (2)$$

$$dV_{ambient} = \frac{dV_{spray}}{dt} \cdot \Delta t \quad (3)$$

$$V_{spray} = \frac{1}{3}\pi \tan^2 \theta \cdot S^3 \quad (4)$$

S: spray penetration length, $\Delta P$: pressure difference between fuel injection and ambient gas, $\rho_f$: fuel density, $t_b$: droprets breakup time, $\rho_a$: ambient gas density, $d_0$: nozzle hole diameter, $\theta$: spray angle, $\mu_a$: ambient gas viscosity, $V_{spray}$: spray volume, $\Delta t$: time step.

*Figure 2:* Components of the Fuel Spray Model

The entrained gas volume is calculated based on Hiroyasu equations [6] through expression (1) to (4) indicated in the Figure 2. The spray shape is treated as a simple circular cone with a height of spray penetration length in expression (1) and with a cone angle in expression (2). Fuel droplets are treaded by Discrete Droplet Model (DDM), a droplet size is given from Kawamura's equation[7], and fuel vaporization is modeled by Spalding's model[8].

## 2.2. The Probability Density Function (PDF) Model

Only zoning model is not enough to express a diesel combustion process, because a spray has highly heterogeneous fuel concentration distribution inside, and its consideration is a key for accurate combustion prediction. The PDF concept is suitable for expressing such phenomena[9], however, increase of calculation time is a drawback. Therefore, we newly propose a very simple PDF model for fast calculation.

Figure 3 shows the outline of our PDF model. In the PDF model, mixture within each zone is treated as a cluster of discrete mixture '*packages*'. At first stage, entrained in-cylinder gas designated with $G_i$ (fuel vapor mass fraction $f_v$ =0) and fuel vapor $G_j$ ($f_v$=1), exist independently in a spray zone, as show in the left sketch of Figure 3. During time step $\Delta t$, $G_i$ and $G_j$ are mixed partially and $G_k$ ,with a different fuel mass fraction (0<$f_v$<1), is newly born, as shown in the right sketch of the figure. Suchlike mixing between packages makes a probability density function in terms of fuel vapor mass fraction or equivalence ratio. $G_i$ as air and $G_j$ as fuel vapor are continuously introduced into a spray zone during an injection period.

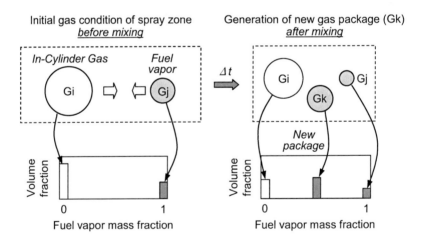

*Figure 3:* Fuel / In-Cylinder Gas Mixing Process in the Simplified PDF Model

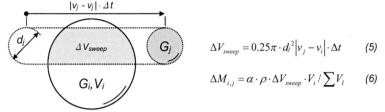

$$\Delta V_{sweep} = 0.25\pi \cdot d_j^2 |v_j - v_i| \cdot \Delta t \quad (5)$$

$$\Delta M_{i,j} = \alpha \cdot \rho \cdot \Delta V_{sweep} \cdot V_i / \sum V_l \quad (6)$$

$d_j$: equivalent diameter of sphere that has the same volume with $G_j$, $v_j$: velocity of $G_j$, $\Delta V_{sweep}$: volume swept by $G_j$ over $G_i$ during $\Delta t$, $V_j$: Volume of $G_j$, $\rho$: mixture density, $\alpha$: mixing efficiency.

*Figure 4:* The Expressions for Mixing Volume of Gas Packages

In our model, mixing mass $\Delta M_{i,j}$ between $G_i$ and $G_j$ during $\Delta t$ is given by expression (6) with (5) indicated in the Figure 4. Suffix i is given to the larger gas package in terms of volume, and j to the smaller. Volume swept by $G_j$ during $\Delta t$, or $\Delta V_{sweep}$, is calculated as a cylindrical volume from expression (5). $\Delta M_{i,j}$ is simply assumed to be proportional to $\Delta V_{sweep}$, ratio of $V_i$ to whole spray volume and $\Delta t$. $G_i$, $G_j$ and $G_k$ after the mixing are given by expression (7). Velocity $v_k$, fuel mass fraction $f_k$ and enthalpy $h_k$ of gas package $G_k$ are given by expression (8), (9) and (10) so that the total momentum, fuel mass and enthalpy are conserved, respectively.

$$M_i^{n+1} = M_i^n - \Delta M_{i,j} \quad M_j^{n+1} = M_j^n - \Delta M_{i,j} \quad M_k^{n+1} = M_k^n + 2\Delta M_{i,j} \quad (7)$$

$$f_k^{n+1} = \left(f_k^n \cdot M_k + f_i^n \cdot \Delta M_{i,j} + f_j^n \cdot \Delta M_{i,j}\right) / \left(M_k^n + 2\Delta M_{i,j}\right) \quad (8)$$

$$v_k^{n+1} = \left(v_k^n \cdot M_k + v_i^n \cdot \Delta M_{i,j} + v_j^n \cdot \Delta M_{i,j}\right) / \left(M_k^n + 2\Delta M_{i,j}\right) \quad (9)$$

$$h_k^{n+1} = \left(h_k^n \cdot M_k + h_i^n \cdot \Delta M_{i,j} + h_j^n \cdot \Delta M_{i,j}\right) / \left(M_k^n + 2\Delta M_{i,j}\right) \quad (10)$$

## 2.3. Ignition and Combustion Model

Shell model[10] is used until temperature of gas package exceeds the reference temperature of 1000K, and a simplified Laminar-Turbulence Characteristic Time Combustion (LTCTC)[11] model is used after it, as shown in expression (11).

$$\frac{dY_f}{dt} = -\frac{Y_f}{\tau_c} \qquad \begin{cases} \tau_l = 1/([fuel][O_2]\exp(-E/RT)) \\ \tau_t = C_2 \cdot k/\varepsilon \\ \tau_c = \tau_l + f \cdot \tau_t \end{cases} \quad (11)$$

Here, $Y_f$: fuel mass fraction, $\tau_l$: laminar characteristic time, $\tau_t$: turbulent characteristic time, $k$: turbulent kinetic energy, $\varepsilon$: dissipation of turbulence kinetic energy.
Turbulent kinetic energy k and its dissipation $\varepsilon$ is calculated by Ikegami model[9], as shown in expression (12).

$$\frac{dk}{dt} = G_j + G_s - \varepsilon - k \cdot \frac{d(\ln(M))}{dt}$$

$$\varepsilon = \frac{(2k/3)^{1.5}}{L_j}, \quad G_j = (\eta_j / 2M) \cdot \dot{m}_j u_j^2, \quad (12)$$

$$G_s = (\eta_s u_s)^3 / L_j, \quad L_j = (\rho_f / \rho_a)^{0.5} d_0$$

Here, M: total mass of spray zone, $\dot{m}_f$: injection mass rate, $u_j$: injection velocity

## 2.4. Other Physical Models

In-cylinder gas motions of swirl and squish flows are modeled by Arai's Method[12] to account for effects of the gas flows on gas entrainment of spray. Heat loss from in-cylinder gas to the wall is accounted by Woschni model[13], considering swirl flow effect. Combustion noise is calculated by Taki model[14] from simulated pressure trace. Consequently, our simulation has the same function with AVL Combustion Noise Meter commonly used in engine experiments, and diesel or HCCI knocking is also predictable.

## 2.5. Linked to GT-Power® for More Realistic Engine Simulation

Our cycle-simulation with multi zone PDF model is linked to a commercial code GT-Power® in order to conduct more realistic engine simulations, which can simulate total gas flow with engine accessory components such as turbo-charger and EGR system. Figure 5 shows an example. In this total model, our cycle-simulation is used during the period from intake valves closure to exhaust valves opening, and exchanges physical properties with each other. The efficiency map of turbo-charger was obtained from Uchida's model[15]. This total engine model was used to demonstrate an analysis for a transient behavior from a conventional combustion to HCCI concept, as is described later.

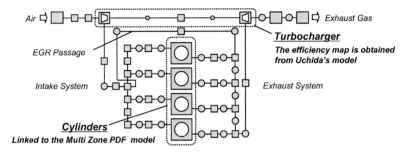

*Figure 5:* Total Engine Model of GT-Power®

## 3. Results

### 3.1. Predictability of Diesel Combustion Process

Experiments were conducted using a single cylinder diesel engine to examine predictability of diesel combustion process by the proposed multi zone PDF model. The engine specifications are listed in Table 2. Some combustion control parameters such as injection quantity, injection timing and injection pressure were widely changed, and in-cylinder pressure based analyses were performed. HCCI experiments using intake port injection of n-pentane fuel were also conducted with the same engine.

| Engine Type | Single Cylinder, 4 cycle |
|---|---|
| Bore / Stroke | 96mm / 103mm |
| Displacement Volume | 750cc |
| Compression Ratio | 16 |
| Combustion Chamber Type | Shallow Dish |
| Fueling System | Direct Injection(EFI) with Common Rail |
| Injector Nozzle Hole Size - Number | 0.15mm - 7 holes |
| Swirl Ratio | 2.3 |

*Table 2:* Engine Specifications

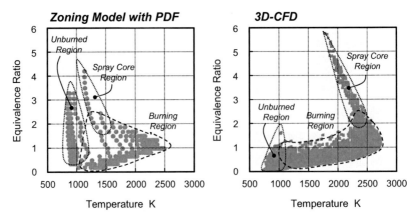

*Figure 6:* Change of Temperature and Equivalence Ratio of Gas Packages

Figure 6 shows a calculation example of equivalence ratio and temperature distribution of local mixture packages. The left figure indicates a calculation example with the multi zone model, and the right figure is a result of 3D-CFD. In case of the multi zone model, the mixture packages with high equivalence ratio and high temperature (Spray Core Region) is smaller than that in the 3D-CFD. And the packages with low temperature (Unburned Region) are relatively larger. This is considered as influences of simplification of the splay model and combustion chamber geometries. However the overall feature is expressed by such simplified models. The calculation results of the multi zone model with the PDF are compared with the experimental results as follows

Figure 7 shows the effect of fuel injection amount on combustion profile. In the experiment, ignition timing is slightly advanced with the fuel amount increased. The first peak of the heat release rate is smaller and the second peak of diffusive combustion appears clearer with the amount increased. This shorter ignition delay is brought by the effect that residual burned gas in the cylinder increases intake gas temperature as fuel quantity is increased. Consequently, it is found that our model can predict combustion process well for the change of fuel amount.

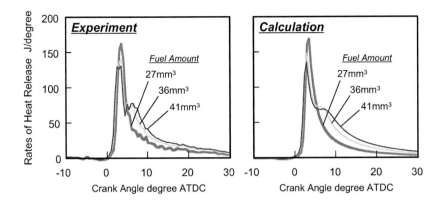

*Figure 7:* The Effect of Fuel Amount on Combustion Profile
(Engine Speed: 1200rev./min., Injection Pressure: 60MPa)

Figure 8 shows the effect of injection pressure on combustion speed. In the experimental result, the peak of heat release rate becomes higher as injection pressure is increased. The simulation predicts it very well. Figure 9 shows simulated histograms of volume fraction regarding equivalence ratio at 4 degree ATDC. In higher injection pressure case, mixture packages are shifted to the leaner side, and it can be an effect that ambient gas entrainment is promoted by high injection pressure.

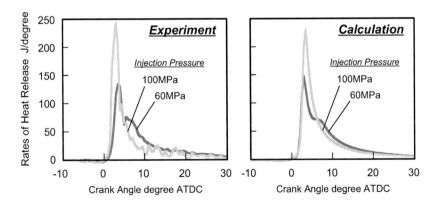

*Figure 8:* The Effect of Fuel Injection Pressure on Combustion Profile
(Engine Speed: 1200rev./min., Fuel Amount: 36mm$^3$/cycle)

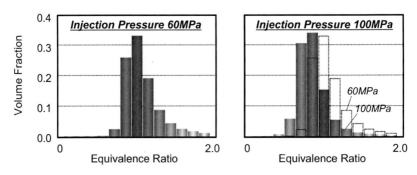

*Figure 9:* Comparison of Histograms of Equivalence Ratio by Injection Pressure

Figure 10 shows the effect of injection timing on heat release rate. In the experiment, as injection timing is retarded, ignition delay becomes shorter, because the ambient temperature is higher around the top dead center (0 degree). It results in smaller peak of heat release rate. On the other hand, in the further retardation, ignition delay is longer with lower the ambient temperature at injection, and it results in larger peak. These trends are well predicted in our simulation.

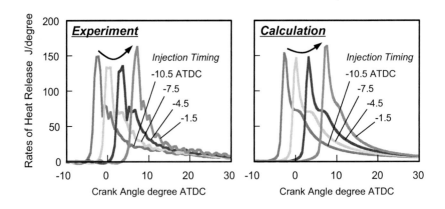

*Figure 10:* The Effect of Fuel Injection Timing on Combustion Profile
(*Engine Speed: 1200rev./min., Fuel Amount: 36mm$^3$/cycle*)

## 3.2. Predictability of Combustion Process with Multi Injection

Figure 11 shows an example of multi injection case using the 5 zone model explained in section 2.1. It is demonstrated that there is a good agreement between experimental and simulated heat release rates. However, It still needs further development to acquire enough accuracy for a wide range of injection parameters, such as injection intervals of pilot-to-pilot and pilot-to-main injections, and pilot fuel amount.

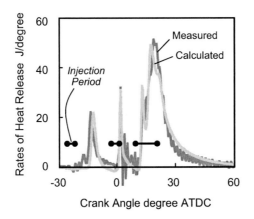

*Figure 11:* Comparison of Calculated Heat Release Rate with Measured Rate in Multi Injection case

## 3.3. Predictability of HCCI Combustion Characteristics

In this section, the predictability of HCCI combustion characteristics is accessed. Figure 12 and 13 shows the effect of EGR on combustion profile with HCCI concept. In the experiment as the EGR is increased, the heat release in Low Temperature Oxidation is reduced and the ignition timing is retarded while peak of High Temperature Oxidation is lowered. It is found that these trends can be well predicted.

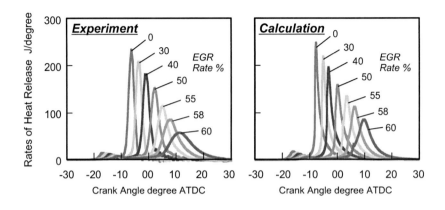

*Figure 12:* The Effect of EGR on Combustion Process in the HCCI Concept

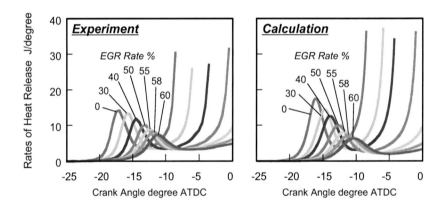

*Figure 13:* The Effect of EGR on Low Temperature Combustion Process

Figure 14 shows comparisons of HCCI combustion noise between measured and simulated. There is a good agreement in terms of the trend that the combustion noise is reduced by EGR. It means HCCI knocking, which would be one of the biggest problems for its real world use, is predictable.

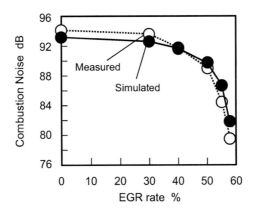

*Figure 14:* Comparison of Combustion Noise between Measured and Simulated based on EGR rate

## 3.4. Analysis for Transient Combustion Behavior from Conventional Combustion to HCCI Concept

Figure 15 and 16 show the transient behavior from a conventional combustion to HCCI concept simulated by our combustion simulation model linked to GT-Power®. At the switching to HCCI concept, injection timing is advanced from -4.5 to -40 degrees ATDC and EGR valve is opened to target EGR rate of 70%.

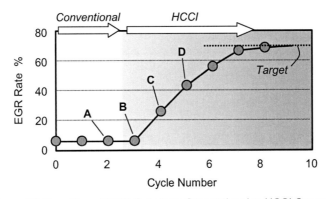

*Figure 15:* Transition of EGR Rate from Conventional to HCCI Concept

Because EGR rate can not reach to the target immediately, heat release rate of HCCI is sharply increased just after the switching, and then the combustion become milder gradually, as shown in Figure.15 and 16. This kind of very fast combustion is one of a critical problem for practical use of HCCI concept.

As demonstrated above, our simulation model can well predict transient engine performance. In the next stage, we are going to develop a novel control system to solve problems concerning the latest combustion technologies together with our simulation environment.

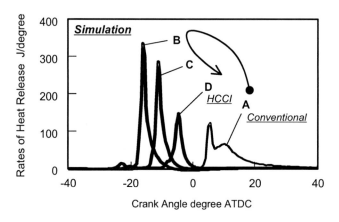

*Figure 16:* Transition of Combustion Profile from Conventional to HCCI Concept
(Calculated by the Multi Zone model with PDF)

## 4. Summary

A novel engine cycle-simulation program has been developed to reproduce both conventional diesel and HCCI combustions for the wide changes of engine operating conditions. The main results are as follows:

(1) The combustion characteristics were predicted well for the wide change of fuel injection quantity, injection pressure and injection timing by our simulation with multi zone PDF model.

(2) The combustion process of multi injection (double pilots and single main injections) is also well predictable with an extended 5 zone model.

(3) Our model is also applicable to HCCI combustion.

(4) Execution time is a few minutes/cycle for multi injection case by PC, and is acceptable enough to simulate multi-cycle transient engine performance.

(5) Our simulation model linked to GT-Power®, allows us to conduct more realistic transient combustion simulations, and HCCI knocking at the switching from a conventional combustion to HCCI concept can be well predicted.

## References

[1] Kazuhiro Akihama, Yoshiki Takatori, Kazuhisa Inagaki Shizuo Sasaki, and Anthony M. Dean, "Mechanism of the Smokeless Rich Diesel Combustion by Reducing Temperature", SAE Paper 2001-01-0655(2001)
[2] Kimura, S. Et al, "Ultra-Clean Combustion Technology Combining Low-Temperature and Premixed Concept to Meet Future Emission Standards", SAE No.2001-01-0200(2001)
[3] Ryo Hasegawa and Hiromichi Yanagihara, "HCCI combustion in DI diesel engine", SAE Paper 2003-01-0745(2003)
[4] H.Hiroyasu and T.Kadota, "Models for Combustion and Formation of Nitric Oxide and Soot in Direct Injection Diesel Engines", SAE Paper 760129(1976)
[5] Barbara, C. Et al. "Phenomenological Combustion Model for Heat Release Rate Prediction in High-Speed DI Diesel Engine with Common Rail Injection", SAE No.2001-0102933
[6] Hiroyasu, H. and Arai, M, "Fuel Spray Penetration and Spray Angle in Diesel Engine (in Japanese with English summary)", JSAE No.21,pp.5-11(1980)
[7] Kawamura, K. and Saito, A., The $2^{nd}$ Atomization Symposium, pp.115-120(1993)
[8] Spalding, D.B., Proc. 4th Symp.(int.) on Comb.,pp.847(1952)
[9] M.Ikegami, M.SHIOJI, and M.KOIKE, "A STOCHASTIC APPROACH TO MODEL THE COMBUSTION PROCESS IN DIRECT-INJECTION DIESEL ENGINES", Twentieth symposium (International) on Combustion, The Combustion Institute,pp.217-224(1984)
[10] M.P.HALSTEAD,L.J.KIRSCH, and C.P.QUINN, "The Autoignition of Hydrocarbon Fuels at High Temperatures and Pressures-Fitting of a Mathematical Model",COMBUSTION AND FLAME 30,pp45-60(1977)
[11] Song-Charng Kong, Zhiyu Han, and Rolf D. Reitz,"The Development and Application of a Diesel Ignition and Combustion Model for Multidimensional Engine Simulation", SAE Paper 950278(1995)
[12] Akira Murakami, Masataka Arai and Hiroyuki Hiroyasu," Swirl Measurements and Modeling in Direct Injection Diesel Engines", SAE Paper 880385(1988)
[13] K. Sihling and G. Woschni, "EXPERIMENTAL INVESTIGATION OF THE INSTANTANEOUS HEAT TRANSFER IN THE CYLINDER OF A HIGH SPEED DIESEL ENGINE", SAE Paper 790833(1979)
[14] Taki, M., Takasu, S. and Akihama, K., " Effect of Combustion Period on HCCI Combustion Noise (in Japanese with English summary)", Procceedings of JSAE, No.20065179(2005)
[15] H.Uchida,et.al, "Transient Performance Perdition of the Turbocharging System with Variable Geometry Turbochargers", 8th International Conference of Turbochargers and Turbocharging, I MechE,C647/018 (2006)

# 3 Druckverlaufsanalyse im Start von Verbrennungsmotoren: Ein Werkzeug für Entwicklung und Applikation
## Cylinder Pressure Analysis Development and Calibration Tool for Engine Start-up

Andreas Kufferath, Daniel Scherrer, David Lejsek, André Kulzer

## Abstract

In looking at vehicle exhaust gas emissions, the gases emitted during cold start and in the subsequent warm-up period play a decisive role. Depending on the engine type and the design of the exhaust gas after-treatment system, the emissions from these two phases can constitute up to 90% of the total emissions [1]. Especially during start-up, almost all the untreated emissions can be seen as certifiable emissions, because the catalytic converter is still cold. For this reason, measures to improve start-up performance have a direct effect on the overall result across the driving cycle. The more stringent limits being placed on emissions, and the simultaneously increasing cost pressure – also in exhaust gas aftertreatment – mean that improving the start-up process in particular has become extremely important. A detailed analysis of the processes in the combustion chamber during start-up, both in respect of how the combustion process develops and also in terms of the calibration of data from the engine management system, is advantageous.

The analysis of the cylinder pressure measurements and the combustion processes calculated from these are nowadays used as a standard for assessing engine combustion in stationary operation. This paper shows how this procedure can be applied to the highly dynamic start-up process. This allows different start-up strategies to be investigated on both gasoline and Diesel engines, providing important clues for further measures aimed at improving engine start-up.

The ability to investigate the thermodynamic processes in a cyclic manner is the key to efficient improvement of the start-up process at all stages of development.

## Kurzfassung

Die Analyse des gemessenen Zylinderdruckverlaufs und die daraus berechneten Brennverläufe werden heute standardmäßig zur Beurteilung der motorischen Verbrennung im Stationärbetrieb verwendet. Der Beitrag zeigt, wie dieses Verfahren auf den hochgradig instationären Startvorgang übertragen werden kann. Neben der thermodynamischen Herleitung wird ebenfalls auf die Bedeutung der Druckverlaufsanalyse für die Parameteroptimierung im Start eingegangen. Verdeutlicht wird dies durch eine Untersuchung des Hochlaufs eines 4-Zylinder Ottomotors mit Benzindirekteinspritzung und Mehrlochinjektor in zentraler Einbaulage. Mit einer Variation der Einspritzstrategie im Hochdruckschichtstart verbunden mit der Untersuchung des Einflusses der Spraygeometrie wird veranschaulicht, wie die Druckverlaufsanalyse bei der Bewertung des Motorstarts eingesetzt werden kann.

Es wird offensichtlich, dass mit der Druckverlaufsanalyse verschiedene Startstrategien bei Otto- und Dieselmotoren untersucht werden können und wichtige Hinweise für weitere Optimierungsmaßnahmen des Motorstarts geliefert werden. Die zyklusaufgelöste Betrachtung der thermodynamischen Vorgänge wird damit zum Schlüssel für eine effiziente Optimierung des Startprozesses in allen Stufen der Entwicklung.

## 1. Einleitung

Den beim Kaltstart und nachfolgender Warmlaufphase emittierten Schadstoffen kommt bei der Betrachtung der Fahrzeugemissionen eine entscheidende Bedeutung zu. In Abhängigkeit vom Motorkonzept und Auslegung der Abgasnachbehandlung kann der Anteil der Emissionen aus diesen beiden Phasen bis zu 90% der Gesamtemission betragen [1]. Aufgrund des kalten Katalysatorsystems können die Roh-Emissionen im Start fast vollständig als zertifizierungsrelevante Emissionen betrachtet werden. Somit wirken sich Optimierungsmaßnahmen im Start nahezu direkt auf das Gesamtergebnis des Fahrzyklus aus. Mit zunehmend schärfer werdenden Emissionsgrenzwerten und gleichzeitig steigendem Kostendruck - auch in der Abgasnachbehandlung - kommt speziell der Optimierung des Startprozesses daher eine große Bedeutung zu. Eine detaillierte thermodynamische Analyse der Vorgänge im Brennraum während des Motorhochlaufs ist sowohl in der Brennverfahrensentwicklung als auch bei der Datenkalibrierung des Motorsteuerungssystems von Vorteil.

## 2. Thermodynamische Grundlagen

Für die thermodynamische Beschreibung des Systems „Brennraum" eines Verbrennungsmotors (Bild 1) ist im Start eine transiente Betrachtung auf Zeitbasis notwendig.

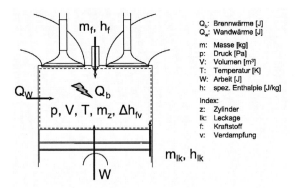

*Bild 1:* Thermodynamisches System „Brennraum"

Die sonst übliche, auf den Ort (Grad Kurbelwinkel) basierte Beschreibung ist im Start unzulässig. Aufgrund der sich stark ändernden Drehzahl im Start verändert sich bei unterschiedlichen Drehzahlverläufen die pro Grad Kurbelwinkel verstrichene Zeit. Ein Vergleich der Wärmefreisetzung auf Ortbasis wäre nur bei identischem Drehzahlhochlauf gerechtfertigt, was in Realität kaum gegeben ist.

In der folgenden Herleitung beziehen sich daher alle Terme auf eine zeitliche Änderung. Da bei der zeitlich aufgelösten Messung des Startvorgangs (Bild 2) neben der Drehzahl auch die Zeitspanne dτ pro Grad Kurbelwinkel aufgezeichnet wird, ist die Umrechnung von Zeit- auf Ortbasis jederzeit mit

$$d\varphi = n \cdot d\tau \qquad (1.1)$$

möglich.

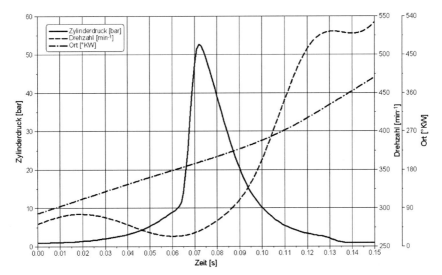

*Bild 2:* Erste Verbrennung im Start eines 4-Zylinder-Ottomotors

Die thermodynamische Analyse des gemessenen Zylinderdruckverlaufs [2], der über eine Zylinderdruckindizierung aufgenommen wird, ermittelt zunächst den Brennverlauf, also den zeitlichen Verlauf der Wärmefreisetzung. Aus dem 1. Hauptsatz der Thermodynamik ergibt sich für das geschlossene System „Brennraum" die Energiebilanz:

$$\frac{dU}{dt} = \frac{dQ_b}{dt} - p \cdot \frac{dV}{dt} + \frac{dQ_W}{dt} + \frac{dH}{dt} \tag{1.2}$$

Darin bilden der Brennverlauf und die Wandwärmeverluste den Heizverlauf mit

$$\frac{dQ_h}{dt} = \frac{dQ_b}{dt} + \frac{dQ_W}{dt} = \frac{dU}{dt} - \frac{dH}{dt} + p \cdot \frac{dV}{dt} \tag{1.3}$$

Für die Berechnung des Brennverlaufs

$$\frac{dQ_b}{dt} = \frac{dU}{dt} - \frac{dH}{dt} + p \cdot \frac{dV}{dt} - \frac{dQ_W}{dt} \tag{1.4}$$

werden demnach die Änderung der inneren Energie, der Arbeit, der Wandwärmeverluste sowie der Enthalpiestrom benötigt. Dieser ergibt sich aus der Enthalpie des eingebrachten Kraftstoffs, abzüglich dessen Verdampfungsenthalpie und der zur berücksichtigenden Leckage zu:

$$\frac{dH}{dt} = \frac{dm_f}{dt} \cdot (h_f - \Delta h_{fv}) + h_{lk} \cdot \frac{dm_{lk}}{dt} \tag{1.5}$$

Mit der Änderung der inneren Energie

$$\frac{dU}{dt} = m \cdot c_v \cdot \frac{dT}{dt} + u \cdot \left( \frac{dm_{lk}}{dt} + \frac{dm_f}{dt} \right) \tag{1.6}$$

ergibt sich schließlich für die Berechnung des Brennverlaufs der Ausdruck:

$$\frac{dQ_b}{dt} = m \cdot c_v \cdot \frac{dT}{dt} - R \cdot T \cdot \frac{dm_{lk}}{dt} - \frac{dm_f}{dt} \cdot (h_f - \Delta h_{fv} - u) + p \cdot \frac{dV}{dt} - \frac{dQ_W}{dt} \tag{1.7}$$

Der Temperaturverlauf wird unter Berücksichtigung der Leckageverluste aus der Gasgleichung berechnet. Die Temperaturen in der verbrannten und unverbrannten Zone werden mit Hilfe der Volumenbilanz und der Gasgleichung bestimmt und für die Berechnung der Stoffeigenschaften und des Wandwärmestroms verwendet.
Die kalorischen Zustandsgrößen für reale Gase werden nach DeJaegher [3] bestimmt, Stoffwerte für den Kraftstoffdampf sind Pischinger [4] entnommen. Im Rahmen der Entwicklung des Direktstarts [2] wurden aus dem Druckverlauf ermittelte Brennverläufe unter Einsatz der Wandwärmeübergangsmodelle nach Woschni, Hohenberg und Bargende auf ihre Plausibilität bei Drehzahl Null und niedrigen Drehzahlen hin analysiert. Das Wandwärmeübergangsmodell nach Bargende [5] lieferte hierbei die besten Ergebnisse, sodass dieser Gleichungsansatz für die Ermittlung des Wandwärmeübergangskoeffizienten α herangezogen wird.
Die Zylinder-Leckage wird, wie in [2] näher beschrieben, mit Hilfe eines effektiven Leckspaltquerschnittes nach der Durchflussgleichung einer isentropen, reibungsfreien Strömung berechnet. Diese vereinfachte Modellierung berücksichtigt jedoch nicht die erhöhte Leckage, die vorwiegend im Anlagenwechsel der Kolbenringe auftritt, also insbesondere auch beim Losreißen des Kolbens aus Drehzahl Null. Deshalb wurde die Abhängigkeit des Leckspaltes von der Drehzahl und Motortemperatur als empirische Kennlinie eingeführt, um die etwas höheren Leckageverluste bei niedrigen Drehzahlen und Motortemperaturen genauer zu erfassen [2]. Diese Kennlinie wurde durch zahlreiche Start- und Schleppversuche validiert.

## 3. Druckverlaufsanalyse im Start

Der Startprozess beim konventionellen Anlasserstart kann, unabhängig vom Brennverfahren, in drei Phasen untergliedert werden (Bild 3): Das Einspuren und Synchronisieren, den Drehzahlhochlauf und den Übergang in die Leerlaufphase. Am Zylinderdruck in Kombination mit der Motordrehzahl und Saugrohrdruck ist die erste Verbrennung sehr gut zu erkennen. Auch der durch den späten Zündwinkel am Ende des Hochlaufs verursachte Abfall im Zylinderdruck, der zur Vermeidung des Startüberschwingers eingesetzt wird, ist offensichtlich.
Bei Betrachtung des kumulierten HC-Verlaufs (Abbildung 3, oben) stellt sich heraus, dass in den ersten Sekunden ein erheblicher Anteil der emittierten unverbrannten Kohlenwasserstoffe aus den ersten Arbeitszyklen stammt. Dies lässt sich durch die im Startprozess ungünstigen Bedingungen für die Gemischaufbereitung erklären. Dabei spielen die aus der niedrigen Drehzahl herrührende reduzierte Ladungsbewegung im Brennraum, die noch kalten Brennraumwände und der systembedingt nicht optimale Einspritzdruck im Start die entscheidende Rolle.
Nach Aufbereitung der aufgezeichneten Daten wird die Druckverlaufsanalyse, wie in Kap. 2 beschrieben, durchgeführt und die daraus resultierenden Brennverläufe, Summenbrennverläufe sowie die Schwerpunktlage und Kraftstoffbilanz der ersten

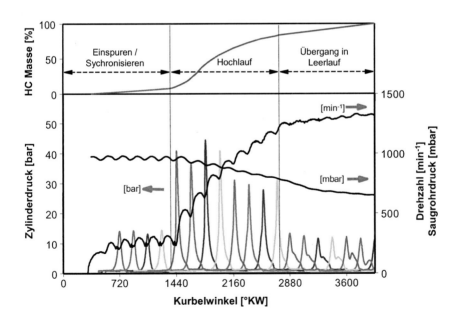

*Bild 3:* Übersicht Start

relevanten Verbrennungen berechnet. Die Gegenüberstellung der eingespritzten und der aus dem Brennverlauf abgeleiteten umgesetzten Kraftstoffmasse liefert eine quantitative Aussage bezüglich des Verlustes durch unvollständige Verbrennung sowie Wandfilmverluste. Als Umsetzungsgrad wird hier deshalb das Verhältnis von durch Verbrennung umgesetzter zu eingebrachter Kraftstoffmenge eingeführt. Die parallele Betrachtung des Umsetzungsgrads und der indizierten Arbeit liefert dann eine rasche Beurteilung der Güte der einzelnen Verbrennungen eines Starts. In Kombination mit dem Drehzahlanstieg gibt die detaillierte Auswertung des Brennverlaufs somit eindeutige Hinweise zur Gemischaufbereitung, Entflammung und Ausbrandverhalten für jeden Arbeitszyklus.

## 3. Beispiel einer Parameteruntersuchung im Start

Der Zündzeitpunkt und das Einspritztiming stellen neben der Sprayauslegung des Injektors in Abhängigkeit der Strömung im Brennraum die wichtigsten Optimierungsparameter für den Start dar. Nachfolgend wird eine Untersuchung dieser Parameter an einem 4-Zylinder Ottomotor mit Benzindirekteinspritzung und Mehrlochinjektor in zentraler Einbaulage vorgestellt, der im Start mit einer späten Kompressionseinspritzung (Schicht-Hochdruckstart [1]) betrieben wird.

(Bild 4) zeigt den Einfluss des Zündzeitpunktes auf den Brennverlauf der ersten Verbrennung. Die eingebrachte Kraftstoffmasse und das Einspritztiming wurden dabei nicht variiert. Deutlich zu erkennen ist die Zunahme der Brenngeschwindigkeit mit frühem Einleiten der Verbrennung. Dabei wird die Zeitspanne zwischen dem Ende der Einspritzung und dem Zündzeitpunkt kleiner und somit die gebildete Gemischwolke kompakter.

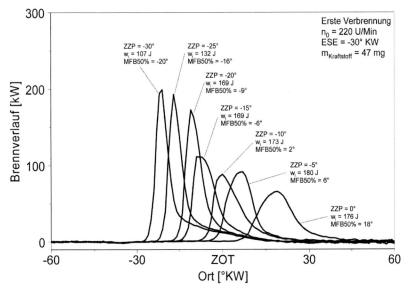

*Bild 4:* Zündzeitpunktvariation

Wird dieser Abstand größer, so zerfällt die Gemischwolke im weiteren Verlauf der Kompression bzw. Expansion und die Bedingungen für die Entflammung verschlechtern sich deutlich. Dies zeigt sich auch an der Form der Brennverläufe. Mit später Zündung werden zu Beginn der Verbrennung die Brennverläufe immer flacher, was die Abnahme der maximalen Brenngeschwindigkeit bedingt.

Bei der zusätzlichen Betrachtung der indizierten Arbeit ($w_i$) wird deutlich, welcher Zündzeitpunkt für den Start die höchste Effizienz erbringt, denn mit der Variation des Zündwinkels ändert sich ebenfalls der Schwerpunkt der Verbrennung (Bild 4) und damit der effektive Wirkungsgrad. Die höchste indizierte Arbeit wird hier bei ZZP = 5 °KW v. ZOT und einem Verbrennungsschwerpunkt von ca. 7 °KW n. ZOT erreicht. Damit ergibt sich ein optimaler Abstand zwischen dem Ende der Einspritzung und der Zündung für die erste Verbrennung von etwa 25 °KW. Dieser Wert allein ist jedoch für die Optimierung nicht ausreichend. Die Gemischaufbereitung ist insbesondere abhängig von der Spray-Kolben-Interaktion und diese wiederum von dem Ende der Einspritzung.

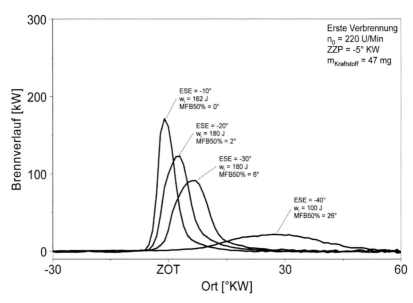

*Bild 5:* Variation von Einspritzende

Um diesen Einfluss zu klären, wurde in einer weiteren Untersuchung der Zündzeitpunkt der ersten Verbrennung bei ZZP = 5 °KW v. ZOT konstant gehalten und das Einspritzende (ESE) variiert (Bild 5).
Bei früher Einspritzung (ESE = 40 °KW v. ZOT) läuft die Verbrennung verschleppt an, die erreichte Brenngeschwindigkeit ist niedrig und die Brenndauer sehr lang. Bei diesem Einspritztiming wird die Kolbenmulde, eine symmetrische Vertiefung im Kolbenboden mit scharf abgesetztem Rand, nicht vom Spray getroffen. Der Kraftstoff wird folglich über den Muldenrand hinaus am Kolbenboden zur Zylinderwand hin verteilt. Dadurch ist an der Zündkerze zum Zeitpunkt der Zündung lediglich ein ausgemagertes Gemisch vorhanden.
Wird die Einspritzung später eingeleitet, so kann die Kolbenmulde den eingebrachten Kraftstoff zurück halten. Außerdem lässt der kleinere Abstand zur Zündung das Gemisch nicht zusätzlich abmagern, was die Verbrennung deutlich beschleunigt und die maximale Brenngeschwindigkeit ebenfalls erhöht.
Ähnlich der Variation des Zündzeitpunktes verändert sich mit der Änderung des Einspritztimings die Schwerpunktlage der Verbrennung stark. Die Auswertung der indizierten Arbeit liefert für ein optimales Einspritzende den Wert von ESE = 30 °KW v. ZOT. Damit erweist sich für die erste Verbrennung der Abstand von 25 °KW zwischen dem Ende der Einspritzung und der Zündung für dieses Brennverfahren als bestmöglich.
Der Einfluss der Spray-Kolben-Interaktion wird hier zusätzlich an einer Gegenüberstellung zweier Injektorvarianten, die sich im Kegelwinkel des Kraftstoffsprays unterscheiden, beispielhaft dargestellt. Auch bei diesem Vergleich erweist sich die Druckverlaufsanalyse als nützliche Hilfe zur Beurteilung der Verbrennung.

(Bild 6) zeigt das Kennfeld von Zündwinkel und Einspritzende der ersten Verbrennung für die Injektorvarianten Var_1 (breites Spray) und Var_2 (schmales Spray). Dargestellt ist jeweils neben der indizierten Arbeit $w_i$ auch der Umsetzungsgrad. Der Vergleich zeigt bei der Betrachtung der indizierten Arbeit und des Umsetzungsgrades eine signifikante Erweiterung des Einspritzende-Bereiches in Richtung früh für die Injektorvariante Var_2. Die erreichte indizierte Arbeit wird mit dieser Injektorgeometrie ebenfalls erhöht. Der weitaus kleinere Kegelwinkel des Injektors Var_2 ermöglicht schon bei früherem Einspritzende das Treffen der Kolbenmulde und die damit verbundene geringere Abmagerung des Gemisches.

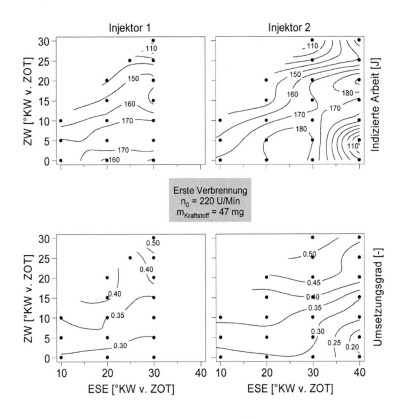

Bild 6: Injektorvergleich

Daraus resultiert ein günstiger Verlauf der Verbrennung und schließlich eine Erhöhung der abgegebenen Arbeit. Wird das Spray breiter, so wird bei frühem Einspritztiming die Kolbenmulde nicht getroffen und die Entflammungs- und Brennbedingungen werden deutlich verschlechtert.

# 4. Zusammenfassung und Ausblick

Die vorgestellte Druckverlaufsanalyse liefert als Methode für den Start deutlich mehr Informationen über die innermotorischen Vorgänge als die globale Betrachtung des Motorhochlaufs und der emittierten Schadstoffe. Im Hinblick auf eine weitere Reduzierung der im Start entstehenden HC-Emissionen und auch für eine Absicherung der Startsicherheit bietet die Druckverlaufsanalyse die Möglichkeit, eine effiziente Optimierung der relevanten Parameter durchzuführen.

Die Druckverlaufsanalyse erlaubt erst die detaillierte Beurteilung der Verbrennung, was insbesondere für die Untersuchung der Startvorgänge von großer Bedeutung ist, bei denen das Verhalten im Motorhochlauf die Auslegung des Brennverfahrens und die Applikation der Einflussparameter entscheidend beeinflusst. Als Beispiele sind hier neben extremen Umgebungsbedingungen wie dem Tieftemperaturstart auch Startvorgänge unter Verwendung von Alternativkraftstoffen wie E85 oder Schlechtkraftstoffen zu nennen.

Speziell bei Motoren mit Direkteinspritzung stellen die größere Freiheit in der Wahl des Einspritzzeitpunktes und auch die Aufteilung der Einspritzung im Start in Kombination mit dem Layout des Mehrloch-Injektors wichtige Stellgrößen dar. Neben der Optimierung dieser Größen bietet die Druckverlaufsanalyse im Start, unabhängig vom Brennverfahren, durch das Ableiten erforderlicher Maßnahmen auch im frühen Stadium der Brennverfahrensentwicklung eine wertvolle Hilfestellung.

Für die weitere Entwicklung der Methode ist insbesondere die genauere thermodynamische Beschreibung des Motorstarts von Bedeutung. Dabei richten sich die Untersuchungen neben einer allgemeinen Darstellung der Leckageverluste hauptsächlich auf die Bestimmung und genauere Beschreibung der auftretenden Wandwärmeverluste.

# Literatur

[1] Kufferath, A. ; Samenfink, W. ; Gerhardt, J.: Die neue Emissionsstrategie der Benzin-Direkteinspritzung. In: MTZ (11) 2003 S. 916-923

[2] Kulzer, A.: BDE-Direktstart. Startoptimierung eines Ottomotors mit Direkteinspritzung mittels eines thermodynamischen Motorsimulationsmodells. Universität Stuttgart, Dissertation, 2004

[3] De Jaegher, P.: Einfluss der Stoffeigenschaften der Verbrennungsgase auf die Motorprozessrechnung. TU Graz, Habilitation, 1984

[4] Pischinger, R. ; Klell, M. ; Sams, T.: Thermodynamik der Verbrennungskraftmaschine. Zweite, überarbeitete Auflage: Springer-Verlag Wien New York, 2002

[5] Bargende, M.: Ein Gleichungsansatz zur Berechnung der instationären Wandwärmeverluste im Hochdruckteil von Ottomotoren. TU Darmstadt, Dissertation, 1991

# 4 Die Druckverlaufsanalyse der Gemischbildung: Eine Kombination aus Simulation und Experiment zur Quantifizierung von Kraftstoffverdampfung und Gemischgüte
## Pressure Analysis for Mixture Formation: A Combination of Simulation and Experiment to Quantify Fuel Evaporation and Mixture Quality

Frank Schürg, Stefan Arndt, Caroline Schmid, Bernhard Weigand

## Abstract

Spray-guided combustion processes for gasoline direct injection (GDI) offer a great fuel saving potential. The quality of mixture formation has direct impact on combustion, emissions, and carbon dioxide. Therefore, it is very important to select the optimal mixture formation strategy. Fuel vaporization, air entrainment, and air/fuel-ratio as key criteria for mixture quality are difficult to measure directly. However, they distinctly affect thermodynamic state variables inside the combustion chamber, particularly pressure. A new analytic approach thus combines precise measurements of combustion chamber pressure during mixture formation with an application-oriented simulation model via parameter identification. By estimating initially uncertain model parameters using an optimization algorithm, simulation and experiment are automatically adjusted. The so-called pressure analysis for mixture formation is employed to investigate a rise of fuel pressure from 50 to 200 bar inside a stationary pressure/temperature-chamber. The analysis reveals a reduction of droplet size from 26 to 9 µm, in good agreement to results from the literature. The improvement of mixture quality is clearly expressed by the resulting shifts of end of vaporization and ignition window. The method thus proves well-suited for the optimization of mixture formation.

## Kurzfassung

Strahlgeführte Brennverfahren für die Benzindirekteinspritzung (BDE) weisen ein hohes Potenzial zur Senkung des Kraftstoffverbrauchs auf. Die Güte der Gemischbildung hat direkten Einfluss auf Verbrennung, Schadstoffbildung und Kohlenstoffdioxidemissionen. Somit kommt der Wahl der optimalen Gemischbildungsstrategie große Bedeutung zu. Kraftstoffverdampfung, Lufteintrag und resultierendes Luftverhältnis als zentrale Bewertungskriterien für die Gemischgüte sind nur schwer direkt messbar. Allerdings wirken sie sich deutlich auf die thermodynamischen Zustandsgrößen im Brennraum aus, insbesondere auf den Druck. Ein neuer Analyseansatz kombiniert deshalb hochgenaue Brennraumdruckmessungen während der Gemischbildung mit einem anwendungsorientierten Simulationsmodell anhand der Methode der Parameteridentifikation. Durch die Bestimmung zunächst unsicherer Modellparameter mittels eines Optimierungsalgorithmus werden Simulation und Experiment automatisch abgeglichen. Mit Hilfe der sogenannten Druckverlaufsanalyse der Gemischbildung wurde in einer stationären Druck/Temperatur-Messkammer eine Kraftstoffdrucksteigerung von 50 auf 200 bar untersucht. Die aus der Analyse erhaltene Reduzierung der Tropfengröße von 26 auf 9 µm stimmt gut mit Literaturwerten überein. Die Verbesserung der Gemischgüte wird durch die sich ergebenden Verschiebungen von Verdampfungsende und Zündzeitfenster veranschaulicht. Die Methode eignet sich damit hervorragend zur Optimierung der Gemischbildung.

# 1. Einleitung

Im aktuellen Weltklimabericht 2007 der Vereinten Nationen [1] einigte sich die zwischenstaatliche Sachverständigengruppe über Klimaänderungen (IPCC) erstmals auf eine Formulierung, wonach der Mensch durch die Verbrennung fossiler Kraftstoffe signifikanten Anteil an der zu verzeichnenden Klimaerwärmung hat. Seit dieser Veröffentlichung hat sich von Seiten der Politik und der Öffentlichkeit der Druck auf die Automobilindustrie massiv erhöht, einen größeren Beitrag zur Reduzierung der Kohlenstoffdioxidemissionen zu leisten. Im Hinblick auf diese Herausforderung versprechen auf der ottomotorischen Seite gegenwärtig das Downsizing in Verbindung mit Aufladung [2] sowie das strahlgeführte Brennverfahren für die kraftstoffgesteuerte Lastregelung in Verbindung mit Entdrosselung [3] die höchsten Einsparpotenziale bei gleichzeitiger Erfüllung der immer strengeren Schadstoffgesetzgebung.

Insbesondere das strahlgeführte Brennverfahren stellt hohe Ansprüche an die Gemischbildung. Einerseits steht durch die späten Einspritzzeiten bei hohen Drehzahlen sehr wenig Zeit für die Gemischaufbereitung zur Verfügung. Andererseits erfordert der globale Luftüberschuss innerhalb des Brennraums eine hohe zeitliche und räumliche Reproduzierbarkeit der Sprayausbreitung. Die Gemischbildungsgüte hat direkten Durchgriff auf die nachgelagerten Prozesse Entflammung, Verbrennung und Schadstoffbildung und damit auch auf die technische Realisierbarkeit des Verbrauchsvorteils. Aus diesem Grund kommt der Wahl der optimalen Gemischbildungsstrategie eine große Bedeutung zu.

Dazu ist zunächst eine genauere Definition der Gemischbildungsgüte nötig. Die Gemischbildung bei der Benzindirekteinspritzung umfasst zwei entscheidende Teilprozesse: Das Mischen des Kraftstoffs mit umgebender Luft und die Überführung des Kraftstoffs von der Flüssigphase in die Dampfphase. Der erste Teilprozess wird durch den Lufteintrag in die Spraywolke quantifiziert, der zweite Teilprozess durch die Kraftstoffverdampfung. In ihrer Summe ergeben sie das Luft/Kraftstoff-Verhältnis (kurz: Luftverhältnis), welches die Schlüsselgröße der Gemischbildung darstellt. Für optimale Gemischbildungsgüte sollten beide Teilprozesse schnell wie möglich ablaufen. Noch wichtiger ist allerdings ihre zeitliche Abstimmung: vollständige Mischung (Stöchiometrie) ist wertlos solange der Kraftstoff nicht verdampft ist und vollständige Verdampfung ist wertlos solange sich nicht genügend Luft in der Gemischwolke befindet.

Kraftstoffverdampfung, Lufteintrag und Luftverhältnis sind nur unter erheblichem experimentellem Aufwand, etwa mit Hilfe hochentwickelter laseroptischer Methoden (z.B. LIEF, Raman) an optisch zugänglichen Forschungsaggregaten, direkt messbar. Noch schwieriger ist es, zeitgleich zusätzliche relevante Prozessgrößen (z.B. Temperaturen und Wärmeströme) messtechnisch zu erfassen. Die ebenfalls hochentwickelte dreidimensionale Simulation (3D-CFD) der gesamten Gemischbildungskette von Injektorinnenströmung über Sprayzerfall bis Verdampfung liefert zwar sämtliche Prozessgrößen, erfordert aber einen erheblichen numerischen Aufwand und ist bis heute auf experimentelle Validierungsdaten angewiesen. Eine systematische Optimierung des Gemischbildungsprozesses über alle möglichen Freiheitsgrade stößt deshalb an die Grenzen der Machbarkeit. Eine effiziente Alternative bietet die hier vorgestellte Druckverlaufsanalyse der Gemischbildung. Sie kombiniert die motorische Standardmessgröße Druck mit einem anwendungsorientierten Simulationsmodell [4] und extrahiert damit die Vorteile aus Experiment und Simulation.

(a) 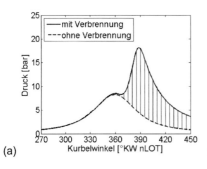 (b)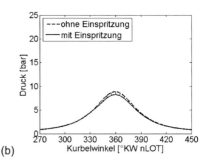

*Abbildung 1:* Konzept der Druckverlaufsanalyse. Etabliert ist die Analyse der Verbrennung anhand des Druckverlaufs (a), neu ist der analoge Ansatz zur Analyse der Gemischbildung (b).

## 2. Methodik

### 2.1 Ansatz der Druckverlaufsanalyse mittels Parameteridentifikation

Die Untersuchung des Brennraumdrucks hat sich in Form der Brennverlaufsanalyse inzwischen zu einem Standardwerkzeug der Motorentechnik entwickelt. Dabei wird der durch die Energiefreisetzung verursachte Druckanstieg im Vergleich zum ungefeuerten Motor-Schleppbetrieb (Abb. 1a) genutzt, um den Ablauf der Verbrennung zu analysieren. Bei der Benzindirekteinspritzung zeigt auch die Gemischbildung einen charakteristischen Einfluss auf den Druck im Brennraum und führt im Allgemeinen zu einem Druckeinbruch im Vergleich zum Schleppbetrieb ohne Einspritzung, wie in Abb. (1b) dargestellt. Offensichtlich ist die Druckänderung bei der Gemischbildung deutlich kleiner als bei der Verbrennung, trotzdem ist sie mit moderner Druckmesstechnik sauber aufzulösen. Diese Vorbetrachtungen legen die Idee nahe, wie die Verbrennung auch die Gemischbildung anhand gemessener Druckverläufe zu analysieren.

Die Änderung des Gasdrucks im Brennraum während der Gemischbildung wird durch verschiedene physikalische Teilprozesse hervorgerufen:

- Aufheizung der Tropfen (Druckabfall)
- Entzug von Verdampfungsenthalpie (Druckabfall)
- Entstehung von Kraftstoffdampf (Druckanstieg)
- Erhöhung der Gemisch-Wärmekapazität (Druckabfall)
- Temperaturschichtung in der Gasphase (Druckanstieg)

Zu jedem Zeitpunkt variieren die Anteile der verschiedenen Teilprozesse an der gemessenen Gesamtdruckänderung. Außerdem beeinflussen sie sich über die Zeit gegenseitig über komplexe und nichtlineare Kopplungen. Dies verdeutlicht, dass ein direktes Rückrechnen auf einzelne Teilprozesse oder gar einzelne in der Prozesskette übergeordnete Gemischbildungsgrößen wie Kraftstoffverdampfung, Lufteintrag oder Luftverhältnis nicht möglich ist.

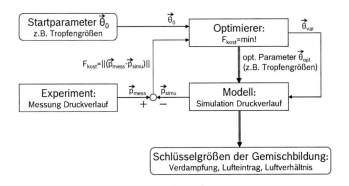

*Abbildung 2:* Schema der Druckverlaufsanalyse. Zusammenspiel von Simulation, Experiment und Optimierungsalgorithmus bei der Parameteridentifikation zur Bestimmung der Schlüsselgrößen der Gemischbildung.

Stattdessen erweist es sich zunächst zweckmäßig, sämtliche für den Druckverlauf relevanten physikalischen Teilprozesse in Form eines numerischen Simulationsmodells abzubilden. Ein solches Modell liefert zunächst eine unendliche Anzahl von physikalisch plausiblen Kurvenscharen (Druckverläufe, und als Zwischenergebnis sämtliche Gemischbildungsgrößen und druckbeeinflussenden Teilprozesse) als Funktion von physikalisch plausiblen Parametern (Startwerte und Randwerte wie Tropfengröße, Kraftstofftemperatur). Diese Parameter können der Simulation jedoch grundsätzlich nur mit endlicher Genauigkeit bereitgestellt werden. Meist weisen einige von ihnen sogar beträchtliche Unsicherheitsbereiche auf.

Sind zusätzlich Messungen einer Zustandsgröße des Modells (z.B. des Drucks) bekannt, ergeben sich die unsicheren Parameter (und sämtliche Gemischbildungsgrößen und druckbeeinflussenden Teilprozesse) aus der Lösung des damit definierten inversen Problems [5]. Diese Vorgehensweise wird auch Parameteridentifikation genannt [6] und ist numerisch elegant mit Hilfe eines Optimierungsalgorithmus implementierbar (s. Abb. 2). Der Optimierer erhält dazu zunächst plausible Startwerte $\theta_0$ und Grenzen für die unsicheren Parameter. Ausgehend von den Startwerten führt er mittels des Modells eine erste Simulation aus, wodurch er die Abweichung zwischen simuliertem Druckverlauf $p_{simu}$ und gemessenem Druckverlauf $p_{mess}$ als Kostenfunktion $F_{kost}$ zurückgeliefert bekommt. Danach variiert der Optimierer in systematischer Weise die ihm freigegebenen Parameter, bis der simulierte Druckverlauf optimal (d.h. durch weitere Parameteränderungen nicht mehr besser möglich) auf dem gemessenen Druckverlauf zum liegen kommt. Anhand der Simulation mit den optimalen Parametern $\theta_{opt}$ sind dann auch sämtliche Zwischenergebnisse des Simulationsmodells bekannt, insbesondere die gesuchten Gemischbildungsgrößen Kraftstoffverdampfung, Lufteintrag und Luftverhältnis.

## 2.2 Anwendungsorientierte numerische Simulation

Das anwendungsorientierte Simulationsmodell erfasst sämtliche global relevanten Teilaspekte des Gemischbildungsprozesses. Es basiert auf Vorarbeiten von [7]. Wie in Abb. 3 zu sehen ist, erfolgt für den Schichtbetrieb eine Unterteilung des Brennraums in zwei Zonen. Die Zone 1 enthält das Arbeitsgas (Luft oder reinen Stickstoff um im Schleppbetrieb eine Verbrennung zu vermeiden) und wird durch die Zustandsgrößen Druck $p$ (welcher im gesamten Brennraum als homogen angenommen wird, da sich Druckvariationen mit Schallgeschwindigkeit und damit deutlich über anderen relevanten Prozessgeschwindigkeiten ausbreiten), Temperatur $T_1$ und Masse $m_1$ vollständig beschrieben. Die Zone 2 repräsentiert die Spraywolke, welche sich bei näherer Betrachtung von Abb. 3 in eine Gasphase und eine Flüssigphase unterteilt. Die Gasphase besteht aus einem homogenen Gemisch aus Arbeitsgas und Kraftstoffdampf und wird durch die Zustandsgrößen Temperatur $T_2$, Masse Arbeitsgas $m_{2A}$, Masse Kraftstoffdampf $m_{2D}$ und Gasgeschwindigkeit $v_2$ vollständig beschrieben. Die Eigenschaften der Flüssigphase werden über ein Tropfenkollektiv modelliert, bestehend aus einer Anzahl $N_T$ eines charakteristischen, mittleren Einzeltropfens mit Durchmesser $D_T$, Temperatur $T_T$ und Geschwindigkeit $v_T$. Einflüsse verschiedener Verteilungsbreiten polydisperser Sprays werden über einen Korrekturterm erfasst, dessen Werte wie in [4] erläutert mittels eines komplexeren Flüssigphasenmodells abgeleitet und in einer Matrix hinterlegt wurden.

Die für eine Prozessoptimierung notwendige Rechenzeiteffizienz wird also durch eine örtliche Mittelung der Zustandsgrößen innerhalb der verschiedenen Zonen und Phasen erreicht. Das Simulationsmodell ist fokussiert auf den Gemischbildungsprozess, Ladungswechselvorgänge und die Verbrennung werden nicht erfasst. Entmischungsvorgänge von Mehrkomponentenkraftstoffen spielen bei der Verdampfung unter den Bedingungen des Schichtbetriebs eine untergeordnete Rolle [8]. Vereinfachend werden deshalb einkomponentige Ersatzkraftstoffe verwendet. Basierend auf der Arbeit von [9] sind n-Hexan oder n-Heptan für Benzin und n-Dodekan oder n-Tridekan für Diesel geeignet. Sämtliche für die Modellrechnung benötigten Stoffwerte (z.B. Verdampfungsenthalpie, Dampfdruck) sind für diese und zahlreiche weitere Alkane sowie für (Bio-) Ethanol und die Arbeitsgase Luft und Stickstoff auf Basis von [10] und [11] als Funktion der Temperatur dem Simulationsmodell hinterlegt.

Die Dynamik des Gemischbildungsprozesses rührt im Wesentlichen von Massen-, Energie- und Impulsströmen zwischen den einzelnen Zonen und Phasen her. Diese Ströme sind zur Veranschaulichung in Abb. 3 eingetragen. Betrachten wir zunächst die Massenströme. Der Kraftstoff gelangt über den Einspritzmassenstrom $\dot{m}_{IT}$ in die Spraywolke. Dieser wird vereinfachend als trapezförmig angenommen, mit dem statischen Durchfluss des Einspritzventils als Plateauwert und ansteigenden bzw. abfallenden Flanken, welche die Öffnungs- und Schließdynamik des Einspritzventils widerspiegeln. Der Massenstrom $\dot{m}_{12}$ von Zone 1 in die Spraywolke repräsentiert den Lufteintrag (das Entrainment) in das Spray und ist an die Volumenausbreitung der Spraywolke gekoppelt. Insbesondere für optisch zugängliche Forschungsmotoren ist in der Simulation ein Leckagestrom $\dot{m}_{1L}$ aus dem Brennraum zu berücksichtigen, welcher vereinfachend als Ausströmvorgang aus einem unendlich großen Behälter modelliert ist (siehe etwa [12]). Blickt man in die Spraywolke hinein, so kommt der Einspritzmassenstrom dem Tropfenkollektiv zugute, während der Entrainmentmas-

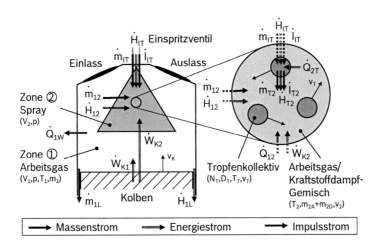

*Abbildung 3:* Gesamtstruktur des Simulationsmodells. Unterteilung des Brennraums in Zonen und Phasen sowie im Modell berücksichtigte Massen-, Energie- und Impulsströme.

senstrom im Gasgemisch mündet. Der Kraftstoff-Verdampfungsmassenstrom $\dot{m}_{T2}$ vom Tropfenkollektiv in das Gasgemisch wird nach dem Fick'schen Gesetz (Stoffdiffusion) und der Filmtheorie (z.B. [13]) für den ruhenden Tropfen berechnet. Über eine Korrektur der Sherwoodzahl nach [14] wird der Einfluss der erzwungenen Konvektion infolge der Relativbewegung zwischen Tropfen und umgebender Gasphase berücksichtigt. Betrachtet man die Energieströme, so sind zunächst alle genannten Massenströme (Einspritzung, Lufteintrag, Leckage, Kraftstoffverdampfung) mit den entsprechenden Enthalpieströmen $\dot{H}_{IT}$, $\dot{H}_{12}$, $\dot{H}_{1L}$, $\dot{H}_{T2}$ verknüpft. Der Wandwärmestrom $\dot{Q}_{1W}$ aus der Zone 1 berechnet sich nach [15]. Durch die Kolbenbewegung und die damit verbundene Volumenänderung des Brennraums werden die Volumenarbeitsströme $\dot{W}_{K1}$ und $\dot{W}_{K2}$ an den beiden Gasphasen in Zone 1 und 2 geleistet. Der Wärmestrom $\dot{Q}_{2T}$ zwischen Gasgemisch und Tropfenkollektiv innerhalb der Spraywolke wird durch die Abkühlung der Tropfen infolge der Verdampfung angetrieben und liefert den Großteil der zur Verdampfung benötigten Energie. Er berechnet sich als Wärmediffusionsprozess in Analogie zur Stoffdiffusion des Verdampfungsmassenstroms ebenfalls über die Filmtheorie für den ruhenden Tropfen. Über eine Korrektur der Nusseltzahl nach [14] wird wiederum die erzwungene Konvektion berücksichtigt. Im letzten Schritt wird noch der Impulsstrom $\dot{I}_{IT}$ berücksichtigt, welcher dem eingespritzten Kraftstoff anhaftet. Dieser kommt zunächst dem Tropfenkollektiv zugute und wird im Weiteren über aerodynamische Wechselwirkungen an das die Tropfen umgebende Arbeitsgas/Kraftstoffdampf-Gemisch weiter gegeben ($\dot{I}_{T2}$). Die Berechnung erfolgt über den aerodynamischen Widerstandskoeffizienten eines Einzeltropfens nach der Korrelation von [16] und wird korrigiert für Windschatteneffekte in dichten Sprays nach [17]. Aus dieser Impulsbilanz ergeben sich die mittleren Geschwindigkeiten der Tropfen und der Gasphase in Zone 2, deren Differenz als erzwungene

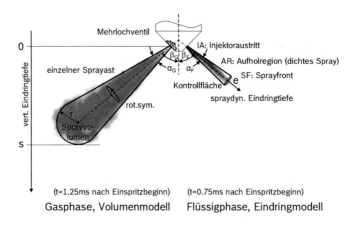

*Abbildung 4:* Modellierung der Volumenausbreitung (links) und Implementierung des Eindringmodells (rechts) für die charakteristische Spraygeometrie eines Mehrlochventils. In Graustufen hinterlegt sind Schnittbilder gemessener dampfförmiger und flüssiger Kraftstoffverteilungen (laserinduzierte Exciplexfluoreszenz, LIEF).

Konvektion direkten Einfluss auf den Massen- und Energietransport zwischen Tropfen und Gasphase hat.

Im Schichtbetrieb der Benzindirekteinspritzung breitet sich das Spray in wohl definierter Weise im Brennraum aus. Die Sprayausbreitung ist dabei gleichzusetzen mit dem Lufteintrag in die Spraywolke, dem ersten entscheidenden Teilprozess der Gemischbildung. Gleichzeitig liefert die eingetragene Luft den Großteil der für die Verdampfung notwendigen Wärmeenergie. Damit beeinflusst die Sprayausbreitung auch direkt den zweiten entscheidenden Teilprozess der Gemischbildung. Die Sprayausbreitung ist also von entscheidender Bedeutung für das Gesamtmodell, als räumlicher Prozess aber zunächst außerhalb des Geltungsbereichs eines nulldimensionalen Modellierungsansatzes. Aus diesem Grund beinhaltet die Simulation ein detailliertes Sprayausbreitungsmodell. Wie detailliert in [4] dargestellt kombiniert es basierend auf einem Ansatz von [18] eine analytische Berechnung der Eindringgeschwindigkeit aus globalen Massen- und Impulsbilanzen (Eindringmodell) mit einer phänomenologischen Abbildung der injektorspezifischen Form der Spraywolke (Volumenmodell, s. Abb. 4). Damit ist das Simulationsmodell in der Lage, den Sprayausbreitungsprozess von Mehrlochventilen und Ringspaltventilen mit hoher Genauigkeit wiederzugeben.

### 2.3 Experimentelle Erfassung des Druckverlaufs

Die Druckverlaufsanalyse der Gemischbildung wird in der vorliegenden Veröffentlichung auf den Gemischbildungsprozess innerhalb einer eigens angefertigten Druck/Temperatur-Messkammer angewendet. Der Versuchsaufbau ist schematisch in Abb. 5 dargestellt. Im Vergleich zum Motor stellt sie während der Gemischbildung stationäre Druck- und Temperaturrandbedingungen zur Verfügung, die in weiten Be-

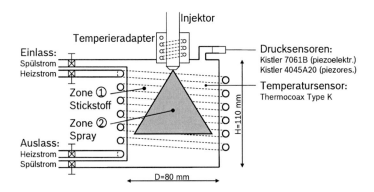

*Abbildung 5:* Schematischer Aufbau der Druck/Temperatur-Messkammer mit Einrichtungen zur Konditionierung von Messvolumen und Kraftstoff und Druck/Temperatur-Sensorik.

reichen unabhängig voneinander eingestellt werden können. Motorische Störeffekte wie Leckageströme und Wandwärmeverluste können vernachlässigt werden. Durch die Verwendung von reinem Stickstoff wird eine Verbrennung des Kraftstoffs ausgeschlossen. Der Versuchsträger eignet sich insbesondere zur isolierten Untersuchung der Gemischbildung, zur Validierung des vorgestellten Simulationsmodells sowie zum feinfühligen Vergleich konkurrierender Gemischbildungsstrategien. Damit stellt er eine wertvolle Ergänzung zu Motorversuchen dar.

Eine regelbare Konditionieranlage stellt am Einlass Stickstoff mit 1 bis 20 bar und 20 bis 220 °C zur Verfügung. Über Ein- und Auslassventile kann die Kammer druckdicht verschlossen werden. Durch den ebenfalls über Ventile regelbaren Stickstoff-Heizstrom wird die Temperatur der Kammerwände und damit indirekt die des Messvolumens eingestellt. Das Einspritzventil ist über einen Temperieradapter in der Kammer verbaut, sodass die Kraftstofftemperatur weitgehend unabhängig von den Kammerbedingungen variiert werden kann. Ein piezoresistiver Absolutdrucksensor (Kistler 4045A20) misst den Absolutdruck in der Kammer und dient zur Einstellung und Überprüfung des Kammerdrucks sowie zur Nullpunktkorrektur des piezoelektrischen Relativdrucksensors (Kistler 7061B). Dieser misst mit hoher Empfindlichkeit die relative Druckänderung innerhalb der Kammer während der Gemischbildung und liefert damit das eigentliche Messsignal für die Druckverlaufsanalyse der Gemischbildung. Thermoelemente dienen zur Einstellung und Überprüfung der Kammertemperatur. Die Abmessungen des zylindrischen Messvolumens gleichen einem motorischen Brennraum. Nach jeder Einspritzung wird der Kraftstoff mittels eines Stickstoff-Spülstroms aus der Kammer befördert, sodass wiederholbare Startbedingungen herrschen.

| Betriebspunkt | 50 bar | 200 bar |
|---|---|---|
| Kammer | | |
| Gas | Stickstoff | |
| Gasdruck [bar] | 9.4 | |
| Gastemperatur [°C] | 220 | |
| Wandtemperatur [°C] | 220 | |
| Einspritzung | | |
| Injektor | Mehrlochventil | |
| Kraftstoff | n-Heptan | |
| Kraftstoffmenge [mg] | 13 | |
| Kraftstoffdruck [bar] | 50 | 200 |
| Einspritzdauer [ms] | 2 | 1 |
| Unsichere Parameter | | |
| Kraftstofftemperatur [°C] | 20..220 (prädiktiv 120) | |
| Tropfengröße [µm] | 5..40 (prädiktiv 11.5) | |
| Optimale Parameter | | |
| Kraftstofftemperatur [°C] | 178.53 ± 0.05 | 184.58 ± 0.01 |
| Tropfengröße [µm] | 25.54 ± 0.12 | 8.76 ± 0.07 |

*Tabelle 1:* Randbedingungen für Experiment und Simulation. Für die unsicheren Parameter sind die Schätzwerte für die prädiktive Simulation, die Grenzen für die Druckverlaufsanalyse sowie die Ergebnisse der Druckverlaufsanalyse angegeben.

## 3. Ergebnisse

### 3.1 Randbedingungen

Die vorgestellte Methode der Druckverlaufsanalyse der Gemischbildung wird im Folgenden verwendet, um den Gemischbildungsprozess eines Mehrlochventils bei zwei verschiedenen Kraftstoffdrücken von 50 bar und 200 bar in der Druck/Temperatur-Messkammer zu untersuchen. Die Randbedingungen für die beiden Kraftstoffdruck-Betriebspunkte sind in Tab. 1 zusammengefasst. Die stationären Druck- und Temperaturwerte spiegeln einen motorrealistischen Teillastpunkt im Schichtbetrieb wider. Zur Vereinfachung der Modellierung kommt anstatt Benzin n-Heptan zum Einsatz. Über eine Anpassung der Einspritzdauern beider Betriebspunkte wurde die eingespritzte Kraftstoffmenge gleichgestellt.

Bei der vorliegenden Untersuchung zeigten zwei Parameter eine ausgeprägte Unsicherheit und wurden deshalb für die Druckverlaufsanalyse zur Parameteridentifikation freigegeben. Zum einen wurde der Injektor in der vorliegenden Messreihe nicht aktiv temperiert. Da zwischen einzelnen Einspritzungen aufgrund der Kammerspülung etwa eine Minute verstreicht, kommt es zu einer deutlich stärkeren Aufheizung des Kraftstoffs als im vergleichbaren Motorbetrieb. Für eine prädiktive Simulationsrechnung wurde eine Kraftstofftemperatur von 120 °C geschätzt, für die Druckverlaufsanalyse jedoch der gesamte physikalisch sinnvolle Bereich von Umgebungstemperatur bis Kammertemperatur freigegeben. Die Tropfengröße wurde für die prädiktive Rechnung in grober Vereinfachung bei beiden Betriebspunkten auf 11.5 µm geschätzt. Für die Druckverlaufsanalyse wurde ein breiter, physikalisch sinnvoller Bereich freigegeben.

## 3.2 Ablauf der Druckverlaufsanalyse

Der Ablauf der Druckverlaufsanalyse der Gemischbildung geht aus Abb. 6 hervor. Zunächst sind die gemessenen Druckverläufe für 50 bar (Abb. 6a) und 200 bar (Abb. 6b) dargestellt. Die beiden Kurven zeigen einen prinzipiell ähnlichen Verlauf: Nach einer kurzen Anlaufphase fällt der Druck ausgehend von seinem plateauförmigen Startwert rampenförmig ab bevor er sich anschließend asymptotisch an ein tiefer liegendes Niveau annähert. Der Verlauf spiegelt die drei charakteristischen Phasen der Kraftstoffverdampfung bei der Benzindirekteinspritzung im Schichtbetrieb wider, wie sie ursprünglich von [19] anhand Laserinduzierter Exciplexfluoreszenz (LIEF) Messungen beschrieben und in [4] auch in den numerischen Ergebnissen des hier verwendeten Simulationsmodells wiedergefunden wurden. Diese sind der Verdampfungsanlauf zu Einspritzbeginn, die annähernd stationäre Verdampfung während der laufenden Einspritzung und das Verdampfungsende nach Ende der Einspritzung. Anhand dieser Interpretation wird schon aus den gemessenen Druckkurven deutlich, dass die Kraftstoffverdampfung bei höherem Einspritzdruck schneller abläuft.

Neben den Messdaten sind in den beiden Schaubildern die prädiktiven Simulationsergebnisse eingezeichnet. Die gepunkteten Kurvenverläufe stellen die analytischen Grenzen des Druckverlaufs der prädiktiven Simulation dar. Die Untergrenze ergibt sich aus der Betrachtung der Kammer als ein vollständig homogenisiertes abgeschlossenes System, d.h. der gesamte zu einem bestimmten Zeitpunkt eingespritzte Kraftstoff ist vollständig verdampft und ideal mit dem Stickstoff in der Kammer vermischt, ohne dass Energie von außen über die Wände eingetragen wurde. Analog ist die Obergrenze gegeben durch die Betrachtung der Kammer als ein vollständig homogenisiertes geschlossenes System, d.h. der gesamte zu einem bestimmten Zeitpunkt eingespritzte Kraftstoff ist vollständig verdampft und ideal mit dem Stickstoff durchmischt und das resultierende Gasgemisch hat durch Wärmeeintrag über die Kammerwände wieder die ursprüngliche Kammertemperatur erreicht. Die analytischen Betrachtungen zeigen, dass sich der Druck bei zunehmender Sprayausbreitung und Homogenisierung zunächst der Untergrenze des abgeschlossenen Systems annähert, dieses aber aufgrund des Wärmeeintrags niemals erreicht, sondern nach einer deutlich längeren als der hier betrachteten Zeitspanne der Obergrenze des geschlossenen Systems entgegenstrebt.

Die deutlichen Abweichungen zwischen Messung und prädiktiver Simulation sowohl in der Höhe als auch in der Zeit bis zum Erreichen des unteren Druckplateaus deuten an, dass die prädiktiven (geschätzten) Werte für die unsicheren Parameter Kraftstofftemperatur und Tropfengröße Abweichungen zur Realität aufweisen. Diese Parameter wurden nun innerhalb der in Tab. 1 spezifizierten Bereiche, ausgehend von fünf Startpunkten, freigegeben und mit Hilfe der Druckverlaufsanalyse der Gemischbildung bestimmt. Die Abb. (6c) und (6d) zeigen die Lage der fünf Startparameter $\theta_0$ in den Ecken und in der Mitte des zulässigen Parameterraums, die zugehörigen iterativen Konvergenzforschrittswege sowie die vom Optimierungsalgorithmus gefundenen Optima $\theta_{opt}$. Die Knicke in den Konvergenzfortschrittswegen signalisieren aufeinanderfolgende Iterationsschritte des Optimierers. Offensichtlich findet der Optimierer also ausgehend von beliebigen Punkten innerhalb des Parameterraums in wenigen Schritten immer zum gleichen Optimum. Letzteres geht auch aus Tab. 1 hervor, wo die Zahlenwerte der identifizierten, optimalen Parameter zusammen mit ihren Standardabweichungen über die fünf Startwerte angegeben sind. Die identifizierte Kraftstofftemperatur liegt mit etwa 180 °C für beide Betriebspunkte etwa 60 K über der

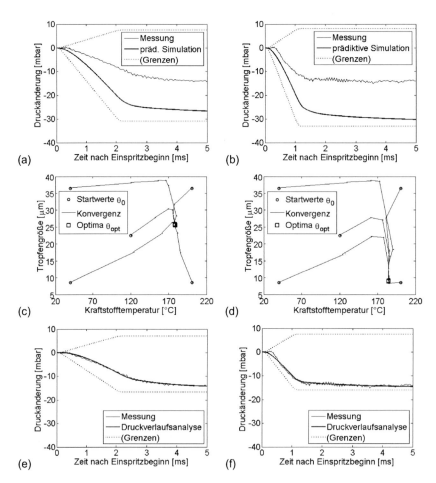

*Abbildung 6:* Ablauf der Druckverlaufsanalyse für die beiden Einspritzdruck-Betriebspunkte 50 bar (links) und 200 bar (rechts). Anfängliche Diskrepanz zwischen gemessenem und simuliertem Druckverlauf (a) und (b), iterativer Konvergenzfortschritt des Optimierers (c) und (d), Übereinstimmung von Messung und Simulation nach optimaler Anpassung der Parameter (e) und (f).

prädiktiv geschätzten Temperatur. Deshalb sind der Energieentzug aus dem Brennraum zur Aufheizung der Tropfen und damit der Gesamtdruckeinbruch im Experiment deutlich geringer als von der prädiktiven Simulation vorhergesagt.

Die identifizierten Tropfengrößen zeigen eine starke Abhängigkeit vom Kraftstoffdruck. Während die knapp 9 µm bei 200 bar recht nahe am prädiktiven Zahlenwert liegen, liefert die Druckverlaufsanalyse bei 50 bar erheblich größere Tropfen mit einem mittleren Durchmesser von fast 26 µm. Dies äußert sich experimentell in einer deutlich verschleppten Verdampfung bei 50 bar im Vergleich zu der Simulation mit viel zu kleiner prädiktiver Tropfengröße.

Obwohl die Temperatur-Randbedingungen der Kammer für beide Kraftstoffdruck-Betriebspunkte gleich sind, offenbart die Druckverlaufsanalyse der Gemischbildung bei näherer Betrachtung für 200 bar eine um etwa 6 K höhere Kraftstofftemperatur als für 50 bar. Der Grund dafür liegt in dem größeren Betrag an kinetischer Energie, den der Kraftstoff bei höherem Druck in das System einbringt. Im Zuge der Gemischbildung wird dieser höhere Energiebetrag zum Großteil in Wärme dissipiert und äußert sich in einer beschleunigten Verdampfung. Da dieser Prozess in der Energiebilanz des numerischen Modells nicht erfasst wird, kompensiert ihn der Optimierer mittels einer leichten Anpassung der Kraftstofftemperatur. Einer einfachen Abschätzung zufolge entspricht der Differenzbetrag an kinetischer Energie zwischen den beiden Kraftstoffdruck-Betriebspunkten thermodynamisch einer maximalen Temperaturerhöhung des Kraftstoffs um 7 K und erklärt damit plausibel die von der Druckverlaufsanalyse bestimmte Temperaturdifferenz von etwa 6 K.

Die Übereinstimmung von Messung und Simulation nach Identifikation der unsicheren Parameter mittels Druckverlaufsanalyse ist in Abb. (6e) und (6f) dargestellt. Über praktisch den gesamten betrachteten Zeitbereich liegt die Abweichung nun im Rahmen des Messrauschens. Alle drei charakteristischen Phasen des Druckverlaufs werden vom Modell korrekt und mit physikalisch sinnvollen Parameterwerten erfasst. Diese Übereinstimmung stellt einerseits eine erfolgreiche Validierung des anwendungsorientierten Simulationsmodells dar, da offensichtlich alle relevanten physikalischen Prozesse mit hinreichender Genauigkeit erfasst werden. Andererseits bestätigt sie auch die Funktion des gewählten Ansatzes der Druckverlaufsanalyse über eine Optimierer-basierte Parameteridentifikation.

**3.3 Vorteile der Druckverlaufsanalyse**

Die Unterschiede zwischen prädiktiver Simulation und Druckverlaufsanalyse sind in Abb. 7 anhand der für die Bewertung der Gemischgüte entscheidenden Größen Kraftstoffverdampfung (Abb. 7a und 7b) und Luftverhältnis (Abb. 7c und 7d) für die beiden Kraftstoffdruck-Betriebspunkte dargestellt. Die qualitativen Unterschiede zwischen prädiktiver Simulation und Druckverlaufsanalyse sind auf den ersten Blick nicht gravierend, haben aber zum Teil deutliche Auswirkungen auf die Bewertung der Gemischbildungsgüte. Bei 50 bar überschätzt die prädiktive Simulation die Kraftstoffverdampfung aufgrund der zu klein angenommenen Tropfen, obwohl die Kraftstofftemperatur deutlich zu niedrig geschätzt wurde. Aufgrund der verschleppten Verdampfung erreicht das reale Luftverhältnis zwar früher den zündfähigen Bereich zwischen 0.8 und 1.2, das Verdampfungsende liegt jedoch in Realität deutlich später als von der prädiktiven Simulation vorhergesagt, außerhalb der betrachteten Zeitspanne. Im Hinblick auf die Diskussion der Gemischgüte anhand der beiden Teilprozesse Kraftstoffverdampfung und Lufteintrag erkennt man mit Hilfe der Druckverlaufsanalyse, dass in Realität die unvollständige Verdampfung eine Zündung innerhalb der betrachteten Zeitspanne unmöglich macht. Bei 200 bar hingegen unterschätzt die prädiktive Simulation die Kraftstoffverdampfung aufgrund etwas zu groß angenommener Tropfen und deutlich zu klein angenommener Kraftstofftemperatur. Der Einfluss dieser Ungenauigkeiten auf den Eintritt des Luftverhältnisses in den zündfähigen Bereich ist gering, jedoch ermöglicht die in Realität deutlich früher abgeschlossene Ver-

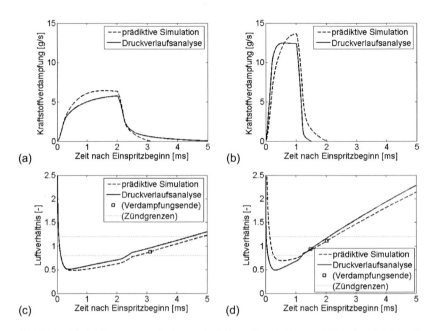

*Abbildung 7:* Diskrepanz zwischen prädiktiver Simulation und Druckverlaufsanalyse in den Zielgrößen der Gemischbildung für die beiden Einspritzdruck-Betriebspunkte 50 bar (links) und 200 bar (rechts). Kraftstoffverdampfung (a) und (b) und mittleres Luftverhältnis in der Gemischwolke (c) und (d).

dampfung eine frühere Zündung und ein insgesamt breiteres zeitliches Zündfenster. Das Konzept der Druckverlaufsanalyse der Gemischbildung ermöglicht also über eine Kombination von Druckmessungen und anwendungsorientierter Simulation eine deutlich genauere Bewertung der Gemischgüte als die prädiktive Simulation allein.

### 3.4 Einfluss des Kraftstoffdrucks auf die Gemischbildungsgüte

Der vorgestellte Analyseansatz eignet sich zur Bewertung konkurrierender Maßnahmen zur Optimierung der Gemischbildungsgüte, was hier am Beispiel einer Erhöhung des Kraftstoffdrucks gezeigt werden soll. Die Druckverlaufsanalyse ergibt, dass die Tropfengröße bei einer Drucksteigerung von 50 bar auf 200 bar deutlich abnimmt. Diese Verbesserung der Zerstäubungsqualität mit steigendem Kraftstoffdruck stimmt sehr gut mit anderen experimentellen Ergebnissen überein, beispielsweise mit [20], dargestellt in Abb. 8 (a). Gleichzeitig erhält das Spray bei 200 bar einen deutlich höheren Impuls, dringt schneller in den Brennraum ein und steigert damit den Lufteintrag in die Gemischwolke deutlich (Abb. 8c), insbesondere während der laufenden Einspritzung. Die kleineren Tropfen in Verbindung mit dem höheren Eintrag von Frischluft und thermischer Energie beschleunigen die Kraftstoffverdampfung dramatisch um etwa den Faktor zwei (Abb. 8c). Damit wird die zur Verdampfung benötigte Zeit nahezu auf ein Viertel reduziert. Der erhöhte Lufteintrag beschleunigt zusätzlich

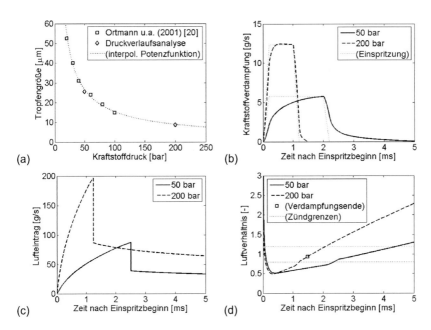

*Abbildung 8:* Einfluss des Kraftstoffdrucks auf die Gemischbildung, untersucht mit Hilfe der Druckverlaufsanalyse. Einfluss des Kraftstoffdrucks auf die Zerstäubungsqualität (a) sowie zeitliche Verläufe der Kraftstoffverdampfung (b), des Lufteintrags (c) und des mittleren Luftverhältnisses (d).

das Erreichen eines zündfähigen Luftverhältnisses, sodass bereits etwa 1.5 ms nach Einspritzbeginn eine Zündung des zu diesem Zeitpunkt stöchiometrischen Gemisches möglich ist. Bei einer Motordrehzahl von 3000 1/min entspricht dieser Zeitraum etwa 27 °KW. Somit könnte im Motor unter den gegebenen Randbedingungen mit 200 bar Kraftstoffdruck ein Schichtbetriebspunkt dargestellt werden, keinesfalls jedoch mit 50 bar.

## 4. Zusammenfassung und Ausblick

Die Druckverlaufsanalyse der Gemischbildung ist ein neues Werkzeug zur Bewertung und Optimierung der Gemischgüte bei der Benzindirekteinspritzung anhand der zentralen Gemischbildungsgrößen Kraftstoffverdampfung, Lufteintrag und Luftverhältnis. Sie kombiniert Simulation und Experiment mit Hilfe der Methode der Parameteridentifikation. Dabei werden unsichere Modellparameter mit Hilfe eines Optimierungsalgorithmus derart bestimmt, dass das anwendungsorientierte Modell des Gemischbildungsprozesses den gemessenen Brennraumdruck während der Gemischbildung optimal wiedergibt.

Als Anwendung wurde eine Kraftstoffdruckvariation eines Mehrlochventils unter motorrealistischen Bedingungen in einer stationären Druck/Temperatur-Messkammer analysiert. Die Druckverlaufsanalyse der Gemischbildung liefert für die zunächst unsicheren Parameter Kraftstofftemperatur und Tropfengröße physikalisch sinnvolle Werte. Die sich ergebende Reduktion der Tropfengröße mit höherem Kraftstoffdruck stimmt sehr gut mit anderen experimentellen Resultaten überein. Es wurde gezeigt, dass sich durch den automatisierten Abgleich mit dem Experiment die Genauigkeit der Simulation gegenüber einer rein prädiktiven Anwendung deutlich erhöht. Gleichzeitig verifiziert ein erfolgreicher Abgleich mit physikalisch sinnvollen Parametern das Simulationsmodell selbst.

Mit Hilfe der Druckverlaufsanalyse der Gemischbildung wurde beispielhaft das Optimierungspotenzial einer Steigerung des Kraftstoffdrucks nachgewiesen. In gleicher Weise können alternative Optimierungsmaßnahmen bezüglich Injektorkonzept (Mehrlochventil, Ringspaltventil), Injektorauslegung (Durchfluss, Lochanzahl) und Motorbedingungen (Einspritztiming, Aufladung) bewertet werden. Mittels Druckverlaufsmessungen aus dem Zylinder im Stickstoff-Schleppbetrieb lässt sich die Methode direkt auf den realen Motor übertragen. Das Modell umfasst zusätzliche einkomponentige Ersatzkraftstoffe wie Ethanol oder n-Dodekan und erweitert die Anwendbarkeit der Methode in Richtung ottomotorische Biokraftstoffe und Dieselmotor.

## Literatur

[1] Intergovernmental Panel on Climate Change (IPCC): Climate Change 2007. The Physical Science Basis. Summary for Policy Makers. Geneva, Switzerland, 2007.

[2] Middendorf, H., Krebs, R., Szengel, R., Pott, E.: Der weltweit erste doppeltaufgeladene Otto-Direkt-Einspritzmotor von Volkswagen. 14. Aachener Kolloquium Fahrzeug- und Motorentechnik, Bd. 2, 2005, S. 961-986.

[3] Waltner, A., Lueckert, P., Schaupp, U., Rau, E.: Die Zukunftstechnologie des Ottomotors: Strahlgeführte Direkteinspritzung mit Piezo Injektor. Fortschrittsberichte VDA Reihe 12, Nr. 622, Bd. 2, 2006. 27. Int. Wiener Motorensymposium S. 24-43.

[4] Schürg, F., Arndt, S., Pfefferle, D., Weigand, B.: An injector specific analytic-phenomenological spray propagation model for the application-oriented simulation of direct injection SI engines. Proc. JSAE/SAE International Fuels and Lubricants Meeting, Kyoto, Japan, 2007 (to be published).

[5] Beck, J.V. und Woodbury, K.A.: Inverse problems and parameter estimation: integration of measurement and analysis. Measurement Science and Technology, Vol. 9, 1998, S. 839-847.

[6] Maine, R.E. und Iliff, K.W.: Identification of dynamic systems. AG-300, AGARD, Vol. 2, 1985.

[7] Seibel, C.: Weiterentwicklung kombinierter experimenteller und numerischer Methoden zur Optimierung der Gemischbildung bei der Benzindirekteinspritzung. Universität Stuttgart, Dissertation, 2006.

[8] Gartung, K.: Modellierung der Verdunstung realer Kraftstoffe zur Simulation der Gemischbildung bei der Benzindirekteinspritzung. Universität Bayreuth, Dissertation, 2007.

[9] Tamim, J. und Hallett, L.H.: A continuous thermodynamics model for multi component droplet vaporization. Chem. Eng. Sci., Vol. 50, No. 18, 1995, S. 2933-2942.

[10] Daubert, T.E. und Danner, R.P.: Physical and thermodynamic properties of pure chemicals. Hemisphere Publishing, 1997.

[11] VDI Gesellschaft Verfahrenstechnik und Chemieingenieurwesen (GVC): VDI Wärmeatlas. Springer, Berlin, 1994.

[12] Merker, G., Schwarz, C., Stiesch, G. und Otto, F.: Verbrennungsmotoren. B. G. Teubner Verlag, Wiesbaden, Deutschland, 2004.

[13] Crowe, C.T., Sommerfeld, M. und Tsuji, Y.: Multiphase flows with droplets and particles. CRC Press LLC, Boca Raton, Florida, 1998.

[14] Ranz, W.E. und Marshall, W.R.: Evaporation from drops – I und II. Chem. Engr. Prog. 48, 1952.

[15] Woschni, G.: Die Berechnung der Wandverluste und thermischen Belastung der Bauteile von Dieselmotoren. Motortechnische Zeitschrift 31, 1970.

[16] Schiller, L. und Naumann, A.: Über die grundlegenden Berechnungen bei der Schwerkraftaufbereitung. Ver. Deutsch. Ing. 77, 1933, S. 318.

[17] Chiang, C.H. und Sirignano, W.A.: Axisymmetric calculations of three-droplet interactions. Proc. ICLASS, Gaithersburg, MD, USA, 1991.

[18] Roisman, I.V. und Tropea, C.: Far-field penetration of a mushroom-like Diesel spray. Prog. ICLASS, Sorrento, Italy, 2003.

[19] Ruthenberg, I.: Laserspektoskopische Analyse eines strahlgeführten Brennverfahrens der Benzindirekteinspritzung. Universität Stuttgart, Dissertation, 2006.

[20] Ortmann, R., Würfel, G., Grzeszik, R., Raimann, J., Samenfink, W., Schlerfer, J.: Vergleich von Zerstäubunhgskonzepten für Benzin-Direkteinspritzung. Direkteinspritzung im Ottomotor III, Spicher (Hrsg.), expert verlag, Renningen, 2001.

# 5 Messmethoden am Heißgasprüfstand
## Measurement Methods Performed at Hot Gas Test Bench

Edwin Kamphues, Marc Sens, Holger Bolz

## Abstract

Triggered by growing demand for efficient and durable turbochargers their development and calibration is playing an increasingly important role with turbine manufacturers as well as engine manufacturers. The basic requirement for all necessary development of turbochargers and their adaptation to combustion engines is the reliable and qualitatively superb measurement of components on hot gas test benches.
The present paper deals with various methods of measurement available to developers on a hot gas test bench as a "development tool" in order to achieve their engineering goals efficiently, by reaching required operating points without engine accessibility.
The renowned mapping of a turbine where lines of constant speed, mass flow and pressure ratio are represented will be discussed first. This graphic will then be compared to a method that applies the value $u/c_0$ as a parameter for representation.
Furthermore measuring methods will be discussed that deal with hot gas test bench conditions very close to those present with a combustion engine. Beyond the information derived out of turbine mapping further methods useful for the calibration of a turbocharger on a combustion engine will be described.
This paper is the result of a cooperation between a turbine manufacturer, a supplier in the field of engine development services as well as a manufacturer of hot gas test benches.

## Kurzfassung

Ausgelöst durch eine steigende Nachfrage nach effizienten und dauerstabilen Abgasturboladern (ATL) nehmen die Weiterentwicklung und die Applikationsentwicklung bei allen Herstellern sowie vielen Motorentwicklern selbst einen immer breiteren Raum ein. Grundlegende Notwendigkeit aller in diesem Kontext durchzuführenden Entwicklungsarbeiten an Abgasturboladern selbst sowie den Anpassungen an die Verbrennungsmotoren ist eine verlässliche sowie qualitativ hervorragende Komponentenvermessung an sogenannten Brennkammerprüfständen.
Der vorliegende Beitrag beschäftigt sich mit verschiedenen Messmethoden, die dem Entwickler an dem Entwicklungswerkzeug „Heißgasprüfstand" zur Verfügung stehen um seine Entwicklungsziele effizient erreichen zu können und um den Abgasturbolader in all seinen Betriebs- und Belastungspunkten auch ohne verfügbaren Verbrennungsmotor weitestgehend erproben zu können.
Zunächst wird die allgemein bekannte Kennfelddarstellung für die Turbine untersucht. Hier werden Linien gleicher Drehzahl über dem Durchsatz und dem Druckverhältnis dargestellt. Diese Darstellung wird gegen eine Methode verglichen, die den Wert $u/c_0$ als Darstellungsgröße heranzieht.

Daran anschließend werden verschiedene Messmethoden erläutert, bei denen der Turbolader am Heißgasprüfstand unter Bedingungen getestet wird, die den tatsächlichen Bedingungen am Verbrennungsmotor möglichst nahe kommen. Schließlich werden einfache Messmethoden beschrieben, die neben der Kennfeldinformation nützlich sind, um einen ATL am Verbrennungsmotor zu applizieren. Der Vortrag resultiert aus der Zusammenarbeit zwischen einem Entwickler von Abgasturboladern, einem Entwicklungsdienstleister in der Motorenentwicklung sowie einem Hersteller für Heißgasprüfstände.

## 1. Einleitung

Die Abgasturboaufladung spielt in der Motorentwicklung einer immer größere Rolle. Während die Dieselmotoren bereits seit vielen Jahren mindestens einstufig aufgeladen sind, setzt sich dieser Trend aufgrund des hohen Kraftstoffeinsparpotentials bei entsprechend ausgelegten Verbrennungsmotoren auch immer stärker im Bereich der Ottomotoren durch. Die damit einhergehenden immer weiter steigenden Anforderungen an das Aufladeaggregat selbst führen zu einer deutlich größeren Entwicklungstiefe. Dieser muss einerseits durch die Motorenentwickler mit einer immer feineren Detailentwicklung der Brennverfahren sowie der Interaktion zwischen Motor und Abgasturbolader selbst entsprochen werden, andererseits sind die Aufladesystementwickler gefordert eine noch größere Entwicklungstiefe zu gewährleisten.

Werden Abgasturbolader entwickelt, so geschieht deren thermodynamische Bewertung am Komponentenprüfstand. Diese sogenannten Heißgasprüfstände versorgen die Turbine des Abgasturboladers mit Heißgas, so dass die Turbine ihrerseits den Verdichter antreiben kann. Durch Messung entsprechender Temperaturen und Drücke sowie der Massenströme und auch weiterer Größen ist eine eindeutige Beurteilung des Potentials möglich. Darüber hinaus kann ein Heißgasprüfstand sehr effizient und vielseitig eingesetzt werden um die Entwicklung eines Abgasturboladers zu unterstützen. Entsprechende Methoden und Ansätze werden in den nächsten Kapiteln beschrieben.

## 2. Vergleichende Betrachtung unterschiedlicher Messmethodik zur ATL-Kennfeldmessung

Für die Kennfeldmessungen der Turbine nach ISO [1] werden Messleitungen (min. Länge 3 x D) mit dem gleichen Durchmesser wie die Einlass- und Auslassflansche der Turbine verwendet. Sie sind direkt an den Einlass- und Auslassflanschen der Turbine befestigt. Temperaturen und Drücke werden an vier ringsum angeordneten Stellen gemessen, die mindesten 2 x D vom Leitungsein- zw. Ausgang angeordnet sind. Diese ISO-Norm trifft nicht ganz auf die Vermessung von Abgasturbolader-Turbinen für PKW- und NFZ-Anwendungen zu, da die Norm ehr aus dem Großturbinenbau stammt. In der Praxis ist dies zu dem kaum realisierbar, da die Ein- und Austrittsdurchmesser durch eine Vielzahl von Prüflingen variieren. Daher wird fast jeder Messaufbau nach eigenen „Standards" durchgeführt.

Aus den Messdaten können der Turbinendurchsatz und der Wirkungsgrad direkt errechnet und abgebildet werden (siehe Bild 1).

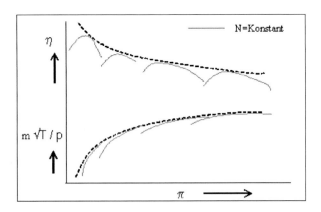

*Bild 1:* Drehzahlkennlinien / Wirkungsgrad Turbine

Die Abstimmung von Kompressor und Turbine zielt darauf ab, die Betriebsdrehzahl nahe am maximalen Wirkungsgrad bei einem bestimmten Druckverhältnis zu halten.

Die Turbine sieht im eingebauten Zustand einen pulsierenden Abgasstrom. Durch die Pulsation ändern sich die Eintrittsbedingungen (Druck, Temperatur und Massenstrom) an der Turbine mit der Zündfrequenz des Verbrennungsmotors.
Gegenüber einer stationären Strömung, z. B. aus einem Heißgasprüfstand variieren die Ergebnisse (Wirkungsgrad, Druckverhältnis) bei einer pulsierenden Strömung. Bei einem stationären Betriebspunkt des Verbrennungsmotors wird dem nach die Turbine in einem mehr oder weniger großen Kennfeldbereich betrieben. Die obige Kennfelddarstellung gibt aber nur einen stationären Betriebspunkt der Turbine wieder.

Um die Auslegung bzw. Adaption der Turbine an den Verbrennungsmotor zu erleichtern, kann die Turbinenleistung in einer zweiten Methode dargestellt werden. Hierbei wird der Wirkungsgrad und der Durchsatz über dem Geschwindigkeitsverhältnis ($U/C_0$) aufgetragen wird.
Das Geschwindigkeitsverhältnis ergibt sich aus der Definition des Wirkungsgrades einer Expansionsmaschine.

Die theoretische Entspannungsleistung (W) in einem Gasstrom ist:

$$W = \frac{1}{2}\dot{m} \cdot (C_0)^2 \qquad \{1\}$$

Wobei:

$\dot{m}$     Massenstrom [kg/s]
$C_0$     Einlassgeschwindigkeit [m/s]

Die aus dem Gasstrom entnommene Arbeitsleistung errechnet sich aus dem Wechsel der Gasgeschwindigkeit in der Rotationsrichtung (Bild 2). Dies entspricht dem Gesamttemperaturabfall über der Turbine.

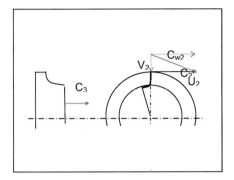

*Bild 2:* Drehzahlkennlinien / Wirkungsgrad Turbine

Als Formel:

$$W = \overset{\bullet}{m}.(C_{w2}.U_2 - C_{w3}.U_3) \qquad \{2\}$$

Wobei:

| | | |
|---|---|---|
| $C_0$ | Eintrittsgeschwindigkeit | [m/s] |
| $C_{w2}$ | "Verwirbelungsgeschwindig" T/R - Eingang | [m/s] |
| $C_{w3}$ | "Verwirbelungsgeschwindig" T/R - Ausgang | [m/s] |
| U | Rotatinosgeschwindigkeit | [m/s] |
| $V_2$ | "relative" Geschwindigkeit T/R - Eingang | [m/s] |

In der Idealsituation ist die Austrittsströmung des Gasstromes axial, so dass die "Wirbelgeschwindigkeit" am Auslass Null ist. Und die "relative" Geschwindigkeit am Einlass ist radial wobei die "Wirbelgeschwindigkeit" gleich der Rotationsgeschwindigkeit ist. In diesem Fall ist die Turbinenarbeit:

$$W = m.C_{w2}.U_2 = m.(U_2)^2 \text{ [Watt]} \qquad \{3\}$$

Die Kombination aus {1} und {3} ergibt ein optimales Verhältnis zwischen Gaseinlassgeschwindigkeit und Rotationsgeschwindigkeit:

$$\frac{1}{2}.(C_0)^2 = (U_2)^2 \Leftrightarrow \frac{U_2}{C_0} = 0.707$$

Bei einem Geschwindigkeitsverhältnis von circa 0,7 sollte theoretisch der höchste Wirkungsgrad erzielt werden.

Die Darstellung der Turbinenleistung als Linien mit gleichem Druckverhältnis über $U/C_0$ und dem Wirkungsgrade gibt einen Einblick in das Verhalten von Turbinenrotor und Gehäusekombinationen bei unterschiedlichen Durchsätzen (Bild 3).

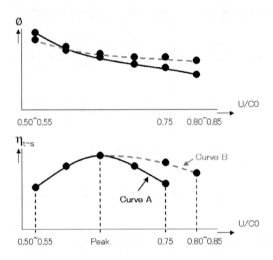

Bild 3: Darstellung konst. Druckverhältnis über $U/C_0$ und Durchflussparameter Ø und Wirkungsgrad η über $U/C_0$

So ist beispielsweise mit der Turbine aus Kurve B der Wirkungsgrad weniger von der Variation des Durchsatzes abhängig als bei der Turbine von Kurve A.

Zur Bestimmung der Rechengröße $U/C_0$ wird die Umfangsgeschwindigkeit der Turbine, die sich aus der gemessenen Drehzahl und dem Turbinendurchmesser ergibt, herangezogen. Für die Radialturbine ist der Turbinendurchmesser gleich dem maximalen Durchmesser des Rotors. Die Eintrittsgeschwindigkeit $C_0$ wird über die geometrischen Daten des Prüflings und dem gemessenen Durchsatz ermittelt.

Hält man das Druckverhältnis konstant und variiert die Auflading durch Drosseln des Kompressors, kann diese Kurve direkt gemessen werden. Das kleinste gemessene $U/C_0$-Verhältnis hängt von der Größe des eingesetzten Kompressors ab. Mit einem großen Kompressor sind kleinere $U/C_0$-Verhältnisse möglich. Analog dazu sind mit einem kleinen Kompressor große $U/C_0$-Werte fahrbar.
In der Praxis ist es nicht erforderlich das Verdichterrad während einer Messreihe zu tauschen. Mit einer „Closed-Loop-Einrichtung" können diese erforderlichen Betriebszustände eingestellt werden (siehe auch Kap. 3)

Unter idealen Bedingungen ist die Turbinenaustrittsströmung ohne Wirbel und hat eine gleichmäßige Druck- und Temperaturverteilung über den gesamten Betriebsbereich. Praktisch ist das nicht der Fall. Unterschiedliche Turbinenradauslegungen verursachen auch immer ein unterschiedliches Strömungsmuster (Bild 4).

*Bild 4:* 2D und 3D Turbinengeometrien

Die Austrittsströmung wird üblicherweise mit drei bis vier auf dem Umfang angeordneten Messstellen für Druck und Temperatur gemessen. Nach ISO [1] sollten dies Messstellen 2 x D nach dem Turbinenaustritt angeordnet sein. Die Anordnung der Messstellen beeinflusst die Messergebnisse.
Starke Wirbelbildung beeinflussen die statische Druckmessung und damit die Ermittlung des Totaldrucks, der aus der Strömungsgeschwindigkeit errechnet wird. Der Einfluss geht direkt in das Druckverhältnis und den Wirkungsrad ein. Es gibt verschiedene Möglichkeiten den Effekt zu kompensieren. Zur Messung der Austrittsbedingungen benutzt MHI einen Aufbau, bei dem an verschiedenen Stellen Druck und Temperatur gemessen wird.

Die beiden Messmethoden (Linien gleicher Drehzahl oder gleichem Druckverhältnisses) haben verschiedene Vor- und Nachteile. Für beide Methoden sind unterschiedliche Vermessungsabläufe und damit unterschiedliche Messprotokolle erforderlich. Die Wahl der Messmethode hängt vom Entwicklungsziel ab.
Das „U/C$_0$ Kennfeld" eignet sich, wenn verschiedene Kombinationen von Turbinengehäusen und den entsprechenden Turbinenrädern untersucht werden sollen.
Ein Drehzahlkennfeld gibt einen klaren Überblick über Betriebsbereiche, Wirkungsgradverhalten und Druckverhältnisse. Es ist im Wesentlichen die Grundlage für weiterführende Simulationsberechnungen. Darüber hinaus hat die U/C$_0$-Darstellung den Vorteil, dass die grundlegende Vermessung deutlich einfacher ist, da nur das Expansionsverhältnis konstant gehalten werden muss und nicht zusätzlich die Drehzahl, welche sich einstellt.

## 3. Erweiterte Messmethoden zur ATL - Entwicklung am Heißgasprüfstand

**Einfluss erhöhten Abgasgegendrucks auf den Turbinenwirkungsgrad**

Die Turbine eines Abgasturboladers wird am Brennkammerprüfstand mit dem Ziel vermessen, das Durchsatzverhalten sowie den Wirkungsgrad der Turbine über dem Expansionsverhältnis darzustellen. Im Gegensatz zur Vermessung der Turbine gegen Umgebungsdruck, wie es am Brennkammerprüfstand erfolgt, liegt im realen Motorbetrieb aufgrund der Druckverluste der Abgasanlage ein deutlich erhöhter Druck am Austritt der Turbine an. Die Fragestellung der hier beschriebenen Messmethodik, der Betrieb des Abgasturboladers am Brennkammerprüfstand mit erhöhtem Druck am Austritt der Turbine, resultiert aus der Annahme, dass sich das Betriebsverhalten des Abgasturboladers dadurch verändert und im Rahmen der Kennfeldvermessung in das Kennfeld einfließt. Bestätigt sich die Annahme auf Basis der durchgeführten Vermessungen, so würden andere Kennfelder resultieren, die in der Simulation zu genaueren Aussagen über das Motorbetriebsverhalten führten.

Das Verdichterkennfeld sieht in beiden Vermessungen, p4 auf Umgebungsdruck sowie p4 auf erhöhtem Druckniveau absolut identisch aus, das heißt, die Vermessung wurde unter der Vorraussetzung gleiche Verdichterkennfelder zu erhalten, durchgeführt.

Das folgende Bild 5 zeigt die Vermessungsergebnisse eines VTG-Turboladers. Dargestellt ist der reduzierte Massenstrom durch die Turbine bei zwei vermessenen Drehzahllinien, einmal mit Entspannung gegen Umgebungsdruck (ungedrosselt) und einmal mit Entspannung gegen eine Blende auf der Turbinenaustrittsseite (gedrosselt) desselben Abgasturboladers.

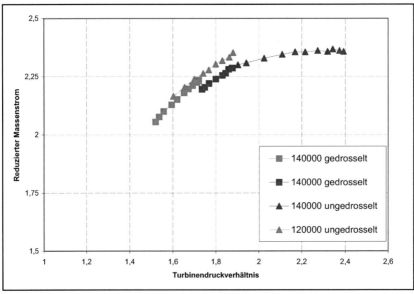

*Bild 5:* Turbinendurchsatz über Turbinendruckverhältnis bei Androsselung und ohne Androsselung auf der Turbinenaustrittsseite

Es zeigen sich im Falle der Androsselung geringere Expansionsverhältnisse über der Turbine als im Falle der Expansion gegen Umbgebungsbedingungen. Unter der Voraussetzung gleicher Turbineneintrittstemperaturen muss sich zur Darstellung gleicher Turbinenleistung ein höherer Massenstrom durch die Turbine ergeben. Die entscheidende Frage ist nun, wie sich der Wirkungsgrad der Turbine verhält. Hierzu zeigt das folgende Bild 6 den Wirkungsgrad über dem Turbinendruckverhältnis für beide Varianten.

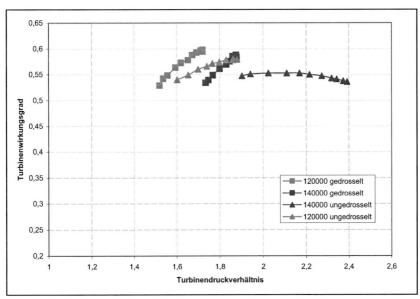

*Bild 6:* Wirkungsgrad über Turbinendruckverhältnis bei Androsselung und ohne Androsselung auf der Turbinenaustrittsseite

Es zeigt sich ein klarer Wirkungsgradvorteil für den gedrosselten Betrieb. Bei der Drehzahllinie von 140.000 min$^{-1}$ und einem Druck nach Turbine von ca. 550 mbar beträgt der Wirkungsgradunterschied zu Gunsten des gedrosselten Betriebs nahezu 5% Punkte. Die Ursachen dieses Effektes lassen sich mit verschiedenen Ansätzen erklären. Einerseits erfolgt vermutlich eine verbesserte Anströmung des Turbinenrades, was die Stoßverluste minimiert, weiterhin spielt der Verlauf der Linien konstanten Druckes im h/s-Diagramm bzw. T/s-Diagramm eine Rolle [3]. Letztlich liegt die Abgastemperatur bei Vermessung mit erhöhtem Abgasdruck am Turbinenaustritt ca. 30K niedriger, was an einem besseren Wärmeübergang zum Turbinengehäuse infolge des höheren Druckes liegen kann [2]. Eine genaue Ursachenklärung wird momentan im Detail erarbeitet.

Aufgrund dieser Ergebnisse kann eine solche Vermessung eine noch genauere Wiedergabe des Turbinenverhaltens unter "realeren" Betriebsbedingungen liefern, was die Verarbeitung dieser Daten in Simulationstools deutlich verbessert. Eine solche Messmethodik kann an nahezu jedem Brennkammerprüfstand umgesetzt werden, allerdings ist hierbei auf einige Besonderheiten zu achten.

**Beschleunigungsmessung zur Schadensfrüherkennung im Dauerlauf**

Werden Abgasturbolader an Brennkammern betrieben, so geschieht das mit unterschiedlichem Fokus. Einerseits werden thermodynamische oder Funktionsuntersuchungen durchgeführt, andererseits werden Abgasturbolader in Dauerläufen betrieben. Im Rahmen von Funktionsuntersuchungen ist die Erkennung auftretender Schäden relativ einfach anhand der Standardmessgrößen zu erkennen. Werden dagegen Dauerlaufuntersuchungen durchgeführt, so ist nicht immer die volle Anzahl

von Standardmessgrößen im Bauteil integriert, was dazu führen kann, das auftretende Schäden nicht immer frühzeitig erkannt werden. Hier kann eine einfache Messmethodik Abhilfe schaffen.
Wird an dem Turbolader ein 3 dimensionaler Beschleunigungssensor angebracht, so werden alle Beschleunigungen des Abgasturboladers gemessen und können ausgewertet werden. Neben der vorhandenen Beschleunigung, welche aus der Rotation des Rotors resultiert, werden also auch alle anderen Bewegungen des Abgasturboladers gemessen. Durch Auswertung der Beschleunigungen in allen drei Ebenen können mögliche Schäden am Abgasturbolader anhand ihrer typischen Frequenzen erkannt werden. Diese Methodik kann selbstverständlich auch angewandt werden, wenn thermodynamische Vermessungen durchgeführt werden und Schäden erkannt werden sollen bevor z.B. ein Schaden an einem Verdichter Impeller im Wirkungsgrad erkannt wird.

**Turbinenmessung unabhängig vom Verdichter**

Verdichter und Turbine werden in einer Applikation für einen bestimmten Verbrennungsmotor auf einander abgestimmt. Dem zu folgen werden Turbinen und Verdichter unabhängig voneinander betrachtet und entwickelt, bevor beide Systeme in einer Applikation zu einem Abgasturbolader zusammengeführt werden. In Bild 7 ist eine reale und interpolierte Kennlinie dargestellt.

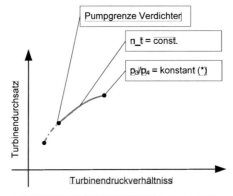

(* an dieser Stelle nimmt das Druckverhältnis $p_3/p_4$ nicht weiter zu)

*Bild 7:* Drehzahlkennlinie Turbine

In der Regel reicht es aus, nur wenige Punkte zu messen und daraus die Kennlinien zu interpolieren und mit dem so erzeugten Kennfeld zu arbeiten. Bei höheren Druckverhältnissen ist diese Art der Interpolation nicht mehr genau genug, so dass der komplette Kennfeldbereich der Turbine gemessen werden soll um weitere Rückschlüsse für die Auslegung des Systems zu gewinnen und um den Verdichter optimal auf die Turbine abstimmen zu können. Durch die zunehmende Aufladung von Benzinmotoren werden an der Turbine höhere Druckverhältnisse erreicht und machen damit diese Messmethode immer wichtiger.
Bei der Kennfeldmessung der Turbine ist allerdings die Pumpgrenze des Verdichters die natürliche Betriebsgrenze, in der die Turbine gemessen werden kann.

Um den Betriebsbereich des Verdichters zu erweitern wird der Verdichterausgang auf den Verdichtereingang kurzgeschlossen und entsprechende Konditionierungseinrichtungen im „Closed Loop" vorgesehen. In Bild 8 ist das prinzipielle Schaltschema dargestellt.

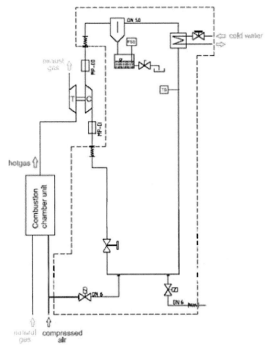

*Bild 8:* Schaltschema Closed Loop

Die Lage der Pumpgrenze im Verdichterkennfeld kann prinzipiell nicht verändert werden. Um die Betriebsbereiche der Turbine trotz dem zu verschieben, muss die Spreizung der Leistungsaufnahme des Verdichters bei genügen großem Abstand von der Pumpgrenze variiert werden können. Dies wird durch die Variation der Luftdichte im „Loop" erreicht.

**Verdichterkennfeldmessung im vierten Quadranten**

Die thermodynamische Vermessung von Abgasturboladern erfolgt üblicherweise in einer Konfiguration, bei der die Turbine mit Heißgas beaufschlagt wird und damit den Verdichter antreiben kann. Dieser wiederum saugt entweder vorkonditionierte oder auch nicht vorkonditionierte Luft aus der Prüfzelle an. Als Ergebnis dieser Messmethode werden Kennfelder erzeugt, die das Verhalten des Verdichters nur bei Druckverhältnissen größer 1 repräsentieren. Werden solche Kennfelder in 1D-Ladungswechselrechnungstools wie z.B. GT-Power eingesetzt, so kann ein Motorbetrieb nur in dem durch das Kennfeld repräsentierten ersten Quadranten beschrieben bzw. untersucht werden. Aufgrund vorhandener Ladungswechseldynamik kann es im realen Motorbetrieb, speziell bei transienten Vorgängen, jedoch vorkommen, dass inverse Druckverhältnisse eintreten. In einem solchen Fall würde bei Nutzung von Standardkennfeldern die Simulation abgebrochen bzw. bei Anwendung einer entsprechenden Abfangroutine die Ergebnisgenauigkeit negativ beeinflusst werden. Sollen auch in der Simulation inverse Druckverhältnisse sauber abgebildet werden, so ist eine Vermessung des Turboladers auch in diesem Kennfeldbereich notwendig.

Das folgende Bild 9 zeigt eine Prüfstandskonfiguration, welche einen Betrieb des Verdichters bei inversen Druckverhältnissen erlaubt.

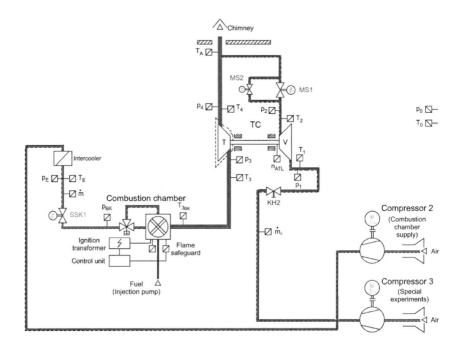

*Bild 9:* Schaltschema zur Vermessung von Verdichtern im vierten Quadranten

Als Besonderheit ist bei dieser Messkonfiguration in Bild 9 zu erkennen, dass der Turboladerverdichter nicht mehr aus der Umgebung ansaugt, sondern mittels eines externen Verdichters mit vorverdichteter Luft versorgt wird. Hierdurch kann erreicht werden, dass der Druck im Verdichtereintritt höher ist als nach dem Verdichteraustritt, wodurch sich inverse Druckverhältnisse einstellen lassen [4]. Weiterhin muss hier erwähnt werden, dass die Turbine in diesen Betriebspunkten kalt, also bei 293 K Turbineneintrittstemperatur, vermessen wird (Bild 10). Kratzer Automation bietet eine entsprechende elektrische Zuheizung für die Darstellung geringer Temperaturen bei kleinen Durchsätzen an.

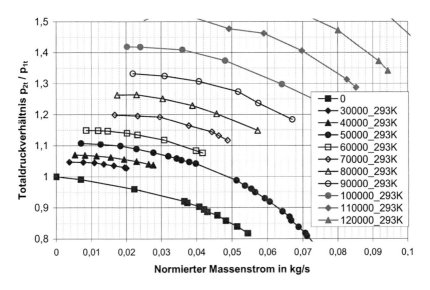

*Bild 10:* Messungen im vierten Quadranten des Verdichterkennfeldes

Die in Bild 10 zu erkennende Nulldrehzahllinie repräsentiert den Widerstand des Verdichterrades in dem Fall des Stillstandes des Rotors. Hier kann erkannt werden, welchen Strömungswiderstand der Verdichterimpeller mit zunehmendem Massenstrom durch den Verdichter darstellt.
Zusammen mit einer Standardkennfeldvermessung bei 873 K Turbineneintrittstemperatur zeigt sich ein Verdichterkennfeld, welches im gesamten Kennfeldbereich, ausgehend der Nulldrehzahllinie im vierten Quadranten bis zu hohen Druckverhältnissen den Verdichter sehr exakt und komplett beschreibt (Bild 11). Ein solches Kennfeld kann nun sehr gut in entsprechenden Simulationstools eingesetzt werden, um das Verhalten des Abgasturboladers auch bei entsprechendem Betrieb aufzuzeigen.

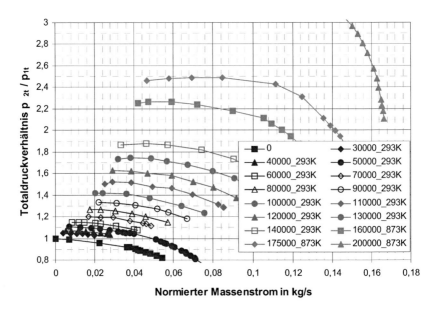

*Bild 11:* Gesamtverdichterkennfeld inkl. der vermessenen Bereiche im vierten Quadranten

**Thermomechanische Untersuchungen am Heißgasprüfstand**

Alle Bauteile im Abgasstrang müssen vor einer Serienfertigung in der Regel die Dauerfestigkeit unter thermischer Belastung nachwiesen. Dies gilt auch für den Verbund aus Turbinengehäuse, Turbinenrad und Lagerung. Bei dieser Prüfung werden die folgenden wesentlichen Anforderungen an den Heißgaserzeuger gestellt:

- Hoher Druck des Heißgases             > 4 bar (abs)
- Schnelle Aufheiz- und Abkühlgeschwindigkeit   > 100 K/s
- Hohe Schaltfrequenz                   > 0,2 Hz
- Hohe Dauerstabilität der Prüfeinrichtung

Zur Ausführung der gegebenen Prüfanforderung haben sich zwei Konzepte etabliert.

- Thermoschock mit Umschalteinheit
- Thermoschock mit Bypass

*Umschalteinheit:*

Mit einer Umschalteinheit werden zwei stationäre Massenströme über eine Ventiloder Klappenkombination wechselweise auf zwei parallel betriebene ATL-Prüflinge geschaltet. Das Heißgas der Brennkammer sowie der Kaltluftmassenstrom werden im Umschaltvorgang nur geringfügig nachgeregelt um der Sollgröße „Drehzahl Turbolader" zu folgen. In Bild 12 ist beispielhaft eine Klappenkombination dargestellt.

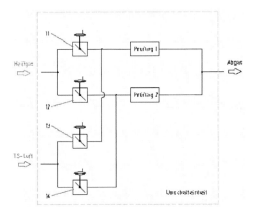

*Bild 12:* Schaltschema Umschalteinheit

Bei diesem Verfahren können sehr große Temperaturgradienten bei gleichzeitig hohen Schaltfrequenzen erreicht werden. Nachteilig ist der hohe Kostenaufwand, da die bewegten Bauteile d. h. die Klappen bis in die Nähe der Anwendungsgrenze belastet werden. Daraus ergibt sich ein nicht unerheblicher Verschleiß der Klappen.

*Bypass Single flow:*

Wenn der Prüfstand nicht ausschließlich für Thermoschockuntersuchungen gebraucht wird sondern auch alle sonstigen Messaufgaben abbilden soll, kann auf eine einfachere Alternative zurückgegriffen werden.
Im Bypass-Betrieb wird die Brennkammer in der Heißphase sehr schnell auf hohe Betriebstemperaturen gefahren und dann bei erreichen der Zieltemperatur abgeschaltet. In der Kaltphase wird nun kalte Druckluft im Bypass zur Brennkammer auf den Prüfling geschaltet. Die Brennkammer kühlt nur geringfügig ab, aber sieht trotz dem einen abgeschwächten Thermoshock. In Bild 13 ist schematisch der Aufbau dargestellt.

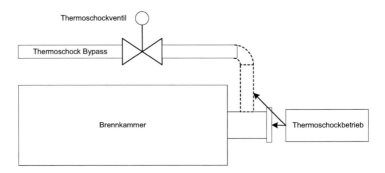

*Bild 13:* Schaltschema Umschalteinheit

Wenn der Prüfling sehr dicht am T-Stück angeordnet werden kann, werden mit diesem Verfahren ebenfalls akzeptable Temperaturgradienten > ± 80 K/s bis 100 K/s erreicht. Bild 14 zeigt einen Temperaturverlauf im Thermoshock, bei dem der Temperatursprung ca. 700 K beträgt.

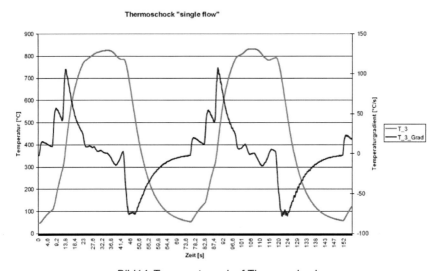

*Bild14:* Temperaturverlauf Thermoschock

*Messergebnisse:*

Im Thermoschock werden mehrere 1000 gleichartige Zyklen gefahren, wobei die Temperatur zwischen $T_{min}$ und $T_{max}$ variiert wird (Bild 15).

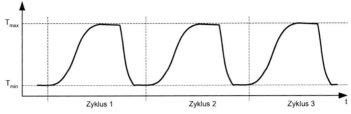

*Bild 15:* Thermoschockzyklen

Um eine schnelle Aussage zur Baubeilbelastung treffen zu können, werden verschiedene statistische Methoden angewendet.

*Maximum-/Minimum Speicherung:*
Für jeden Zyklus werden Maximal-, Minimal- und Mittelwert, sowie die größte Änderung der Temperatur bestimmt, und als einzelner Record in einer Ergebnisdatei abgelegt (1 Record pro Zyklus). Die Temperaturänderung zum Zeitpunkt t kann aus zwei einzelnen Temperaturwerten T(t) und T(t-$\Delta$t) bestimmt werden, wobei $\Delta$t für den einzelnen Versuch parametrierbar ist (Bild 16).

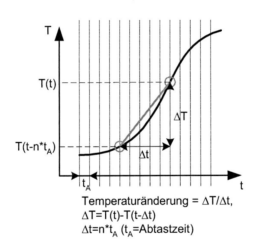

Temperaturänderung = $\Delta T/\Delta t$,
$\Delta T = T(t) - T(t-\Delta t)$
$\Delta t = n*t_A$ ($t_A$=Abtastzeit)

*Bild 16:* Temperaturgradient

*Momentanwertzählung:*

Über alle Zyklen wird zusätzlich eine Momentanwertzählung durchgeführt, d. h. die Anzahl der aufgetretenen Temperaturwerte in bestimmten Klassen wird ermittelt (Klassenanzahl und -breite parametrierbar) (Bild 17).

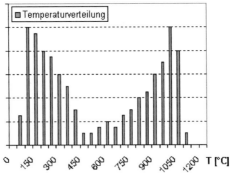

*Bild 17:* Temperaturverteilung

Das Ergebnis liegt als separate Datei vor und kann Beispielsweise mit MS-EXCEL ausgewertet werden.

*Klassierung der Temperaturänderung*

Außer dem Temperatur-Istwert kann zusätzlich der Wert der Temperaturänderung klassiert werden. Das Ergebnis hat dann folgende Form

| $\Delta T \downarrow / T \rightarrow$ | Klasse 1 | Klasse 2 | Klasse 3 | ... | Klasse n |
|---|---|---|---|---|---|
| Klasse 1 | $N_{11}$ | $N_{12}$ | $n_{13}$ | ... | $n_{1n}$ |
| Klasse 1 | $N_{21}$ | $N_{22}$ | $n_{23}$ | ... | $n_{2n}$ |
| Klasse 3 | $n_{31}$ | $N_{32}$ | $n_{33}$ | ... | $n_{3n}$ |
| ... | ... | ... | ... | ... | ... |
| Klasse m | $n_{m1}$ | $n_{m2}$ | $n_{m3}$ | ... | $n_{mn}$ |

mit: T: Momentanwert der Temperatur
$\Delta T$: Momentanwert der Temperaturänderung
$n_{ij}$: Anzahl der Temperaturänderungen in den jeweiligen Klassen von $\Delta T$ und T

Die Anzahlen der Temperaturänderungen werden somit durch ihre Klassen und zusätzlich durch Klassen des Istwerts der Temperatur unterteilt. Man erhält eine Information darüber, in welchen Temperaturarbeitspunkten wie häufig bestimmte Temperaturänderungen vorkommen.

Die Spaltensummen ergeben die Häufigkeitsverteilung des Momentanwerts der Temperatur (identisch zur Momentanwertzählung), die Zeilensummen ergeben die Gesamtverteilung der Temperaturänderung (unabhängig vom Arbeitspunkt).

**Blow-By-Messung**

Mit Hilfe der Blow-By-Messung können die Lagerdichtungen des ATL beurteilt werden. Das Blow-By-Gas aus der Verdichterseite stellt keine großen Probleme dar. Jedoch kann das heiße Gas aus der Turbinenseite das Schmieröl schädigen. Leider gibt die Blow-By-Messung keinen Aufschluss darüber, ob das Blow-By von der Turbine oder vom Verdichter in die Lagerung des Ölkreises eintritt. Zur Beurteilung der Gesamtbilanz an einem Verbrennungsmotor ist dieser Messwert aber ein wichtiger Indikator. In Bild 18 ist der Blow-By-Anteil über dem Druckverhältnis dargestellt.

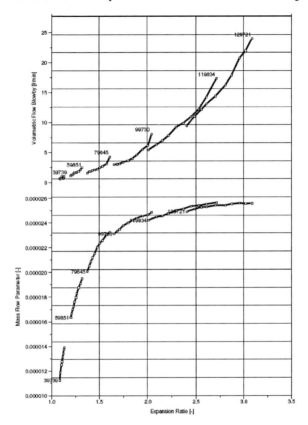

*Bild 18:* Blow By über dem Druckverhältnis

Eine ähnliche Darstellung kann für die Drehzahlkennlinien des Verdichters gewonnen werden um zumindest eine Abschätzung zur Quelle des Blow-By zu gewinnen.

**Turbinenmessung gegen Umgebungstemperatur**

Neben den unterschiedlichen Kennfeld – Messmethoden sind zwei Messmethoden für Turbinenkennfelder üblich: **Mit** oder **ohne** Wärmeverlust der Turbine
Wenn die Turbine mit Wärmeverlust gemessen wird, erfolgt das in der Regel bei 600 °C bis 700 °C. Die Ergebnisse sind angenähert vergleichbar mit den Wirkungsgraden, die im Einbauzustand im Fahrzeug vorliegen. Der Wärmeverlust der Turbine ist hier angenähert der gleiche wie am Prüfstand, wobei kleinere Unterschiede durch die Einbausituation immer vorhanden sind.

Bei der Messmethode ohne Wärmeverlust wird die Eintrittstemperatur auf ca. 100 °C geregelt um am Turbinenaustritt etwa Umgebungsbedingungen ($T_0$ = 20 °C) zu erhalten. Zudem wird die Turbine bestmöglich isoliert. Der Wirkungsgrad der Turbine erreicht hierbei ein Maximum, welches ca. 2..3 % über dem Ergebnis mit Wärmeverlust liegt. Die Ergebnisse müssen dann mit einem Korrekturfaktor belegt werden um den aktuellen Wärmeverlust zu berücksichtigen.

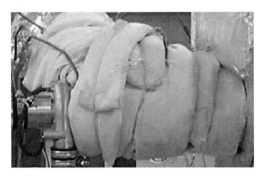

*Bild 19:* Turbinentest ohne Wärmeverlust

Um beide Messmethoden am Prüfstand abzubilden ist ein Heißgaserzeuger mit einem hohen Stellbereich erforderlich. Kleine Durchsätze mit geringen Temperaturen werden über eine elektrische Zuatzheizung erreicht. Der Leistungsbereich bewegt sich hierbei für eine mittlere Prüfstandsbaugröße zwischen 0 und 15 kW und reicht bis in den unteren Stellbereich des Prüfstandsbrenners mit minimal 10 kW (Bild 20).

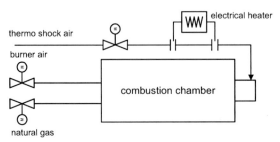

*Bild 20:* Anordnung der elektrischen Zusatzheizung

Die elektrische Zusatzheizung ist im Bypass zur Brennkammer angeordnet. Die Umschaltung zwischen Brenner und Elektroheizer wird bei der Kennfeldmessung automatisch gesteuert, so dass ein sehr hoher Temperaturstellbereich am Eintritt zur Turbine zur Verfügung steht.

In Bild 21 ist das Kennfeld der Heizung dargestellt. In diesem Arbeitsfeld kann die Temperaturanforderung an der Turbine frei eingestellt werden.

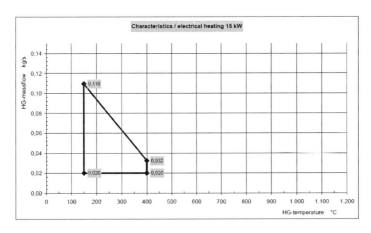

*Bild 21:* Anordnung der elektrischen Zusatzheizung

Höhere Durchsätze und Temperaturen werden dann über den Brenner abgedeckt.

## 4. Zusammenfassung

Im vorliegenden Beitrag sind unterschiedlichste Messmethoden zur Unterstützung der Applikations- und Grundlagenentwicklung sowie für Validierungsuntersuchungen von Abgasturboladern vorgestellt worden. Aufbauend auf diesen Ergebnissen in Verbindung mit einer sehr weit entwickelten Prüftechnik kann die Messfähigkeit auch für zukünftige Entwicklungsaufgaben sichergestellt werden. Dennoch ist eine stetige Weiterentwicklung der Messmethodik an Heißgasprüfständen erforderlich. Um diesem Ziel gerecht werden zu können, befinden sich sowohl bei MHI als auch der IAV GmbH Heißgasprüfstände in der Übergabe- bzw. Realisierungsphase, welche von Kratzer Automation geliefert werden.

Neben dem Wissen, welches notwendig ist um die Messfähigkeit eines solchen Prüfstandes zu gewährleisten sowie die erzielten Versuchsergebnisse richtig zu interpretieren und daraus weiterführende Messaufgaben zu definieren, ist ein hoch flexibel gestaltetes Prüfstandssystem mit einer hoch leistungsfähigen Automatisierungslösung erforderlich. Um genau diesem Anspruch gerecht zu werden, werden die IAV GmbH und Kratzer-Automation AG zukünftig auf dem Gebiet der Entwicklung und Umsetzung von Messmethoden an Heißgasprüfständen eng zusammenarbeiten.

## 5. Ausblick

Die hydrodynamischen Gleitlagerungen von Abgasturboladern benötigen für einen störungsfreien Betrieb eine kontinuierliche Ölversorgung. Die Abdichtung des Ölraums gegen Verdichter und Turbine erfolgt durch Kolbenringe bzw. Labyrinthdichtungen. Dennoch kann aufgrund der unterschiedlich anliegenden Drücke in der Turbine sowie dem Verdichter und dem Ölraum ein Austreten von Öl aus dem Ölraum nicht verhindert werden. Das austretende Öl kann je nach Menge die Interaktion zwischen Motor und Turbolader bzw. das Emissionsniveau des Verbrennungsmotors sehr negativ beeinflussen. Im Zuge der immer strenger werdenden Abgasnormen ist eine Kenntnis über die Menge des eingetragenen Öls in den Verdichter sowie die Turbine von großen Interesse. Hierzu wird bei der IAV GmbH momentan an einer Messmethodik gearbeitet, welche die in den Verdichter eingetragene Menge erfassen soll. Über eine Bilanzierung der zugeführten zur durch den Verdichter "verlorenen Ölmenge" kann der Verlust durch die Turbine ermittelt werden.

Ein weiteres seit langem interessantes und bisher nicht zufriedenstellend gelöstes Problem ist die Vermessung von Abgasturboladern am Brennkammerprüfstand unter realen Betriebsbedingungen. Hier ist im realen Motorbetrieb in erster Linie die pulsende Beaufschlagung des Turbinenrades gemeint. Aufbauend auf ersten Ergebnissen, welche am Institut von Prof. Pucher an der TU-Berlin durchgeführt wurden, arbeiten die IAV GmbH und die Kratzer-Automation AG an einer gemeinsamen Lösung zur Anwendung an Brennkammerprüfständen, mit dem Ziel, dem realen Verhalten so nah wie möglich zu kommen. Hierdurch wird es möglich, vor allem NVH (Noise-Virbration-Harshness), aber auch Untersuchungen zum realen Wirkungsgradverhalten der Turbine durchführen zu können.

## *Literatur*

[1]  ISO 5389: "Turbocompressors – performance test code", 1992
[2]  Traupel, W.: "Thermische Strömungsmaschinen", Band I, Springer-Verlag, Berlin, Heidelberg, New-York, 4. Auflage, 2001
[3]  Bulaty, T.: "Spezielle Probleme der schrittweisen Ladungswechselrechnung bei Verbrennungsmotoren", MTZ 35, 1974,
[4]  Nickel, J.; Pucher, H.: „Vermessung erweiterter Kennfeldbereiche von Fahrzeugmotoren-Turboladern", 8. Aufladetechnische Konferenz, Dresden, 1. / 2. Oktober 2002

# 6 Untersuchungen zur Robustheitsreserve bei der Auslegung von Abgasturboladern für Ottomotoren
## Analysis of the Robustness Reserve for the Matching of Turbo Chargers

Jens Neumann, Andrei Stanciu, Bodo Banischewski

## Kurzfassung

Bei der Abgasturboaufladung von Ottomotoren werden mit der großen Drehzahlspanne des Betriebsbereichs sehr hohe Anforderungen an die Spannweite des im Betriebsbereich des Verdichters abzudeckenden Massen-/Volumenstroms gestellt. Der Reserve am Nennleistungspunkt, nachfolgend als Robustheitsreserve bezeichnet, kommt daher eine wachsende Bedeutung zu.
Ausgehend von einem abgeglichenen Basismodell für einen drehzahldefinierten Nennleistungspunkt bei Normbedingungen eines exemplarisch verwendeten aufgeladenen 1.6l-4-Zyl.-Ottomotors, liefern 1D-Ladungswechselsimulationen Aussagen zum Verhalten des Motors im Funktionsgrenzbereich der Robustheitsreserve. Konkret werden die Auswirkungen von Änderungen verschiedener Umgebungs- und konstruktiver Randbedingungen relativ zum Basiszustand untersucht. Es wird dabei unterschieden zwischen dem Verhalten in einer ersten Phase bis zum Erreichen der Robustheitsgrenze, in der ein Leistungsabfall durch eine Kompensation innerhalb des Systems Turbolader-Motor vermieden werden kann, und einer zweiten Phase mit Leistungsabfall. Die daraus abgeleiteten Zusammenhänge helfen bei der Bewertung der Robustheitsreserve im Spannungsfeld verschiedenster Anforderung und Ziele bei der Auslegung von Abgasturboladern für Ottomotoren.

## Abstract

The large spread of engine speeds which has to be covered by turbo-charged SI engines determines high requests for the mass-/volume flow of the compressor. Therefore, the reserve at the point of maximum brake power - subsequently referred to as robustness-reserve - becomes more and more important.
In the present study, 1D gas exchange simulations are conducted to gain insight into the engine behavior at the functional limits of the robustness-reserve. A calibrated model of a turbo-charged 1.6l-4 cyl. SI engine containing the maximum power point (at a given engine speed measured under norm-conditions) is used. The impact of changes relatively to the defined base point for different boundary conditions and design parameters, respectively, are analyzed. Within this study, a differentiation is made between a first phase up to the robustness border (in which a power loss is compensated by the system turbo-charger/engine) and a second phase with a loss in brake power of the engine. The correlations derived from this study help to assess the robustness-reserve within the process of managing different requests and goals for the turbo-charger matching of SI engines.

# 1. Hintergrund

Das Downsizing von Verbrennungsmotoren stellt vor dem Hintergrund der immer deutlicher werdenden $CO_2$-Themen (Treibhauseffekt, Rohstoffverfügbarkeit, etc.) und den daraus erwachsenden schärferen Verbrauchsanforderungen einen wirksamen Ansatz für zukünftige Konzepte dar. Wachsende Bedeutung kommt dabei der Aufladung mittels Abgasturbolader zu. Der dabei häufig auftretende Zielkonflikt, immer höhere spezifische Leistungen bei gleichzeitig verbessertem Ansprechverhalten darstellen zu wollen, stellt hohe Anforderungen an die Auslegung des Turboladers, bzw. an die Auswahl des Aufladungskonzeptes. Weitere Kriterien, wie möglichst niedrige Kosten und enges Package kommen oftmals einschränkend hinzu. Für den – bei gegebenem Aufladungskonzept – im Rahmen der Auslegung zu findenden, passenden Turbolader soll natürlich immer das Grenzpotenzial im Sinne einer optimierten Kombination einer Turbine und eines Verdichters ausgeschöpft werden. Dabei müssen für Turbine und Verdichter bestimmte Kriterien erfüllt, bzw. eingehalten werden.

Für die *Turbine* steht die Forderung nach möglichst gutem Ansprechverhalten (d. h. schnelles Umsetzen von Abgasenthalpie in Energie zur Verdichtung bei relativ niedrigen Massenströmen und schnelles Hochdrehen) der Forderung entgegen, bei Nennleistung möglichst wenig Gegendruck zu erzeugen. Die Auswahl der Turbine ist demnach ein Kompromiss, der indirekt auch von der Auswahl des Verdichters abhängt.

Beim *Verdichter* müssen die Grenzen des Betriebsbereichs eingehalten werden. Im Nennleistungspunkt stellt die Stopfgrenze, bei niedrigen Drehzahlen die Pumpgrenze diese Begrenzung dar. Für Vorauslegungen wird meist nur der Betriebspunkt mit Nennmoment bei minimaler Drehzahl (LowEndTorque) und der Betriebspunkt mit Nennleistung hinsichtlich ihrer Lage im Verdichterkennfeld analysiert. Analog zur Turbine muss ein Kompromiss für die möglichst wirkungsgradgünstige Positionierung dieser Punkte gefunden werden. Indirekt hängt diese Kompromissfindung natürlich auch von der Auswahl der Turbine ab.

Bei aufgeladenen Ottomotoren werden mit der großen Drehzahlspanne des Betriebsbereichs und der damit resultierenden großen Spannweite des im Betriebsbereich des Verdichters abzudeckenden Massen-/Volumenstroms sehr hohe Anforderungen an die *Breite des Verdichterkennfelds* (aufgetragen als Druckverhältnis über Massen-/Volumenstrom) gestellt (*Bild 1*). Andererseits werden bezüglich der Lage der Betriebspunkte im Verdichterkennfeld zumeist gewisse Mindestabstände zu Pump- und Stopfgrenze eingehalten, um den Verdichter in günstigen Wirkungsgradbereichen betreiben zu können und um Akustik- und Haltbarkeitsprobleme zu umgehen. Insgesamt kann festgestellt werden, dass für neuere, immer höher aufgeladene ottomotorische Konzepte mit konventionellem Aufladekonzept die Abstände zu Pumpgrenze und Stopfgrenze tendenziell immer enger werden [1], [2].

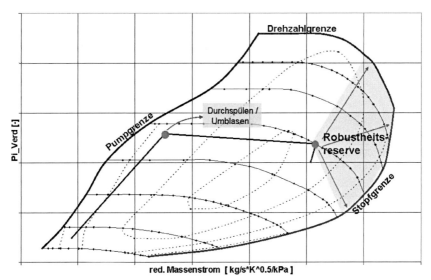

Bild 1: Schematische Darstellung der Robustheitsreserve in einem Verdichterkennfeld

Hinsichtlich des Abstands zwischen *Pumpgrenze* und stationären und transienten Betriebspunkten bei niedriger Motordrehzahl können verschiedene Konzepte angewendet werden, welche die Problematik der Kennfeldbreite zumindest etwas entschärfen. So kann beispielsweise beim Durchspülen oder beim Umblasen (z. B. per geregeltem Umluftventil) der Betriebspunkt zu höheren Durchsätzen verschoben werden, während bei gezieltem Aufprägen eines Vor- oder Nachdralls die Pumpgrenze zu kleineren Massen-/Volumenströmen verschoben wird.

Die *Stopfgrenze* bietet bei gegebenem Lader und damit gegebenen Querschnitten weniger Möglichkeiten zur Beeinflussung von Seiten des Turboladers. Physikalisch betrachtet stellt sich an der Verdichterstopfgrenze an einer Stelle im Verdichter Schallgeschwindigkeit und damit ein gesättigter Massenstrom ein. Bereits unterhalb der physikalischen Stopfgrenze bestehen technische Begrenzungen (Bauteilschutz) für die maximale Turboladerdrehzahl, die maximale Verdichteraustrittstemperatur wegen ladeluftseitig verbauter Elastomere [3] oder die maximale Turbineneintrittstemperatur. Auf motorischer Seite ist der Betriebspunkt bei Nennleistung hinsichtlich Massenstrom und Ladedruckbedarf allerdings weitgehend festgelegt und bietet nur äußerst geringe Möglichkeiten zur Verschiebung. Bei der Auslegung gilt demnach für den Abstand zwischen Nennleistungspunkt und Stopfgrenze: soviel wie nötig (ausreichende Reserven), so wenig wie möglich (damit der Verdichter zugunsten des Ansprechverhaltens möglichst klein bleibt). Der Reserve am Nennleistungspunkt, nachfolgend als *Robustheitsreserve* bezeichnet, kommt also besondere Bedeutung zu. Das Verstehen der Zusammenhänge rund um die Robustheitsreserve kann dabei sehr hilfreich sein.

Bei der Auslegung eines Abgasturboladers richtet sich die anzuwendende Robustheitsreserve nach verschiedensten Anforderungen und Zielen. So wird für die Applikation des Motors im Fahrzeug eine Reserve benötig. Turbolader in Großserien streuen innerhalb eines Toleranzbandes (Maße, Oberflächengüte), was die effektive Lage der Stopfgrenze beeinflusst. Die Forderung nach möglichst niedrigem Verbrauch bei Volllast (Nennleistung) kann indirekt die Robustheitsreserve bestimmen. Letztendlich kann auch der potenzielle Kundenkreis und die Fahrzeugauswahl für die Wahl einer größeren oder kleineren Robustheitsreserve eine Rolle spielen, z. B. im Hinblick auf die emotionale Bedeutung und Häufigkeit der im obersten Last-/Drehzahlbereich durchfahrenen Kundenzyklen.

Für Vorauslegungen wird die Robustheitsreserve oft nach der Lage des Nennleistungspunkts im Verdichterkennfeld oder mithilfe der Turboladerdrehzahlreserve [4] bewertet. Häufig erfolgt die Bewertung auch nach dem Kriterium Höhe („Höhenreserve", [1], [5], [6]). Der abfallende Umgebungsdruck bei steigendem Niveau über Meereshöhe ist jedoch nur ein – recht anschauliches und an einem Höhensimulator messbares, dennoch willkürlich ausgewähltes – Kriterium zur Bewertung. Die Abhängigkeiten der Robustheitsreserve sind deutlich vielschichtiger und werden daher in diesem Beitrag für einen Ottomotor näher beleuchtet. Konkret wird dabei auf die Zusammenhänge zwischen der Robustheitsreserve und verschiedenen Umgebungsrandbedingungen und verschiedenen konstruktiven Randbedingungen (hinsichtlich der Luftführung im Motor) eingegangen.

Die benötigten Aussagen liefert im vorliegenden Beitrag die 1D-Ladungswechselsimulation. Begleitet von Prüfstandsmessungen, deren Ergebnisse zum Abgleich der Simulationsmodelle verwendet werden, dient sie im Rahmen der Motorenvorentwicklung als wertvolles Tool mit einer passenden Bilanz aus Rechengenauigkeit und Rechengeschwindigkeit. Ausgehend von einem abgeglichenen Basismodell für einen 1.6l-DI-Ottomotor und der Anwendung abgeglichener Teilmodelle für entsprechende Variabilitäten, wird die von Simulationsmethoden oft geforderte *Vorhersagefähigkeit* hier in solcher Funktion genutzt.

## 2. Simulationsmethodik

Als Versuchsträger dient im vorliegenden Beitrag ein 4-Zylinder-Ottomotor mit 1.6l Hubraum. Mit Direkteinspritzung, variabler Einlassnockenverstellung (VANOS) und Abgasturboaufladung mit einer Twin-Scroll-Turbine repräsentiert er Technik der neuesten Generation. Die gemessenen Prüfstandsdaten und das verwendete Simulationsmodell stammen aus einer internen Studie zu diesem Motor, wobei grundlegende Eigenschaften und wesentliche Eckdaten dem späteren Serienstand [7] weitgehend entsprechen. Da in diesem Beitrag der Fokus auf eher grundlagenorientierten Fragestellungen liegt, soll nachfolgend auf Unterschiede und Gemeinsamkeiten nicht weiter eingegangen werden.

Für die 1D-Ladungswechselsimulation dient ein auf Basis einer stationären Volllastmessung abgeglichenes Modell, welches in GT-Power erstellt wurde. Verdichter und Turbine sind mithilfe der jeweiligen Objekte als Kennfelder entsprechend der Daten des Turboladerherstellers angelegt. Für die Twin-Scroll-Turbine wird ein objektinternes Wastegate zur Modellierung verwendet. Dieses dient als Stellglied einer adaptierten Ladedruckregelung. Die beiden Eingänge der Twin-Scroll-Turbine sind durch eine Übersprechleitung miteinander verbunden, wobei der Druckverlustbeiwert der Blende dieser Übersprechleitung aus dem Abgleich mit Niederdruckindiziermessungen abgeleitet wurde.

In einem ersten Modellierungsstadium wird die Verbrennung in den Zylindern mithilfe von Vibe-Ersatzbrennverläufen modelliert, deren Kennwerte (Brenndauer, -lage und -form) aus Druckverlaufsanalysen von Zylinderdruckindizierungen gewonnen wurden. Um Abweichungen der simulierten Sammlertemperaturen von der Messung zu vermeiden, wird in diesem ersten Stadium der Ladeluftkühler (nachfolgend mit LLK abgekürzt) so implementiert, dass dem Luftmassenstrom die jeweils gemessene Sammlertemperatur künstlich aufgeprägt wird.

Um die Phänomene rund um die Robustheitsreserve, welche sich speziell in Randbereichen der Laderkennfelder abspielen, möglichst genau erfassen zu können, wurde deutlich, dass eine weit detailliertere und flexiblere Modellierungsstrategie nötig ist. Zunächst wurde gegenüber dem ersten Modellierungsstadium die Verbrennungsmodellierung mithilfe des in GT-Power implementierten Entrainment-Modells [8], [9], [10] modifiziert. Dabei wird der Verbrennungsfortschritt aufgeteilt in Anteile aus Zündverzug, laminarer und turbulenter Flammenausbreitung. Empirische Gleichungen enthalten Modellkonstanten für diese Anteile. Diese Modellkonstanten wurden für die gemessenen Betriebspunkte entlang der Volllast jeweils abgestimmt. Im gesamten Drehzahlband stimmen die Drücke vor und nach den Strömungsmaschinen für beide Modellierungsstadien gut mit den Messungen überein (*Bild 2a, b*).

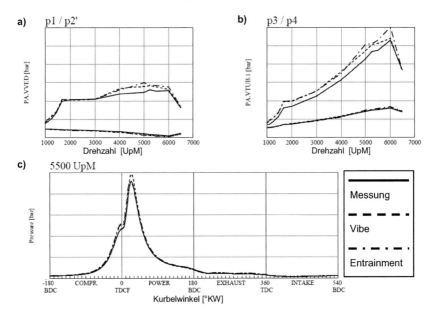

*Bild 2: Vergleich Messung – Simulation für verschiedene Verbrennungsmodellierungen: a) statischer Druck vor/nach Verdichter, b) statischer Druck vor/nach Turbine, c) Zylinderdruck bei 5500 UpM*

Die Qualität der Simulationsvorhersagen wird auch anhand der Zylinderdruckindizierung in einem für die Robustheitsreserve relevanten Betriebspunkt bei 5500 UpM deutlich (*Bild 2c*).

Darüber hinaus wurde eine fahrzeugbasierte LLK-Modellierung eingebaut. Dabei wird aus einer theoretischen Fahrzeuggeschwindigkeit, welche aus der Fahrwiderstandslinie bei angenommener Getriebe-/Differenzialübersetzung und den Leistungshyperbeln ermittelt wird, mithilfe einer Kennlinie der Massenstrom des Kühlmediums abgeleitet. Mithilfe eines LLK-Kennfelds wird daraus für den entsprechenden Luftmassenstrom der Wärmeentzug bezogen auf die Temperaturdifferenz zwischen Kühlmedium und heißer Luft ermittelt.

Die Phänomene rund um die Robustheitsreserve finden bei Ottomotoren in einem hochgradig klopfgefährdeten Betriebsbereich (steile Druckgradienten, heiße Brennraumwände, etc.) statt. Ohne Verwendung eines Klopfmodells wäre eine realitätsnahe Vorhersage von Abhängigkeiten kaum möglich [5]. Bot der beschriebene physikalisch basierte Ansatz zur Verbrennungsmodellierung nur mäßige Vorteile gegenüber der Vibe-Modellierung, so könnte die erweiterte Flexibilität eines Entrainment-Modells im Zusammenspiel mit einem Klopfmodell voll genutzt werden. Mit dieser Überlegung wurde das abgeglichene Entrainment-Modell im Rahmen dieser Studie in Kombination mit dem Klopfmodell von Spicher und Worret [11] angewendet. Letzteres beruht auf einer Anpassung und Verbesserung des Kriteriums von Franzke [12] für einen gemischansaugenden nicht-aufgeladenen Ottomotor. Mangels besserer Daten, bzw. Modellierungsansätzen für einen aufgeladenen DI-Ottomotor wurde das Klopfmodell [11] unter Annahme seiner Gültigkeit hier ähnlich angewendet. Dabei wird der Zündwinkel des Entrainment-Modells – nach entsprechender Kalibrierung – unter Annahme einer konstanten Klopfsicherheit (bzw. Klopfgefährdung, bzw. Abstand zur Klopfgrenze) zwischen Kalibrierungspunkt und jeweiligem Betriebspunkt eingeregelt. Bei Annahme konstanter Klopfsicherheit wird vorausgesetzt, dass die Klopfgefährdung das wichtigste Applikationskriterium in diesem Bereich ist [13] und andere Kriterien (z. B. Emissionen, Verbrauch) zunächst zurückgestellt sind. Für die vom Kalibrierungspunkt abweichenden Betriebspunkte sei zudem die Annahme eines erweiterten Gültigkeitsbereichs der Modellkonstanten des Entrainment-Modells getroffen.

Mithilfe einer Messung zur Abhängigkeit der Verbrennungsschwerpunktlage von der Sammlertemperatur (30..70 °C) bei konstanter Drehzahl und Last (5500 UpM, Leistungsstufe[*] P.MOT1) kann die Vorhersagequalität der kombinierten Anwendung von erweiterter LLK-Modellierung, physikalisch basiertem Verbrennungsmodell und Klopfmodell ersehen werden (Bild 3). Ausgehend von nur einem zur Kalibrierung der Modellkonstanten verwendeten Betriebspunkt (5500 UpM, Sammlertemperatur 50 °C), stimmen die Schwerpunktlagen (insbesondere deren ansteigende progressive Charakteristik) der voraus-berechneten Betriebspunkte sehr gut mit den Messungen überein. Die Übereinstimmung fällt gegenüber dem Vibe-Verbrennungsansatz, bei dem im Klopfmodell nur Schwerpunktlagen korrigiert werden können, deutlich besser aus.

---

[*] näheres zu den Leistungsstufen s. Kap. 3.1

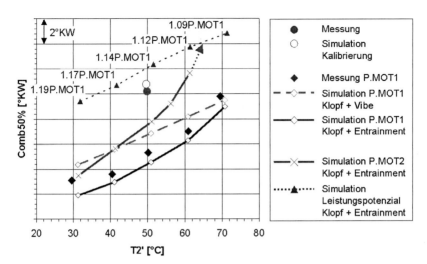

Bild 3: *Schwerpunktlage der Verbrennung Comb50% als Funktion der Sammlertemperatur T2' für verschiedene Leistungs- und Modellierungsstufen*

## 3. Ergebnisse

### 3.1 Übersicht

Nachdem im vorigen Abschnitt die verwendeten Methoden zur Erlangung aussagekräftiger Simulationsergebnisse vorgestellt wurden, werden diese nachfolgend dargestellt. Die dabei verwendete Systematik zur Erlangung möglichst allgemeingültiger Aussagen zur Robustheitsreserve sei nachfolgend kurz beschrieben.

Ausgangspunkt sind zwei feste Betriebspunkte bei 5500 UpM mit den Leistungsstufen P.MOT1 und P.MOT2, welche bei festen Umgebungsbedingungen und mit einer festgelegten Standardperipherie (Luftführung und ATL) am Prüfstand und virtuell angefahren werden. Dabei sollen die unterschiedlichen Leistungsstufen nachfolgend helfen, unterschiedlich große Robustheitsreserven zu bewerten. Die höhere Leistungsstufe P.MOT2 beinhaltet im Basiszustand ca. 10% mehr Absolutleistung als P.MOT1.

Erfolgt nun eine Veränderung eines Parameters in Form einer Verschlechterung für den Motorbetrieb (z. B. eine Erhöhung der Umgebungstemperatur), so kann diese zunächst – bei entsprechend kleinen Änderungsraten – noch vom System Turbolader-Motor kompensiert werden, d.h. eine Leistungsminderung ist nicht feststellbar. Der auf diese Weise steigende Ladedruckbedarf muss bei weiterer Parameterverschlechterung begrenzt werden, sobald systemkritische Randbedingungen erreicht sind (s. a. [3]). Beim vorliegenden Versuchsträger besteht ein solcher Bauteilschutz sowohl in einer maximal zulässigen Temperatur nach Verdichter, als auch in einer maximal zulässigen Drehzahl des Turboladers. Für das erste Eingreifen eines dieser Regelungsmechanismen soll nachfolgend der Begriff der Robustheitsgrenze verwendet werden. Bei einer weiteren Parameterverschlechterung muss der Bauteilschutz entsprechend stärker – auch stärker als die ursprüngliche Ladedruckregelung – eingreifen, was ein Absinken der verfügbaren Leistung verursacht.

Nachfolgend soll folgende Nomenklatur definiert werden: für den Bereich ohne Leistungsminderung bis zur Robustheitsgrenze (d.h. den Bereich der einfachen Ladedruckregelung ohne Bauteilschutz) gelte die Bezeichnung „Phase A", während der Bereich des Leistungsabfalls nach Erreichen der Robustheitsgrenze (d.h. der Bereich mit aktivem Bauteilschutz) mit „Phase B" benannt sei. Die in Kap. 2 kurz erwähnte Ladedruckregelung auf das Wastegate ist im Simulationsmodell um die genannten Funktionen des Bauteilschutzes (Verdichteraustrittstemperatur, Laderdrehzahl) erweitert worden.

Die in diesem Beitrag vorgestellten Parametervariationen betreffen Umgebungsrandbedingungen
- Höhe $h$ nachgestellt über den Umgebungsdruck $p\_amb$ (bei konstanter Temperatur),
- Umgebungstemperatur $T\_amb$,

und konstruktive Randbedingungen
- Druckverlust vor Verdichter $\Delta p1t$,
- Kühlleistungsskalierung des LLK $\xi\_P\_LLK$ (bezogen auf den Basiszustand),
- Skalierung der Querschnittsfläche des Einlassventils $\xi\_A\_IntV$ (bezogen auf den Basiszustand ohne Änderung der Durchflusskoeffizienten),
- Verdichtungsverhältnis im Zylinder $\varepsilon$,
- Skalierung der Querschnittsfläche des Auslassventils $\xi\_A\_ExhV$ (bezogen auf den Basiszustand ohne Änderung der Durchflusskoeffizienten),
- Druckverlust nach Turbine $\Delta p4$.

Aus der Reihenfolge der untersuchten konstruktiven Randbedingungsvariationen kann man bereits deren unterschiedliche Lagen innerhalb der gesamtmotorischen Luftführung (von Lufteintritt bis Abgasaustritt) ersehen.

## 3.2 Phase A (bis zur Robustheitsgrenze)

Um Veränderungen motorischer Größen in Phase A besser bewerten zu können, wird eine Normierung der variierten Parameter – hier allgemein als $\phi$ bezeichnet – eingeführt. Die universell normierte Größe $\phi\_norm$ des Parameters $\phi$ wird gemäß

$$\phi\_norm = \frac{\phi - \phi(Basispunkt)}{\phi(Robustheitsgrenze) - \phi(Basispunkt)}$$

zu 0 im jeweiligen Basiszustand und zu 1 bei Erreichen der Robustheitsgrenze gesetzt. Da zur Bewertung von Phase A der Basisbetriebspunkt mit der höheren Leistungsstufe P.MOT2 bereits zu nah an der Robustheitsgrenze liegt, wird nachfolgend zunächst nur auf die Ergebnisse bei P.MOT1 eingegangen.

In *Bild 4* und *Bild 5* sind verschiedene Systemgrößen über der universell normierten Größe $\phi\_norm$ dargestellt. Der Basiszustand $\phi\_norm=0$ stellt natürlich für alle Variationsgrößen denselben Betriebspunkt dar, kleinere Streuungen sind auf die endlich genaue Konvergenzgüte der Simulationen zurückzuführen. Deutlich erkennt man den progressiven Charakter der Annäherung zur Robustheitsgrenze innerhalb von Phase A: während die meisten Größen moderate Gradienten in der Nähe des Basisbetriebspunkts aufweisen, so steigen die Gradienten bis $\phi\_norm=1$ deutlich an.

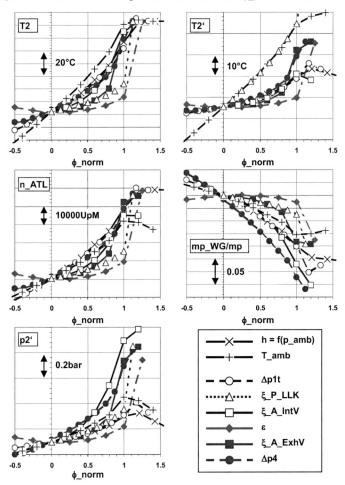

Bild 4: Simulationsergebnisse für P.MOT1 in Phase A: Temperatur nach Verdichter T2, Sammlertemperatur T2', ATL-Drehzahl n_ATL, Wastegate-Massenstromanteil mp_WG/mp und Ladedruck im Sammler p2' als Funktion von $\phi\_norm$

Bei den Temperaturen nach Verdichter T2 und im Sammler T2' (Bild 4) fällt die deutlich direktere Proportionalität bei Veränderungen der Außentemperatur T_amb im Vergleich zu den anderen Variationsgrößen auf (Bild 4). Dies kann auf die Direktheit des Eingriffs zurückgeführt werden, d.h. eine aufgeprägte Temperaturerhöhung äußert sich im System zunächst ebenso in einer Erhöhung der Temperaturniveaus und zunächst weniger in einer Erhöhung anderer Systemgrößen (z. B. Verbrennung, Aufladegrad, Restgas). Diese Aussage gilt nur relativ zu anderen Variationsgrößen $\phi$, d.h. es gibt auch Sekundäreffekte wie z. B. eine spätere Schwerpunktlage aufgrund der erhöhten Sammlertemperatur bei *T_amb*-Variation. Die Sekundäreffekte äußern sich jedoch innerhalb der verschiedenen $\phi$-Charakteristiken weniger deutlich als die Primäreffekte. Während sich beispielsweise bei Reduktion der Ladeluftkühlerleistung $\xi\_P\_LLK$ für die Verdichteraustrittstemperatur *T2* ein wenig auffälliges Verhalten zeigt, reagiert die Sammlertemperatur *T2'* sehr direkt auf die Veränderung (*Bild 4*).

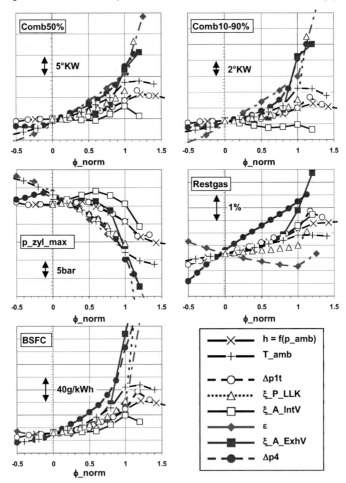

Bild 5: Simulationsergebnisse für P.MOT1 in Phase A: Schwerpunktlage Comb50%, Brenndauer Comb10-90%, Zylinderspitzendruck p_zyl_max, Restgas und spezifischer Verbauch BSFC als Funktion von $\phi\_norm$

Der Anstieg des Abgasgegendrucks $\Delta p4$ bewirkt die deutlichsten Reaktionen auf der Abgasseite: das Wastegate wird direkter geschlossen (kleineres *mp_WG/mp*, Bild 4), die Restgasmenge (bei unveränderten Ventilsteuerzeiten) steigt stärker an (*Bild 5*). Dies belegt die herausragende Bedeutung einer Emissionierungsstrategie für zukünftige Standards, bei der möglichst geringe zusätzliche Druckverluste anfallen. Bei Veränderung des Verdichtungsverhältnisses $\varepsilon$ erkennt man den direkten Zusammenhang (Primäreffekt) zur Verbrennung, d.h. eine $\varepsilon$-Erhöhung wirkt sich markant hinsichtlich einer notwendigen späteren Schwerpunktlage, einer längeren Brenndauer und abgesenkter Zylinderspitzendrücke aus (*Bild 5*). Interessant ist der fallende Restgasgehalt, welcher mit dem bei mehr Verdichtung ansteigenden Expansionsdruckniveau und dem damit günstigeren Druckgefälle in der Ausschiebephase zu erklären ist. Bezüglich der Aufladung (*n_ATL, Pi_Verd.*, *T2*, *mp_WG/mp*) und der Ladeluftkühlung (*T2'*) stellt sich die Verdichtung $\varepsilon$ als die von den untersuchten Variationsgrößen am wenigsten beeinflusste Größe dar: eine $\varepsilon$-Erhöhung äußert sich nur sehr schwach am Abgasturbolader, die Leistungskompensation in Phase A wird eher vom steigenden Hochdruckwirkungsgrad abgefangen (*Bild 4*).

Werden die Ventilquerschnittsflächen, insbesondere die Einlassventilquerschnittsfläche $\xi\_A\_IntV$ verkleinert, so erscheint die Verbrennung (*Comb50%, Comb10-90%, p_zyl_max*) zunächst unbeeinflusst (*Bild 5*). Bei $\phi\_norm=0.5$ lassen sich für eine Verkleinerung des Einlassventils sogar noch geringe Vorteile für die Verbrennung ablesen. Allerdings sind hier keinerlei 3D-Effekte hinsichtlich Einspritzung, Gemischdynamik, Turbulenzniveau und Verbrennung berücksichtigt, welche im Vergleich zu den im Rahmen der 1D-Ladungswechselsimulation berücksichtigten instationären Druckgefällen über den Ventilen eine sehr große Rolle spielen. Kompensiert werden die Querschnittsverkleinerungen vor allem über einen höheren Aufladegrad, ersichtlich beispielsweise am sinkenden Wastegate-Massenstromanteil *mp_WG/mp* (*Bild 4*). Am Ende von Phase A, d.h. kurz vor $\phi\_norm=1$, fällt der stark progressive Charakter bei den Ventilquerschnittsverkleinerungen auf. Dieser ist bei den als Drosseln modellierten Ventilen auf zunehmende Einschnürungseffekte der (im Verhältnis zu konstanten Ein-/Auslasskanalquerschnitten und konstantem Zylinderhubraum) immer kleineren Drosselquerschnitte zurückzuführen.

Auch beim spezifischen Verbrauch *BSFC* erkennt man die progressiven Anstiegscharakteristika bei Verschlechterung der Variationsgrößen $\phi$, besonders für $\phi\_norm>0.5$ (*Bild 5*). Die Verbrauchsanstiege setzen sich jeweils zusammen aus der thermodynamisch negativ beeinflussten Verbrennung (s.o.) und einem Anteil, welcher dem Bauteilschutz (Begrenzung der Temperatur vor Turbine) zuzuordnen ist. Bei nur mäßiger Variation gegenüber dem Basiszustand, d.h. in der Umgebung von $\phi\_norm=0$, kann man aufgrund der hier nur geringen Nichtlinearitäten Trendgeraden generieren, aus welchen der Gradient $dBSFC/d\phi$ ablesbar ist. Als Ergebnis einer solchen Analyse im Bereich $\phi\_norm=[0;0.5]$ wird quantifiziert, durch welche Verschlechterungen gegenüber dem Basiszustand eine Verbrauchserhöhung von 1% zustande kommt:

- 175m Höhenzunahme h (h als Funktion des Umgebungsdrucks p_amb),
- 1.5 °C Zunahme der Umgebungstemperatur $T\_amb$,
- 20mbar mehr Totaldruckverlust vor Verdichter $\Delta p1t$,
- 4% weniger Kühlleistung des LLK ($\xi\_P\_LLK$),
- 39% kleinere Querschnittsfläche der Einlassventile ($\xi\_A\_IntV$),
- ein um 0.2 erhöhtes Verdichtungsverhältnis $\varepsilon$,
- 5% kleinere Querschnittsfläche der Auslassventile ($\xi\_A\_ExhV$) und
- 32mbar mehr Druckverlust nach Turbine $\Delta p4$.

Auf das wenig sensitive Ergebnis hinsichtlich der Einlassventile wurde bereits eingegangen. Das sehr sensitive Ergebnis zur Umgebungstemperatur $T\_amb$ unterstreicht die Bedeutung der Randbedingungen für Volllastmessungen.

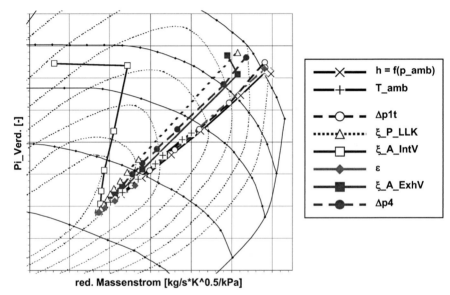

Bild 6: Lage der Betriebslinien für P.MOT1 in Phase A im Verdichterkennfeld

In Bild 6 sind alle Betriebspunkte für die Leistungsstufe P.MOT1 im zugehörigen Verdichterkennfeld dargestellt. Der vom Basispunkt weglaufende Winkel im Verdichterkennfeld entspricht für alle Variationsgrößen $\phi$ – außer der Einlassventilverkleinerung – näherungsweise der Motorschlucklinie und ist vergleichbar mit einer Studie zur Höhenreserve [14]. Bei einer Querschnittsverkleinerung des Einlassventils kann in Phase A der zur Leistungskompensation benötigte Massenstrom noch einzig auf Kosten eines erhöhten Ladedrucks $p2'$ (s. Bild 4) in den Brennraum gelangen – abzulesen an der signifikant steileren Charakteristik im Verdichterkennfeld.

Ein Vergleich der Punkte mit $\phi\_norm$=1 in Bild 6 (die für jede Variationsgröße $\phi$ vorletzten dargestellten Punkte) zeigt, dass diese unterschiedlich weit von der Verdichterstopfgrenze entfernt liegen. Dies kann zum einen auf die (nur) endlich weit voneinander entfernten Abstufungsabstände zwischen den diskreten Variationspunkten zurückgeführt werden. Zum anderen wird aber auch deutlich, dass mit Einführung verschiedener Bauteilschutzkriterien und der Klopfmodellierung, bzw. -regelung auch andere Kriterien als die Verdichterstopfgrenze für die Robustheitsreserve maßgeblich sein können (Bezeichnung Robustheitsgrenze statt Stopfgrenze). So wird die Leistung im Falle einer Steigerung der Außentemperatur $T\_amb$ nicht von der Verdichterstopfgrenze, sondern der maximalen Verdichteraustrittstemperatur $T2$ (s. *Bild 4*) begrenzt. Die Vermeidung einer klopfenden Verbrennung durch massive Rücknahme des Zündwinkels führt bei abgesenkter LLK-Leistung $\xi\_P\_LLK$ oder angehobenem Verdichtungsverhältnis $\varepsilon$ zu einer bereits in der Leistungsabfallphase B befindlichen signifikanten Verschiebung des Betriebspunkts in Richtung Verdichterstopfgrenze (bzw. in Richtung $T2$-Begrenzung, s. *Bild 4*). Diese speziell für Ottomotoren relevanten Zusammenhänge stellen die bei Zinner [5] beschriebene Lücke in anderen Untersuchungen zur Robustheitsreserve dar.

## 3.3 Phase B (Leistungsabfall)

Für die in *Bild 4* dargestellten Kriterien für den Bauteilschutz, die Temperatur nach Verdichter $T2$ und die ATL-Drehzahl $n\_ATL$, ist erkennbar, dass in Phase B für $\phi\_norm \geq 1$ die definierten Obergrenzen für alle Variationsgrößen $\phi$ eingehalten werden. Die diesbezüglichen Erweiterungen der Ladedruckregelung sind demnach aktiv.

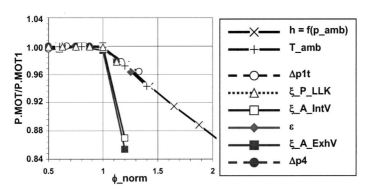

Bild 7: Leistungsabfall für Leistungsstufe P.MOT1 als Funktion von $\phi\_norm$

Per Definition (Phase A und B) tritt unmittelbar nach $\phi\_norm \geq 1$ der Abfall der erzielbaren Leistung ein. Dieser Abfall ist in *Bild 7* für die Simulationen der Leistungsstufe P.MOT1 dargestellt. Es fällt auf, dass für beide Ventilquerschnittsverkleinerungen der Abfall deutlich stärker ist, als für die anderen Variationsgrößen $\phi$.

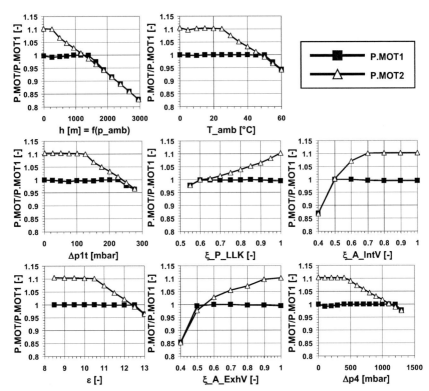

Bild 8: Normierte Leistung (bezogen auf P.MOT1) als Funktion der verschiedenen Variationsgrößen

Bei Auftragung der Simulationsergebnisse beider Leistungsstufen P.MOT1 und P.MOT2 über der jeweiligen Simulationsgröße $\phi$ in *Bild 8* wird deutlich, das innerhalb des gezeigten Parameterbereichs alle Leistungsabfälle – außer der Ventilverkleinerung – hochgradig linear verlaufen. Dies ist ein weiterer Beleg für die Sonderstellung der Ventilquerschnittsverkleinerungen in Phase B, wobei auch die anhand von *Bild 7* festgestellten steileren Leistungsabfälle gegenüber den anderen Variationsgrößen $\phi$ und das in *Bild 6* ersichtliche Abknicken der Betriebslinien im Verdichterkennfeld für $\phi\_norm > 1$ ihre Ursachen im nichtlinearen Verhalten bei Ventilverkleinerungen haben. Die aufgezeigte Sonderstellung hängt mit Einschnüreffekten bei extremen Ventilverkleinerungen [15], sowie mit einer Steigerung der Ladungswechselarbeit bei Abweichung vom optimalen Durchmesserverhältnis zwischen Ein- und Auslassventil [16] zusammen.

Für beide Leistungsstufen P.MOT1 und P.MOT2 wird dieselbe Leistung bei entsprechend verschlechterten Umgebungs- und konstruktiven Randbedingungen erzielt, sobald für P.MOT2 die ca. 10%ige Leistungsreserve des Basiszustands aufgezehrt ist (*Bild 8*). Der nachfolgende Leistungsabfall mit gleichen erzielbaren Leistungen für beide Leistungsstufen ist nur noch im Ansatz wiedergegeben, da in diesem Bereich die Variationsgrößen bereits bei extremen Werten liegen und das notwendige Maß an Extrapolation innerhalb der Simulationsmodelle (Verbrennungs- und Klopfmodellierung) beträchtlich wird.

Die lineare Abfallcharakteristik für alle Variationsgrößen – außer den Ventilquerschnitten – lässt sich analog zur *BSFC*-Quantifizierung in Phase A ebenfalls beziffern. Als Basis werden die Daten für P.MOT2 zwischen dem ersten Punkt mit Leistungsabfall und dem letzten simulierten Punkt mit der größten Differenz der Variationsgröße $\phi$ zum Basiszustand verwendet. Ein Leistungsabfall von 1% wird demnach hervorgerufen durch

- eine Höhenzunahme *h* von 110m,
- eine Erhöhung der Umgebungstemperatur *T_amb* um 2.4 °C,
- eine Erhöhung des Totaldruckverlustes *Δp1t* vor Verdichter um 13mbar,
- eine Reduktion der Kühlleistung des LLK ($\xi\_P\_LLK$) um 4%,
- eine Erhöhung des Verdichtungsverhältnisses $\varepsilon$ um 0.2 und
- eine Erhöhung des Druckverlustes nach Turbine *Δp4* um 77mbar.

Für die Verkleinerung der Ein- und Auslassventilquerschnitte kann aufgrund der Nichtlinearität des Leistungsabfalls (s.o.) kein repräsentativer Wert angegeben werden. Die starke Sensitivität bezüglich der Erhöhung der Umgebungstemperatur *T_amb* wird wie schon bei der *BSFC*-Quantifizierung deutlich.

## 3.4 Diskussion

Vergleicht man die hergeleiteten Veränderungen der verschiedenen Variationsgrößen $\phi$, welche in Phase A einen spezifischen Verbrauchsanstieg und in Phase B einen Leistungsabfall von jeweils 1% hervorrufen, so fällt zunächst eine grundsätzlich ähnliche Größenordnung auf. Die etwas kleineren Werte für die Höhe *h* und den Totaldruckverlust vor Verdichter *Δp1t* beim Leistungsabfall in Phase B gegenüber dem Verbrauchsanstieg in Phase A deuten auf eine gestiegene Sensitivität von Phase A zu Phase B hin. Umgekehrt zeigen die etwas höheren Werte für die Außentemperatur *T_amb* und den Druckverlust nach Turbine *Δp4* eine Reduzierung der Sensitivität auf. Diese Aussagen hängen jedoch hochgradig von der Bewertung des progressiven Charakters in Phase A ab. Die abgeleiteten Sensitivitäten in Phase A stammen aus der Umgebung des Basiszustands ($\phi\_norm$=0) und enthalten keinerlei Information über die z.T. wesentlich steileren Gradienten $dBSFC/d\phi$ am Übergang zu Phase B (in der Nähe von $\phi\_norm$=1). Vor diesem Hintergrund können keine belastbaren Aussagen zu Sensitivitätsveränderungen zwischen Phase A und Phase B getroffen werden.

Die vorliegenden aus Ladungswechselsimulationen gewonnenen Daten für den Versuchsträger ermöglichen den Vergleich mit einem Saugmotor. Dieses Thema war eine zentrale Motivation bei der Erstellung dieses Beitrags. Für nicht aufgeladene Motoren wird bei Höhenzunahme um 100m ein Absinken der Leistung um etwa 1% angegeben [17]. Aus dem Zusammenhang zwischen Motorleistung *P.MOT* und effektivem Mitteldruck $p_{me}$ (Drehzahl *n*, Hubvolumen $V_h$ aller Zylinder und *z*=2 für 4-Takt-Motoren)

$$P.MOT = p_{me} \cdot n \cdot \frac{V_h}{z},$$

dem Zusammenhang zwischen $p_{me}$ und der Ansaugluftdichte $\rho_L$ (Liefergrad $\lambda_L$, effektiver Wirkungsgrad $\eta_e$, Verbrennungsluftverhältnis $\lambda$, Heizwert $H_u$ und Mindestluftbedarf $L_{min}$)

$$p_{me} = \rho_L \cdot \lambda_L \cdot \eta_e \frac{H_u}{\lambda \cdot L_{min}}$$

und dem Zusammenhang zwischen $\rho_L$ und dem Ansaugdruck $p_L$ (Ansaugtemperatur $T_L$, Gaskonstante $R$, ideale Gasgleichung)

$$\rho_L = \frac{p_L}{R \cdot T_L}$$

entsteht eine direkte Proportionalität zwischen Motorleistung $P.MOT$ und Ansaugdruck $p_L$. Letzterer entspricht beim Saugmotor bei offener Drosselklappe (Volllast) und unter Vernachlässigung weiterer Ansaugdruckverluste dem Umgebungsdruck $p\_amb$. Dieser kann wiederum (analog zu den vorgestellten Simulationen) über die barometrische Höhenformel ($h=f(p\_amb)$, $T\_amb$=konst.) in Höhe umgerechnet werden. Nach Einsetzen von möglichst realistischen Werten für einen hubraum-, bzw. leistungsgleichen Saugmotor in dieses Formelwerk ergibt sich als Abschätzung eine Höhenzunahme um ca. 80m, welche für eine Leistungsabnahme um 1% verantwortlich ist.

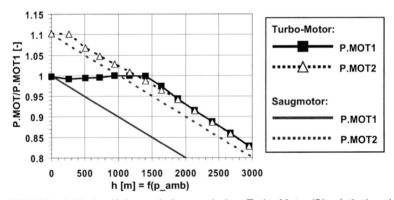

Bild 9 Vergleich des Höhenverhaltens zwischen Turbo-Motor (Simulation) und Saugmotor (Literatur [17])

Vergleicht man die Sensitivitäten des Abfalls der Motorleistung aufgrund einer Höhenzunahme zwischen Saugmotor (Literaturwert und analytisch ermittelter Wert) und aufgeladenem Motor in Phase B (Simulation), so fällt zunächst die gleiche Größenordnung (1% Leistungsabfall bei ca. 100m Höhenzunahme) auf (Bild 9). Verallgemeinert bedeutet dies, dass die Phase B des Turbomotors dem Verhalten des Saugmotors bei veränderten Randbedingungen weitgehend entspricht. Die Phase A, welche hier als Robustheitsreserve bezeichnet wird, gibt es dagegen nur beim Turbomotor und kann als entsprechender Puffer – verglichen mit einem ungepufferten Verhalten des Saugmotors – verstanden werden.

## 4. Zusammenfassung und Ausblick

Im vorliegenden Beitrag werden Ergebnisse aus 1D-Ladungswechselsimulationen zur Robustheitsreserve eines aufgeladenen Motors vorgestellt. Ausgehend von Basiszuständen bei hoher Drehzahl und hoher Leistung wird die Auswirkung von Änderungen verschiedener Umgebungs- und konstruktiver Randbedingungen dargestellt. Für die Auswertung der Ergebnisse erweist sich die vorgeschlagene Einteilung in eine Phase A, bei der ein Leistungsabfall durch eine Kompensation innerhalb des Systems Turbolader-Motor vermieden werden kann, und eine Phase B mit Leistungsabfall als zweckmäßig. Ein stark progressiver Charakter des Systemzustands innerhalb von Phase A (bei Verschlechterung der Randbedingungen), u. a. auch hinsichtlich des spezifischen Verbrauchs, kann festgestellt werden. Dagegen verläuft der Leistungsabfall in Phase B (bei weiter verschlechterten Randbedingungen) oftmals nahezu linear. Eine Ausnahme von dieser Linearität bilden Verkleinerungen der Ventilquerschnittsflächen. Gegenüber einem Saugmotor wird festgestellt, dass der Leistungsabfall bei Höhenzunahme innerhalb von Phase B des Turbomotors ähnlich verläuft, wobei die Robustheitsreserve selber (Phase A) beim Saugmotor nicht vorzufinden ist.

Die Basis für die vorliegenden Untersuchungen stellt ein mit Prüfstandsmessungen abgeglichenes Simulationsmodell dar. Dennoch besteht gerade hinsichtlich der Verbrennungs- und der (im untersuchten Betriebspunktbereich bedeutsamen) Klopfmodellierung noch erheblicher Bedarf an Fortschritten bei der Simulationsmethodik. Außerdem wird eine Untersuchung mit dem verwendeten Verbrennungs- und Klopfmodell für einen zum verwendeten (ATL-)Versuchsträger vergleichbaren Saugmotor, ggf. auch mit alternativen Formulierungen, bzw. Abstimmungen für Saug- und Turbomotoren, angestrebt.

Die Robustheitsreserve wird z.T. auch als Leistungsreserve gedeutet. Auf diesen Aspekt wurde im Rahmen dieses Beitrags nicht eingegangen, da die untersuchte höhere Leistungsstufe P.MOT2 (s. Ergebnisse von Phase B) eine Konfiguration fast ohne Robustheitsreserve darstellt und sich daher eine Leistungsreserve für die niedrigere Leistungsstufe automatisch als Differenz zur höheren Leistungsstufe darstellt. Die Analyse des Einflusses einer veränderten Klopffestigkeit des Kraftstoffs (Oktanzahl) würde eine logische Erweiterung dieser Arbeit darstellen. Aus Sicht der Auslegung eines Abgasturboladers stellt sich natürlich auch die Frage, wie sich die gezeigten Zusammenhänge bei anderen Auslegungsvarianten (z. B. anderer Turbolader, andere Lagen im Kennfeld) verhalten. Ein weiterer nicht berücksichtigter Punkt ist die Kombination von mehreren gleichzeitig veränderten Randbedingungen, welche in der Praxis eher die Regel als die Ausnahme darstellen. Für das Verständnis der grundlegenden Zusammenhänge rund um die Robustheitsreserve aufgeladener Ottomotoren stellt der vorliegende Beitrag daher nur einen Anfangspunkt dar.

# Literatur

[1] E. Groff, A. Königstein, H. Drangel, *Der neue 2,0l Hochleistungs-Turbomotor mit Benzindirekteinspritzung von GM Powertrain*, 27. Internationales Wiener Motorensymposium, 2006

[2] A. Sterner, B. Hofstetter, M. Kerkau, M. Beer, R. Ronneburger, S. Knirsch, *Die variable Turbinengeometrie für die ottomotorische Anwendung bei neuen 3,6l Biturbo-Motor des Porsche 911 Turbo*, 11. Aufladetechnische Konferenz 2006, Dresden, 2006

[3] K. Prevedel, P.Kapus, *Hochaufladung beim Ottomotor – ein lohnender Ansatz für die Serie?*, 11. Aufladetechnische Konferenz 2006, Dresden, 2006

[4] R. Dornhöfer, W. Hatz, A. Eiser, J. Böhme, S. Adam, F. Unselt, S. Cerulla, M. Zimmer, K. Friedmann, W. Uhl, *Der neue R4 2,0l 4V TFSI-Motor im Audi S3*, 11. Aufladetechnische Konferenz 2006, Dresden, 2006

[5] K. Zinner, *Aufladung von Verbrennungsmotoren*, Springer, ISBN 3-540-10088-1, 1980

[6] M. Mayer, *Abgasturbolader*, BorgWarner Turbo Systems, Verlag Moderne Industrie, ISBN 3-478-93263-7, 2003

[7] F. Kessler, E. Sonntag, J. Schopp, L. Simionesco, P. Keribin, F. Bordes, *Die neue kleine 4-Zylinder Motorenfamilie aus der BMW/PSA Kooperation*, 15. Aachener Kolloquium Fahrzeug- und Motorentechnik, 2006

[8] GT-Power User Manual Version 6.1

[9] S. Wahiduzzaman, T. Morel, *Comparison of Measured and Predicted Combustion Characteristics of a Four-Valve S.I. Engine*, SAE Paper No. 930613, 1993

[10] J. B. Heywood, *Internal Combustion Engine Characteristics*, McGrawHill, ISBN 0-07-028637-X, 1988

[11] U. Spicher, R. Worret, *Klopfkriterium*, Abschlussbericht zum FVV-Vorhaben Nr. 700, Forschungsvereinigung Verbrennungskraftmaschinen e.V., 1998

[12] D. Franzke, *Beitrag zur Ermittlung eines Klopfkriteriums der ottomotorischen Verbrennung und zur Vorausberechnung der Klopfgrenze*, Dissertation, TU München, 1981

[13] W. Attard, H. C. Watson, S. Konidaris, M. A. Khan, *Comparing the Performance and Limitations of a Downsized Formula SAE Engine in Normally Aspirated, Supercharged and Turbocharged Modes*, SAE Paper No. 2006-32-0072, 2006

[14] H. Hiereth, P. Prenninger, *Aufladung der Verbrennungskraftmaschine*, Springer, ISBN 3-211-83747-7, 2003

[15] G. P. Blair, *Design and Simulation of Four-Stroke Engines*, Society of Automotive Engineers, Inc., ISBN 0-7680-0440-3, 1999

[16] G. P. Blair, *Design and Simulation of Motorcycle Engine*, Beitrag zum Band Entwicklungstendenzen im Motorradbau, Expert Verlag, ISBN-10: 3816922724, 2006

[17] Robert Bosch GmbH, *Kraftfahrtechnisches Taschenbuch*, Vieweg, ISBN 3-528-13876-9, 2002

# 7 The Simulation of Turbocharger Performance for Engine Matching

Nick Baines, Carl Fredriksson

## Abstract

Turbocharged engine simulations require maps of compressor and turbine performance. These maps are normally obtained from turbocharger tests on gas stands. Gas stand testing usually covers only a very limited range of operation, and to cover the full range of engine simulation, extrapolation of the turbocharger performance characteristics is required. The problem becomes particularly acute when simulating engine transients and compact manifolds, which can take the turbocharger components far from their design points. Simple numerical extrapolation of the gas stand data may produce very misleading results, particularly if the user is not fully familiar with compressor and turbine characteristics. An alternative method that can provide more reliable results is based on the physical modelling of the compressor and turbine using mean line methods. Such models can be checked and calibrated against whatever gas stand data is available, and then used with confidence over a wide range of operating conditions.

## 1. Introduction

To predict the performance of turbocharged engines, a variety of simulation tools is available. An essential part of all such tools is the performance prediction of the turbocharger compressor and turbine. Invariably this is done by interpolating and extrapolating maps of performance characteristics provided by the turbocharger supplier. These maps are obtained from gas stand tests, in which the turbocharger is tested in isolation from the engine. The turbine is supplied with air or combustion products from a separate compressor and combustor. The operating conditions are controlled by means of the turbine inlet pressure and temperature, and the compressor exhaust pressure, using a throttling valve.

This method of testing has a number of drawbacks. Most significant is that the range of performance covered by the turbine is severely restricted by the operating range of the compressor, which is limited at low flow rate by the onset of surge, and at high flow rate by choking. The efficiency of the compressor at constant speed decreases from its maximum in the middle of the range as both these limits are approached, and this increases the power demanded from the turbine. As a result, the full range of operation of the compressor requires only a small range of pressure ratio of the turbine for each turbocharger speed. Turbine maps that come from gas stand testing are particularly limited in this respect, and cover only a small fraction of the complete operating range of the turbine.

This is the principal disadvantage that this paper seeks to address. Other limitations of gas stand testing that are pertinent include the steady-state nature of the testing, the lack of recognition of heat transfer from the turbocharger, and the absence of any measurement of bearing loss.

The exhaust gas from an internal combustion engine, particularly small, modern engines fitted with compact exhaust manifolds, is highly pulsating. The first consequence of this is that the actual operating conditions encountered during an engine cycle much exceeds the range that is measured on the gas stand. This makes it essential to have reliable methods of extrapolating the gas stand data. The second consequence is that the steady-state conditions of the gas stand may not replicate the true conditions of the turbocharger turbine, if the turbine behaviour is anything other than quasi-steady. It has long been accepted that this is not the case, and is generally dealt with using some form of pulse flow correction factors, based on the observed differences in performance between the gas stand and the engine [1, 2]. Substantial research into the problem of measuring and understanding turbine performance under pulse flow conditions has been undertaken [3-5] but useful models of the pulse flow performance have yet to be developed.

Heat transfer effects in a turbocharger are also important. Heat fluxes are both external, from the turbocharger to the environment, and internal, from the turbine to the lubricating oil and to the compressor. Heat transfer from the turbine increases the measured temperature drop across the turbine and increases the apparent efficiency of the turbine based on this temperature change. Similarly, heat transfer to the compressor reduces the apparent compressor efficiency. The thermal environments of the gas stand and the engine are sufficiently different that this causes uncertainties when gas stand maps are used for engine simulation. Comprehensive surveys of heat transfer in turbochargers are still rare [6].

The bearing loss is rarely measured separately in gas stand testing. Large temperature gradients exist in the fluid at the exit of the turbine, which makes the measurement of this quantity of uncertain accuracy. Instead, it is usual to base the turbine efficiency on the power delivered to the compressor, which can be measured by means of the compressor temperature rise. This means that the turbine efficiency includes the bearing loss as an unquantified component. A large fraction of the total bearing loss is due to the thrust bearing, and therefore depends on the axial load on the turbocharger shaft. In turn, this depends on the pressure distributions on the rotating components, and the momentum of the air entering the compressor and the exhaust gas leaving the turbine. Such terms are functions of the operating points of the compressor and turbine, tip clearances, and seal clearances. As with heat transfer, the application of gas stand data to engine simulation may add some uncertainties to the prediction of system performance.

The purpose of this paper is to explain how some of these limitations can be overcome. A method by which gas stand data for turbocharger turbines may be reliably extrapolated to cover the full range demanded in pulse flow operation is described.

## 2. Pulse flow operation of a turbine

It is well understood that the exhaust gas of an engine is unsteady, and this fact is frequently exploited by engine manufacturers who use compact exhaust manifolds to preserve as much as possible of the pulse energy that arises when an exhaust valve opens, and deliver it to the turbine [7]. This gives rise to highly varying inlet conditions to the turbine. Figure 1 is an example of the mass flow rates in the compressor and turbine of a turbocharger applied to a 3-cylinder, 1.65 litre engine, operating at 1500 rev/min. The compressor flow is steady throughout the engine cycle, because the volume of the intercooler and inlet manifold are sufficient to damp out any pulsations that occur due to inlet valve events. (Additionally, the use of three cylinders with typical valve timings is nearly optimal from this point of view, in that the valve openings do not overlap and are sequential, with very little dead time between them when no valve is open.) In the turbine, however, the exhaust flow rate varies widely and peaks at a maximum which is more than twice the cycle-average value.

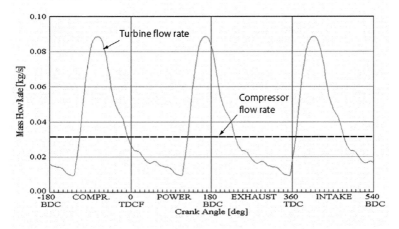

Figure 1. Variation of turbine and compressor flow rates through an engine cycle.

The turbine and compressor pressure ratios for the same conditions are contrasted in Figure 2. Again, the compressor pressure ratio is constant through the cycle, whereas the turbine pressure ratio varies over a wide range. During at least half the engine cycle, the turbine operates at very low pressure ratio.
The consequence of this can be seen most clearly in Fig. 3, which shows the variation of compressor input power and turbine output power through the engine cycle. The compressor power is constant at about 2 kW. The turbine power varies widely, with a peak in excess of 10 kW, or five times the compressor power requirement.

However, the peak power occurs for only a small part of the cycle. For approximately 70% of the cycle the turbine produces less power than the compressor requires, and for most of that time the turbine power output is negligibly small.

Figure 4 shows the variation in turbine efficiency through the cycle. At the maximum power point, shown as the 10 kW point in this figure, the turbine efficiency is less than its maximum because at this point at the peak of the pressure pulse, the turbine pressure ratio is higher than design. The best efficiency actually occurs at about the 5 kW point, which is at a pressure ratio for which the turbine is designed to operate optimally. If the turbine had been designed for best efficiency at the point of maximum pulse energy, the efficiency, and hence the power output, would be lower at other points in the cycle, and the effect would be to make the power pulse in Fig. 3 higher and narrower. On the other hand, there is little scope for using a turbine with a maximum efficiency at lower pressure ratio because there is so little energy to be collected from the exhaust gas over much of the cycle.

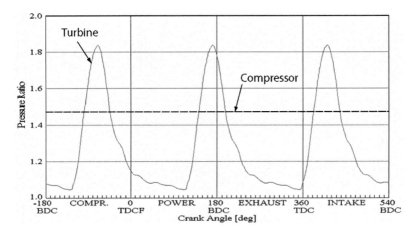

*Figure 2. Variation of turbine and compressor pressure ratio through an engine cycle.*

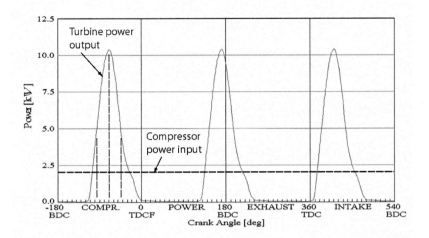

*Figure 3.* Variation of turbine and compressor power through an engine cycle. Points of turbine peak power and 5 kW power are marked.

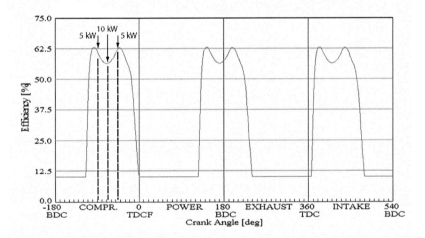

*Figure 4.* Variation of turbine efficiency through an engine cycle. Points of maximum turbine power and 5 kW power are marked (compare with Fig. 3).

## 3. Turbine performance simulation

Results of the type shown here in Figs. 1-4 emphasize the importance of simulating a wide range of turbine operation, covering flow rates from near zero to well in excess of the design flow rate, and pressure ratios from 1.0 to much higher values than simple steady-state matching would suggest.

The turbine map in Fig. 5 shows the turbine flow capacity plotted as a function of pressure ratio, for a series of turbocharger speeds. Attention should first be paid to the broken lines, which indicate the range of test data that was available for this turbine, based on gas stand testing. At each speed tested, the range of mass flow rates and pressure ratios is very limited. To cover the full range of operation, considerable extrapolation is required.

The remaining curves in this figure are the complete performance characteristics, obtained by a one-dimensional, or mean line, analysis of the turbine. Such an analysis is based on the standard gas dynamics equations, which are applied on a mean line through the turbine. Three-dimensional effects are ignored, and the fluid state and velocity on the mean line are assumed to be equal to the passage-average conditions at each point in the turbine. The solution is completed with models for the loss, aerodynamic blockage, and deviation of the flow from the blade angle in each component of the turbine. These models can be adjusted to replicate accurately the measured flow conditions, and then the analysis is used to generate the full performance characteristics. The calculation is mathematically quite simple and requires negligible computing time.

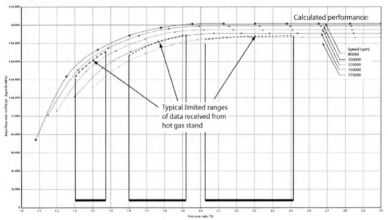

*Figure 5.* Mass flow characteristics of a radial turbine, showing the limited range of data available from a gas stand, and the full map calculated using a mean line analysis.

This turbine analysis method has been developed over many years [8–10], and the calculation method is described in [11]. It has been checked against an extensive database of measured turbine performance data. Figure 6 shows a comparison of the measured and predicted design point efficiencies for these turbines. In interpreting this figure, it is important to understand that all of the predictions were made with an identical set of modelling coefficients, and that those points that remain well outside the band of good modelling are in many cases associated with unusual turbines made for research purposes, or where the test data are of questionable accuracy.

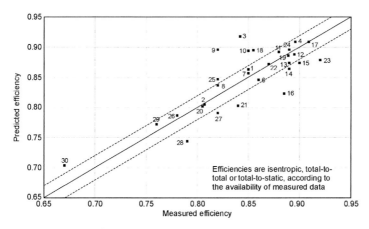

Figure 6. Comparison of predicted and measured design point efficiencies for radial turbines.

Checking is not confined to the design point. Figures 7 and 8 show the predicted and measured mass flow rates and efficiencies for a series of turbines for which data were available. With very few exceptions, both these parameters can be predicted with good accuracy over a wide range of conditions. It is therefore safe to conclude that the method is capable of predicting the efficiency of typical industrial turbines with good confidence, and that the default set of modelling coefficients can be used in cases where test data are not available.

In engine simulations, therefore, the options for extrapolating the turbine performance characteristics are numerical extrapolations, fitting suitable curves to the available test data, or physical, using the turbine analysis procedure mentioned here. It is reasonable to say that the mass flow characteristics shown in Fig. 5 can be numerically extrapolated with confidence, providing the engineer controlling the extrapolation is familiar with turbine maps and has a good sense of the likely form of the characteristics. Given that many people doing this come from engine, not turbocharger, backgrounds, this is not always the case.

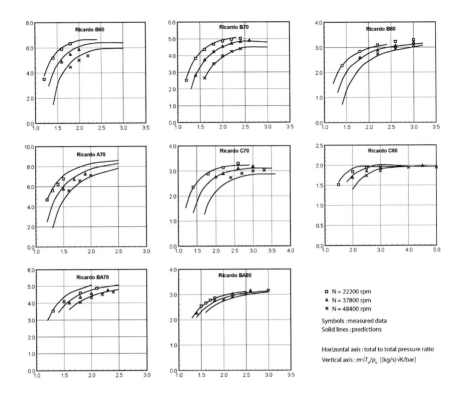

*Figure 7*. Comparison of predicted and measured mass flow rates for a series of turbines, using a common set of modelling parameters.

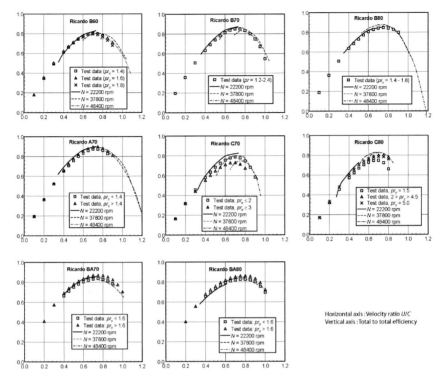

*Figure 8.* Comparison of predicted and measured efficiencies for a series of turbines, using a common set of modelling parameters.

The extrapolation of turbine efficiency characteristics, shown in Fig. 9 for the same turbocharged engine case, represent a much greater challenge. The elliptical region in the centre of the graph highlights the gas stand test data available, which occurs at the region of maximum turbine efficiency. This also emphasizes the limited range covered by the test data. This is particularly so when contrasted with the range of operating conditions that the turbine actually encounters in the engine application shown in Figs. 1-4, which is also shown in Fig. 9. The turbine high power area is to the left hand end of this range, and Fig. 9 shows clearly the separation between this region and the region of maximum turbine efficiency. Thus it can be seen how critical is the correct extrapolation of the turbine efficiency to predicting turbine performance at the points of high power, where it really matters to the engine simulation.

The broken line in Fig. 9 shows a typical numerical curve fit used in engine simulation codes for efficiency extrapolation. Very commonly, a single curve will be used for all turbine speeds, on the basis that there is usually insufficient test data to generate a family of curves, and that, plotted in this way, the individual speed lines nearly collapse. However, the physics-based model predictions show that the speed lines do not collapse, and that there is a significant speed-variation, particularly in the region of greatest interest. The numeric extrapolation may well give rise to serious error away from the turbine maximum efficiency.

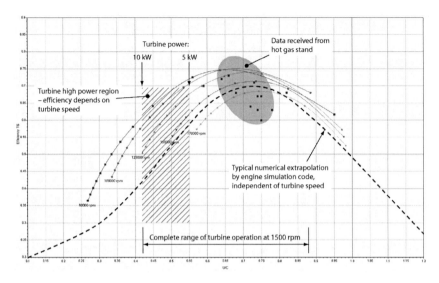

*Figure 9.* Efficiency characteristics of a radial turbine, showing the limited range of data available from a gas stand, and the full map calculated using a mean line analysis.

## 4. Conclusions

Several limitations to the accuracy of turbine maps used in turbocharged engine simulations have been identified: the need to extrapolate measured turbine data from gas stand testing, the lack of models for pulse flow operation of turbines, absence of any correction for heat transfer from and within the turbocharger, and a lack of separate measurement of bearing loss. Of these, the extrapolation concern can most readily be addressed. Simple physical models of the turbine can be used to extrapolate the test data with much greater confidence than the numerical models commonly used today. Work proceeds on the other limitations but developments have not reached the point where they are ready for industrial adoption.

## References

[1] WATSON N, JANOTA M S 1984 *Turbocharging the Internal Combustion Engine.* MacMillan Publishers Ltd.
[2] IWASAKI M, IKAYA N, MARUTANI Y, KITAZAWA T 1994 Comparison of turbocharger performance between steady flow and pulsating flow on engines. SAE paper 940839
[3] DALE A, WATSON N 1986 Vaneless radial turbocharger turbine performance. In *Turbocharging and Turbochargers*, I Mech E, pp 65-76
[4] BAINES N C, HAJILOUY-BENISI A, YEO J H 1994 The pulse flow performance and modeling of radial inflow turbines. In *Turbocharging and Turbochargers*, Inst Mech Engrs, pp 209-220

[5] COSTALL A, SZYMKO S, MARTINEZ-BOTAS R F, FILSIONGER D, NINKOVIC D 2006 Assessment of unsteady behavior in turbocharger turbines. ASME paper GT2006-90348
[6] SHAABAN S, SEUME J R 2006 Analysis of turbocharger non-adiabatic performance. *8th Int Conf on Turbochargers and Turbocharging*, Inst Mech Engrs, pp 119-130
[7] BAINES N C 2005 *Fundamentals of Turbocharging*. Concepts NREC, Wilder, Vt.
[8] BAINES N C 1998 A meanline prediction method for radial turbine efficiency. In *Turbocharging and Air Management Systems*, Inst Mech Engrs, pp. 315-25
[9] BAINES N C 2002 Radial and mixed flow turbine options for high-boost turbochargers. In *Turbochargers and Turbo-charging*, Inst Mech Engrs, pp. 35-44
[10] BAINES N C 2005 Radial turbines: an integrated design approach. *6th European Conference on Turbomachinery*, Lille, France, 7-11 March 2005, pp. 655-64
[11] QIU, X, BAINES N C 2007 Performance prediction for high pressure-ratio radial inflow turbines. ASME paper GT2007-27057

# 8 Entwicklungsschwerpunkte bei zweistufigen Abgasturbolader-Systemen für Fahrzeuganwendungen
## Focuses of the Development of Two-Stage Turbo-Charging-Systems for Vehicle Application

Friedrich Wirbeleit, Heinz-Georg Schmitz, Günther Vogt

## Abstract

Based on the benefit of single-stage-turbocharged engines two-stage-turbocharging (serial sequential) offers additional potential. The details of the crucial issues will be revealed.

After the explanation of the principal layout of the system the special development made by erphi will be presented as well as aspects of the closed loop control. In detail future demands for the air system, also in respect to exhaust gas after treatment systems, motivated to develop a model based closed loop control system.

Another very important part of the complete control system are the control flaps for fulfilling the demands to high dynamics, packaging and cost. In this field erphi has done own developments during the last years successfully.

Caused by the progresses in the development of SI-DI-combustion system two-stage-turbocharging becomes more interesting for this type of internal combustion engines. However the challenges to temperature resistance and the control of the air fuel ratio are much more greater than for the Diesel engine. For avoiding knocking combustion the charging system and the gas dynamics have to be set for keeping lowest hot residual gas in the cylinder.

## Kurzfassung

Basierend auf dem Nutzen, den schon einstufig aufgeladene Motoren haben, bietet die zweistufige Aufladung zusätzliches Potenzial. Details zu den Kernthemen werden hier vorgestellt.

Nach dem prinzipiellen Systemaufbau wird die bei erphi entwickelte Lösung dargestellt inkl. der regelungstechnischen Aspekte. Im Detail haben die zukünftigen Anforderungen an das Luftsystem auch unter dem Aspekt der Abgasnachbehandlung dazu motiviert, eine modellbasierte Regelung zu entwickeln.

Ein weiterer wichtiger Baustein des Regelsystems sind die Regelorgane, um die Anforderungen an hohe Dynamik, Packaging und Kosten zu erfüllen. Hier hat erphi in den letzten Jahren erfolgreich eigene Entwicklungen vorangetrieben.

Bedingt durch die Fortschritte bei der Entwicklung des Otto-DI-Brennverfahrens wird auch hier die zweistufige Aufladung interessant. Allerdings sind hier die Herausforderungen an die Temperaturfestigkeit und die Einhaltung des Luftverhältnisses (Regelung) ungleich höher als beim Dieselmotor. Um klopfende Verbrennungen zu vermeiden, muss die Aufladung und Gasdynamik so abgestimmt werden, dass möglichst wenig heißes Restgas im Zylinder verbleibt.

## 1. Einleitung

Nur durch die Einführung und konsequente Weiterentwicklung der Abgasturboaufladung konnten in den letzten Jahren die ständig steigenden Anforderungen an Dieselmotoren nach weiterer Erhöhung des Drehmomentes, der Leistung und der Dynamik erfüllt werden.

Bild 1 zeigt hierzu, wie die Literleistungen von PKW-Serien-Dieselmotoren von 1986 bis heute angestiegen sind. Ein markanter Zeitpunkt war die Einführung der zweistufigen Aufladung beim BMW 535d, der inzwischen in Serie eine Literleistung von 70 kW/ltr. erreicht hat [1]. Dieselmotoren für den sportlichen Einsatz erreichen heute bereits Werte von 100 kW/ltr.

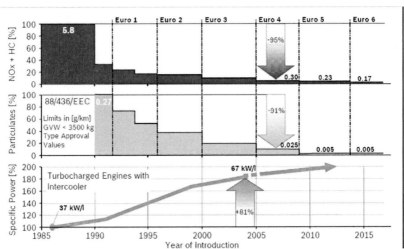

*Bild 1:* Chronologie der Emissionsstufen und der Leistungsentwicklung (Quelle: Bosch)

Gleichzeitig konnten die Emissionen von 1985 bis heute um Werte von über 90 % gesenkt werden. Auch hierzu hat die Abgasturboaufladung in Verbindung mit der Ladeluftkühlung maßgeblich beigetragen. Grundsatzversuche zeigen auf, dass durch weitere Erhöhung der AGR-Rate und Anhebung des Ladedruckes weiteres Potenzial besteht, um NO$_X$- und PM-Emissionen abzusenken, insbesondere in den Fällen, wo der Abgastest Hochlastanteile erhält.

Bild 2 zeigt hierzu ein Beispiel von Untersuchungen am Einzylindermotor. Durch kontinuierliche Erhöhung der Abgasrückführrate kann man die NO$_X$-Emission von 10 g/kWh bis auf 4 g/kWh absenken, ohne dass es zu dramatischen Anstiegen in der Rußemission kommt. Eine weitere Erhöhung der AGR-Rate führt zu einem starken Anstieg der Rußemission, die durch Anhebung des Luftverhältnisses über erhöhten Ladedruck wieder kompensiert werden kann. Über eine weitere Erhöhung der AGR-Rate kann man die NO$_X$-Emission dann weiter absenken.

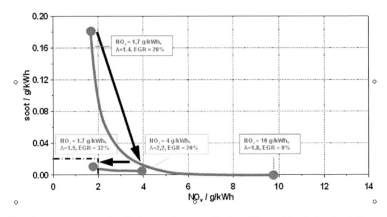

*Bild 2:* Reduzierung der Rohemissionen mittels AGR und Ladedruckerhöhung

Um diese Potenziale darzustellen, sind in den letzten Jahren in Kundenaufträgen bei der Fa. erphi einige zweistufig aufgeladene Vollmotoren entwickelt worden [2].

## 2. Zweistufige Aufladung am Dieselmotor und Regelkomponenten

Bild 3 zeigt den Systemaufbau der zweistufigen Aufladung. Bei niedrigen Drehzahlen ist sowohl das Verdichter-Bypass-Ventil als auch die Abgasregelklappe geschlossen. Das Abgas strömt nur über die relativ kleine Hochdruckturbine und die Luft wird hauptsächlich über den Verdichter des Hochdruck-Turboladers (HPTC) komprimiert. Mit steigender Drehzahl steigt der Abgasmassenstrom und sobald der Volumenstrom für die Hochdruckturbine zu groß wird, öffnet die Abgasregelklappe und der Niederdrucklader (LPTC) läuft in der Drehzahl hoch, wodurch auch der Verdichter entsprechend Ladedruck produziert und den Verdichter-Bypass öffnet. Mit weiter steigender Drehzahl wird dann der steigende Massenstrom für die Niederdruckturbine zu groß und das Wastegate-Ventil öffnet.

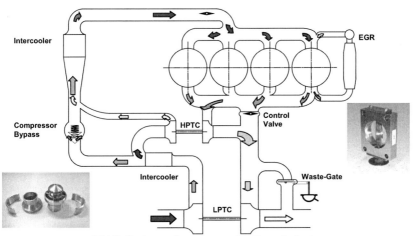

*Bild 3:* Systemaufbau der zweistufigen Aufladung

Das zentrale Element für die Ladedruckregelung ist die Abgasregelklappe zwischen Motor und großem Turbolader. Sie verteilt den Abgasstrom variabel auf die zwei Lader, verhindert unzulässige Betriebsbereiche der Hochdruckturbine, bestimmt wesentlich das Dynamikpotential des Gesamtsystems und ist auch für die mögliche AGR-Raten-Regelung ein wichtiges Stellglied. Hierzu wurden bei erphi umfangreiche Entwicklungen durchgeführt.

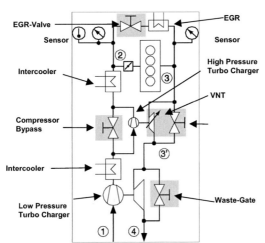

*Bild 4:* Anforderungen an die Regelung aus der Komplexität der zweistufigen Aufladung

Bild 4 zeigt das Systembild für die Entwicklung der notwendigen Regelungstechnik. Um Ladedruck, Luftverhältnis sowie AGR-Raten auf die geforderten Werte einzuregeln, sind je nach Systemaufbau bis zu 6 Aktoren und Regelorgane notwendig, die einer koordinierten Ansteuerung bedürfen. Bedingt durch zusätzliche neue Motorbetriebsarten zur Regeneration der Abgasnachbehandlungseinrichtungen steigt der regelungstechnische Aufwand stark an. Um dies zu beherrschen, wurde eine modellbasierte Regelung entwickelt [3]. Die Model Based Boost Control (MBC) genannte Regelung baut auf weiteren bei der Robert Bosch GmbH für den Luftpfad entwickelten und eingesetzten modellbasierten Funktionen auf.

Neben der Anforderung der erheblich gestiegenen Zahl der Aktuatoren gibt es bei der zweistufigen Aufladung Bereiche, in denen der geforderte Ladedruck sowohl zweistufig als auch alleine durch den Niederdrucklader zur Verfügung gestellt werden kann. Das System ist daher nicht eindeutig bestimmt. Typischerweise ist aber eine Betriebsstrategie zu bevorzugen, wenn z.B. ein bestimmtes p3/p2-Verhältnis eingestellt werden soll oder eine möglichst hohe Effizienz der Ladergruppe angestrebt wird.

Weiterhin steigt künftig die Anzahl der Betriebsmodi (Normalbetrieb, Partikelfilterregeneration, NSC-Regeneration etc). Mit dem klassischen Ansatz würde dies bedeuten, dass die Anzahl der Applikationssätze z.B. für die Ladedruckregelung exponentiell ansteigt, da nun die komplette Anzahl an Aktuatoren verkoppelt über die gegenseitige Beeinflussung des Ladedrucks, der Luftmasse AGR-Rate etc. teilweise simultan zu bedienen ist, die sich wiederum mit der Anzahl der Betriebsarten multipliziert.

Da dies in der praktischen Applikation nicht mehr beherrschbar wäre, wurde der Ansatz gewählt, ein physikalisch basiertes Modell des Luftsystems zu Grunde zu legen. Die in diesem Modell einzutragenden Parameter sind physikalischer Natur, so dass diese Struktur in der Lage ist, auf sämtliche Sollwerte (AGR, Ladedruck usw.) simultan zu regeln und damit unabhängig vom Betriebsmode ist.

*Bild 5:* erphi-Abgasregelklappe

Bild 5 zeigt die Abgasregelklappe (ARK). Wichtigstes Konstruktionsmerkmal der Abgasregelklappe ist die mittige Lagerung des Klappentellers, wodurch die Druckkräfte sich ausgleichen und die Klappe nahezu kräftefrei bewegt werden kann. Dies hat den Vorteil, dass auch Elektrosteller zur Betätigung der Klappe verwendet werden können. Mit diesen Stellern wird über einen Sensor die Klappenposition erfasst und da-

mit eine Positionsregelung mit hoher Genauigkeit ermöglicht. Ein weiterer Vorteil der Steller ist ihre hohe Dynamik.
Um die Abgasregelklappe weiter optimieren zu können, wurden 3-D-Strömungssimulationen durchgeführt, um insbesondere das Öffnungs- und Strömungsverhalten stromabwärts der Klappe zu verstehen [4]. Dies ist sehr wichtig, weil mit dieser Strömung die Niederdruckturbine beaufschlagt wird. Hierbei wurden mit Hilfe von ICEM CFD die Gitter generiert und mit dem Softwarepaket CFX simuliert.
In Bild 6 ist die Abgasregelklappe im Querschnitt dargestellt. Vergrößert herausgezeichnet sind die Bereiche der Dichtkanten bei minimalem Öffnungswinkel.

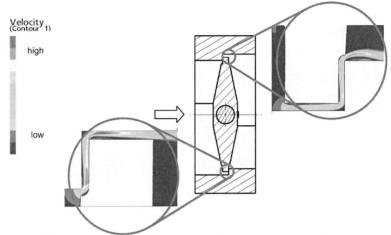

*Bild 6:* Simulation des Öffnungsverhaltens der Abgasregelklappe

Simuliert wurde in diesem Fall der Öffnungsbeginn der Klappe. Durch die Anforderung, dass der gesamte Abgasmassenstrom bei höheren Drehzahlen über die Abgasregelklappe bei geringem Druckverlust bypassiert werden muss, ist die frei durchströmte Fläche entsprechend groß zu dimensionieren. Dadurch entsteht andererseits ein Zielkonflikt, da mit zunehmendem Durchmesser selbst bei minimalen Öffnungswinkeln schon eine größere Fläche freigegeben wird, die jedoch aus Sicht eines stetigen Übergangs möglichst gering sein sollte.
Die Simulation des Öffnungsverhaltens hilft, die auftretenden Phänomene zu verstehen und die Abgasregelklappe im Hinblick auf die Anforderungen weiter zu optimieren. Aus der Analyse der Druckverhältnisse wurden beispielsweise die Erfahrungen aus der Praxis bestätigt, dass auf Grund der Strömung ein Schließmoment erzeugt wird. Wie in Bild 6 bei sehr kleinem Öffnungswinkel zu sehen ist, treten in den Spalten hohe Strömungsgeschwindigkeiten auf. Über der Klappe liegt ein Druckverhältnis $\Pi > 1$ an, das durch die Entspannung über die Hochdruckturbine bestimmt wird. Am oberen Teil des Klappentellers greift der volle Druck an, während durch die Strömung im Spalt auf der Rückseite ein Unterdruck erzeugt wird. Im unteren Spalt dagegen wird auf der dem Einlauf zugewandten Seite ein Unterdruck erzeugt. Die resultierende Kraft aus dem Druck greift also leicht oberhalb der Symmetrieachse an und führt zu einem Drehmoment, das die Klappe schließen will.

Wie die Analyse bei größeren Öffnungswinkeln zeigt, setzt sich dies fort, in dem auf der Rückseite des oberen Teils des Klappentellers eine höhere Strömungsgeschwindigkeit und damit ein niedrigerer Druck herrscht (Bild 7). Damit wird auch bei größeren Öffnungswinkeln ein Schließmoment erzeugt.
Dieser Effekt bietet den Vorteil, dass die Klappe immer definiert in eine Richtung gedrückt wird. Eine Hysterese bei Drehrichtungsumkehr wird damit vermieden sowie eine entsprechend den hohen Temperaturanforderungen notwendige Tolerierung in der Kinematik ermöglicht.

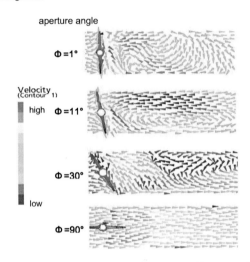

*Bild 7:* Simulation der Spaltströmung an der Abgasregelklappe

In Bild 7 ist das Strömungsfeld nach der Klappe im Längsschnitt mit Geschwindigkeitsvektoren bei verschiedenen Öffnungswinkeln dargestellt, wobei die Wirbel und Strömungsfelder deutlich zu erkennen sind.
Die Strömung, die durch den unteren Teil der Abgasregelklappe fließt, legt sich an der Rohrwand an, wogegen die durch den oberen Teil strömende Abgasmasse der Abgasregelklappe auf der Rückseite folgt und ebenfalls zur unteren Rohrwand tendiert.
Weiterhin zeigt sich, dass sich auch in einigem Abstand nach der Klappe deutliche Wirbel ausbilden, wie in der Sequenz über die steigenden Öffnungswinkel gut zu erkennen ist.
Ein weiteres Ergebnis, das aus der Simulation gewonnen wurde, war wie zuvor bereits erwähnt ein besseres Verständnis des Öffnungsverhaltens. Die Erkenntnisse wurden in eine neue Anordnung umgesetzt, die in einem praktischen Versuch am Motorprüfstand untersucht wurde. Bild 8 zeigt hierzu ein beispielhaftes Ergebnis. In dem der Druck im Abgaskrümmer (also vor der kleinen Turbine und der Abgasregelklappe) im Vergleich vor und nach der Optimierung über dem Öffnungswinkel aufgetragen ist.

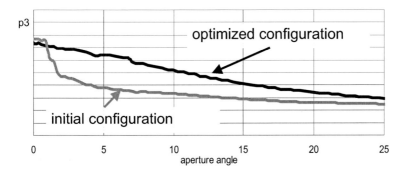

*Bild 8:* Druck im Abgaskrümmer über dem Öffnungswinkel der Abgasregelklappe

Bei Gradienten im p3-Verlauf wie bei der Basisversion (initial configuration) dargestellt, kann es dazu kommen, dass Sollwerte nicht eingestellt werden können, da der Ladedruck bei geschlossener Klappe zu hoch ist, bei der kleinstmöglichen Öffnung aber schon zu niedrig liegt. Durch die Reaktion des Reglers darauf kann das System leicht ins Schwingen geraten. Dies wird durch die verbesserte Anordnung vermieden, der p3-Verlauf kann im Übergangsbereich ohne komplexe Zusatz-Funktionen gut beherrscht werden.

### 3. Zweistufige Aufladung am Ottomotor

Bedingt durch die anhaltende $CO_2$-Diskussion ist beim Otto-Motor die Absenkung des Verbrauches zum zentralen Entwicklungsschwerpunkt geworden. Eine wichtige Maßnahme ist die Verschiebung der Motorbetriebspunkte zu niedrigeren Drehzahlen (Downspeeding) und damit notwendigen höheren Lasten. Um dann die Fahrleistung und -dynamik gleich zu halten, sind bei niedrigeren Motordrehzahlen entsprechend höhere Mitteldrücke notwendig, was äquivalente Aufladegrade erfordert.
Durch Reduzierung des Hubvolumens (Downsizing) wird neben der Verbesserung der Thermodynamik über die Betriebspunktverlagerung auch der Reibungsanteil (kleinerer Grundmotor) reduziert, so dass noch größere Kraftstoffeinsparungen möglich sind [5]. In [6] werden in Verbindung mit Hochaufladung Verbrauchsabsenkungen bis zu 40 % prognostiziert. Dies kann geschehen durch Weiterentwicklung der konventionellen Aufladung bzw. durch Anwendung einer zweistufigen Aufladung. Insbesondere, wenn man gutes Ansprechverhalten und die Bestwerte bei spezifischer Leistung und Drehmoment in Kombination darstellen will, bietet die zweistufige Aufladung das höchste Potenzial.
Bis vor kurzem hat die Klopfanfälligkeit des Ottomotors, die mit späten Zündwinkeln und fetten Gemischen bekämpft worden ist, dazu geführt, dass aufgeladene Ottomotoren nur sehr begrenzte Verbrauchsverbesserungen darstellen konnten.
Prinzipiell sind die Herausforderungen eines hochaufgeladenen Ottomotors ungleich größer als beim Dieselmotor. Neben den oben genannten Gründen kommt noch die Herausforderung der deutlich höheren Abgastemperatur und größeren Drehzahlspanne hinzu sowie größere Anforderungen an die Ladedruckregelung, da das Luftverhältnis $\lambda = 1{,}0$ auch im dynamischen Betrieb eingehalten werden muss.

Durch die Einführung der Direkteinspritzung /7, 8/ allerdings eröffnen sich für die Aufladung neue Chancen: Bedingt durch die Kraftstoffverdampfung im Zylinder wird die Zylinderladung gekühlt und die Motoren sind weniger klopfanfällig. Ein weiterer Vorteil der Direkteinspritzung ist die Möglichkeit zum Spülen des Zylinders, ohne dass unverbrannter Kraftstoff ins Abgassystem gelangt. Unter diesen Voraussetzungen kann jetzt das Potential der Hochaufladung auch am Ottomotor genutzt werden.

Um das Problem der klopfenden Verbrennung zu reduzieren, muss durch die Auslegung der Aufladung und der Gasdynamik dafür gesorgt werden, dass möglichst wenig heißes Restgas im Zylinder bleibt, d.h. es müssen alle technisch / physikalischen Möglichkeiten genutzt werden, um den Zylinder im Spülen ("scavenging") zu unterstützen.

Bild 9 zeigt anhand eines aufgeladenen 4-Zylinder Motors ein Beispiel. Obwohl im Mittel die Forderung für das Spülen „Ladedruck > Abgasgegendruck" erfüllt ist, tritt exakt in der Spülphase des Zylinders 1 im Auspuffkrümmer eine Druckerhöhung (Vorauslassstoß) vom Zylinder 3 auf, so dass ein Spülen und „Austreiben" des Restgases nicht möglich ist. Um dieses Problem zu lösen, müssen entsprechende Maßnahmen ergriffen werden.

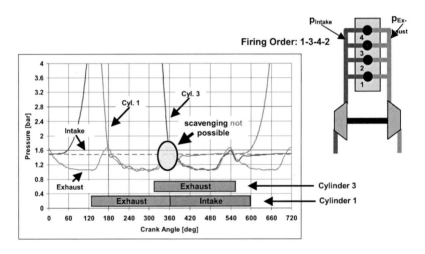

*Bild 9:* Gaswechsel beim 4-Zylinder-Motor

Bild 10 zeigt mögliche Maßnahmen im Überblick.

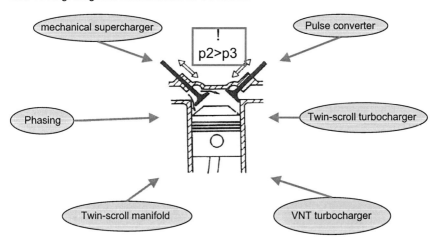

*Bild 10:* mögliche Maßnahmen zur Verbesserung der Restgasausspülung

Wenn man im Falle des 4-Zylinders beispielsweise eine Twin-Scroll-Turbine einsetzt, so kann der Vorauslassstoß des Zylinders 3 nicht mehr im Auslassbereich des Zylinders 1 wirken, wodurch ein Spülen des Zylinders 1 möglich wird. Alle Maßnahmen zielen darauf ab, zum Zeitpunkt des Gaswechsels ein positives Spülgefälle darzustellen.

Je nach Downsizinggrad (und Fahrzeuggewicht) und gewünschtem Drehmoment bzw. Leistung steigen die Aufladegrade und damit Verbrennungsspitzendrücke sowie Abgastemperaturen an, was konstruktions- und materialtechnische Weiterentwicklungen erforderlich macht.

Bild 11 zeigt Simulationsergebnisse zum Anstieg der Verbrennungsdrücke und der Temperaturen mit steigendem Mitteldruck (und damit Aufladegrad). Mit zunehmendem Mitteldruck steigt der Verbrennungsdruck beispielsweise auf Werte bis 135 bar an. Wenn dies die Grundkonstruktion nicht zulässt bzw. vom Brennverfahren wegen klopfender Verbrennung Grenzen gesetzt sind, so ist eine Möglichkeit, die Verbrennung nach spät zu schieben, wodurch der Druck auf ca. 105 bar gesenkt wird, allerdings die Abgastemperatur auf einen Wert von 1.070 °C ansteigt. Dies erfordert sehr hoch warmfeste und damit teure Werkstoffe.

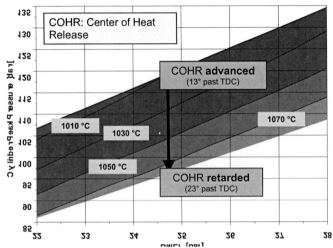

Bild 11: Anstieg der Verbrennungsdrücke und Abgastemperaturen mit steigendem Aufladegrad

Das Temperaturproblem wurde bei den aufgeladenen Ottomotoren durch Anfettung des Gemisches reduziert. In letzter Zeit wird verstärkt auch die gekühlte Abgasrückführung untersucht, was allerdings beträchtliche Systemerweiterungen wie AGR-Kühler etc. nach sich ziehen würde. Bisherige Simulationsergebnisse zeigen auf, dass mit einer 10 % AGR ähnliche Temperaturabsenkungen erzielt werden können wie mit einer 10 % Anfettung ($\lambda$ = 0,9) – bei allerdings deutlich besseren Verbräuchen.
erphi ist dabei, eine alternative Möglichkeit zur Abgastemperaturabsenkung zu entwickeln. Der Ansatz besteht in der Luftkühlung des luftspaltisolierten (LSI-) Krümmers, in dem Luft vom Verdichter durch den LSI-Krümmer geblasen wird (Bild 12). Erste Stichversuche haben ermutigende Resultate gezeigt.

Bild 12: Temperaturabsenkung durch Luftdurchströmung des LSI-Krümmers

**Literatur**

[1] Steinparzer et al:
Der neue Sechszylinder-Dieselmotor von BMW mit zweistufiger Abgasturboaufladung . Spitzenstellung bezüglich effizienter Dynamik im Dieselsegment
15. Aachener Kolloquium Fahrzeug- und Motorentechnik 2006

[2] Wittmer et al:
Zweistufige Aufladung eines Pkw-Dieselmotors, Technische Akademie Esslingen 2000

[3] Bleile et al:
Modellbasiertes Air-Management beim Diesel Motor
11. Aufladetechnische Konferenz, Dresden, 2006

[4] Pfaffl:
Optimierung einer Bypass-Einrichtung zur Strömungsführung in zweistufigenTurboladern mittels CFD; Diplomarbeit, Universität Stuttgart, Institut für Thermische Strömungsmaschinen (ITSM), 2006

[5] Willand et al:
Downsizing-Konzepte im Zielkonflikt zwischen Verbrauch und Anfahrschwäche
"Downsizing-Konzepte für Otto- und Dieselfahrzeugmotoren" - Haus der Technik, München, 2000

[6] Prevedel, Kapus:
Hochaufladung beim Ottomotor – ein lohnender Ansatz für die Serie ?
11. Aufladetechnische Konferenz, Dresden, 2006

[7] Leonhard et al:
Benzin-Direkteinspritzung - Von der Vision zur Realität, 27. Internationales Wiener Motorensymposium, 2006

[8] Waltner et al:
Die Zukunftstechnologie des Ottomotors:strahlgeführte Direkteinspritzung mit Piezo-Injektor, 27. Internationales Wiener Motorensymposium, 2006

# 9 Extensive Use of Simulation for Two-Stage Turbocharger Diesel Engine Control Strategy Development

Antoine Albrecht, Michaël Marbaix, Philippe Moulin,
Arnaud Guinois, Laurent Fontvieille

## Abstract

This paper describes the IFP's simulation based approach applied to control design with the current challenging and promising technology of two-stage turbocharged diesel engine. One of the main aspects of this IFP-RENAULT's study is that the target engine was not available during the first year of control development. Therefore, a specific simulation methodology has been set up in order to be able to take the maximum benefit of the engine simulator as a virtual bench while limiting the model inaccuracy risks for the control application. The first simulation validations performed at the bench have shown a good behaviour of the engine simulator and confirms that the simulation approach is accurate enough to be of great interest, even though in the very early stage of such a development project.

## Kurzfassung

Dieser Artikel beschreibt ein am IFP entwickeltes Simulations-Tool zur Regelung eines zweistufig turbogeladenen Dieselmotors. Der im Rahmen einer IFP-RENAULT Studie eingesetzte Simulator ersetzte einen am Prüfstand nicht zur Verfügung stehenden Testmotor. Es wurde eine Strategie zur Simulation der Motorregelung entwickelt, in welcher der Simulator als virtueller Prüfstand eingesetzt wurde. Modellbedingte Regelungsfehler wurden minimiert. Erste Validierungen der simulierten Regelung mit Versuchen am Motorprüfstand zeigten gute Übereinstimmung des Simulatorverhaltens mit dem des Motors. Dieser Vergleich von Simulations- und Prüfstandergebnissen ermutigt uns, virtuelle Motoren (Simulatoren) bereits zu einem frühen Entwicklungsstadium einzusetzen.

## 1. Introduction

Due to the increased complexity of new engine technologies, the time required for the design and the validation of the corresponding control strategies tends to become longer, which leads to longer test phases and project cost increase. A possible answer to this trend lies in the extensive use of simulation at early stages of the development projects. The design of control strategies before any experimental set up availability makes it possible to study thoroughly the fully controlled system, but also to correct the architecture specifications if necessary and eventually to reduce the required development and validation time on the bench when risks and costs are high.

Based on accurate physical modelling approaches and advanced calibration methodologies, the use of the engine simulation as a virtual bench before the experimental set up is a very efficient way to improve the design process. As a matter of fact, the engine simulation gives access to numerous engine variables, especially non measurable values, and allows to perform tests over a wide range of operating conditions at low cost, especially the ones potentially destructive or difficult to perform at the test bed such as actuator failure or component leakage.

In a first part, the project context with the control goals and the simulation approach are described. In a second part, the development and validation of the engine simulator without the corresponding experimental bench are detailed. In a final part, the way this simulator is used for the control strategy development is described and the first simulation and control validation results obtained at the test bed when it has been available, almost one year after the start of the project, are presented.

## 2. Project context

For the new generation of diesel engines, the capacity to provide fresh air to the system even with high EGR rates is crucial in order to achieve the stringent emissions constraints. This has led to the development of complex architectures of air intake systems. In this context, the turbocharger system provides two main benefits : on the one hand it enables the extension of the engine operating range with high EGR levels, and on the other hand it increases the quantity of air in the cylinder at high engine loads, and thus the power production. New technologies are investigated, among which double stage turbochargers are promising.
The project described in this paper consists in the development of control strategies for a double stage turbocharged diesel engine. A particular objective was to take advantage of simulation tools in order to anticipate the availability of real test engines and to study this technology's specific issues on models.
The engine considered is a 2,0 L diesel engine fitted with high pressure EGR. This engine was adapted from a production one, in order to make it possible a higher torque production thanks to an excess of air provided by the supercharging system. Therefore, the combustion chamber was modified, with a decreased compression ratio. The air intake system was completely redesigned. Figure 1 describes this engine set up.

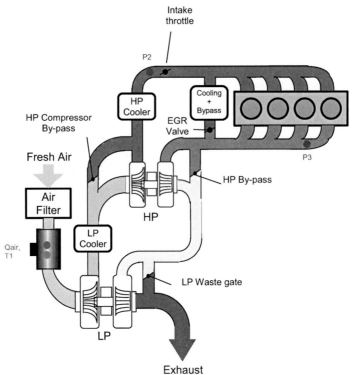

Figure 1 : Two-stage turbocharger Diesel engine set up

## 2.1. Simulation based control design

For several years, IFP has been strongly involved in the development of a methodological approach for engine and vehicle simulation to support engine technological design, especially for control applications. This process is supported by the IFP's modelling skills, from multi-dimensional models to real time models, which are developed in the IFP's libraries in the AMESim platform edited by IMAGINE.

The system-level simulation is a very strong component in the development projects at IFP as this tool offers a very efficient support to understand the system behaviour and to easily perform a large amount of tests with a complete access to non-measurable values.

This methodology is based on a chain of simulators dedicated to support each step of the design process [1]. During the model based control development cycle, the control requirements of engine simulation do evolve. In order to efficiently support the control design at each development step, different versions of the engine simulator take part in the control algorithm development and testing. The standard methodology is based on three engine simulators able to support the control law development at each step of the control design (Figure 2).

1. *The reference engine simulator (Software-in-the-Loop platform).* The goal of this simulator is to provide an engine model with a high representative capability of the real engine. It allows to investigate engine behaviour and to better understand the phenomena involved on the process to control. From the control point of view, this simulator is mostly used for steady state and short transient tests to support controller/observer design. This simulator is also very important for the engine simulation part because it is used as the reference accuracy level for the other simulator versions. It is therefore the most CPU expensive version (about 50 times the real time with a standard 3GHz PC in the presented cases). The reference engine simulator is run in the AMESim/Simulink co-simulation environment.

2. *The fixed step simulator (Software-in-the-Loop platform).* Once the basis of the control components is defined, the engine fixed step simulator is required to achieve further tests and the control algorithm functional validation under a wider range of operating conditions before the experimental validation. It also makes it possible to perform off-line robustness analysis according to engine dispersions or failures. This simulator has to be able to be computed with a fixed time step solver and is supposed to run the engine tests with a reduced CPU time (about 10 times the real time with a standard 3GHz PC in the presented cases) while preserving the relevant physical behaviour obtained with the reference engine simulator.

3. *The real time simulator (Hardware-in-the-Loop platform).* Finally, the real time simulator is used to perform hardware-in-the-loop (HiL) simulations with dedicated platforms such as xPC or dSPACE which make it possible testing the control in a configuration very close to the bench configuration. The hardware-in-the-loop platform is designed to test and validate the complete engine control implemented in a Simulink-based framework. The purpose of this HiL platform is not to reproduce all signal conditioning to be compliant with a standard ECU wires, but to be fully plug-and-play with the engine control coming from the test bed or the vehicle to the engineer's desktop. The hardware component of the HiL platform is composed with a ATHLON 4.8 GHz PC with xPCtarget real time operating system as the floating point power resource. Real-time exchanges with this engine control are ensured with a dual-port shared memory connected between the HiL platform and the engine control. This dual-port is synchronised with time events and engine events, TDC and 6 °CA interruptions. Synchronised to these events, all inputs/outputs are exchanged from the engine simulator to the engine control. To avoid any modification of the engine control in Simulink, all xPC drivers for inputs/outputs used at the test bed are overloaded to exchange, in the same conditions, data through the dual-port memory board. The engine simulator is therefore required to run in real time which is achieved thanks to specific adaptations. The control law performances and robustness are then validated under much more realistic conditions than with the off line platform. For example, such a kind of simulations can help pre-calibration of controller parameters (especially when gain scheduling strategies are chosen). In addition, with the HiL platforms, the real hardware can be tested on simulated components.

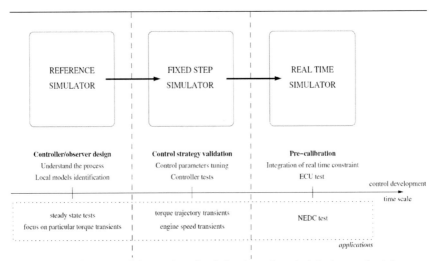

*Figure 2 : Diagram of the engine simulation based control design methodology*

### 2.2. Simulator goals

The simulator is intended to be used for the development of control strategies. In this context, two different objectives have to be achieved. First, the simulator has to represent the first order physical phenomena, in order to help understand the system. It is also used as a test support during the development of the control strategies.
For these two objectives, a perfect match between simulation and test results is not necessary. As long as the macroscopic behaviour remains correct, the validity of the developed strategies is ensured. A recalibration may however be needed for a real implementation.

The simulator accuracy is dictated by the control strategies requirements, which the main objectives are as follow :
- closed loop control of the intake manifold pressure,
- steady state pre-positioning taking into account of variation of environmental conditions,
- respect of the system's safety limits, the most important being the turbocharger maximum speed and the maximum exhaust pressure,
- failure detection and adaptation of the safety strategies.

Consequently, in the particular context of the project, the main features required for the simulator are :
- the balance between the pressure ratio of the two turbochargers at the intake (compression) and the exhaust (expansion) in steady state,
- the dynamic time constant of each turbocharger during transient,
- the effect of environmental conditions on the system.

These features will be illustrated further in the results exposed.

## 2.3. Project specific simulation methodology

One major specificity of this project is that the target engine is not available during the first year planned for the control development. The goal is then to extensively use the simulator as the only support during this period and to plan that just few months may be necessary to finalize at the test bed. From the control point of view, the simulator is therefore a crucial path to match the project expectations. It is therefore a great challenge to deliver the engine simulator as a virtual bench without the engine bench results to calibrate and validate it.

In order to match the simulator accuracy requirements, a dedicated methodology has been set up according to the simulation representative ability expected for the control design and to the available test bed results :

- The control development is focused on command, strategy and diagnosis for the two-stage turbocharging (TS) air circuit. This part of the engine simulator is therefore the most important. Turbocharger response time, supercharging stage balance, air path dynamics are the main phenomenon that have to be well reproduced.
- The target 2,0 L 4-cylinder diesel engine is adapted from a RENAULT single stage turbocharger (SS) production engine. Fortunately, two-stage turbocharged diesel engine preliminary developments have been achieved with a Renault 1,5 L diesel engine. Full load operating points and transients are available on the prototype vehicle from this research project.

The chosen approach is based on two main steps :

1. the development of the TS 1,5 L engine simulator focused on air path

Since the two-stage air path has to behave properly, the development of the simulator of the two-stage 1,5 L engine is a good way to ensure that the main two-stage air path dynamics can be reproduced thanks to the experimental data available from the prototype vehicle. Mainly focused on the air path part, a rough calibration of the combustion model may be sufficient. This air path oriented simulator is then used as a basis for the second simulator development and can be used for the first stage of the control design. This simulator has been calibrated thanks to the following experimental data : 5 full load points, 2 load transients at constant engine speeds and 1 speed transient at full load.

2. the development of the TS 2,0 L engine simulator

Based on the TS 1,5 L engine simulator, the TS 2,0 L engine simulator is then set up thanks to an engine architecture update (engine block, turbochargers, valves, cooling systems, ...) and a complete combustion model calibration with single stage 2,0 L engine bench results (45 set points). Without experimental results, this simulator is then only validated from a workable point of view before being delivered as the final control support.

Finally, the simulation methodology adopted in this study consists in taking the maximum benefit of the previous experiments to develop the engine simulator of a completely new engine. After being calibrated, the simulator can be coupled with the control thanks to the AMESim/Simulink co-simulation capabilities (Figure 3) [1]. Figure 4 represents this simulation development process.

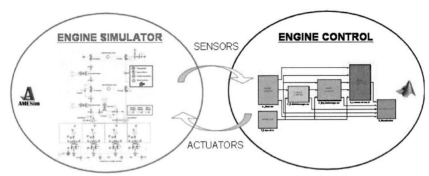

*Figure 3 : The AMESim/Simulink co-simulation platform*

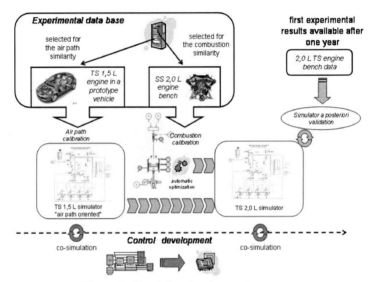

*Figure 4 : Simulation development process*

## 3. Two-stage turbocharger diesel engine simulator development

Before being used for engine control design, the engine simulator has to be calibrated to behave as close as possible to the real engine. If experiment results are already available, the comparison with test bed results is the best way to achieve and validate this calibration as it was the case for the studies presented in [2] or [3] for example.
As mentioned in the previous section, the two-stage turbocharger diesel engine simulator development is based on a process which has to match the control performance expectations without any experimental data for the target engine. This section first describes in details the various steps of the simulation development process and

## 3.1. Development process description

The goal of the engine simulation is to supply the relevant model for the specific application. User expectations have to be accurately understood in order to achieve the optimal trade-off between physical description and calculation time cost. For example, the two-stage turbocharger engine simulator which can be developed for turbo matching application [4] would not reach the reduced calculation time required for a control application. To match a wide range of application fields, the IFP's development approach is based on a continuous modelling process (Figure 5) which enables in particular control engineers to benefit from higher accuracy simulator than the standard control-oriented models [7].

In the case of this study, the engine control design needs to perform a large amount of engine operating points with a reduced computation response time. The AMESim platform with the IFP-Engine library is therefore a consistent choice for this project. It offers various model levels of the main engine components that make it possible to optimise the physical assumptions. Furthermore, it provides an integrated tool to develop the various simulator versions in the same environment.

All the engine simulator versions have quite similar engine architecture (4 cylinders, two-stage supercharging, ...). Figure 6 shows a typical diagram of the simulators used in this study.

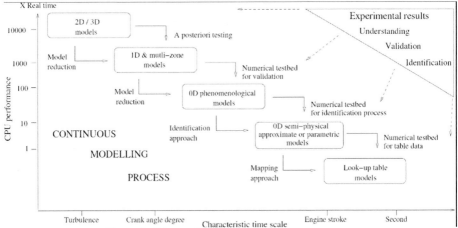

*Figure 5 : The continuous modelling process*

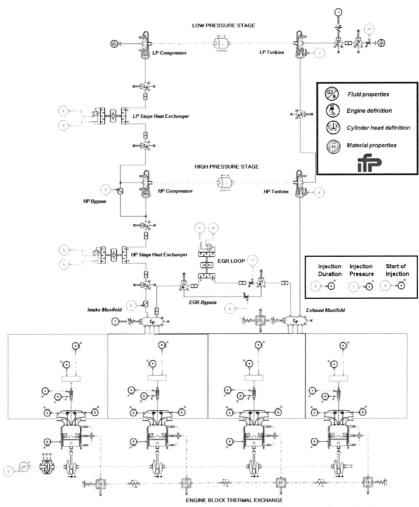

*Figure 6 : Diagram of the two-stage turbocharger diesel engine simulator*

## 3.2. The two-stage 1,5 L engine simulator focused on air path

Focused on thermodynamical phenomenon, the engine simulator computes a gas made of 3 species : fresh air, vaporised fuel and burnt gas. The air path includes dedicated models to represent the both turbocharger stages with the compressed air cooling systems, the intake and exhaust manifolds and the high pressure EGR loop. The compressor and turbine models are mainly based on pre-processed maps using the literature approaches as in [5] and [6]. Additional modelling parts have been developed for the compressor to manage the pumping and choke working zones and to take into account the gas inertia.

The combustion chamber is connected to the air path through the cylinder head which acts thanks to valve lift laws and an air flow capacity model derived from experimental characterisation. In the cylinder, the wall heat losses are modelled using a Woschni's approach with three independent temperatures for the cylinder head, the piston and the liner. The diesel combustion model is based on the phenomenological Chmela's approach [8] with specific IFP's development to take into account auto-ignition delay, multi-pulse injection and in-cylinder high burnt gas ratio effect [3].

After a rough combustion calibration, the simulator has been validated under steady state conditions with the 5 set points that were available from the vehicle prototype. The results are obtained with a local regulation of the high pressure waste gate to match the intake pressure. For this application, it is not crucial that the final actuator positions are exactly the same as at the bench. Figure 7 to Figure 9 show a quite good agreement between the simulator and the experimentation despite of the uncertainty sources encountered. In this case, the mass air flow sensor was failing and there was no access to the injected fuel mass measurement. Moreover, it has been identified that a leakage would have been located in the exhaust circuit. One can observe that the balance between the two turbocharging stages is well reproduced and that the pressure along the exhaust circuit is quite accurate. Finally, the simulator has been tested under typical transient conditions. The results presented on Figure 10 to Figure 13 show that the main dynamics and the response times are well reproduced for both, load and engine speed transients.

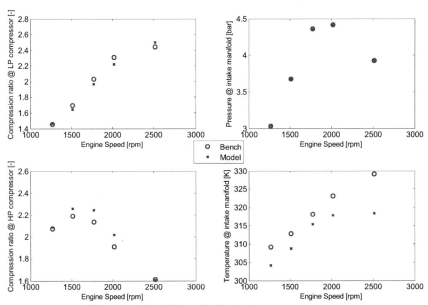

*Figure 7 : Model / bench steady state comparison for 5 full load operating conditions from 1250 to 2500 rpm – 1/3*

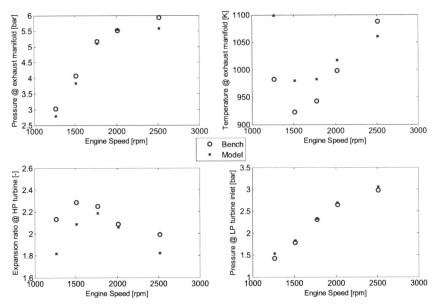

*Figure 8 : Model / bench steady state comparison for 5 full load operating conditions from 1250 to 2500 rpm – 2/3*

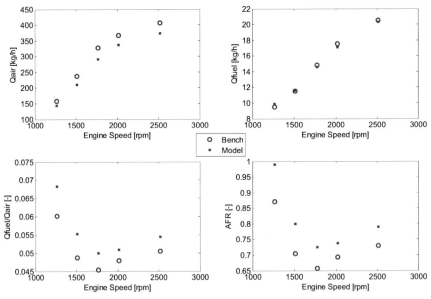

*Figure 9 : Model / bench steady state comparison on mass flow rates for 5 full load operating conditions from 1250 to 2500 rpm – 3/3*

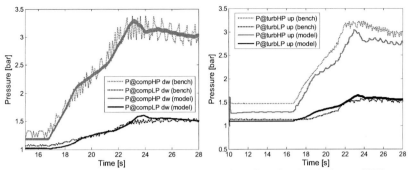
*Figure 10 : Model / bench transient comparison for a load variation at 1250 rpm*

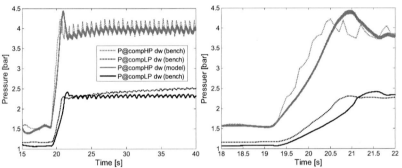
*Figure 11 : Model / bench transient comparison for a load variation at 2000 rpm (left : complete ; right : zoom) - 1/2*

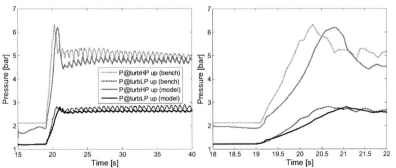
*Figure 12 : Model / bench transient comparison for a load variation at 2000 rpm (left : complete ; right : zoom) – 2/2*

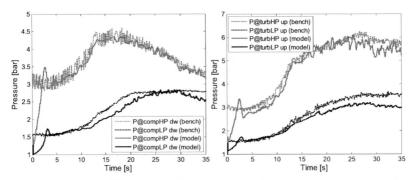

*Figure 13 : Model / bench transient comparison for a speed variation at full load (1250 to 3500 rpm)*

### 3.3. The two-stage 2,0 L engine simulator

To get the best from the combustion models which are expected to be accurate on a large set of operating conditions for various criteria (IMEP, maximum pressure, combustion start angle, noise level, pollutants, ...), the use of an automatic calibration approach is required. Such an optimisation tool has been developed at IFP taking into account a multi-parameter and a multi-criteria context [9]. The process has been achieved for 45 set points. Examples of results for various engine speeds and various loads are presented on the Figure 14. A complete model / bench comparison for the IMEP, the maximum cylinder pressure and the noise based on the AVL noisemeter algorithm is proposed on the Figure 15. The results show a quite good agreement of the combustion model with the bench results according to the wide range of operating conditions.

## 4. From simulation based control design to engine bench validation

The simulators developed in the past section have been extensively used to perform a large amount of tests for the development and the validation of the control strategies. This section describes these tests with some co-simulation results. As the target engine has been mounted at the bench during the last phase of this paper writing, the first validation of the TS 2,0 L engine simulator and the first tests of the control are presented.

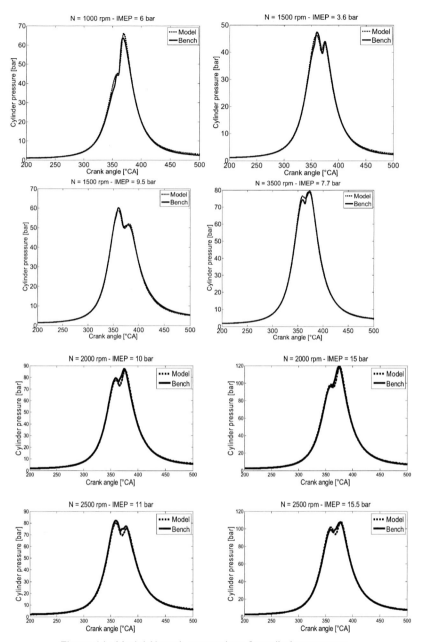

*Figure 14 : Model / bench comparison for cylinder pressure at various load and engine speed set points*

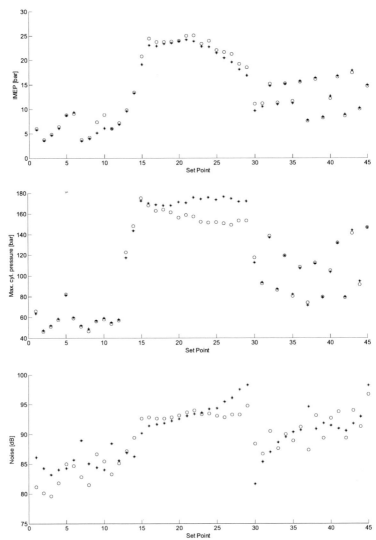

*Figure 15 : Model / bench comparison for 45 operating conditions (top : IMEP, middle : maximum of the cylinder pressure, bottom : noise) – bench ✻ ; model o*

## 4.1. Control development with the simulators

The approach undertaken for the control strategies development consists in standard tests that were performed on the simulator, providing references for a comparison between different strategies and calibrations. The different tests used were :
1. steady state tests, for the determination of open loop pre-positioning values,
2. transient tests, for an evaluation of the strategy performances in terms of response time, overshoot and stability,
3. failure simulation, for the validation of diagnosis strategy : on the simulator, it is possible to represent leakages at various locations along the air intake and exhaust circuits and to verify that the strategies can deal with those (detection and adaptation),
4. environmental conditions variations : it is possible to simulate a change in atmospheric pressure and temperature, or a fulling of the after-treatment system, and to verify that the control strategies work well in those conditions (in steady state and in transient),
5. component dispersion simulation : an important requirement of the strategies is the robustness against production dispersions (sensors, actuators, components), the performance of the control algorithms were verified in transient while accounting for these dispersions.

It is noticeable that some of those tests (1, 2) could be performed on a real test bed, and in this case the use of simulation provides a way of accelerating and facilitating the development process. But in some cases, the tests would not be possible on a real engine : it would either require a damaging of some components (3), or a very high number of tests (4, 5). The use of simulation tools for those tests is therefore necessary, it provides information that would not be available otherwise.

The following figures show some examples of the tests performed in simulation : Figure 16 shows a load transient at a constant engine speed (2000 rpm) and

Figure 17 shows transient tests with different leakages simulated before the HP compressor.

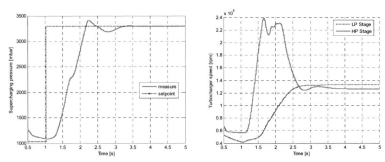

*Figure 16 : Co-simulation results : load transient at 2000rpm (supercharging pressure on the left, turbocharger speeds on the right)*

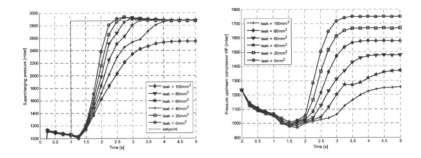

*Figure 17 : Co-simulation results : transient load at 1500rpm with different leakages before the HP compressor (supercharging pressure on the left, pressure before HP compressor on the right)*

### 4.2. Simulator *a posteriori* validation with the first bench results

After one year, the engine was mounted at the bench. The first bench results make it possible to achieve an *a posteriori* validation of the simulator in order to assess if it was accurate enough for the control development performed. The TS 2,0 L engine simulator results have been compared to the first steady state points and the first transient results available at the time this paper is written without any modification on the simulator.

Figure 18 to Figure 20 present steady state results for a load variation at 2000 rpm. One can observe a quite good agreement between the simulator and the bench results. The engine characteristic values plotted attest of the good behaviour of the simulator for various loading points. Figure 21 to Figure 23 present the comparison under transient conditions. Some static errors can be noticed but the main dynamics are well reproduced as it can be observed on Figure 24 which shows some zoomed results. The engine simulator accuracy may obviously be improved by using the bench results to refine its calibration. However, according to the context, the matched performances are quite good and one can be confident that the developed control will be adapted to the real engine. This assumption is verified thanks to the first control tests at the bench mentioned in the next section.

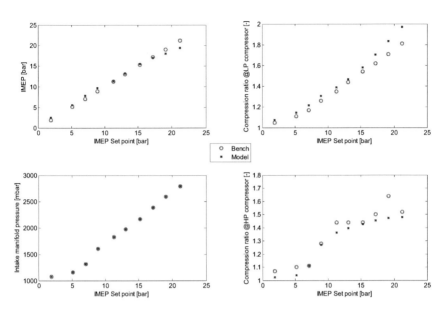

*Figure 18 :* Model / bench steady state comparison for a load variation at 2000 rpm 1/3

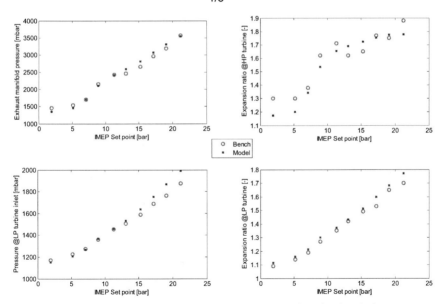

*Figure 19 :* Model / bench steady state comparison for a load variation at 2000 rpm 2/3

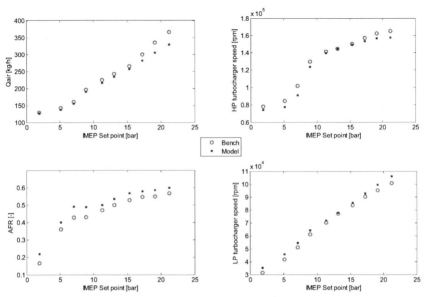

*Figure 20 :* Model / bench steady state comparison for a load variation at 2000 rpm 3/3

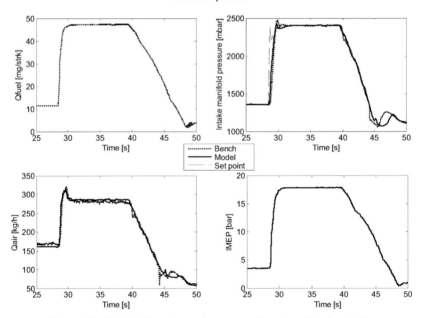

*Figure 21 :* Model / bench transient comparison for a load variation at 2000 rpm 1/3

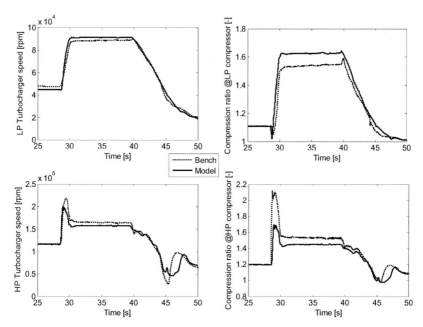

*Figure 22 : Model / bench transient comparison for a load variation at 2000 rpm 2/3*

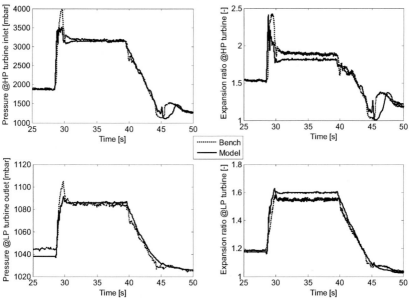

*Figure 23 : Model / bench transient comparison for a load variation at 2000 rpm 3/3*

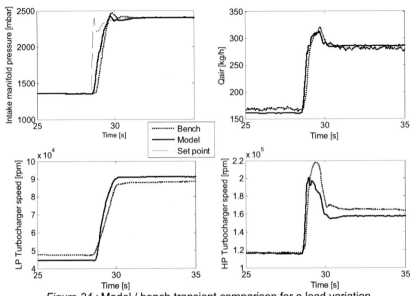

*Figure 24 :* Model / bench transient comparison for a load variation at 2000 rpm (zoom)

### 4.3. First control validation at the bench

Once developed and validated in simulation, the strategies were implemented on a prototyping system and tested on a real engine. Figure 25 shows the first transient results on the test bed. These results were obtained without any modification on the strategies. However the calibration is slightly different.

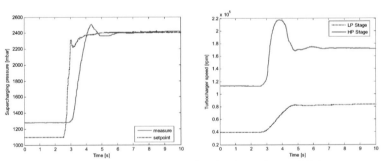

*Figure 25 :* Test bed results : load transient at 2000rpm
(supercharging pressure on the left, turbocharger speeds on the right)

## 5. Conclusion

A control study of the two-stage turbocharger air path for a diesel engine application has been achieved using an engine simulator as a virtual bench without any experimental bench reference. The specific simulation methodology set up has been described and the simulator development has been detailed. The first results obtained with the experimental bench tests show that this simulation approach has been very efficient. Through this paper, the way the simulator is of great interest for the control development, even though in the very early stage, is demonstrated.

## Acknowledgements

The authors want to especially acknowledge Pierre Gautier, simulation engineer at IFP, for his significant contribution to this paper. They would like to thanks the RENAULT's and IFP's test bed teams who have provided the experimental results.

## Literature

[1] Albrecht A., Grondin O., Le Berr F. and Le Solliec G. (2007), "Towards a stronger simulation support for engine control design : a methodological point of view", Oil & Gas Science and Technology, vol 62 n°4, 2007, http://ogst.ifp.fr/. – *to be published.*
[2] Le Berr F., Miche M., Le Solliec G., Lafossas F.-A. and Colin G. (2006), "Modelling of a turbocharged SI engine with variable camshaft timing for engine control purposes", SAE paper 2006-01-3264.
[3] Albrecht A., Chauvin J., Lafossas F.-A., Potteau S. and Corde G. (2006), "Development of highly premixed combustion diesel engine model : from simulation to control design", SAE paper 2006-01-1072.
[4] Saulnier S. and Guilain S. (2004), "Computational study of diesel engine downsizing using two-stage turbocharging", SAE paper 2004-01-0929.
[5] Jensen J. P., Kristensen A. F., Sorenson S. C., Houbak N. and Hendricks E. (1991), "Mean value modeling of a small turbocharged diesel engine", SAE paper 910070.
[6] Moraal P. and Kolmanovsky I. (1999), "Turbocharger modelling of automotive control applications"
[7] Schwarzmann D., Nitsche R. and Lunze J. (2006), "Modelling of the air-system of a two-stage turbocharged passenger car diesel engine", Proc. of the $5^{th}$ MATHMOD Vienna Conference, February 2006, Vienna, Austria.
[8] Chmela F. and Orthaber G. (1999), "Rate of heat release prediction for direct injection diesel engines based on purely mixing controlled combustion", SAE paper 1999-01-0186.
[9] Miche M., Lafossas F.-A. and Guillemin J. (2007), "Enhanced phenomenological modelling of conventional and HCCI diesel combustion using optimization algorithms for automatic calibration", Proc. of ICE2007 - the 8th International Conference on Engines for Automobile, September 2007, Capri - Naples, Italy – *to be published.*

# 10 Simulationsgestützte Entwicklung eines unsynchronisierten Schraubenladers
## Simulation Supported Development of a Screw-Type Supercharger without Timing Gear

Magnus Janicki, Jörg Temming, Knut Kauder, Andreas Brümmer

## Abstract

This paper presents simulation aided design of a new screw-type supercharger without timing gear, developed for the use with Otto engines. Simulation results of the steady and transient operation behaviour of the supercharger are compared with experimental data. One focus is on the design of the clearance heights by simulations, the other is on the interaction of the screw-type supercharger and the combustion engine.

The calculation of the operating behaviour of the screw-type supercharger is carried out using the simulation system KaSim, which calculates the thermodynamics inside the machine on the basis of a chamber model. The comparison of the simulation results with experimental data allows a detailed evaluation of the accuracy of the simulation system. The internal clearance flows in screw-type superchargers determine the operating behaviour of this machine type. Therefore a thermodynamically optimised and, at the same time, reliable design of the clearance heights is indispensable for the development of screw-type superchargers in automotive applications. To estimate the influence of the internal clearances on the operating behaviour, several simulations and experiments are carried out on superchargers with different clearance heights.

The steady and transient operating behaviour of the screw-type supercharger is simulated in combination with a combustion engine. Especially the acceleration of the supercharger is analysed on the basis of different rotor and casing designs. The paper closes with a discussion of the steady operating behaviour and outlines possible optimisations of the screw-type supercharger, to improve its energy efficiency.

## Kurzfassung

Der Beitrag präsentiert die simulationsgestützte Entwicklung eines unsynchronisierten Schraubenladers zur mechanischen Aufladung von Verbrennungsmotoren. Es werden Simulations- und Messergebnisse des stationären und instationären Betriebsverhaltens des Laders dargestellt. Hierbei liegen die Schwerpunkte auf der simulationsgestützten Auslegung der Spalthöhen und dem Zusammenarbeitsverhalten des Laders mit einem Verbrennungsmotor.

Zur Simulation des Betriebsverhaltens des Laders wird das an der Universität Dortmund entwickelte Programmsystem *KaSim* verwendet, das auf Grundlage eines Kammermodells die thermodynamischen Prozesse in der Maschine berechnet. Der

Vergleich experimenteller Kennfelder mit den Simulationsergebnissen erlaubt eine detaillierte Beurteilung der Abbildungsgüte des verwendeten Simulationssystems. Da die Ausprägung der internen Spalte in Schraubenladern maßgeblich das Betriebsverhalten und vor allem den Wirkungsgrad dieser Maschinen bestimmt, ist eine thermodynamisch optimale und gleichzeitig betriebssichere Auslegung der Spalte unabdingbar für die Weiterentwicklung und Neukonstruktion von Schraubenladern für den Automobileinsatz. Zur Beurteilung des Einflusses der unterschiedlichen Spalte auf das Betriebsverhalten des Laders werden sowohl Simulationen an variierten Modellen, als auch Messungen an Variationskonstruktionen des Laders durchgeführt.

Das stationäre als auch instationäre Betriebsverhalten des Schraubenladers wird simuliert, im stationären Fall auch in Zusammenarbeit mit einem Verbrennungsmotor. Im Besonderen die Beschleunigungsphase des Laders bei verschiedenen konstruktiven Ausführungen des Hauptrotors wird in Simulation und Experiment analysiert. Abschließend wird das stationäre Betriebsverhalten dieses Laders anhand eines gemessenen Kennfeldes diskutiert. Es werden Einflüsse der neuen Entwicklungslinien zur Verbesserung der Energiewandlung und Minimierung der Reibung aufgezeigt.

# 1 Einleitung

Im Automobilbereich wird der in den letzten Jahren vorherrschende Trend zu höheren Motorleistungen durch einen, auf den ersten Blick, entgegen gesetzten Wunsch nach geringen Verbrauchs- und Abgaswerten erweitert. Selbstverständlich sollen die umfangreichen Sicherheits- und Komfortmerkmale der heutigen Automobilgeneration dabei erhalten bleiben. Einen Lösungsweg aus diesem Konflikt stellt das „Downsizing"-Konzept dar, das beabsichtigt, die gleiche Antriebsleistung mit verringertem Hubvolumen durch Auflading des Verbrennungsmotors zu erreichen. Dies eröffnet Einsparpotentiale durch die Verschiebung des Motorkennfeldes in höhere Druckbereiche und die geringere mechanische Reibung in dem hubraumreduzierten Motor.
Eine Kombination aus kleinem Motor mit einem Turbolader erzielt alleine nicht die gewünschte Charakteristik. Durch Kombinationen aus mehreren Aufladeaggregaten, wie beispielsweise der von Volkswagen vorgestellte TSI-Motor, kann das gewünschte Verhalten erreicht werden, [2], [3]. Die mechanische Auflading des Verbrennungsmotors durch einen Schraubenlader stellt eine viel versprechende Alternative zu der bereits erfolgreich realisierten Doppelauflading durch Rootslader und Abgasturbolader.
Bei der Entwicklung eines Schraubenladers ermöglicht die Simulation des thermodynamischen Betriebsverhaltens eine präzise Auslegung und verkürzt so die Phase der experimentellen Prototypenuntersuchung. Zwingende Grundlage für den Einsatz eines Simulationssystems in der Entwicklung ist jedoch die Kenntnis über seine Abbildungsgüte verglichen mit der untersuchten Maschine. Hierzu müssen Validierungsmessungen durchgeführt werden und die Sensitivität der Modelle bezüglich einer Änderung der Maschinenparameter mit dem Verhalten des realen Schraubenladers verglichen werden. Die Untersuchung des Einflusses der maschineninternen Spalthöhen auf die Thermodynamik eines Schraubenladers soll in diesem Rahmen sowohl die Abbildungsgüte des Simulationssystems ermitteln als auch das Verständnis für den Prozessverlauf dieser Maschine erweitern.

## 2 Schraubenlader GL51

Der unsynchronisierte, trockenlaufende Schraubenlader vom Typ GL51, *Bild 1*, wurde am Fachgebiet Fluidtechnik (vorm. Fluidenergiemaschinen) der Universität Dortmund entwickelt und gebaut. Sein geplanter Einsatzbereich umfasst die Aufladung von Verbrennungsmotoren und die Luftversorgung von Brennstoffzellen.
Durch ein spezielles Rotorprofil in Verbindung mit einer reibminimierenden Beschichtung aus Wolframkarbid/Kohlenstoff (WC/C) kann sowohl auf ein Synchronisationsgetriebe als auch auf den Einsatz von schmierfähigen Medien im Kraft übertragenden Profileingriff verzichtet werden. Dies bewirkt einen kleineren Bauraum, eine einfachere Montage. Zudem kann das Profilspiel geringer ausgeführt werden, da die Kraft übertragende Zahnflanke kontinuierlich im Kontakt mit dem Gegenrotor ist, also an dieser Flanke kein Spalt vorgesehen werden muss, der zwangsläufig zu Liefergradverlusten führt. Auf diese Weise erreicht der unsynchronisierte Schraubenlader einen höheren Liefergrad als sein synchronisiertes Pendant.
Das Ladergehäuse ist modular aufgebaut, um die Variation von geometrischen Parametern wie einzelner Spalthöhen und Ein- bzw. Auslassflächen mit wenig Aufwand zu ermöglichen. Alle Lager sind lebensdauergeschmiert und als druckseitige Wellendichtungen kommen berührungslose Labyrinthdichtungen zum Einsatz, die sich durch ihr geringes Reibmoment bei annehmbarem Leckmassenstrom auszeichnen.

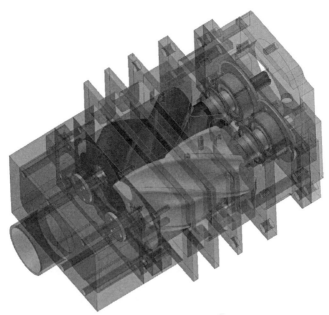

*Bild 1:* Röntgendarstellung des Schraubenladers GL51

Der vorgesehene Betriebsbereich des Laders umfasst Druckverhältnisse von $\Pi_A = 1{,}0 - 2{,}6$ und Hauptrotordrehzahlen von $n_{HR} = 6000 - 30000$ min$^{-1}$, also Umfangsgeschwindigkeiten von 22 - 110 m/s. Der Schraubenlader erzielt einen geförderten Massenstrom vom 80 - 520 kg/h. Die konstruktiven Daten der Maschine sind in *Tabelle 1* zusammengefasst.

| Bezeichnung | Einheit | Hauptrotor | Nebenrotor |
|---|---|---|---|
| Zähnezahl | [-] | 3 | 5 |
| Länge des Profilteils | [mm] | 101 | |
| Achsabstand | [mm] | 51 | |
| Durchmesser | [mm] | 71,8 | 67,5 |
| Umschlingungswinkel (Richtung) | [°] | 200 (links) | 120 (rechts) |
| Steigung | [mm] | 181,8 | -303,0 |
| inneres Verdichtungsverhältnis $v_i$ | | 1,47 (1,25) | |
| Hubvolumen pro Hauptrotorumdrehung | [cm³] | 286 | |

*Tabelle 1:* Geometrische Daten des untersuchten Schraubenladers GL51

## 3 Modellierung und Simulation

Die Entwicklung des dargestellten Schraubenladers wurde während der Auslegung und in der Optimierungsphase durch thermodynamische Simulationen der projizierten Maschine vorangetrieben. Hierfür steht das Simulationssystem *KaSim* zur Verfügung, das das stationäre und transiente Betriebsverhalten von Rotationsverdrängermaschinen abbildet.

### 3.1 Simulationssystem *KaSim*

Das Simulationssystem *KaSim*, entwickelt am FG Fluidtechnik der Universität Dortmund, berechnet die Thermodynamik des Arbeitsprozesses in Rotationsverdrängern auf der Grundlage eines Kammermodells. Diese bewährte Methode basiert auf dem gemeinsamen Kennzeichen aller Verdrängermaschinen, der Existenz einer oder mehrerer Arbeitskammern, deren Volumina sich zyklisch ändern. Das in den Arbeitskammern enthaltene Fluid wird entsprechend der Volumenänderung verdichtet oder expandiert. Dabei wird von einem homogenen thermodynamischen Fluidzustand in den einzelnen Kammern ausgegangen. Während der Arbeitsprozess im Zeitschrittverfahren abgebildet wird werden die Massen- und Energieströme zwischen den Arbeitskammern bilanziert. Aus den zeitabhängigen Zustandsverläufen des Arbeitsfluids in den Kammern ergibt sich die Abbildung des Prozessverlaufs, der unter anderem Auskunft über den Liefergrad und die benötigte Antriebsleistung der simulierten Maschine gibt. Eine grundlegende Beschreibung des Simulationssystems liefern [6] und [7], der Modellierung des Wärmeübergangs in der Maschine [8] und der Berechnung der Kräfte und Momente [5].

## 3.2 Modellierung des Schraubenladers GL51

Zur Überführung der dreidimensionalen Geometrie des Schraubenladers in die Form eines Kammermodells muss sein Arbeitsraum, also das von Arbeitsfluid gefüllte Volumen in einzelne Volumina homogenen Fluidzustands aufgeteilt werden, die Arbeitskammern. Diese sind durch Spalte und andere Verbindungsflächen, wie die Ein- und Auslassflächen miteinander verbunden. Die so abstrahierte nulldimensionale Netzstruktur, *Bild 2*, besitzt als Knoten die Arbeitskammern und als Verbindungen die Masse oder Energie austauschenden, kammerbegrenzenden Flächen. Die Arbeitskammern werden in fortlaufender Notation bezeichnet, von der Druck- zur Saugseite. Die Zahnlücken des Haupt- und Nebenrotors werden als unterschiedliche Kammern betrachtet.

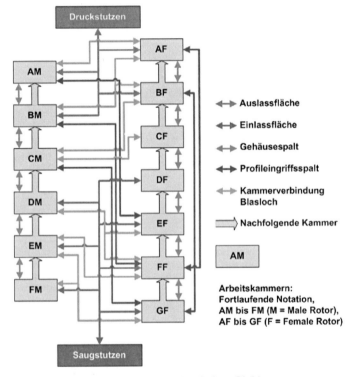

*Bild 2:* Kammermodell des Schraubenladers GL51

Der Verlauf der Arbeitskammervolumina wird in Abhängigkeit von der Phase gespeichert, einer Variablen, die den geometrischen Zustand des Modells definiert und die dem Rotordrehwinkel geteilt durch den Zahnteilungswinkel entspricht. Ebenso werden die Verläufe der durchströmten Verbindungsflächen, die z.B. die Arbeitskammern mit dem Saug- oder Druckstutzen verbinden, in Abhängigkeit der Phase festgehalten. In *Bild 3* sind sowohl die Einlassflächenverläufe der Haupt- und Nebenrotorkammern als auch die Auslassflächenverläufe dargestellt. Man erkennt gut den kurzen Bereich des Arbeitsspiels, in dem die Arbeitskammern, von Druck- und Saugseite getrennt, die Verdichtung ausführen. Das innere Volumenverhältnis $v_i$ ist in hier direkt ablesbar:

$$v_i = \frac{V_1}{V_2} \quad (1)$$

Die Modellierung der Kammer verbindenden Spalte und der Wärme und Kraft übertragenden Oberflächen wird analog durchgeführt, aber aus Platzgründen an dieser Stelle nicht dargestellt.

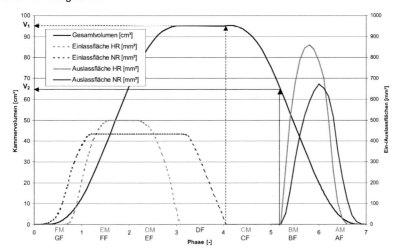

Bild 3: Drehwinkelabhängiger Verlauf der Ein- und Auslassflächen der Haupt- und Nebenrotorkammern im Vergleich zur Volumenkurve des Schraubenladers

## 4 Experimentelle Validierung

Das wichtigste Kriterium zur Beurteilung der Abbildungsgüte eines Simulationssystems bzw. der in seinem Rahmen entwickelten und ausgewerteten Modelle ist die Validierung durch den Vergleich der Simulationsergebnisse mit experimentellen Daten. Hierbei ist es nicht ausreichend, einzelne Betriebspunkte zu finden, in denen die Simulations- und die Messergebnisse zufriedenstellend übereinstimmen. Es sollten vielmehr möglichst breite Kennfelder der Betriebsparameter untersucht werden, um mögliche Fehler oder Abbildungsschwächen im Modell zu erkennen. Des Weiteren kann durch Variation einzelner Maschinenparameter im Modell und an der realen Maschine deren Einfluss auf das simulierte bzw. gemessene Betriebsverhalten verglichen werden. Ziel ist die Beurteilung, ob das entwickelte Modell die einzelnen Parametereinflüsse qualitativ oder auch quantitativ zufriedenstellend wiedergibt.

Für die Validierungsmessungen steht ein Versuchsstand zur Verfügung, der den stationären und instationären Betrieb des untersuchten Schraubenladers vom Typ GL51 unter Variation zahlreicher Betriebsparameter ermöglicht. Zur experimentellen Validierung des Simulationssystems und der entwickelten Modelle werden für verschiedene Maschinenkonfigurationen Betriebskennfelder gemessen, sowohl stationär als auch quasistationär durch kurzes Anfahren bei kalter, also thermisch unverformter Maschine. Die Berechnung der Vergleichssimulationen wird mit den gemessenen Betriebsparametern durchgeführt.

## 1.1 Vergleich der Betriebskennfelder in Simulation und Messung

Ein Vergleich des gemessenen Liefergradkennfeldes des Schraubenladers mit dem bei gleichen Spalthöhen simulierten Kennfeld, *Bild 4,* zeigt eine sehr hohe Übereinstimmung der Liefergrade mit einer mittleren Abweichung von ±0,4 %-Punkten und einer maximalen Abweichung von -3,3 %-Punkten. Zu hohen Drehzahlen nimmt die Sensibilität des Liefergrades der gemessenen Maschine hinsichtlich des anliegenden Druckverhältnisses deutlich zu. Während der gemessene Liefergrad bei geringen Druckverhältnissen schon bei mittleren Drehzahlen nahezu sein Maximum von 92 % erreicht, steigt er bei hohen Druckverhältnissen langsamer mit der Drehzahl an und erreicht dort auch nur einen Wert von 90 %. Der Gradient des simulierten Liefergrades bezüglich des Druckverhältnisses bleibt dagegen über den gesamten Drehzahlbereich annähernd gleich, so dass die Simulation im Bereich höherer Drehzahlen je nach Druckverhältnis von den Messungen abweicht.

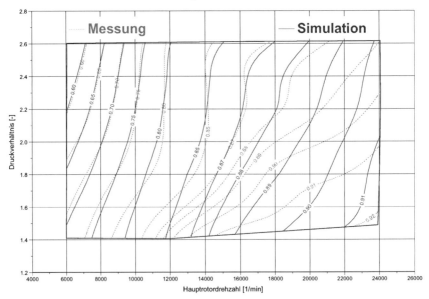

*Bild 1:* Vergleich des gemessenen mit dem simulierten Liefergradkennfeld des untersuchten Schraubenladers GL51

Von großem Interesse ist bei der Auslegung des Schraubenladers die zu erwartende Energieaufnahme, also sein Antriebsmoment $M_L$, *Bild 5*. Das Antriebsmoment ist in erster Linie vom Maschinendruckverhältnis abhängig und steigt mit dem Gegendruck. Zusätzlich nimmt das Antriebsmoment im Experiment aber auch mit der Drehzahl zu, was nur zu kleinem Teil durch die steigende Lagerreibung zu erklären ist, [9]. Die Simulation bildet das Antriebsmoment des Schraubenladers bei kleinen Drehzahlen sowohl qualitativ, als auch quantitativ sehr genau ab. Der in der Messung zu findende Anstieg des Antriebsmomentes mit der Hauptrotordrehzahl ist jedoch in der Simulation deutlich geringer ausgeprägt, so dass sich hier Abweichungen bis zu 20 % finden lassen. Dies deutet darauf hin, dass mindestens ein gewichtiger physikalischer Wirkzusammenhang in der Modellierung nicht richtig erfasst ist.

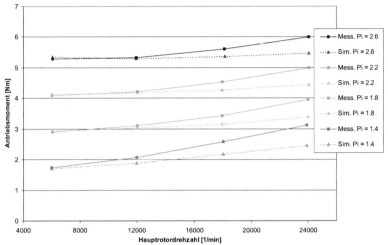

*Bild 2:* Vergleich des gemessenen mit dem simulierten Antriebsmomentes des Schraubenladers als Funktion der Hauptrotordrehzahl und des Druckverhältnisses

Eine Analyse der Abweichung hinsichtlich ihrer Korrelation zu anderen Prozessparametern deutet auf einen Zusammenhang zur Dichte und Strömungsgeschwindigkeit im Druckstutzen des Schraubenladers hin. Da vor Allem der axial ausgeschobene Luftmassenstrom auf relativ kleinem Raum zum Druckstutzen umgeleitet werden muss, ist zu vermuten, dass sich an dieser Stelle ein, im Modell nicht berücksichtigter, Strömungswiderstand ausbildet. Eine integrale Abbildung des Strömungswiderstandes durch eine zusätzliche Blende mit einer durchströmten Fläche, die in etwa der halben Querschnittsfläche des ausgebildeten Druckstutzens entspricht, führt zu einer deutlichen Angleichung der Simulationsergebnisse an die Messungen, *Bild 6*. Obwohl dies die Hypothese unterstützt, dass der Druckstutzen in seiner aktuellen Form bei hohen Drehzahlen, also auch hohen Strömungsgeschwindigkeiten, zu Druckverlusten bis zu 250 mbar führt, ist eine experimentelle Überprüfung dieser Annahme, z. B. durch zusätzliche Druckmessungen im Stutzen, notwendig. Auch eine Untersuchung der Strömung im Druckstutzen durch numerische Strömungssimulation erscheint hier sinnvoll.

Neben der Validierung des Simulationssystems ist das Ziel letztendlich die Optimierung des Druckstutzens zu möglichst geringem Strömungswiderstand und damit eine Verbesserung der Gesamtmaschine hinsichtlich geringerer Antriebsleistung.

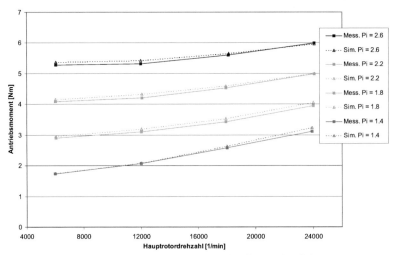

*Bild 6:* Vergleich des gemessenen mit dem simulierten Antriebsmoment unter Miteinbeziehung einer zusätzlichen Blende im Druckstutzen des Modells

## 4.2 Einfluss der Spalthöhen auf den Liefergrad des Schraubenladers

Die maßgeblichen Einflussgrößen auf das Betriebsverhalten des untersuchten Schraubenladers sind die Spalthöhen der Maschine. Im Rahmen der Validierung soll nun das Abbildungsverhalten des Simulationsmodells bezüglich der Spaltwirkung auf den Liefergrad mit experimentellen Daten verglichen werden, die an Schraubenladern mit konstruktiv variierten Spalten gemessen werden.
Über die Spalthöhen der untersuchten Maschinenkonfigurationen lassen sich nur im kalten Zustand der Bauteile relativ genaue Größen annehmen. Mit Erwärmung der Bauteile kommt es zu einer ungleichmäßigen thermischen Verformung, die eine schwer abzuschätzende und lokal variierende Veränderung der Spalthöhen nach sich zieht. Zum Zwecke der Validierung ist es notwendig, dass die entwickelten Ladermodelle die gleichen Spalthöhen beinhalten, wie die experimentell untersuchten Schraubenlader. Da eine Spalthöhenmessung im Betrieb aktuell nicht zur Verfügung steht, werden für den Vergleich mit den Simulationsergebnissen Kaltspaltmessungen durchgeführt, also Messungen, bei denen bei kalten Bauteilen innerhalb kurzer Zeit (ca. 30 s) ein quasistationärer Betriebspunkt angefahren wird. Es kann dann von einer unverformten Maschine, also Spalthöhen im Montagezustand ausgegangen werden. Nach jeder Messung eines Betriebspunktes ist eine Stillstandszeit der Maschine von mindestens drei Stunden notwendig, um wieder homogene, kalte Bauteiltemperaturen zu erreichen.

### 4.2.1 Einfluss der Gehäusespalthöhe

Der Gehäusespalt bildet ein schraubenförmiges Band zwischen Rotorzahnkopf und Zylinderbohrung. Er verbindet benachbarte Zahnlückenräume miteinander. Zusammen mit dem Profileingriffsspalt bilden sie die maßgeblichen konstruktiven Maschinenparameter zur Beeinflussung der Energiewandlungsgüte einer Schraubenmaschine. Zur Validierung der Modelle bzgl. des Einflusses der Gehäusespalthöhe werden die experimentell ermittelten Kennfelder konstruktiv variierter Schraubenlader mit Simulationsergebnissen der entsprechend variierten Modelle verglichen. Die konstruktive Variation der Gehäusespalthöhen wird durch alternative Gehäuse mit unterschiedlichen Rotorbohrungsdurchmessern erreicht.

Betrachtet man den Einfluss der mittleren Gehäusespalthöhe auf den Liefergrad, Bild 7, in diesem Fall berechnet aus den Ergebnissen zweier Schraubenlader mit mittleren Gehäusespalthöhen von 0,09 mm und 0,125 mm, so ist zu erkennen, dass die Reduzierung des Liefergrades mit zunehmender Spalthöhe qualitativ und quantitativ abgebildet wird. Die simulierten Liefergrade sind, im Vergleich zur Messung, etwas zu hoch berechnet, wobei die Abweichung zu hohen Druckverhältnissen ansteigt. Die Abweichung der Simulation vom Experiment liegt bei kleinen Druckverhältnissen ($\Pi_A$ = 1,4) mit ca. 1,5 % im Bereich der Messgenauigkeit. Erst bei hohen Druckverhältnissen ($\Pi_A$ = 2,6) ist eine merkliche Abweichung von 8 %-Punkten, bei der allerdings niedrigsten Drehzahl von $n_{HR}$ = 6000 min$^{-1}$, zu finden.

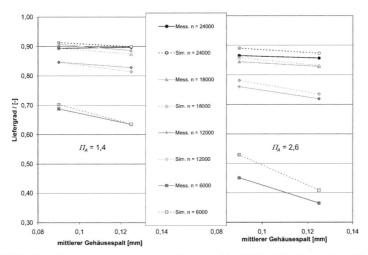

Bild 7: Simulierter und gemessener Liefergrad in Abhängigkeit von der mittleren Gehäusespalthöhe für verschiedene Hauptrotordrehzahlen bei den Druckverhältnissen $\Pi_A$ = 1,4 und $\Pi_A$ = 2,6

### 4.2.2 Einfluss der Profileingriffsspalthöhe

Als Profileingriffsspalt bezeichnet man die Linie geringsten Abstands zwischen den beiden Rotorprofilen, eine Quasi-Eingriffslinie. Im Gegensatz zum Gehäusespalt ver-

bindet der Profileingriffsspalt Zahnlückenräume, zwischen denen im Prozessverlauf so viele Zahnlückenräume liegen, wie der Rotor Zähne hat. Beim betrachteten Schraubenlader verbindet der Profileingriffsspalt Arbeitskammern, die bereits Kontakt mit dem Druckstutzen haben, mit Arbeitskammern, die noch im Kontakt mit dem Saugstutzen stehen. In diesem Fall liegt am Profileingriffsspalt die gesamte Maschinendruckdifferenz an. Der Einfluss des Profileingriffsspaltes auf den Liefergrad der Maschine ist daher besonders hoch
Um die Abbildungsgüte bezüglich der Profileingriffsspalthöhe zu validieren, wird ein Versuchsschraubenlader mit drei verschiedenen Rotorpaaren ausgerüstet und thermodynamisch vermessen. Durch eine Profilmodifikation im Flankenbereich des Nebenrotors besitzen die Rotorpaare die unterschiedlichen Profileingriffsspalthöhen von 0,05 mm, 0,09 mm und 0,12 mm. Die Messergebnisse werden dann mit Simulationsergebnissen der analog modifizierten Schraubenladermodelle verglichen.
*Bild 8* verdeutlicht den Einfluss der Profileingriffsspalthöhe auf den Liefergrad für ein exemplarisches Druckverhältnis von $\Pi_A$ = 2,6 und unterschiedlichen Drehzahlen. Jede Maschine mit den in ihr realisierten Spalthöhen entspricht einem Wert auf der Abszisse in der Darstellung der Liefergrade in Abhängigkeit von der Spalthöhe.
Die Messungen zeigen einen annähernd linearen Abfall des Liefergrades mit zunehmender Profileingriffsspalthöhe. Bei hohen Drehzahlen wird der Gradient des Liefergrades bezüglich der Spalthöhe erwartungsgemäß flacher, ihre Wirkung also geringer. Zu niedrigen Drehzahl hin nimmt der Einfluss der Profileingriffsspalthöhe auf den Liefergrad deutlich zu, was sich in einem steileren Gradienten bemerkbar macht. Die Schraubenladermodelle mit variierten Profileingriffsspalthöhen bilden den Liefergradverlauf sehr genau ab. Die größten Abweichungen von 3,8 %-Punkten finden sich erwartungsgemäß bei der kleinsten Hauptrotordrehzahl von $n_{HR}$ = 6000 min⁻¹, bei der die Maschine der Profileingriffsspalthöhe gegenüber am sensitivsten wirkt.

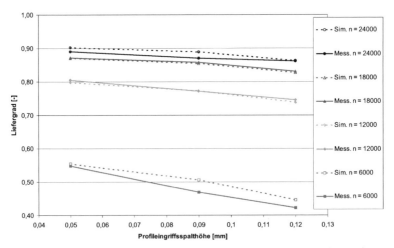

*Bild 8:* Simulierter und gemessener Liefergrad in Abhängigkeit von der Profileingriffsspalthöhe für verschiedene Hauptrotordrehzahlen bei einem Druckverhältnis $\Pi_A$ = 2,6

### 4.2.3 Einfluss des druckseitigen Stirnspaltes

Der druckseitige Stirnspalt erstreckt sich zwischen den druckseitigen Stirnflächen des Rotorprofils und den gegenüberliegenden Gehäusestirnflächen. Ähnlich dem Gehäusespalt verbindet der Stirnspalt benachbarte Zahnlückenräume, schafft aber im Fall eines Rotorzahns innerhalb der Schnittlinse eine direkte Verbindungen von der Druck- zur Saugseite der Maschine. Das Experiment und die Simulation zeigen in Übereinstimmung, dass eine steigende Stirnspalthöhe auf der Druckseite, im Experiment 0,07 mm, 0,16 mm und 0,22 mm, den Liefergrad des Schraubenladers verringert, Bild 9. Der Umfang der Liefergradreduktion ist abhängig von der Drehzahl und dem Druckverhältnis, wobei die Simulation beide Abhängigkeiten mit hoher Genauigkeit abbildet.

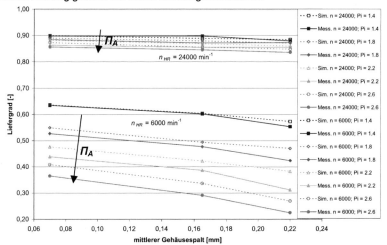

Bild 9: Simulierter und gemessener Liefergrad in Abhängigkeit von der druckseitigen Stirnspalthöhe für die Hauptrotordrehzahlen $n_{HR}$ = 6000 min$^{-1}$ und $n_{HR}$ = 24000 min$^{-1}$ bei verschiedenen Druckverhältnissen $\Pi_A$ = 1,4 .. 2,6

## 5 Zusammenarbeit Schraubenlader / Verbrennungsmotor

In den bisher vorgestellten Ergebnissen stand das Betriebsverhalten des Schraubenladers als einzelne Maschine und der Einfluss der verschiedenen Spalte im Vordergrund. Für die Bewertung des Schraubenladers als Aufladeaggregat von Verbrennungsmotoren ist die Zusammenarbeitsanalyse mit dem Motor gefordert. Dies gilt insbesondere auch für das instationäre Betriebsverhalten.

### 5.1 Stationäre Zusammenarbeit

Zunächst ist ein Modell zu entwickeln, welches die Zusammenarbeit zwischen Lader und Motor für das Programm *KaSim* nachbildet. Dazu wird das bereits vor-

gestellte Schraubenladermodell erweitert. Das entwickelte Gesamtmodell orientiert sich an dem von der Volkswagen AG vorgestellten TSI-Motorkonzept [1,2,3]. Statt der dort genutzten Doppelaufladung durch einen Roots-Kompressor und einen Abgasturbolader ist hier der Schraubenlader vorgesehen. Damit erhält man schematisch das in
*Bild 10* dargestellte vereinfachte Zusammenarbeitskonzept.

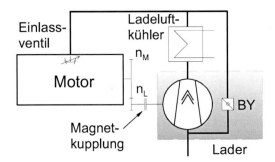

*Bild 10:* Schematisches Zusammenarbeitskonzept zwischen Schraubenlader und Verbrennungsmotor, BY = externer Bypass

Der geforderte Luftmassenstrom wird zunächst vom Schraubenlader verdichtet. Danach folgt ein Ladeluftkühler zur Kühlung der mitunter hohen Ladelufttemperaturen nach der Verdichtung. Zur Teillaststeuerung wird ein externer Bypass um den Lader angeordnet. Ist der geförderte Massenstrom aufgrund der festen Übersetzung zwischen Lader- und Kurbelwellendrehzahl zu groß, kann über den Bypass ein Teilmassenstrom zurück zur Saugseite geleitet werden. Aufgrund der hohen Druckverhältnisse bei Downsizing-Konzepten ist der Abzweig nicht vor, sondern hinter dem Ladeluftkühler vorgesehen. Es soll so verhindert werden, dass hohe Laderaustrittstemperaturen die Luft auf der Eintrittsseite aufheizen und damit den Lader thermisch zusätzlich belasten.

Der Motor wird im Modell durch zwei Zylinder nachgebildet, die sich während der Rotorphase zyklisch füllen und entleeren. Das modellierte Hubvolumen ist, basierend auf dem Downsizing-Konzept, niedrig angesetzt und beträgt nur 1100 cm³. Der Liefergrad bzw. Füllungsgrad des Motors soll 1,0 sein. Der Antrieb erfolgt mit einer festen Übersetzung von der Kurbelwelle. Im Saugmotorbetrieb ist eine Entkoppelung des Laders über eine Magnetkupplung möglich.

*Bild 11* stellt das simulierte stationäre Zusammenarbeitskennfeld des unsynchronisierten Schraubenladers mit dem Modellmotor dar. Die Teillaststeuerung erfolgt durch die Öffnung des externen Bypasses. Die vorgegebene Volllastladedruckkennlinie ist frei gewählt, orientiert sich aber an heutigen und zukünftigen Downsizing-Konzepten. Ziel ist es, bereits bei niedrigen Motordrehzahlen hohe Ladedrücke zu erreichen. Als Referenzpunkt für die Zusammenarbeit ist daher der erforderliche Ladedruck bei einer Motordrehzahl von 2000 min$^{-1}$ gewählt worden.

Als Konsequenz aus der Forderung nach einer Zusammenarbeit im Referenzpunkt ergibt sich eine Übersetzung von i = 6 zwischen Lader- und Kurbelwellendrehzahl.

Mit dieser Übersetzung ist eine Zusammenarbeit nahezu im gesamten Druckbereich möglich, der durch die Volllastlinie vorgeben ist. Die Abstimmung der Zusammenarbeit bei niedriger Drehzahl ermöglicht zwar die Anforderung des Downzising, führt aber zu Problemen bei hohen Motordrehzahlen, die ebenfalls in *Bild 11* deutlich werden. Bei diesen Motordrehzahlen, insbesondere im Teillastbereich, muss ein erheblicher Teil der geförderten Luft über den externen Bypass zurückgeleitet werden. Dieses ungünstige Verhalten der Lader/Motor-Kombination liegt zum einen in der gewählten Abstimmung der Zusammenarbeit bei niedrigen Drehzahlen und den charakteristischen Eigenschaften des Schraubenladers als Rotationsverdrängermaschine begründet. Der externe Bypass als Steuerungskonzept kann diesen Konflikt zwar aufheben, allerdings nur auf Kosten eines sinkenden Wirkungsgrades des Gesamtsystems.

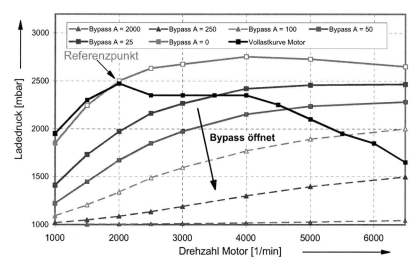

*Bild 11:* Kennfeld der stationären Zusammenarbeit von Schraubenlader und Verbrennungsmotor mit Steuerung über externen Bypass, $V_{H,Mot}$ = 1100 cm$^3$ (Bypassfläche $A$ in mm$^2$, Übersetzungsverhältnis Lader/Motor i = 6)

Der externe Bypass wurde an dieser Stelle gewählt, da er das derzeit verbreiteste Konzept zur Regelung von mechanischen Ladern darstellt. Prinzipiell können mit dem vorgestellten Programmsystem auch andere Konzepte simuliert und untersucht werden. Das wirkungsgradoptimale Steuerungskonzept für den Schraubenlader, gerade auch bei der Hochaufladung, ist die Drehzahlregelung [4]. Dabei kann die Drehzahl so angepasst werden, dass nur der tatsächlich vom Motor benötigte Massenstrom gefördert wird. Im Saugmotorbetrieb kann der Lader eventuell als Expansionsmaschine wirken und Leistung an die Kurbelwelle abgeben. Die Umsetzung solcher Konzepte ist bisher nicht Stand der Technik. Denkbar sind hier Lösungen über variable Getriebe oder einen separaten elektrischen Antrieb.

## 5.2 Instationäre Zusammenarbeit

Im Rahmen der instationären Simulation steht das Beschleunigungsverhalten unterschiedlicher Schraubenladerausführungen im Hinblick auf das aufgenommene Antriebsmoment bzw. die Antriebsleistung im Mittelpunkt. Ein typischer Beschleunigungsfall ist ein Leistungs- und Drehzahlanstieg des Motors, dem der Lader über die Riemenkopplung folgen muss. Zur Untersuchung sind dazu Standartfälle für dynamische Prüfstandsversuche aus der Automobilindustrie verwendet worden. Aufgrund recht langer Beschleunigungszeiten fallen die Beschleunigungsmomente im Vergleich zum Antriebsmoment für die Luftförderung dabei aber kaum ins Gewicht.

Im Falle des oben vorgestellten Konzeptes ist allerdings beim Zuschalten des Laders über die Kupplung innerhalb sehr kurzer Zeit mit erheblich größeren Momenten zu rechnen. Zur Verdeutlichung dieser Tatsache werden im folgenden zwei Rotorvarianten näher untersucht.

Bild 12 zeigt die beiden Ausführungen des Hauptrotors in massiver und hohler Variante. Das Massenträgheitsmoment des Rotor kann durch die hohle Ausführung deutlich gesenkt werden.

*Bild 12:* Ausführung des Hauptrotors eines Schraubenladers als massiver und hohler Stahlrotor

Das Zuschalten des Schraubenladers erfolgt beispielhaft bei Motordrehzahlen zwischen 1750 $min^{-1}$ und 4400 $min^{-1}$, wobei die Schaltzeiten der Magnetkupplung mit steigender Drehzahl ebenfalls ansteigen. Wie zu erwarten besitzt der massive Rotor ein signifikant höheres Beschleunigungsmoment aufgrund seiner Massenträgheit. Dieses Moment erreicht in der Beschleunigungsphase einen Maximalwert von 25 Nm. Durch die hohle Ausführung des Hauptrotors fällt das maximale Moment um fast 50 % auf 13 Nm. Das stationäre Moment zur Luftförderung (bei einem äußeren Druckverhältnis von annähernd 1,0 während des Zuschaltens) beträgt zum Vergleich an diesem Betriebspunkt nur etwa 1 Nm (ohne Berücksichtigung von Reibverlusten).

Dies verdeutlicht den großen Einfluss des transienten Verhaltens der Maschine auf das Betriebsverhalten bei der Zusammenarbeit mit dem Verbrennungsmotor. Das Beschleunigungsverhalten des Laders mit hohlem Stahlrotor ist vergleichbar mit dem Betriebsverhalten eines mit massiven Aluminiumrotoren ausgerüsteten Schraubenladers, der derzeit den Stand der Technik bei Schraubenladern darstellt. Detaillierte Ergebnisse des Einflusses unterschiedlicher Werkstoffe und Rotorgeometrien sind in [5] dargestellt. Ein Vergleich der Simulationsergebnisse mit Messergebnissen der beiden Rotorausführungen erfolgt im Kapitel 6.2.

## 6 Entwicklung eines unsynchronisierten Schraubenladers

Ziel bei der Entwicklung des unsynchronisierten Schraubenladers war zum einen die Möglichkeit der Verifikation des Simulationssystems. Zum anderen sollten den theoretischen Untersuchungen zu den verschiedenen Themen (keine Synchronisation, hohler Rotor) auch die praktische Machbarkeit in einem Prototypen gegenübergestellt werden.

### 6.1 Entwicklungszielsetzungen

Die mechanische Aufladung von Verbrennungsmotoren ist im Vergleich zur Abgasturboaufladung derzeit nur in wenigen Anwendungen im Markt vertreten. Durch das Downsizing der Motoren könnte hier eine Neuorientierung bzw. Neubewertung stattfinden. Durch die steigenden Ladedrücke stellt der Schraubenlader aufgrund seiner eingebauten inneren Verdichtung eine der möglichen Maschinenalternativen dar. Der Einsatz eines unsynchronisierten Schraubenladers bietet dabei im Vergleich zu einem synchronisierten Lader folgende Vorteile:

- *Einfacherer und schnellere Montage:* Einstellarbeiten zur Spieleinstellung der Rotoren über das Synchronzahnradpaar können entfallen.
- *Höherer Wirkungsgrad:* höhere Energiewandlung und höherer Liefergrad aufgrund eines geringeren Profileingriffspaltes durch den direkten Kontakt der Rotoren.
- *Geringerer Bauraum:* Durch den Verzicht auf das Zahnradpaar reduziert sich der benötigte Bauraum.

Diese Vorteile konnten in einem ersten Prototypen realisiert werden. Die Untersuchungen und Messungen zeigten allerdings weiteres Entwicklungspotential zur Verbesserung des Schraubenladers auf:

- *Reduzierung der Reibungsverluste* durch den Ersatz der berührenden Radialwellendichtringe durch eine berührungsfreie Kombinationsdichtung (Spalt- und Labyrinthdichtung).
- *Optimierung des axialen Stirnspaltes* der Rotoren durch den Einsatz von Spindellagern, gleichzeitig Umstellung von einer Ölumlaufschmierung auf eine Lebensdauerfettschmierung.
- Zusätzliche *radiale Einlassflächen* zur Reduzierung von Verlusten beim Einströmen auf der Saugseite des Laders.

Dieser optimierte Lader der zweiten Generation bildet die Grundlage für die folgenden Betrachtungen zum Vergleich von Simulation und Messung. Abschließend erfolgt die Diskussion des Betriebskennfeldes dieses Laders.

## 6.2 Vergleich Simulation/Messung

### 6.2.1 Stationärer Vergleich

*Bild 13* zeigt den Vergleich von Liefergrad und Antriebsmoment aus Messung und Simulation am Schraubenlader der zweiten Generation. Wie bereits bei den vorgestellten Ergebnissen aus Kapitel 4 erfolgt ein schnelles Anfahren der gemessenen Betriebspunkte, um die Veränderungen der Spalte aufgrund von Wärmeeinflüssen zu minimieren. Dies ermöglicht den Vergleich von Messung und Rechnung auf Basis der beim Zusammenbau gemessenen Kaltspalthöhen.

Der Verlauf der Liefergrade (*Bild 13*a) zeigt eine sehr hohe Übereinstimmung zwischen Simulation und Rechnung. Der Einfluss der maschineninternen Spalte bei unterschiedlichen Drehzahlen und Druckverhältnissen wird vom Modell korrekt abgebildet. Gerade die Übereinstimmung auch bei niedrigen Drehzahlen, bei denen die Spalte einen maßgeblichen Einfluss auf den Liefergrad nehmen, verdeutlicht die hohe Abbildungsgüte des Modells.

Das Bild beim Vergleich der Antriebsdrehmomente stellt sich leicht anders dar, Bild 4b. Der Gradient der Messung ist etwas steiler als derjenige der Simulation. Im mittleren Drehzahlbereich schneiden sich beide Geraden für alle untersuchten Druckverhältnisse. Die Abweichung ist dabei bei höheren Drehzahlen größer als bei kleinen. Die Ursache ist in mit der Drehzahl zunehmenden dynamischen Effekten beim Ein- und Ausströmen aus dem Lader zu vermuten, die mit den derzeitigen Ansätzen des Simulationssystems nicht abgebildet werden können. Einen weiteren Einflussfaktor stellt noch die Reibung in den Lagern dar. Diese ist zwar über ein verifiziertes Modell Bestandteil der Simulation, allerdings ist die Temperatur und Fettviskosität des Lagers ein Faktor, der die Lagerreibung maßgeblich mitbeeinflusst.

Insgesamt ist die Übereinstimmung zwischen Messung und Rechnung mit diesem einfachen Modellansatz sehr hoch. Die Drehmomentabweichungen bei hohen Drehzahlen und der Einfluss des Ein- und Ausströmens auf das Antriebsdrehmoment zeigt zukünftigen Forschungsbedarf über die dynamischen Strömungseffekte dieser schnell drehenden Verdrängermaschinen beim Ansaugen und Ausschieben auf. Parallel hat dies ebenfalls Einfluss auf das akustische Verhalten der Maschinen.

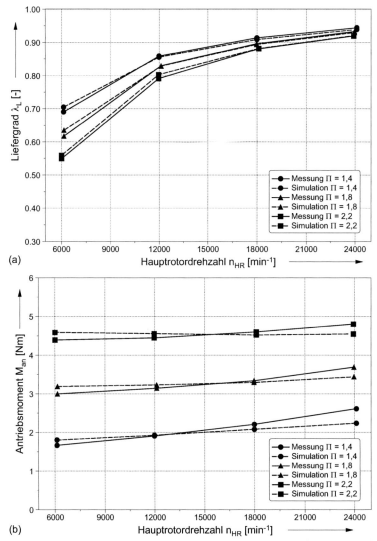

*Bild 13:* Vergleich von Liefergrad und Antriebsmoment aus Messung und Simulation des unsynchronisierten Schraubenladers, 2. Generation

### 6.2.2 Instationärer Vergleich

Zum Vergleich des instationären Maschinenverhaltens sind zunächst die Hochlaufkurven mit dem massiven und hohlen Hauptrotor (vgl. *Bild 12*) aufgezeichnet worden. Die Beschleunigung erfolgt durch den Antriebselektromotor, dessen Beschleunigungscharakteristik die Dynamik des Hochlaufvorgangs festlegt. Dies entspricht nicht den Vorgängen beim schnellen Zuschalten über eine Kupplung, ist aber zum Vergleich und zur Beurteilung der Simulationsgüte ausreichend.
Das beim Beschleunigungsvorgang aufgezeichnete Drehzahlsignal wird durch ein Polynom interpoliert und liegt anschließend als Drehzahlvorgabe der Simulation des instationären Hochlaufs zugrunde. Im Mittelpunkt der Auswertung steht das Antriebsmoment, da dieses später in der Zusammenarbeit vom Verbrennungsmotor aufgebracht werden muss.
Einen exemplarischen Vergleich zwischen Messung und Simulation jeweils einmal für den massiven und hohlen Rotor stellt das *Bild 14* dar. Beide Diagramme zeigen während der Beschleunigungsphase eine gute Übereinstimmung. Zur Veranschaulichung ist in beiden Diagrammen der gleitende Mittelwert des Antriebsmomentes eingetragen. Der Gradient dieser Kurven weist für Messung und Simulation bei beiden Rotorkonfigurationen die gleiche Steigung auf.
Für den massiven Rotor sind zudem noch die Gesamtsignale verzeichnet. Die Abtastung der Messung wie auch der Simulation erfolgt mit 500 Hz. Diese Abtastrate genügt nicht dem Shannon-Kriterium, daher lassen sich nur einzelne Punkte aus dem periodisch schwankenden Antriebsmomentsignal aufzeichnen. Das Antriebsmoment setzt sich zusammen aus dem Beschleunigungsmoment (annähernd konstant) und dem Moment für die Verdichtungsarbeit (periodisch und leicht ansteigend mit der Drehzahl). Dabei lässt sich feststellen, dass auch die Bandbreite und die Amplituden dieser Signale zwischen Messung und Simulation sehr gut übereinstimmen. Die Möglichkeit, nicht nur ein über die Periode gemitteltes Drehmoment, sondern das Drehmoment zu jedem beliebigen Zeitpunkt bestimmen zu können, ist ein Vorteil von KaSim.
Deutlich werden ebenfalls die verbesserten Beschleunigungseigenschaften des hohlen Rotors. Das aufgenommene Antriebsmoment ist geringer, gleichzeitig verkürzt sich die Hochlaufzeit. Damit bestätigen sich die Erkenntnisse aus der Simulation; ein hohler Stahlrotor ist damit unter Beschleunigungsgesichtspunkten eine Alternative zu den heutigen Rotoren aus Leichtmetall.
Einschränkungen zur Abbildungsgüte sind lediglich zu Beginn und Ende des Hochlaufvorgangs zu verzeichnen. Der Drehmomentanstieg zu Beginn geschieht in der Simulation schlagartig. Das Programmsystem kann die Verzögerung zwischen Drehmoment- und Drehzahlanstieg aus der Messung nicht abbilden, weil die Trägheit und das notwendige Anfahrmoment des Gesamtsystems nicht Bestandteil der Simulation sind. Ebenfalls leichte Abweichungen sind im Bereich des Wendepunktes des Drehzahlsignals festzustellen. Hier beruht die Abweichung auf der Regelcharakteristik des Motors verglichen mit der stetigen Funktion der in der Simulation vorgegebenen Drehzahl.

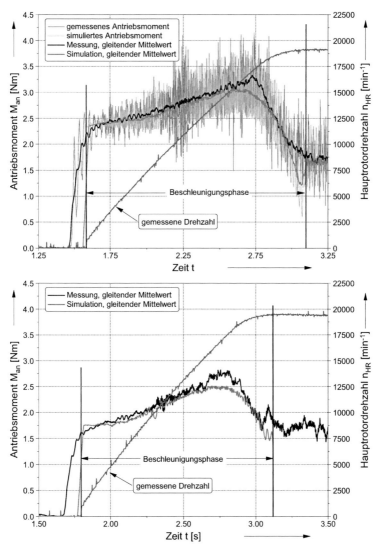

*Bild 14:* Vergleich des Antriebsmoment beim instationären Hochlaufen
a) massiver Hauptrotor   b) hohler Hauptrotor

## 6.3 Betriebskennfeld

Das stationäre Betriebskennfeld des entwickelten Schraubenladers stellt Bild 6 dar. Der Profileingriffsspalt konnte durch den Verzicht auf das Synchronisationsgetriebe und den direkten Kontakt der Rotorflanken reduziert werden. Der Einfluss dieser

Maßnahme ist im Verlauf der Liefergrad Kennlinien ersichtlich. Der Umschlagpunkt, ab dem der Liefergrad deutlich einbricht, verschiebt sich hin zu niedrigen Drehzahlen. Dadurch wird ein weiter Betriebsbereich bei gleichzeitig hohen möglichen Druckverhältnissen schon bei niedriger Drehzahl ermöglicht. Dies kommt einer Anwendung in einem Downsizing-Konzept entgegen.

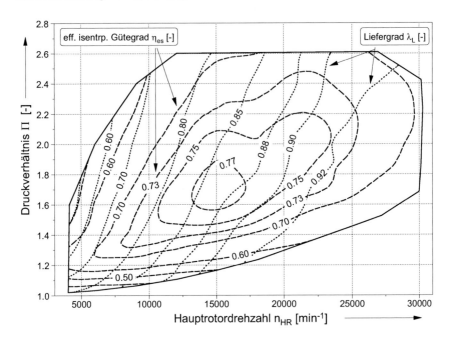

Bild 15: Betriebskennfeld mit Liefergrad $\lambda_L$ und effektivem isentropen Gütegrad $\eta_{es}$

Zusammen mit dem Liefergrad wirkt sich der Einsatz der berührungslosen Dichtungen und der zusätzlichen radialen Einlassflächen positiv auf den effektiven isentropen Gütegrad aus. Auch hier kann ein hohes Gütegradniveau in Richtung kleinerer Drehzahlen verschoben werden. Ein weiter Teil des Betriebskennfeldes weist Gütegrade > 70 % aus. Dies stellt eine deutliche Verbesserung zu den heutigen Ladern der Roots- oder Schraubenladerbauart dar. Gleichzeitig fällt ein Absinken des Gütegrades bei höheren Drehzahlen und Druckverhältnissen durch diese Maßnahme moderat aus.

Signifikant ist die Ausbildung eines Gütegradoptimums im Bereich um 15000 $min^{-1}$ bei Druckverhältnissen von $\Pi_A$ = 1,6 bis 1,8. Dieser Bereich kennzeichnet den optimal angepassten Betrieb des Schraubenladers, d.h. der Kammerdruck beim Öffnen stimmt weitgehend mit dem Druck auf der Auslassseite überein. Mit dem eingebauten Volumenverhältnis von 1,25 ergibt sich ein theoretisch optimales Druckverhältnis von etwa 1,4. Die Kammern öffnen sich allerdings nicht schlagartig, sondern mit sich stetig vergrößernder Fläche zur Druckseite. Dies führt zwangsläufig zu einer zeitabhängigen Ausschiebedrosselung und so zu einem zusätzlichen Druckanstieg in der Kammer, die in dieser Zeit ihr Volumen weiter verringert. Die Ausschiebedrosselung nimmt, wie man leicht einsieht, mit steigender Drehzahl und damit abnehmenden Öffnungszeiten zur Druckseite zu. Daraus ergeben sich betriebsoptimale Druckverhältnisse, die mit steigender Drehzahl größer werden. Weiteres Potential verspricht die detaillierte Untersuchung der Ein- und Ausströmvorgänge und eine daran angepasste optimierte Gestaltung der Ein- und Auslassgeometrien des Gehäuses. Dieser Zusammenhang wirkt sich bei kleineren Druckverhältnissen und hohen Drehzahlen als Überverdichtung des Fluids aufgrund des eingebauten bzw. des tatsächlich wirkenden inneren Volumenverhältnisses negativ auf den Gütegrad aus. Zusammenfassend lässt sich festhalten, dass durch die getroffenen Maßnahmen eine Optimierung des Laders gelungen ist. Der Liefergrad bei niedrigen Drehzahlen und der Gütegrad im gesamten Betriebsbereich konnten angehoben werden. Die Verschiebung des Laderoptimums aus Randbereichen in die Mitte des Betriebskennfeldes verspricht bessere Gesamteigenschaften einer Lader/Motor-Kombination.

## 7 Zusammenfassung und Ausblick

Die dargestellte Entwicklung eines Schraubenladers für den Einsatz zur Aufladung von Verbrennungsmotoren zeigt den Vorteil des frühen Einsatzes von Modellierung und Simulation im Auslegungsprozess. Das hierbei benutzte Simulationssystem *KaSim* besitzt eine hinreichende Abbildungsgüte für seinen Einsatz als Entwicklungstool und kann die experimentell aufwendige Prototypenphase deutlich verkürzen.
Die Sensitivität des Schraubenladers hinsichtlich seiner Spalthöhen wurde in der Simulation und im Experiment gleichermaßen deutlich. Vor allem der Liefergrad der untersuchten Maschine wird durch die Höhe der Gehäuse- und der Profileingriffsspalte bestimmt. Abweichungen zwischen Simulations- und Messergebnissen im Antriebsmoment deuten auf strömungstechnisches Optimierungspotenzial im Druckstutzen der Maschine hin.
Mit dem entwickelten unsynchronisierten Schraubenlader ist es gelungen, theoretische neue Ansätze in einem Prototypen zu vereinen. Die Untersuchungen an diesem Prototypen bestätigen die Erwartungen und zeigen das erhebliche Potential zur Optimierung und Verbesserung des Schraubenladers auf. Diese ersten sehr positiven Ansätze können nun weiterverfolgt und aufgegriffen werden. Daraus leiten sich folgende zukünftige Entwicklungsschwerpunkte ab:

- Indizierungsmessungen am Schraubenlader und im Druckstutzen zur Verifikation der Modellierung des Ladungswechsels.
- Optimierung der Zu- und Abströmsituation im Ein- und Auslassbereich zur Reduzierung von Strömungsverlusten und Schallemissionen.
- Untersuchungen zum Verschleißverhalten der beschichteten Rotoren im Dauerversuch.
- Entwicklung und Umsetzung eines Steuerungskonzepte zur Entkopplung der Laderdrehzahl von der Kurbelwellendrehzahl.
- Zusammenarbeitsuntersuchungen am gefeuerten Verbrennungsmotor zur Umsetzung und Verifizierung des Gesamtkonzeptes.

# Literatur

[1] Hagelstein, D., Theobald, J., Michels, K., Pott, E.: *Vergleich verschiedener Aufladeverfahren für direkteinsprizende Ottomotoren.* In: 10. Aufladetechnische Konferenz, Dresden, September 2005

[2] Krebs, R., Szengel, R., Middendorf, H., Sperling, H., Siebert, W., Thoebald, J., Michels, K.: *Neuer Ottomotor mit Direkteinspritzung und Doppelaufladung von Volkswagen – Teil 1: Konstruktive Gestaltung.* In: MTZ, 66(11), Seiten 844-857, November 2005

[3] Krebs, R., Szengel, R., Middendorf, H., Sperling, H., Siebert, W., Thoebald, J., Michels, K.: *Neuer Ottomotor mit Direkteinspritzung und Doppelaufladung von Volkswagen – Teil 2: Thermodynamik.* In: MTZ, 66(12), Seiten 978-986, Dezember 2005

[4] Piatkowski, R.: *Ein Beitrag zur Entwicklung eines Schraubenladers.* Dissertation, Universität Dortmund, 1993

[5] Kauder, K., Temming, J.: *Berechnung von Lagerkräften und Antriebsmoment von Rotationsverdrängermaschinen.* In: Schraubenmaschinen Nr.13, Seiten 5-16, ISSN 0945-1870, Universität Dortmund, 2005

[6] Kauder, K., Janicki, M.: *Thermodynamische Simulation von Rotationsverdrängermaschinen mit Hilfe des Programmsystems KaSim.* In: Schraubenmaschinen Nr. 10, S. 5-16, ISSN 0945-1870, 2003

[7] Kauder, K., Janicki, M.: *Adiabate Modellierung und Thermodynamische Simulation von Rotationsverdrängermaschinen mit Hilfe des Programmsystems KaSim.* In: Schraubenmaschinen Nr. 11, S. 5-14, ISSN 0945-1870, 2003

[8] Kauder, K., Janicki, M.: *A simple Heat Transfer Model for the Thermodynamic Simulation of Rotary Displacement Machines.* In: Compressor Users International Forum 2004, VDMA Tagung, Karlsruhe, 2004

[9] Kauder, K., Temming, J.: *Screw-Type Supercharger without Timing-Gear – Simulation and Verification.* In: VDI-Berichte Nr. 1932, Schraubenmaschinen 2006, Tagung Dortmund, VDI Verlag GmbH, Düsseldorf, 2006

# 11 Bewertung neuer Luftführungsstrategien mit den Mitteln der eindimensionalen Simulation
## Evaluation of New Air Management Systems by Means of One Dimensional Simulation

Eberhard Schutting

## Abstract

A powerful air management system is essential for the development of new diesel combustion systems. A simultaneous increase of boost pressure and EGR-rate is necessary for a further decrease of engine out emissions. This applies for conventional and homogenous diesel combustion.
Conventional systems, commonly used in modern engines, are not capable of achieving the increased demands on supercharging and exhaust gas recirculation. More powerful solutions are investigated within the project 'KNET – VKM der Zukunft'. Thereby the evaluation bases mostly upon the one-dimensional gas exchange simulation.
Most promising techniques are the two stage turbocharging and the low pressure exhaust gas recirculation. The investigation by means of simulation allows evaluating these techniques in an abstract, fundamental way.

## Kurzfassung

Ein leistungsfähiges Luftführungssystem ist eine Grundvoraussetzung für die Weiterentwicklung von Dieselbrennverfahren. Eine gleichzeitige Steigerung von Ladedruck und AGR-Rate ist nötig, um die Rohemissionen weiter zu senken. Dies gilt sowohl für konventionelle als auch für homogene Brennverfahren.
Diese Anforderungen an Aufladung und Abgasrückführung können durch Systeme wie sie in aktuellen Motoren verwendet werden nicht mehr abgedeckt werden. Im Rahmen des Projektes 'KNET – VKM der Zukunft' werden leistungsfähigere Lösungen untersucht. Die Beurteilung erfolgt dabei zu einem großen Teil mit den Mitteln der eindimensionalen Strömungssimulation.
Als aussichtsreichste Kandidaten gelten die zweistufige Turboaufladung und die Niederdruck-Abgasrückführung. Die Betrachtung mithilfe der Simulation erlaubt es dabei, diese Verfahren in einer sehr allgemeinen, grundlegenden Weise zu bewerten.

## 1 Einleitung

Ein leistungsfähiges Luftführungssystem ist, neben dem Einspritzsystem, die wichtigste konstruktive Voraussetzung für die weitere Senkung der Rohemissionen von PKW-Dieselmotoren. Dabei ist ein gleichzeitiges Steigern von Ladedruck und AGR-Rate nötig. Dies gilt für die konventionelle Dieselverbrennung, wo damit eine gleichzeitige Reduktion von NOx und Ruß erreicht werden kann – siehe Bild 1, als auch für die alternative Dieselverbrennung, deren Lastbereich nur dadurch ausgeweitet werden kann. Luftführungssysteme, wie sie heute verwendet werden, sind in ihrem Potenzial beschränkt. Ladungszustände, die für das Erreichen zukünftiger Abgasgesetzgebungen notwendig sind, können durch sie nicht mehr bereitgestellt werden.

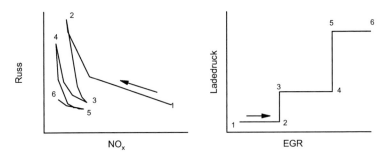

*Bild 1:* Senken von NOx- und Rußemissionen durch Steigern von Ladedruck und AGR-Rate

Im Rahmen des Projektes „KNET-Verbrennungskraftmaschine der Zukunft" wird an der Entwicklung eines serientauglichen PKW-Dieselmotors gearbeitet, der zukünftige Abgasnormen vor allem mithilfe eines fortschrittlichen Luftführungssystems und dem Einsatz der homogenen Dieselverbrennung erfüllen soll. Das Projekt KNET ist ein Netzwerk von vier österreichischen Partnern (TU Graz, AVL, OMV, MIBA) und wird von der öffentlichen Hand gefördert.

Aus den zahlreichen Arbeitsbereichen, die sich durch diese Aufgabenstellung ergeben, soll hier auf den Beitrag der eindimensionalen Simulation zur Bewertung und Entwicklung verschiedener Luftführungsstrategien eingegangen werden.

Als aussichtsreichste Kandidaten, um die oben genannten Ziele zu erreichen gelten die zweistufige Aufladung und die Niederdruckabgasrückführung.

Alle durchgeführten Untersuchungen basieren auf einem 5-Zylinder-PKW-Dieselmotor.

## 2 Simulation und Methodik

Alle vorgestellten Untersuchungen wurden mit den Mitteln der eindimensionalen Simulation durchgeführt. Die verwendete Software war BOOST (AVL). Diese Software ermöglicht eine Abbildung des Motors mit seinem gesamten Luftführungssystem in Form null- und eindimensionaler Elemente. Typische Eingabegrößen in diese Berechnungen sind Kraftstoffmasse, VTG-Position oder Öffnung des AGR-Ventils. Typische Ausgabegrößen sind der Mitteldruck, Ladedruck, AGR-Rate. Die Software verfügt über eine graphische Benutzeroberfläche. Des Weiteren wird eine Serienrechnung von Parametervariationen unterstützt. Bild 2 zeigt das Modell des betrachteten Vollmotors in der Konfiguration mit zweistufiger Aufladung und Niederdruck-Abgasrückführung.

Im Rahmen dieses Projektes kam es zu einer intensiven Interaktion von Simulation und Prüfstandsmessungen. Auf einem Prüfstand wurde der erwähnte Motor gleichzeitig zu den laufenden Simulationen untersucht. Dabei wurden parallel die verschiedenen Entwicklungsstufen des Luftführungssystems betrachtet. In allen Fällen wurde allerdings die jeweilige Variante zuerst mit der Simulation untersucht, über das Verhalten neuer Systemkomponenten mussten dabei Annahmen getroffen werden. In dieser Phase arbeitete die Simulation in einer rein vorausberechnenden Weise, wobei die anstehenden Prüfstandsuntersuchungen dadurch sorgfältig vorbereitet werden konnten. Sobald Messungen der jeweiligen Systemvariante vorlagen, konnte die getroffenen Annahmen der Simulation überprüft, und wenn notwendig korrigiert werden.

Für einen Forschungsmotor-Prüfstand, der vornehmlich der Brennverfahrensentwicklung diente, wurden die Ergebnisse der Simulation als realistische Randbedingung in Bezug auf Ladungswechsel verwendet. Damit wurde sichergestellt, dass die Untersuchungen am Forschungsmotor einen engen Bezug zu den tatsächlichen Potenzialen des Vollmotors hatten, und somit die entsprechenden Ergebnisse später zur Gänze auf den Vollmotor übertragbar waren. Die gemessenen Brennverläufe des Forschungsmotors dienten wiederum als Eingabegröße für die Simulationen, durch die große Anzahl an Messungen war es dabei möglich für jeden untersuchten Betriebszustand einen passenden Brennverlauf vorzugeben. In Bild 3 sieht man den zeitlichen Ablauf der Untersuchungen verschiedener Konfigurationen und die jeweiligen Interaktionen.

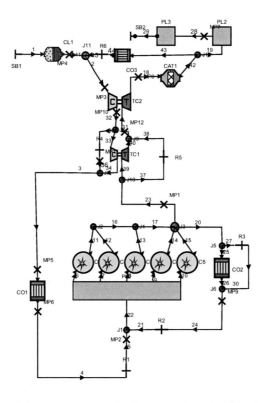

*Bild 2:* Modell des betrachteten Vollmotors mit zweistufiger Aufladung und ND-Abgasrückführung

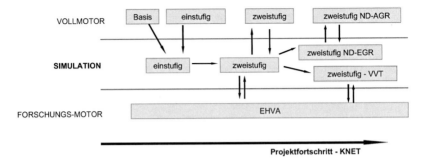

*Bild 3:* Interaktion zwischen Messung und Simulation über Projektfortschritt

Ausgangsbasis für alle entwickelten Systemvarianten war die Serienkonfiguration des Motors mit einstufigem VTG-Lader und Hochdruck-Abgasrückführung, sowohl in der Simulation als auch der Messung. In Bild 4 sieht man das Ergebnis der Abstimmung des BOOST Simulationsmodells mit gemessenen Werten einer Volllastkurve. Man kann erkennen, dass das Modell das Verhalten des Motors gut wiedergibt. Insbesondere die wichtigen Parameter Liefergrad und Abgasgegendruck. Eine Ausnahme stellt der Ladeluftkühler dar, der am Prüfstand auf Kennfeldbasis angesteuert wurde, und daher nicht modellierbar war. Es wurden Erfahrungswerte verwendet.

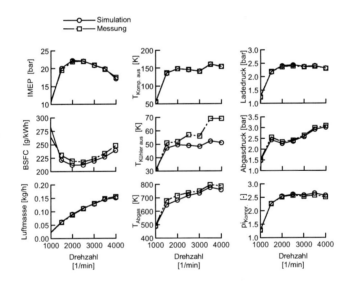

*Bild 4:* Abstimmung des Basismodells mit Messwerten (Volllastkurve)

In der verwendeten Simulationssoftware BOOST gibt es festgelegte Eingabeparameter, wie Einspritzmenge, VTG-Position und AGR-Ventilöffnung, und festgelegte Ergebnisgrößen wie Mitteldruck, Ladedruck und AGR-Rate. Diese Festlegung kann jedoch nicht abgeändert werden, es ist also zum Beispiel nicht möglich eine bestimmte AGR Rate vorzugeben, woraufhin die Software die entsprechende Ventilöffnung bestimmt. Da allerdings untersuchte Betriebspunkte sehr oft über verschiedene dieser Ergebnisgrößen definiert sind, war es notwendig eine Methodik einzusetzen, um mit vertretbarem Aufwand auf die Werte der entsprechenden Eingabeparameter zu kommen.

Die Regressionsanalyse wurde für die beschriebene Anwendung als das geeignete Mittel erachtet. Bei dieser wird als erster Schritt eine Variation des gesuchten Eingabeparameters (z. B. VTG) simuliert, das Ergebnis ist eine Variation der Ergebnisgröße (z. B. Ladedruck), für die ein bestimmter Wert angestrebt wird. Setzt man diese beiden Variationen in Zusammenhang, kann man daraus den gesuchten Eingabeparameter ableiten. Im einfachsten Fall geschieht dass durch eine lineare Interpolation - siehe Bild 5 - aber auch Kurven höherer Ordnung können erforderlich sein.

Die Regressionsanalyse kann als eindimensional bezeichnet werden, wenn, wie oben beschrieben, ein Eingabeparameter gesucht ist, der eine Ergebnisgröße beeinflusst. Wenn zwei Eingabeparameter zwei Ergebnisgrößen beeinflussen (z. B. VTG/AGR-Ventil und Ladedruck/AGR-Rate) dann kann man das Problem als zweidimensional bezeichnen. In diesem Fall ist auch der Lösungsweg zweidimensional und etwas komplizierter als im beschriebenen eindimensionalen Fall. Anstelle von Geraden oder Kurven werden Flächen verwendet. Probleme dieser Art oder höher dimensionale Probleme erfordern wesentlich komplexere Ansätze. Für die vorgestellten Untersuchungen kam eine zusätzliche Software für diese Aufgaben zum Einsatz (MODDE 7/Umetrics) Die Methode der ein- und zweidimensionalen Regressionsanalyse konnte in den behandelten Untersuchungen oft und vorteilhaft eingesetzt werden.

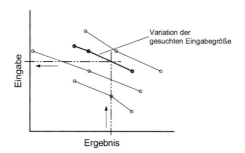

*Bild 5:* Regressionsanalyse eines eindimensionalen Problems mittels linearer Interpolation

Der Einsatz der Simulation zur Bewertung von Luftführungsstrategien ermöglicht dies in einer sehr grundlegenden und gründlichen Art und Weise. Die vielfältigen Möglichkeiten auf die Simulation Einfluss zu nehmen, erlaubt es dabei, verschiedene Aspekte isoliert zu betrachten. Während in der Messung immer alle Einflussgrößen wirksam sind, können diese in der Rechnung beliebig ausgeblendet werden. Als Beispiel sei an dieser Stelle der Turboladerwirkungsgrad oder die Verbrennung angeführt. Das Ergebnis ist ein tiefes Verständnis der komplexen Zusammenhänge eines Luftführungssystems, welches in die Motorapplikation einfließen kann.

## 3 Zweistufige Aufladung

Wie die Emissionen NOx und Russ unterliegen auch Ladedruck und AGR-Rate einem Trade-Off, zumindest für die gebräuchliche Kombination der Abgasturboaufladung mit Hochdruck-AGR. Wenn man das AGR-Ventil öffnet, steigt die AGR-Rate, gleichzeitig sinkt der Massenstrom über die Turbine des ATL. Da der effektive Turbinenquerschnitt gleichbleibt (VTG ist konstant) sinken das Energieangebot an der Turbine und damit der Ladedruck. Das Ergebnis ist der oben angesprochene Trade-Off zwischen Ladedruck und AGR-Rate, siehe Bild 6. Ziel ist es, diesen Trade-Off hin zu höheren Drücken und AGR-Raten zu verschieben. Für einen konstanten Motorbetriebspunkt kann das nur über eine Verkleinerung des effektiven Turbinenquerschnittes erfolgen. Das wäre prinzipiell durch ein Schließen der variablen Turbinengeometrie (VTG) zu erreichen, doch auch die Auslegung eines VTG-Laders ist ein Kompromiss zwischen Volllast und Niedriglast, was den Turbinenquerschnitt nach unten hin begrenzt.

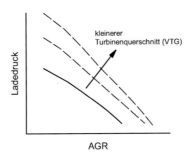

*Bild 6:* Trade-Off zwischen Ladedruck und AGR-Rate eines herkömmliche Luftführungssystems

Um diesem Konflikt zu entkommen, sind verschiedene Lösungsansätze seitens der Aufladung denkbar. Mechanische, elektrische, elektrisch unterstütze und kombinierte Systeme sowie die Impulsaufladung wurden betrachtet. Als aussichtsreichste Variante wurde die zweistufige Turboaufladung ausgewählt [1].
Es gibt verschieden Möglichkeiten zwei Abgasturbolader (ATL) zu kombinieren. Für die Anwendung am PKW-Dieselmotor hat sich die „geregelt zweistufige Aufladung" durchgesetzt, die erstmals 2002 vorgestellt wurde [2]. Bei dieser handelt sich eigentlich um eine Mischform aus Register- und Stufenaufladung. Die konstruktive Anordnung entspricht dabei sehr wohl der Stufenaufladung, doch nur im mittleren Leistungsbereich tragen beide ATL zur Aufladung bei. Im Niedriglastbereich läuft die große Niederdruckstufe nur leer mit, ohne effektive Verdichtung zu leisten, im Hochlastbereich wird die kleine Hochdruckstufe turbinen- und kompressorseitig umgangen, da sie ansonsten einen Drossel darstellen würde. Ein Schema des Systems ist in Bild 7 zu sehen. Diese Strategie erlaubt es, den kleinen Hochdrucklader kleiner, und den großen Niederdrucklader größer zu gestallten, als das bei der klassischen Stufenaufladung der Fall ist. Dadurch ist eine deutliche Ausweitung des Turbolader-Betriebsbereiches möglich. Dass im Gegenzug das erreichbare Maximaldruckniveau

sinkt, ist ein vertretbarer Nachteil, da dieses für PKW-Anwendungen ohnehin nicht sinnvoll anwendbar ist. Dies ist vor allem im überdurchschnittlich stark ansteigenden Ladungswechselverlust begründet.

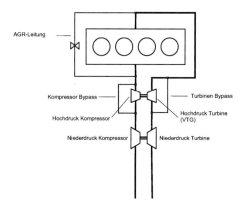

*Bild 7:* Schema der zweistufigen geregelten Aufladung

Die zweistufige Aufladung zeigt in ihrem Verhalten einige Eigenheiten. Während von außen betrachtet sich ein zweistufiges System zwar nicht prinzipiell von einem einstufigen System unterscheidet, kann das Verhalten der Einzellader sehr wohl von diesem abweichen. Allerdings haben die meisten dieser Eigenschaften keine Auswirkung auf den praktischen Motorbetrieb, und sollen hier vernachlässigt werden.

Eine der wichtigen Eigenschaften ist zweifellos die Verschiebung des Betriebspunktes des HD-Kompressors aufgrund der Vorverdichtung im ND-Kompressor. Aufgrund der höheren Dichte bei Kompressoreintritt wird der Betriebspunkt hin zu einem geringeren reduzierten Massenstrom geschoben (der absolute Massenstrom ist natürlich für beide Kompressoren gleich). Da für den kleinen HD-Verdichter eher die Stopfgrenze als die Pumpgrenze ein Betriebsproblem darstellt, ist dies ein sehr günstiges Verhalten. In Bild 8 kann man die Betriebslinien von HD- und ND-Kompressor für eine Lastvariation sehen. Deutlich zu erkennen ist die wesentlich steilere Betriebslinie des HD-Verdichters aufgrund der zunehmenden Vorverdichtung durch den ND-Kompressor. Dadurch ist es möglich den kleinen HD-Verdichter mit Massenströmen zu betreiben, die bei alleinigem Betrieb völlig unmöglich wären.

Einen zusätzlichen Applikationsaufwand bedeutet der stufenlos verstellbare Hochdruck-Turbinenbypass. Er verteilt im zweistufigen Betrieb die Energieströme auf die beiden Turbinen, und kann damit zur Regelung des Ladedrucks verwendet werden. Da diese Funktion allerdings auch durch die VTG erfüllt wird, muss beurteilt werden, welche der beiden Eingriffe vorteilhaft ist. In Bild 9 sieht man einen Vergleich verschiedener Betriebsgrößen für eine Variation der VTG und eine Variation des Bypasses. Um den theoretischen Unterschied isoliert betrachten zu können, wurden die Turboladerwirkungsgrade als konstant angenommen. Es ist zu erkennen, dass für gleichen Ladedruck die günstigeren Ergebnisse durch die VTG-Variation erreicht werden. Die Schlussfolgerung daraus ist, dass der HD-Turbinenbypass erst betätigt werden soll, wenn die VTG bereits voll geöffnet ist.

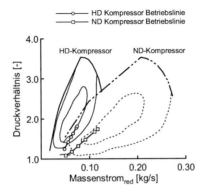

*Bild 8:* Betriebslinien von HD- und ND-Kompressor bei Lastvariation

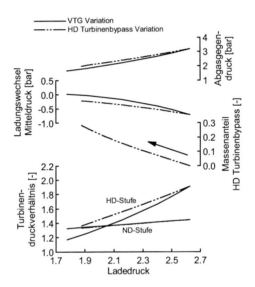

*Bild 9:* Vergleich von HD-VTG-Variation zu HD-Turbinenbypassvariation; konstante Turboladerwirkungsgrade

Der wichtigste Vorteil der zweistufigen geregelten Aufladung ist der stark verbessert Ladedruck-AGR Trade-Off (bzw. Lambda - AGR), der durch den kleinen Hochdruckkompressor erreicht wird. Bild 10 zeigt einen Vergleich der maximalen Trade-Offs für einstufige Aufladung (Serienkonfiguration) und der zweistufigen Aufladung in einem Niedriglastpunkt. Für gleiche AGR-Rate kann Lambda um 0.3 erhöht werden, oder für gleiches Lambda die AGR-Rate um 13 Prozentpunkte. Eine Verbesserung dieses Ausmaßes bedeutet vor allem für die homogene Dieselverbrennung ein großes Potenzial [4]. Zu beachten ist dabei, dass die Verwendung von zwei Turboladern anstelle eines einzelnen Laders nicht mit einer Erhöhung des Wirkungsgrades einhergeht. Wer das höhere Potenzial abruft, muss dieses auch mit einer steigenden Pumparbeit bezahlen. Im konkreten Fall erhöht sich der spezifische Kraftstoffverbrauch um 4 %.

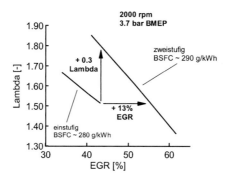

Bild 10: Maximale AGR-Lambda Trade-Offs für einstufige und zweistufige Aufladung

## 4 Niederdruck-Abgasrückführung

Die Niederdruckabgasrückführung ist gekennzeichnet durch die Entnahme des Abgases nach der Turbine des ATL und dessen Beimengung zur Frischluft vor dem Kompressor. Der Druck im AGR-Pfad befindet sich annähernd auf Umgebungsniveau, womit sich auch die Benennung erklärt. Das Druckgefälle wird durch die Strömungswiderstände von Luftfilter und Auspufftopf bestimmt. Im AGR-Pfad kommt üblicherweise ein Kühler zum Einsatz. Die AGR-Entnahmestelle ist außerdem nach dem Katalysator und nach einem eventuellen Partikelfilter angeordnet.

Niederdruck-Abgasrückführung bedeutet, dass der Turbolader immer mit der gesamten Ladungsmasse durchströmt wird. Eine Abnahme des Massenstromes wie bei der HD-AGR gibt es nicht. Daraus folgt, dass der Trade-Off zwischen Ladedruck und AGR-Rate nicht mehr gilt. Die Veränderung der AGR-Rate bleibt, in erster Näherung, ohne Auswirkung auf die Aufladegruppe und somit Ladedruck – siehe Bild 11.

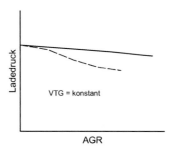

Bild 11: Trade-Offs zwischen AGR und Ladedruck bei der Verwendung von Niederdruck-Abgasrückführung

Abgesehen vom Aufheben des AGR-Ladedruck Trad-Offs hat die Anwendung von Niederdruck-AGR natürlich auch noch andere Auswirkungen auf den Ladungswechsel. In Bild 12 sieht man einen theoretischen Vergleich zwischen Hochdruck- und Niederdruck-AGR. Für diese Berechnung wurde ein konstanter Turboladerwirkungsgrad angenommen. Um den Ladedruck konstant zu halten wurde der effektive Turbinenquerschnitt angepasst. Verschieden Betriebsparameter sind über dem Restgasgehalt im Zylinder aufgetragen. Interessantestes Ergebnis ist zweifellos der Verlauf des Ladungswechsel-Mitteldrucks. Es zeigt sich, dass mit zunehmender AGR-Rate der Ladungswechselverlust bei der Niederdruck-Variante zunimmt, während bei der Hochdruck AGR eine Verringerung auftritt. Dieser Trend spiegelt sich auch im spezifischen Verbrauch wieder, zumindest solange er nicht vom schlechter werdenden Hochdruck-Wirkungsgrad verdeckt wird. Zu erklären ist dieser Effekt mit einer einfachen Überlegung: Im Hochdruck-Fall wird die AGR-Masse auf hohem Druckniveau gehalten, der Ladedruck des letzten Zyklus wird gewissermaßen 'recycelt'. Im Falle der Niederdruck-AGR muss die entsprechende Masse expandiert und wieder komprimiert werden, beides verlustbehaftete Prozesse. Zu erkennen ist auch, dass die Niederdruck-AGR einen weniger abnehmenden Turbinenquerschnitt benötigt, um den Ladedruck konstant zu halten. Die Schlussfolgerung dieser Untersuchung ist, dass ND-AGR keinen prinzipiellen Vorteil für den Ladungswechsel darstellt, die günstigeren Massenstromverhältnisse an der Turbine lassen jedoch Vorteile beim Wirkungsgrad erwarten.

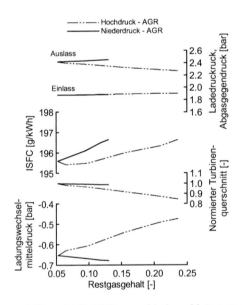

*Bild 12:* Vergleich von ND- und HD-AGR; verschiedene Motorparameter über Restgasgehalt bei konstantem Ladedruck

Ein weiterer entscheidender Vorteil der Niederdruck-Abgasrückführung ist das generell geringere Niveau der Ladetemperatur. Dieses ist durch die zusätzliche Durchströmung des Ladeluftkühlers begründet. In Bild 13 kann man einen Vergleich der

Ladetemperatur von Hoch- und Niederdruck-AGR sehen. Es ist zu erkennen, dass die ND-AGR nicht in allen Betriebszuständen einen Temperaturvorteil bringt. Grundsätzlich kann gesagt werden, dass das TemperaturPotenzial der ND-AGR umso größer ist, je höher die Abgastemperatur, respektive Last, ist. Des Weiteren steigt der Vorteil mit sinkendem AGR-Kühlerwirkungsgrad und umgekehrt mit steigendem Ladeluftkühlerwirkungsgrad. Selbstverständlich ist der Unterschied in der Ladelufttemperatur auch von der jeweiligen AGR-Rate abhängig. Außerdem kann gesagt werden, dass sich die Bereiche, in denen ND-AGR einen Temperaturnachteil herbeiführt, sich auf Randbereiche des Motorbetriebes beschränken und im realen Betrieb eher nicht erreicht werden. Diese Ergebnisse entstammen einer stark vereinfachten Abschätzung, decken sich aber mit Ergebnissen von wesentlich differenzierteren Untersuchungen [3].

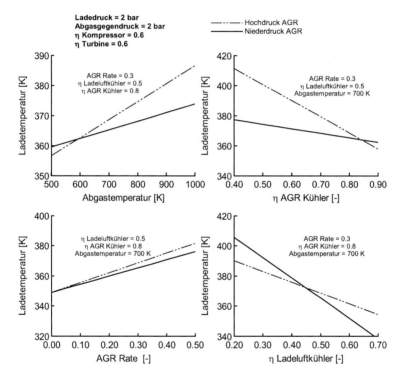

*Bild 13:* Vergleich von Ladetemperatur für HD- und ND-Abgasrückführung über verschiedenen Parametern; vereinfachte Abschätzung

Ein wesentlicher Nachteil der Niederdruck-Abgasrückführung ist das geringe Druckgefälle über die AGR-Strecke. Dieses ist oft nicht ausreichend um die gewünschte AGR-Menge zu erreichen. In diesem Fall muss das Druckgefälle künstlich erhöht werden, was durch Aufstauen im Auspuff oder durch Drosseln im Einlass geschehen

kann. Als thermodynamisch günstigeres Verfahren erwies sich dabei das Aufstauen im Auspuff.
Das Aufstauen im Auspuff hat einen starken Einfluss auf die Pumparbeit des Motors. In Bild 14 kann man AGR-Variation für konstante VTG-Position sehen. Bis zu einer AGR-Rate von – hier – 8 % kann das natürliche Druckgefälle genutzt werden, die Regelung erfolgt mit dem AGR-Ventil. Will man die AGR-Rate weiter steigern, ist es notwendig im Auspuff aufzustauen. Dadurch verringert sich das Druckverhältnis über die Turbine und somit deren geleistete Arbeit. Es sinkt der Ladedruck während der Abgasgegendruck annähernd konstant bleibt. Die Folge ist eine stark ansteigende Pumparbeit des Motors, was sich im spezifischen Verbrauch wiederfindet.

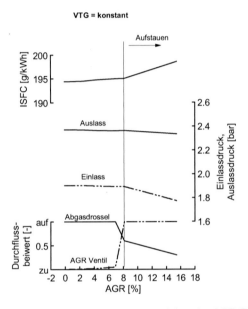

*Bild 14:* Aufstauen im Auspuff zur Erreichung ausreichender AGR-Raten und dessen Auswirkung auf den Motorbetrieb

Es wurde gezeigt, dass der Einfluss des Aufstauens im Abgastrakt entscheidend ist für das Potenzial einer Niederdruck-Abgasrückführung. Wie viel und vor allem ab welcher AGR-Rate aufgestaut werden muss, hängt natürlich ganz wesentlich vom Strömungswiderstand der AGR-Strecke ab.
In Bild 15 sieht man die Abhängigkeit verschiedener Motorparameter vom Druckverlust des AGR-Kühlers. AGR-Rate und Lambda wurden dabei durch Verstellen von VTG und Abgasdrossel konstant gehalten. Mit steigendem Druckverlust muss die Abgasdrossel immer weiter geschlossen werden, dies führt zu einem Anstieg des Drucks nach Turbine. Als Folge würde das Druckgefälle über die Turbine und damit der Ladedruck sinken, daher ist ein Schließen der VTG notwendig, was sich in einem deutlich steigendem Abgasgegendruck bemerkbar macht. Pump-Mitteldruck und Verbrauch steigen entsprechend an. Deutlich zu erkennen ist, dass der Anstieg des

Drucks nach Turbine durch das Turbinendruckverhältnis verstärkt wird, und somit zu einem wesentlich stärker ansteigendem Abgasgegendruck führt.

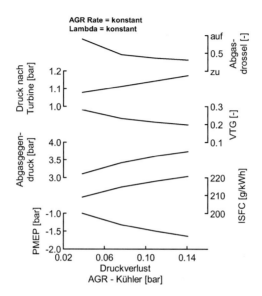

Bild 15: Senken von NOx- und Russemissionen durch Steigern von Ladedruck und AGR-Rate

## 5 Zusammenfassung

Die Bewertung von Luftführungsstrategien mit den Mitteln der Simulation ermöglicht dies in einer sehr grundlegenden Art und Weise. Anders als im Prüfstandsbetrieb können die verschiedensten Aspekte isoliert betrachtet werden, was zu einem wesentlich tiefgreifenderen Verständnis der komplizierten Zusammenhänge führt.
Im Rahmen dieses Projektes kam es zu einer sehr vorteilhaften Zusammenarbeit von Simulation und Messung. Dadurch konnte einerseits eine wiederholte sorgfältige Abstimmung und Verifikation der Modellannahmen durchgeführt werden. Andererseits stellte die Simulation das Bindeglied zwischen Hardwareentwicklung am Vollmotor und Brennverfahrensentwicklung am Forschungsmotor dar.
Die beiden betrachteten Luftführungsstrategien sind beide in der Lage eine deutliche Verbesserung des Ladedruck- und AGR-Potenzials zu erreichen. Dies ist eine Voraussetzung für die weitere Senkung der NOx- und Rußemissionen. Dabei gilt es zu beachten, dass ein Abrufen dieses höheren Potenzials ohne Ausnahme zu einer Erhöhung der Ladungswechselverluste führt. Der nutzbringende Einsatz der Niederdruck-Abgasrückführung ist dabei Abhängig von der Vermeidung des Abgasdrosselns, welches sehr viele Vorteile wieder zunichte machen würde.

# Literatur

[1] SCHUTTING, E. et al.: „Analyse und Simulation von Ladungswechselstrategien für alternative Dieselbrennverfahren" (Tagung Motorprozesssimulation und Aufladung, Berlin 2005)

[2] CHRISTMANN R. et al.: „Zweistufig geregelte Aufladung für Pkw- und Nfz-Motoren" (Motortechnische Zeitschrift 1/2005)

[3] TÜBER, K. et al.: "Thermodynamischer Vergleich zwischen einer Hochdruck- und einer Niederdruck-Abgasrückführung" (Tagung Wärmemanagement, Berlin 2006)

[4] SCHATZBERGER, T et al.: "Homogeneous Diesel Combustion Process for Low Emissions" (11th European Automobile Congress, Budapest 2007)

# 12 Air System Control for Advanced Diesel Engines

John Shutty, Houcine Benali, Lorenz Däubler, Michael Traver

## Abstract

In order to satisfy environmental regulations while maintaining strong performance and excellent fuel economy, advanced diesel engines are employing sophisticated air breathing systems. These include high pressure and low pressure EGR (Hybrid EGR), intake and exhaust throttling, and variable geometry turbocharging systems. In order to optimize the performance of these sub-systems, system level controls are necessary. This paper presents the design, benefits and test results of a model-based air system controller applied to an automotive diesel engine.

## Kurzfassung

Strikte Emissionsgrenzen, hoher Fahrkomfort und niedrige Verbrauchswerte erhöhen zusehends den Bedarf, in modernen Dieselmotoren hochentwickelte Luftpfadsysteme mit Hoch- und Niederdruck-AGR, Frischluft- und Abgasdrosselung und Abgasturboaufladung mit variabler Geometrie einzusetzen. Damit die Luftpfadkomponenten optimal zusammenarbeiten, ist eine übergeordnete Regelstrategie notwendig. Der Beitrag beschreibt einen modellbasierten Luftpfadregler und dessen Einsatz und Test an einem Dieselmotor.

## 1. Introduction

20 years ago the basic control inputs of a diesel engine consisted of fuel quantity, fuel timing and turbocharger wastegating. After several rounds of regulatory emissions tightening, the controls challenge of a modern turbocharged diesel engine has significantly increased with respect to the level of complexity. Variable geometry turbocharging (VTG), high-pressure exhaust gas recirculation (HP-EGR), low-pressure EGR (LP-EGR) and engine throttling have all contributed to this complexity and there appears to be every indication that this trend will continue. This is particularly so as direct control of oxygen mass and concentration during cylinder filling becomes more common to improve transient performance.

Current control strategies for modern diesel engines with HP-EGR primarily use closed loop PID controls with map-based gain scheduling around EGR quantity and VTG position (or boost pressure). The controllers are typically independent and since both EGR quantity and boost pressure affect the mass flow into the engine, there is great potential for the two controllers to work against one another. The addition of another system controller to handle LP-EGR only complicates this matter further. In practice, a higher level of control complexity typically leads to a much higher number of data labels to calibrate in a production system. This, in turn, leads to higher development costs, less time for optimization and greater potential for errors that can propagate through to the end-consumer.

## 1.1 Low Pressure EGR

The benefits of low temperature EGR on NOx reduction are well known, but currently most EGR systems rely on high temperature exhaust gas driven by high pressures in front of the turbine. Using lower temperature gases taken from a point farther downstream in the exhaust system has certain advantages, but the main disadvantage is a long delay time between actuation and desired EGR concentration near the combustion chamber. A hybrid approach is one way to take advantage of the cool gas benefits of LP-EGR while retaining the fast response of HP-EGR. Table 1 provides an overview of the expected benefits of a hybrid EGR control system.

| Potential Benefit | Control Strategy |
| --- | --- |
| Improved condensate control | Intake temperature control relative to dew point |
| Reduced emissions during transient operation | Utilization of faster EGR loop during transient operation |
| Reduced emissions during steady state | EGR temperature and total fraction control |
| Improved fuel economy | Utilization of most efficient EGR mix during steady state |
| Improved transient response | Turbo energy input control via EGR mix |

*Table 1:* Potential Benefits of Selected Hybrid EGR Control Strategies

The main goal of this work was the development of a strategy capable of simultaneous hybrid HP/LP-EGR and boost pressure control while reducing the calibration requirements through the use of auto-tuning and model-based feedforward controllers. A secondary goal was the shifting of development work to desktop simulation in order to reduce expensive engine dynamometer costs.

## 2. Model-Based Control

Recently published work on the topic of control engineering shows that the "model-based" approach is used on a remarkably wide range of control applications. This includes model predictive control [2], robust control [3, 4], internal model control [5], model-based feedforward control [6, 7], decoupling [6] and observers [8].
Two of the more prominent model-based control approaches that are used in the presented work are PI controller auto-tuning through pole placement and feedforward control of the VTG and EGR actuators through inverse actuator physics. Both ap-

proaches are based on thermodynamic and/or mechanical models of the diesel air path that are linearized and thus transformed in a LPV (linear parameter variant) form.

## 2.1 Thermodynamic and Mechanical Modeling of Diesel Airpath Systems

Diesel engine air path modeling has been the subject of various investigations in the past decade [9, 10, 11]. The derived model used [7] in this work was a mean value engine modeling approach. It assumed temporal and spatial averages of relevant temperatures and pressures. From a control point of view there were 2 important paths which needed to be considered: the intake manifold pressure path and the EGR path.

The control oriented engine model referred to a nonlinear thermodynamic/ mechanical representation that captured the essential system dynamics required for the controller development. The receivers were modeled as mass and internal energy reservoirs in the usual "emptying and filling" approach based on the ideal gas law and the conservation of mass and energy.

The nonlinear model was linearized around a specific operating point, which was then updated online (floating/successive operating point linearization). It resulted in a linear system with time varying parameters used for both the Auto-Tuning and the Feedforward control.

## 2.2 Auto-Tuning

Experimental tuning of PI controllers is a very tedious and time-consuming task, Thus it was decided to reduce the calibration effort by using auto-tuning controllers. The controller tuning is based on pole placement methodologies [12] that specify the damping and the natural frequency of the closed loop plants offline and than calculate the appropriate PI parameters with the aforementioned LPV model online.

## 3. Applied Control Strategy

Figure 1 shows the chosen control strategy as a simplified high-level block diagram.

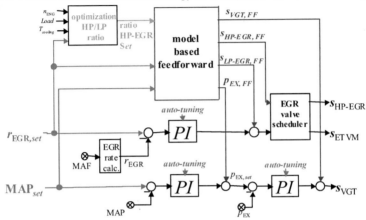

*Figure 1:* Control Strategy

The setpoints that can be manipulated are the intake manifold air pressure (MAPset) and the EGR rate (rEGR,set), and are displayed in red. Since the EGR rate was not measured directly, a virtual model-based sensor was used to calculate the current EGR rate based on the measurements of the mass air flow meter (MAF).

Both intake manifold pressure and EGR rate are controlled closed-loop with auto-tuning PI controllers. Note that the intake manifold pressure is controlled in a cascading control structure where the inner PI control loop handles exhaust pressure pEX and the outer loop has responsibility for the intake manifold pressure. Decoupling of the EGR rate and the boost pressure is achieved through this cascaded boost control loop. One of the benefits of cascaded control can be observed by examining its response to external disturbances. Note that the inner loop is faster acting than the outer loop, and so if a disturbance affects the exhaust backpressure in the inner loop, the exhaust-loop PI calculation can correct the resulting error before the outer loop sees the effect. Thus, the cascaded control structure provides for decoupling during HP/LP EGR valve actuation, which affects the exhaust pressures before and after the turbine.

In order to achieve an optimized HP/LP EGR fraction for fueling and emissions benefits, both HP and LP EGR valves must be actuated. To account for this an optimization block that calculates the best HP EGR fraction was incorporated. The primary inputs to the block are engine speed, desired torque, overall EGR rate and the coolant temperature.

The top center of Figure 1 shows the model-based feedforward block that receives the HP EGR fraction, the overall EGR rate and the intake manifold pressure as setpoints and calculates the appropriate actuator signals for the LP EGR valve (sLP-

EGR,FF), the HP-EGR valve (sHP-EGR,FF) and the VTG (sVTG). This block has a strong contribution to the decoupling of simultaneous MAP and EGR control.

After calculating the appropriate LP/HP EGR valve signals through the aforementioned feedback and feedforward control, the valve signals are fed into an "EGR valve scheduler" block. The main objective of this block is to deal with saturation phenomena and to activate BorgWarner's Exhaust Throttle Valve Module (ETVM), which controls LP-EGR flow and exhaust backpressure using a single actuator.

This control strategy provides for different saturation handlers:

   i) if the LP EGR valve saturates in the closed position, and the desired total EGR rate cannot be achieved (overshoot), the HP EGR valve begins to close.

   ii) if the LP EGR valve saturates in the open position, and the desired total EGR rate cannot be achieved (undershoot), the HP EGR valve begins to open or the exhaust throttle begins to close.

If the LP EGR valve saturates and it is possible to handle this saturation (by HP EGR or ETVM actuation), it is called Level 1 saturation and NO anti-windup for the EGR rate controller takes place. However, if the LP EGR valve saturates and there's NO possibility of handling this saturation (HP EGR or exhaust pressure throttle already saturated), this is called Level 2 saturation and anti-windup for the EGR rate controller does take place.

## 4. Development Platform

The base engine for the project was a Volkswagen 2.0L 4-valve per cylinder, 103kW diesel with cam-driven unit-injector fuelling. A number of modifications were made to the engine to enable a full investigation of an advanced hybrid-EGR concept (see Figure 2).

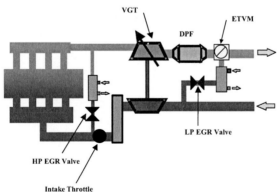

*Figure 2:* Modified Engine Setup

First, a low-pressure EGR system was plumbed into the exhaust and intake. The system incorporated a prototype BorgWarner ETVM to control LP-EGR flow and backpressure to drive it. The LP EGR system was placed just downstream of a non-stock diesel particulate filter (DPF) and entered the intake before the compressor. The stock pneumatic high-pressure EGR valve was replaced with an electronically controlled valve from Wahler. The turbocharger was removed and replaced with a BorgWarner K03 variable geometry turbocharger with a smart position-controlled actuator attached. The smart actuator is a self-controlled system that moves to a user-commanded position using an internal PID controller and it was used to direct the entrance angle of the turbine vanes. Other modifications included a forced-convection water-to-air intercooler, additional pressure and temperature sensors and a compressor bypass system.

The engine was placed on an AC dynamometer with motoring capability at the BorgWarner Powertrain Technical Center. A development ECU (ETAS ETK) was acquired and used for engine control and to allow communication with the control bypass system. The bypass hardware consisted of an ETAS ES1000 with various installed I/O and system control boards and a PC running ETAS' Inca calibration software (Figure 3). The engine cell was also equipped with the MATLAB® Simulink® Intecrio® suite of rapid controller prototyping tools. Real-Time Workshop® translated the Simulink diagram into C code, which was then compiled and run on the bypass hardware.

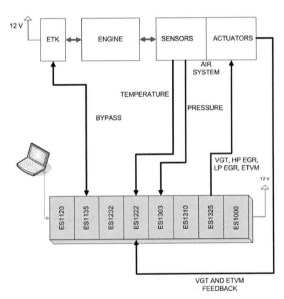

*Figure 3:* Bypass System Hardware

## 5. Results

In the following section we present some of the current test results which show the main benefits of the applied control strategy: fast controller deployment based on auto-tuning and model-based precontrol, control of the LP/HP-EGR fraction and decoupled MAP/EGR control.

PI AUTO-TUNING

Figure 4 shows results from the previously described auto-tuning strategy. At the top of the figure, we see the MAP step response. Below this are the online-identified plant parameters developed by evaluating the LPV model, the corresponding controller parameters KI and KP, and the resulting commanded VTG duty cycle. The step response is stable and accurate and complies with the specified closed-loop poles (w0=2, D=0.9).

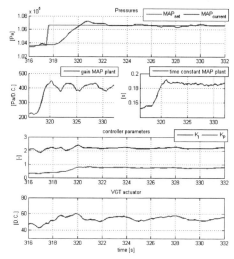

*Figure 4:* PI auto-tuning

EGR / BOOST CONTROL

Figure 5 shows setpoint variations for the intake manifold pressure ($MAP_{set}$), the total EGR rate ($r_{EGR,set}$) and the HP EGR fraction ($r_{HP\text{-}EGR,frac}$) at part load (2950 rpm, 75 Nm).

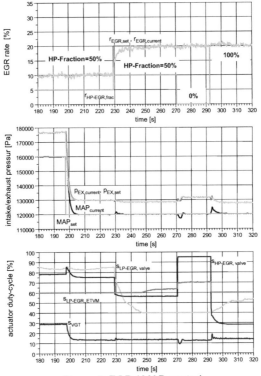

*Figure 5:* EGR / MAP control

The set point variation starts with a setpoint change in boost pressure ($MAP_{set}$) from 1600 to 1200 hPa. Due to the cascaded intake/exhaust pressure control structure, the exhaust pressure ($p_{EX}$) is adjusted with high dynamics and accuracy. In order to keep the specified EGR rate and HP-EGR fraction, the HP-EGR valve is actuated accordingly.

A subsequent change of the overall EGR rate setpoint ($r_{EGR,set}$) from 10% to 20% EGR rate causes the LP EGR valve to open. Since the HP EGR fraction stays the same (50%) the HP EGR valve opens, too. At 40 % duty cycle the LP EGR valve reaches its calibrated saturation. This saturation is handled by the controller as described in section 3 and forces the backpressure throttle ($s_{LP-EGR,ETVM}$) to close.

Finally the HP EGR fraction ($r_{HP-EGR,frac}$) is changing from 50% to 0% while keeping the overall EGR rate constant at 20%. This change in fraction is achieved by closing both the HP-EGR valve and the backpressure throttle since the LP-EGR valve is in saturation. The air path controller compensates for missing HP EGR fraction which contributes to the intake manifold pressure by rising the exhaust pressure.

The effect on intake manifold pressure due to EGR setpoint variations can be compensated by the air path control strategy. Thus, the intake manifold pressure shows only small reaction on EGR setpoint changes.

## 6. Conclusion

Advanced clean diesel engines with variable turbochargers and hybrid EGR systems have the potential to provide significant benefits for the consumer and the environment. In order to capitalize on this potential, controls engineers must tackle numerous challenges. Among the challenges is the base ability to successfully coordinate the simultaneous activation of an increasing number of actuators. Major goals here are to prevent de-stabilizing coupling between loops, provide excellent response over all operating ranges, and to gracefully handle the saturation of components. Beyond the challenge of implementing this base level of control is the need to take advantage of the flexibility inherent in these systems. This requires the utilization of system level controls that work to optimize overall engine operation.

This paper describes the structure and test results of a breathing system controller. The ability to simultaneously manipulate four different actuators that are part of the breathing system is shown. Good loop decoupling which is accomplished through careful selection of feedback loops and model based feedforward signals is demonstrated. Fast and stable dynamic response is shown for different operating ranges. The method of accomplishing this via auto-tuning and model based feedforward is given. A structured approach to dealing with multiple actuator saturation is described. Finally, a controller structure is presented which may be used to vary the ratio of HP to LP EGR. Potential methods of utilizing this block to improve condensate control, improve transient engine and emissions control response and improve fuel economy are shown. Work remains to generate engine test results that demonstrate these advantages.

### Acknowledgements

The authors would like to thank Volker Joergl, Greg Light, Bob Pacitto, Juergen Nobis, Lars Bilke and Christian Bessai for contributing to the success of this project.

## References

[1] Weber O., V. Jörgl, J. Shutty, P. Keller: Future Breathing System Requirements for Clean Diesel Engines. Proceedings of Aachener Kolloquium "Fahrzeug- und Motorentechnik", 2005.
[2] Müller V., Christmann R., Münz S., Gheorghiu V.: System Structure and Controller Concept for an Advanced Turbocharger/EGR System for a Turbocharged Passenger Car Diesel Engine. SAE Paper 2005-01-3888, 2005.
[3] Jung M.: Mean-Value Modelling and Robust Control of the Airpath of a Turbocharged Diesel Engine. PhD thesis, University of Cambridge, Februar 2003.
[4] Kolmanovsky I. V., MoraalP. E., Van Nieuwstadt M. J., Stefanopoulou A.: Issues in Modelling and Control of Intake Flow in Variable Geometry Turbocharged Engines, Proccedings of the 18th IFIP Conference on System Modelling and Optimization, Detroit 1997.
[5] Nitsche R., Hanschke J., Schwarzmann D.: Flatness-based internal model control applied to boost pressure control of a Diesel engine. New Trends in Engine Control, Simulation and Modelling (E-COSM) - Proceedings, Paris 2006.
[6] Schwarte A. et al.: Physical Model Based Control of the Airpath of Diesel Engines for Future Requirements. VDI report No. 1931, Duesseldorf 2006.
[7] Däubler L., Bessai C., Predelli O.: Tuning Strategies for online-adaptive PI-controllers.New Trends in Engine Control, Simulation and Modelling (E-COSM) - Proceedings, Paris 2006.
[8] Chauvin J., Corde G., Petit N., Rouchon P.: Experimental air path control of a Diesel HCCI Engine. New Trends in Engine Control, Simulation and Modelling (E-COSM) - Proceedings, Paris 2006.
[9] Merker G., Schwarz C.,. Stiesch G, Otto F.: Verbrennungsmotoren – Simulation der Verbrenn-ung und Schadstoffbildung. B. G. Teubner Verlag, Wiesbaden, 2004.
[10] Aastrom K., Haegglund T.: PID Controllers: Theory, Design and Tuning. Instrument Society of America, 1995.

## Definitions, Acronyms, Abbreviations

AC    lternating Current
DPF   Desel Particulate Filter
ECU   Electronic Control Unit
ETVM  Exhaust Throttle Valve Module
MAP   Intake Manifold Pressure
HP EGR   High Pressure Exhaust Gas Recirculation
LP EGR   Low Pressure Exhaust Gas Recirculation
PID   Proportional-Integral-Derivative
VTG   Variable Turbocharger Geometry

# 13 Effiziente Pkw-Dieselmotoren für EURO 6 ohne geregeltes $NO_x$-ANB-System: Aufladung und Abgasrückführung bei Diesel-Hybridkonzepten
## Efficient Passenger Car Diesel Engines for EURO 6 without $NO_x$ Aftertreatment: Charging and EGR for Diesel-Hybrid Concepts

Jan Kabitzke, Torsten Tietze, Marko Gustke,
Daniel Hess, Ansgar Sommer

## Abstract

The main challenge for passenger car Diesel engine development is compliance with future exhaust emission legislation. It has to be assured that $CO_2$-emission, driveability and cost are kept at a competitive level. The European Commission's goal of limiting the average passenger car fleet $CO_2$-emission to 130 g/km until 2012, necessarily leads to an increased introduction of hybrid-electric Diesels. Beside start-stop, electrical boost and energy recuperation the downsizing of the combustion engine is a relevant option to further reduce fuel consumption and exhaust emissions. In this context the requirements for the charging and the EGR-system change significantly. In order to study in advance the sensitivity of system and operating parameters of a complete system, IAV uses vehicle and engine process simulation software. The downsized combustion engine as well as the hybrid-electric add-ons have been integrated into a VeLoDyn vehicle model. The concept and the operation strategy were tested and optimized via simulation of vehicle test cycles. Thanks to the detailed GT-POWER models for $NO_x$-emission prediction, fuel consumption as well as $NO_x$-emission could be forecasted with sufficient accuracy.

## Kurzfassung

Die Herausforderung für die Pkw-Dieselmotorentwicklung liegt in der Einhaltung zukünftiger Abgasgrenzwerte, die unter Ausschöpfung möglichst kosten- und $CO_2$-optimaler Maßnahmen bei weiterhin attraktiven Fahrleistungen erreicht werden sollte. Das Ziel der Europäischen Kommission, die durchschnittliche $CO_2$-Emission von in der EU-27 verkauften Neuwagen bis 2012 auf 130 Gramm pro Kilometer (Fahrzeugtechnologie) zu senken, motiviert zwangsläufig den verstärkten Einsatz von Diesel-Hybridkonzepten. Neben Start-Stopp-Betrieb, Boost-Funktionen und Energierekuperation besteht die Möglichkeit zur Betriebspunktverschiebung des Verbrennungsmotors, wodurch eine weitere Optimierung hinsichtlich Kraftstoffverbrauch und Schadstoffemission möglich wird. Die Anforderungen an die Auslegung von Aufladungs- und Abgasrückführungskonzepten ändern sich erheblich. Um die Sensitivität der System- und Betriebsparameter eines Diesel-Hybridfahrzeuges vorab zu untersuchen, wurde in der IAV GmbH ein Simulationsansatz verfolgt. Sowohl Dieselmotor als auch Hybridantrieb wurden in ein VeLoDyn-Fahrzeugmodell integriert und bewertet. Konzept und Betriebsstrategie konnten via Simulationsrechnungen an den Fahrzyklus angepasst werden. Dank des detaillierten Modellierungsansatzes in GT-POWER waren sowohl Verbrauchs- als auch $NO_x$-Emissionsprognosen möglich. Ganzheitliche Untersuchungen wurden an konkreten Fallbeispielen vorgenommen, um Vorteile, Nachteile und interne Quereinflüsse verschiedener Konfigurationen und Auslegungsvarianten bewerten zu können.

## 1. Einleitung

Pkw-Hybridfahrzeuge mit Ottomotor erreichen im Neuen Europäischen Fahrzyklus (NEFZ) das $CO_2$-Niveau von vergleichbaren, für ihre Effizienz bekannten Pkw mit Dieselmotor. Vor dem Hintergrund einer weiteren notwendigen $CO_2$-Reduzierung werden in naher Zukunft 100 % aller Neuwagen, demnach auch Pkw mit Dieselmotor, Hybridfahrzeuge sein [6]. Hierbei wird es sich insbesondere um so genannte Micro- bzw. Mild-Hybrids handeln. Das sind Fahrzeuge mit relativ klein dimensionierten Energiespeichern und intelligentem Energiemanagement, beispielsweise zur Umsetzung von Start-Stopp-Betrieb und Energierekuperation. Parallel zu dieser Entwicklung wird der Trend zu effizienten Downsizingkonzepten weiter zunehmen [5]. Die Reduzierung des Hubvolumens (bei unverändertem Volllastdrehmoment) definiert anspruchsvolle Vorgaben hinsichtlich der Leistungsfähigkeit von Triebwerk, Aufladung und Abgasrückführung.

In der diesem Beitrag zugrunde liegenden Untersuchung werden verschiedene Auflade- bzw. AGR-Systeme auf ihre Eignung zur Umsetzung von Downsizing der Verbrennungskraftmaschine eines Dieselhybridfahrzeugs betrachtet. Ausgehend von einem Fahrzeug der gehobenen Mittelklasse mit Sechszylinder-Dieselmotor (3.0 l Hubraum) erfolgt eine Potenzialabschätzung bezüglich der $CO_2$- und $NO_x$-Emission im NEFZ. Alle betrachteten Konzepte haben annähernd gleiche Fahrleistungen, d.h. unterschiedliches Volllastpotenzial der Verbrennungskraftmaschine wird durch Justierung des Hybridisierungsgrades ausgeglichen. Die Testergebnisse der einzelnen Varianten werden jeweils mit den Zielvereinbarungen ($CO_2$: ≤ 130 g/km, $NO_x$: ≤ 80 mg/km (EURO 6), *Bild1*) verglichen.

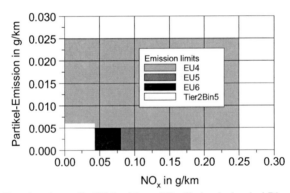

*Bild 1:* Gesetzgebung für Stickoxid- und Partikelemission bei Diesel-Pkw

Der mögliche Entfall eines geregelten $NO_x$-Abgasnachbehandlungssystems zu Gunsten von zusätzlichen Maßnahmen für Motorperipherie und Hybridinfrastruktur wird diskutiert. Unter Berücksichtigung des Kosten-Nutzen-Aspektes kann die optimale Konfiguration für den Anwendungsfall bestimmt werden.

## 2. Downsizing und Hybridkonzepte zur Verringerung des Kraftstoffverbrauchs

### 2.1 Downsizing

Downsizing ist ein Konzept zur Reduzierung des Kraftstoffverbrauchs von Verbrennungskraftmaschinen. Der Anteil der Reibleistung von hubraumstarken Dieselmotoren mit vielen Zylindern während des Betriebes im NEFZ ist signifikant. Die Verkleinerung des Hubraums, bestenfalls verbunden mit einer Verringerung der Zylinderanzahl, führt zu einer Reduzierung des Reibleistungsanteils. Gleichzeitig verlagert sich der Betriebspunkt zu höherem effektiven Mitteldruck, demnach in Bereiche mit höherem motorischen Wirkungsgrad. Erfolgt die Hubraumreduzierung der Verbrennungskraftmaschine bei unverändertem Volllastdrehmoment, spricht man vom Downsizing.

Downsizing-Ziele:

- Reduzierung des Kraftstoffverbrauchs
- Gewichtsverringerung gegenüber konventionellem Basismotor
- Unverändertes Volllastdrehmoment gegenüber konventionellem Basismotor

Downsizing-Herausforderungen:

- Anpassung des Grundtriebwerkes an die höhere spezifische Belastung
- Kompensation des Drehmomentverlusts (Aufladung)
- Verringerung der $NO_x$-Emission (Aufladung und AGR)

Die Reduzierung des Hubvolumens von bereits aufgeladenen Motoren bei unverändertem Volllastdrehmoment führt zu entsprechend höherem Ladedruckbedarf. Die klassische Anpassung des Abgasturboladers zur Darstellung der geforderten Nennleistung führt jedoch zwangsläufig zu Einbußen beim Low-End-Torque. Weiterhin erfolgt eine Verschiebung des optimalen Motorbetriebsbereiches bezüglich Kraftstoffverbrauch und Schadstoffemission hin zu höherer Motordrehzahl. Die Betriebspunktverlagerung in diesen Bereich wäre möglich, ist aufgrund des Anstiegs der Reibleistung mit zunehmender Drehzahl (siehe *Bild 2*) jedoch kontraproduktiv.

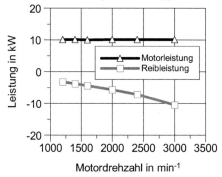

*Bild 2:* Reibleistungsanteil in Abhängigkeit von der Motordrehzahl

Konsequente Downsizingkonzepte müssen demnach auch bei niedrigen Drehzahlen effizient und emissionsarm arbeiten, was durch den Einsatz von kombinierten Aufladesystemen (insbesondere Reihenschaltung) und Hoch-AGR-Konzepten erzielt werden kann. Weiteres Kraftstoffeinsparpotenzial kann bei bestimmten Fahrzyklen durch Hybridisierung des Antriebstranges erschlossen werden

## 2.2 Hybridkonzepte

### Übersicht Hybridtopologien

Ein Hybridantrieb besteht aus einer Kombination von mindestens zwei unterschiedlichen Antriebssystemen mit entsprechender Energieumwandlung und -speicherung. Basierend auf dieser Definition sind prinzipiell eine Vielzahl unterschiedlicher Kombinationen von Antriebssystemen möglich. In dieser Arbeit wird der Ansatz eines Hybridantriebs in der Kombination einer Verbrennungskraftmaschine mit einem elektrischen Antrieb diskutiert.

Basierend auf unterschiedlichen Zielstellungen in den jeweiligen Fahrzeugsegmenten ergeben sich die Anforderungen an den Grad der Hybridisierung. Allgemein wird eine Klassifizierung in Micro-, Mild- und Full-Hybrid vorgenommen, siehe *Tabelle 1*.

*Tabelle 1:* Klassifizierung von Hybridsystemen

| Hybridsystem | Start-Stopp-Betrieb | Bremsenergie-Rekuperation | VKM-Unterstützung | Elektrisches Fahren | $CO_2$-Einsparung im NEFZ | Kosten[*] ca. in € |
|---|---|---|---|---|---|---|
| Konventionell | möglich | minimal | nein | nein | < 6 % | < 250 |
| Micro-Hybrid | ja | minimal | minimal | nein | 6 % | 250-800 |
| Mild-Hybrid | ja | ja | ja | minimal | 14 – 18 % | 800-2000 |
| Full-Hybrid | ja | ja | ja | Ja | > 18 % | > 4000 |

Beim Full-Hybrid lässt sich zusätzlich in Abhängigkeit von der Art der Kopplung des elektrischen Antriebes und des Verbrennungsmotors eine Differenzierung in parallele und serielle Konzepte durchführen. Ein serieller Hybrid ist dadurch gekennzeichnet, dass der Verbrennungsmotor keine mechanische Kopplung zu den Antriebsrädern aufweist und ausschließlich als Antrieb für einen Generator verwendet wird. Die erzeugte Energie wird entweder direkt oder über einen Zwischenspeicher an die elektrischen Antriebe weitergegeben. Beim parallelen Hybrid können beide Antriebssysteme sowohl einzeln als auch gleichzeitig im Gesamtantriebsstrang betrieben werden. Hierfür sind je nach Ausführung zusätzliche Kupplungen, Getriebe oder Drehmomentwandler notwendig. Mittels Planetengetriebe lässt sich auch die Kombination von seriellen und parallelen Konzepten darstellen. In diesen Fällen spricht man von leistungsverzweigten Hybridantriebssträngen. Gegenstand dieser Untersuchung ist ein Parallel-Hybrid.

---

[*] Anhaltswerte, Abweichungen je nach Hersteller

## Antriebskoordinator für Hybridfahrzeuge

Neben der sorgfältigen Auswahl einer geeigneten Hybridtopologie ist eine leistungsfähige Betriebsstrategie entscheidend für die Effizienz des Hybridkonzeptes. Ziel des in der IAV GmbH entwickelten Antriebskoordinators ist es, Betriebspunkte der Verbrennungskraftmaschine mit geringem Wirkungsgrad und hohem Emissionsniveau mittels Zuschalten eines Elektromotors zu vermeiden und andererseits aber auch die Reichweitenbegrenzung eines reinen Elektroantriebes (wenn konzeptbedingt realisierbar) mittels der Verbrennungskraftmaschine zu kompensieren.

Eine zentrale Aufgabe nimmt die Entwicklung einer Funktionsstruktur zur kontinuierlichen Bestimmung des optimalen Arbeitspunktes der Verbrennungskraftmaschine ein. Hierbei sind alle Freiheitsgrade der Hybridinfrastruktur zu berücksichtigen und die Leistung des Gesamtsystems darf sich nicht verändern.

Der emissionsgeführte Momentenkoordinator dieses Dieselhybrids übernimmt zum größten Teil die Struktur und die Module des vorhandenen Momentenkoordinators eines Benzinhybridfahrzeugs (*Bild 3*). Das Modul „Emissionsmanager" stellt eine Neuentwicklung dar. Dieses Modul übernimmt die Arbeitspunktoptimierung für den Verbrennungsmotor hinsichtlich der Schadstoffreduzierung.

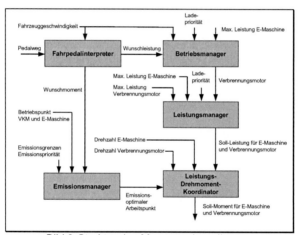

*Bild 3:* Struktur des Momentenkoordinators

Der Leistungsmanager sorgt für einen ausgeglichenen Energiehaushalt (Ladezustand der Batterie) sowie für die Einhaltung der Betriebsgrenzen von Elektro- und Verbrennungsmotor.

## 2.3 Auswahl der zu vergleichenden Antriebskonfigurationen

Die Auswahl der zu untersuchenden Antriebskonfigurationen hat so zu erfolgen, dass das Potenzial einzelner Maßnahmen im Hinblick auf eine Reduzierung von Kraftstoffverbrauch und Stickoxidemission im NEFZ quantifiziert werden kann. Dazu sind wie beschrieben verschiedene Ansätze zur Fahrzeug-Hybridisierung sowie Downsizing des Verbrennungsmotors in geeigneter Kombination zu betrachten.

Die Fahrzeugbasis der Untersuchungen ist ein Pkw der Schwungmassenklasse 4000 lbs mit einem Sechszylinder-DI-Dieselmotor, Abgasturboaufladung mit variabler Turbinengeometrie (ATL mit VTG) und gekühlter Hochdruck-AGR (HDAGR). Das Fahrzeug erfüllt die Abgasnorm EURO 4 und hat eine $CO_2$-Emission von ca. 208 g/km im NEFZ.

In *Tabelle 2* sind die technischen Eckdaten der Basiskonfiguration zusammengefasst.

*Tabelle 2:* Technische Daten der Basiskonfiguration

| | |
|---|---|
| Fahrzeugschwungmassenklasse | 4000 lbs |
| Getriebe | 6-Gang-Automat |
| $c_w*A$ | 0.64 m² |
| Verbrennungsmotor | Diesel, $V_H$ = 3 l, V6 |
| Verdichtungsverhältnis | 18 |
| Nennleistung | 160 kW |
| Nennmoment | 520 Nm |
| Aufladung | ATL einstufig, VTG |
| Abgasrückführung | Hochdruck-Abgasrückführung (HDAGR), gekühlt |
| Einspritzsystem | Common-Rail CRS 3.2 |

Eine schematische Darstellung des Gaswechselsystems der Verbrennungskraftmaschine zeigt *Bild 4*.

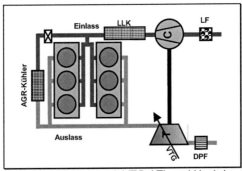

*Bild 4:* Sechszylindermotor mit VTG-ATL und Hochdruck-AGR

Durch Reduktion der Zylinderzahl ergibt sich der in *Bild 5* schematisch dargestellte Motoraufbau. Eine Erhöhung der AGR-Rate zum Zweck der Stickoxidreduktion ließe sich durch Einsatz einer Niederdruck-Abgasrückführung (NDAGR) realisieren [10, 13] wie in *Bild 5* links dargestellt.

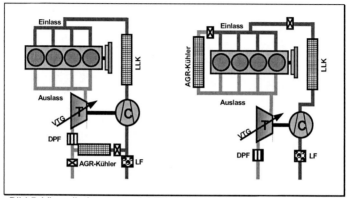

*Bild 5:* Vierzylindermotor mit VTG-ATL und Hochdruck-AGR (rechts) bzw. Niederdruck-AGR (links)

Eine Verbesserung der Fahrleistungen bei gleichzeitiger weiterer Erhöhung der AGR-Rate zugunsten geringerer Stickoxidemission kann durch eine zweistufige Abgasturboaufladung (2SA) mit Hochdruck-AGR realisiert werden, *Bild 6*.

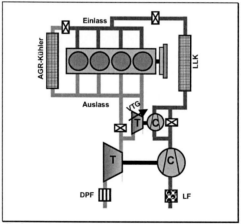

*Bild 6:* Vierzylindermotor mit zweistufiger Aufladung und Hochdruck-AGR

Da diese Arbeit in erster Linie auf verbrennungsmotorische Aspekte eingeht, wird als Triebstrang für alle Konfigurationen ein Parallelhybrid gewählt (*Bild 7*) [11].

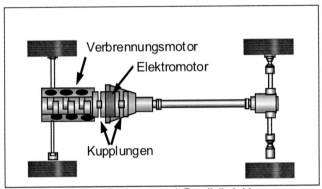

*Bild 7:* Triebstrang mit Parallelhybrid

Sowohl die Basiskonfiguration als auch Micro-Hybrid (Start-Stopp-Betrieb), Mild-Hybrid und Full-Hybrid lassen sich mit diesem Triebstrangmodell darstellen. Die Fahrzeuggesamtmasse, die installierte elektromotorische Leistung und Batteriekapazität sowie das Hybridmanagement unterscheiden sich jeweils deutlich. Das Fahrzeugmodell ist dementsprechend zu parametrieren. Die als sinnvoll erachteten Kombinationen aus Aufladungs-/AGR-Konzepten und Hybridisierungskonzepten sind in *Tabelle 3* zusammengefasst.

*Tabelle 3:* Zusammenstellung zu untersuchender Motor-Triebstrang-Konfigurationen

| | Konfiguration | ATL / Typ | Leistung E-Motor in kW | Start-Stopp | Bremsenergie-rekuperation | Elektr. Boost |
|---|---|---|---|---|---|---|
| 1 | V6 Basis, $\varepsilon$ = 18, HDAGR | 1, VTG | 0 | nein | nein | Nein |
| 2 | V6, $\varepsilon$ = 18, HDAGR, Start-Stopp | 1, VTG | 5 | ja | ja | Nein |
| 3 | V6, $\varepsilon$ = 18, HDAGR, Mild-Hybrid | 1, VTG | 20 | ja | ja | ja |
| 4 | V6, $\varepsilon$ = 15, HDAGR, Mild-Hybrid | 1, VTG | 20 | ja | ja | ja |
| 5 | R4, 2.0l, $\varepsilon$ = 15, HDAGR, Mild-Hybrid | 1, VTG | 45 | ja | ja | ja |
| 6 | R4, , 2.0l, $\varepsilon$ = 15, NDAGR, Mild-Hybrid | 1, VTG | 45 | ja | ja | ja |
| 7 | R4, , 2.0l, $\varepsilon$ = 15, 2SA, HDAGR, Mild-Hybrid | 2 ,VTG/WG | 25 | ja | ja | ja |

# 3. Modellierungssoftware – Auswahl und Beschreibung

Bedingt durch die je nach Fahrzeugkonfiguration anzupassende Betriebsstrategie ergibt sich für jede Variante ein Optimierungsproblem. Die Modellierungssoftware muss flexibel und problemorientiert konfigurierbar sein, um diesen Berechnungsumfang zu bewältigen.

Nachfolgend wird auf Simulationsaktivitäten in unserem Hause eingegangen. Zunächst wird das Konzept zur Vorausberechnung eines Hybrid-Gesamtfahrzeuges vorgestellt und danach anhand der in *Tabelle 3* genannten Motor-Triebstrang-Konfigurationen exemplarisch untersucht, wie sich das jeweilige Fahrzeug mit optimierter Betriebsstrategie bezüglich Kraftstoffverbrauch und Stickoxid-Emission im NEFZ verhält.

## 3.1 Simulationsumgebung

Ein Gesamtfahrzeug mit Hybridantrieb stellt grundsätzlich ein sehr heterogenes System dar. Bestandteile sind:

- Mechanische Systeme
- Thermodynamische Prozesse, Verbrennungsprozesse
- Elektrische Systeme
- Elektronische Steuerungseinrichtungen, Systeme zum Datenaustausch usw.

Zur Modellierung eines derart komplexen Systems ist eine Simulationsumgebung erforderlich, die folgenden Anforderungen gerecht werden muss:

- Abbildung der dynamischen Interaktionen verschiedener physikalischer Domänen (mechanisch, hydraulisch, thermodynamisch, elektrisch usw.)
- Einbindung von physikalischen Modellen unterschiedlicher Detailtiefe (Kennfeldansätze, 0D, 1D usw.)
- Skalierbarkeit physikalischer Ansätze, d. h. bei Bedarf kann die Modellierung lokal verfeinert werden (z. B. höhere Detaillierung der motorischen Verbrennung)
- Implementierbarkeit und Applizierbarkeit komplexer Regelungsfunktionen
- Akzeptable Rechenzeit auch bei hoher Komplexität
- Geringe Anzahl an beteiligten Simulationswerkzeugen

Der Entwurfsprozess für die Modellierung und Simulation von Gesamtfahrzeugmodellen wird in der IAV in vier Entwicklungsstufen gegliedert. Die Stufen 1 bis 3 repräsentieren hierbei die Konzeptentwicklungsphase. Die in dieser Arbeit durchgeführten Analysen beziehen sich ausschließlich auf die Konzeptentwicklungsstufe 3. Die Stufe 4 stellt den Übergang von der Konzeptentwicklung zur Detailstudie dar. Die Baugruppenkonfiguration ist hier bereits festgelegt und die Modellierung erfolgt komponentenorientiert.

In Stufe 4 der Entwicklungssystematik erfolgt die externe Ankopplung detailorientierter Simulatoren (z.B. GT-POWER), um schließlich geeignet niedrige Abstraktionsstufen bei der Modellierung zu ermöglichen und gleichzeitig die physikalischen Wechselwirkungen mit anderen Systemen darzustellen. Ein Nachteil von GT-POWER liegt in der hohen Rechenzeit begründet, die sich aus der Vielzahl zu analysierender motorischer Konfigurationen ergibt.

Für die dargelegte Aufgabenstellung sind Dymola, GT-POWER und Matlab/Simulink präferiert worden. Diese Programme stellen für die vorliegende Problemstellung eine angemessene Modellierungs- und Simulationsgrundlage dar.

Folgende Systeme wurden modelliert:

- Fahrzeug
- Fahrzyklus
- Fahrer
- Triebstrang
- E-Maschine
- Verbrennungsmotor
- Batterie
- Hauptsteuergeräte für Verbrennungsmotor, Getriebe, Hybridmanagement

Als Simulationsplattform wird das in der IAV entwickelte Fahrzeugsimulationsprogramm VeLoDyn (Vehicle Longitudinal Dynamics Simulation, [8]) gewählt. VeLoDyn ist ein Matlab-basiertes Programm mit einem geeigneten Modellmanagement, das die Verwaltung umfangreicher Modellbibliotheken gewährleistet. Das implementierte Bussystem ermöglicht eine transparente Modellstruktur auf oberster Ebene und einen effizienten Informationsaustausch zwischen den Baugruppen. VeLoDyn wurde um Schnittstellen zu dem Programm Dymola erweitert, um auch stark physikalisch orientierte Modelle in die Fahrzeugumgebung zu integrieren. Aufgrund der energiefluss- und gleichungsorientierten Modellierungsweise eignet sich Dymola besonders zur Beschreibung mathematischer Verhaltensmodelle. In *Bild 8* ist die VeLoDyn-Struktur dargestellt.

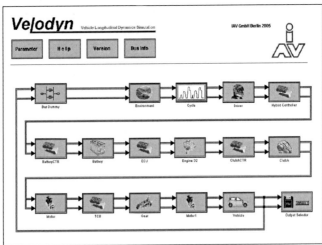

*Bild 8:* VeLoDyn-Fahrzeugumgebung

Da der Schwerpunkt der Arbeit auf der Darstellung der Interaktion zwischen Hybridsystem und den verbrennungsmotorischen Konfigurationen liegt, ergeben sich entsprechende Forderungen mit Blick auf detailorientierte Analysen des Brennverfahrens und dessen Peripherie. Für die Modellierung und Simulation der Verbrennungskraftmaschine wird das Programm GT-POWER (*Bild 9*) mit angemessener Detaillierungstiefe eingesetzt. Zur Minimierung der Rechenzeiten werden in der Konzeptphase die unterschiedlichen verbrennungsmotorischen Konfigurationen vom Gesamtsystem entkoppelt in GT-POWER berechnet und als Kennfelder in VeLoDyn hinterlegt.

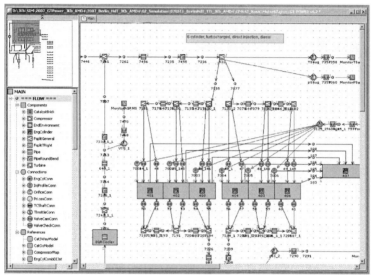

*Bild 9:* Motormodell in GT-POWER

### 3.2 Ergebnisse der Simulationsrechnungen

*VKM-Basiskonfiguration (konventionell)*

Zunächst wurden die Motor-Basiskonfiguration sowie das Fahrzeug modelliert, simuliert und verifiziert. Die technischen Eckdaten sind bereits in *Tabelle 2* genannt.

Für die Simulationsrechnungen werden zuerst stationäre Betriebspunkte im NEFZ-relevanten Kennfeldbereich mit GT-Power simuliert, um daraus Kennfelder zu erstellen. Die Kennfelder dienen der Fahrzeugsimulationssoftware VeLoDyn als Datenbasis. Für die im weiteren Verlauf der Arbeit zu untersuchenden Hybridstrategien sind in die Kennfelder sowohl Volllastkurven als auch Stützstellen bei Teillast außerhalb des NEFZ einbezogen. Das Aufheizverhalten des Verbrennungsmotors wird bei der Abbildung des NEFZ berücksichtigt.

In der simulierten Basiskonfiguration (ohne Hybridisierung) ergeben sich die in Bild 10 dargestellten Lastkollektive für die spezifische Stickoxidemission (spzNO$_X$) und spezifischen effektiven Kraftstoffverbrauch (b$_{eff}$).

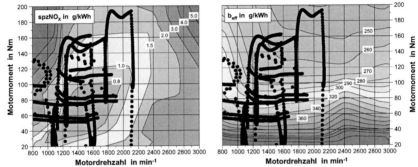

*Bild 10:* NEFZ-Lastkollektive der simulierten VKM-Basiskonfigation (ohne Hybridisierung)

Bild 11 zeigt die simulierten Verläufe für Stickoxid- und CO$_2$-Emission über der Zeitdauer des NEFZ. So ist eine Zuordnung der Emissionswerte für jeden Zeitpunkt des Fahrprofils möglich. Deutlich erkennbar ist die hohe NO$_x$-Emission während der Beschleunigungsvorgänge.

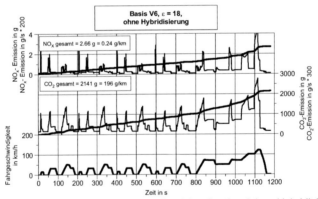

*Bild 11:* Vergleich NEFZ-Simulation der Basiskonfigation (ohne Hybridisierung)

Neben der Darstellung der zeitlich aufgelösten Emissionsverläufe ist das kumulierte Ergebnis in Bild 11 ablesbar. Zur Validierung können die Ergebnisse der Vermessung des Referenzfahrzeuges auf dem Rollenprüfstand herangezogen werden. Die Fahrzeugvermessung auf dem Rollenprüfstand ergab eine Stickoxidemission von 0.22 g/km und eine CO$_2$-Emission von 208 g/km und somit eine zufriedenstellende Übereinstimmung mit den Simulationsergebnissen.

In den folgenden Betrachtungen werden zunächst unterschiedliche Hybridisierungsgrade (Micro-Hybrid, Mild-Hybrid) im Zusammenspiel mit der VKM-Basis untersucht, anschließend werden verschiedene Verbrennungs-Motor-Konzepte mit derselben Hybrid-Betriebsstrategie simuliert, um die Potenziale verschiedener VKM-Konfigurationen miteinander vergleichen zu können. Danach wird die Hybridstrategie der besten VKM-Variante weiter diskutiert. Die Optimierungsfunktionalität des oben beschriebenen Hybridkoordinators wurde zu Gunsten einer besseren Vergleichbarkeit der Konzepte zunächst nicht eingesetzt.

*VKM-Basiskonfiguration mit Start-Stopp-Funktion (Micro-Hybrid)*

Im Start-Stopp-Modus entfällt der Leerlaufbetrieb; bei Lastanforderung wird der Verbrennungsmotor angeschleppt und in den Triebstrang eingekuppelt. Die notwendige Energie für die zusätzlichen Startvorgänge wird beim Bremsen rekuperiert. Dadurch lässt sich eine Verbrauchsminderung von ca. 6 % erzielen, für die Stickoxidemission ergibt sich praktisch keine Veränderung. Eine weitere Rekuperation von Bremsenergie würde die für die VKM-Starts benötigte Energie deutlich übersteigen. Daher liegt eine Hybridisierung unter voller Ausnutzung der rekuperierten Bremsenergie nahe.

*VKM-Basiskonfiguration mit Start-Stopp- und elektromotorischer Boost-Funktion (Mild-Hybrid)*

Durch eine elektromotorische Unterstützung während der Beschleunigungsphasen (max. 20 kW) können Betriebspunkte mit hoher Last nahe der Leerlaufdrehzahl vermieden werden, *Bild 12*. Eine Phlegmatisierung des Verbrennungsmotors (z. B. durch eine Begrenzung der VKM-Momenten-Steigung auf 6 Nm/s) ermöglicht, ungünstige Betriebsbereiche im NEFZ zu vermeiden Die Erhöhung des Fahrzeuggewichtes durch die Hybridisierung wurde in den Berechnungen berücksichtigt.

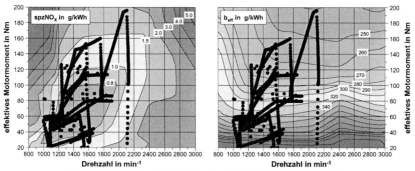

*Bild 12:* NEFZ-Lastkollektive des Mild-Hybrid, Basis-VKM

Bereits bei diesem Grad der Hybridisierung lassen sich deutliche Vorteile in der Stickoxid- (-33 %$_{Basis}$) und $CO_2$-Emission (-18 %$_{Basis}$) darstellen, *Bild 13*.

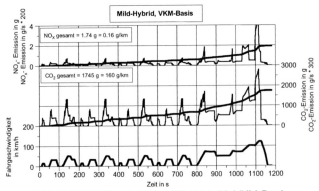

*Bild 13:* NEFZ-Ergebnis des Mild-Hybrid, VKM-Basis

*VKM-Basiskonfiguration ($\varepsilon$ = 15.0) mit Start-Stopp- und elektromotorischer Boost-Funktion (Mild-Hybrid)*

Für die VKM-Basis, ausgeführt mit einem Verdichtungsverhältnis von $\varepsilon$ = 15.0 in Kombination mit einer Begrenzung des Verbrennungsluftverhältnisses auf $\lambda_v$ = 1.4 (konventionelle Low-$NO_x$-Verbrennung), ergeben sich die in *Bild 14* dargestellten Stationärkennfelder für die Stickoxidemission und den spezifischen Kraftstoffverbrauch. Ein konstantes Verbrennungsluftverhältnis von $\lambda_v$ = 1.4 wurde gewählt, um das Potenzial anderer Aufladekonzepte vergleichen und bewerten zu können. Die Absenkung des Verdichtungsverhältnisses von 18 auf 15 ermöglicht im weiteren Verlauf der Untersuchung die vergleichende Betrachtung mit Downsizingkonzepten.

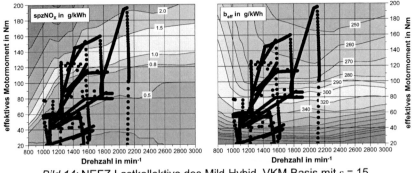

*Bild 14:* NEFZ-Lastkollektive des Mild-Hybid, VKM-Basis mit $\varepsilon$ = 15 und Low-$NO_x$-Verbrennung

*Bild 15* zeigt das Ergebnis dieser Konfiguration im NEFZ. Es ist ersichtlich, dass sich bei einem Hybridfahrzeug durch Phlegmatisierung des Verbrennungsmotors, Start-Stopp-Funktion, Rekuperation von Bremsenergie und Verdichtungsabsenkung in Kombination mit Low-$NO_x$-Verbrennung eine Verringerung der $CO_2$-Emission von ca. 17 %$_{Basis}$ und eine Verringerung der Stickoxidemission von ca. 37 %$_{Basis}$ im NEFZ realisieren lässt.

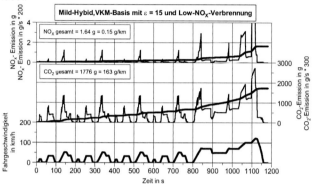

*Bild 15:* NEFZ-Ergebnis des Mild-Hybid, VKM-Basis mit $\varepsilon$ = 15 und Low-$NO_x$-Verbrennung

Vergleicht man den Fahrzyklus im Detail, z. B. im Bereich von 0 s bis 200 s, so wird deutlich, dass das Minderungspotenzial für $CO_2$ und Stickoxid hauptsächlich in den dynamischen Bereichen liegt, *Bild 16*.

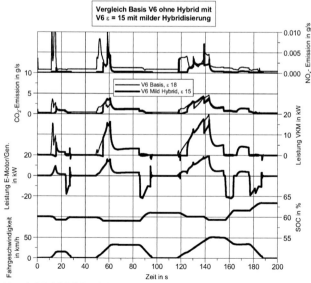

*Bild 16:* Vergleich VKM-Basiskonfiguration ($\varepsilon$=15-V6) konventionell; Mild-Hybrid

Durch die zumindest teilweise elektromotorische Unterstützung in den Beschleunigungsphasen besteht die Möglichkeit, die Stickoxidemission signifikant zu senken. Dabei ist sicherzustellen, dass die Energiebilanz der Batterie zum Ende des Fahrzyklus ausgeglichen ist. Im dargestellten Fall wird Bremsenergie rekuperiert. Der $CO_2$-Vorteil resultiert wesentlich aus der Vermeidung von VKM-Schwachlast-Betriebsbereichen (hoher spezifischer Kraftstoffverbrauch) durch die elektromotorische Unterstützung. Die dazu maximal erforderliche Leistung des Elektromotors beträgt in diesem Beispiel 20 kW.

*VKM-Downsizing ($\varepsilon$ = 15.0) mit Start-Stopp- und elektromotorischer Boost-Funktion (Mild-Hybrid)*

Um bei gegebenem Fahrzeuggewicht weitere Kraftstoffverbrauchsvorteile darstellen zu können, ist Downsizing sinnvoll. Da definitionsgemäß die Nennleistung des Verbrennungsmotors erhalten bleiben soll, müssen wie beschrieben Modifikationen an der Aufladegruppe vorgenommen werden. Bei einer Verringerung der Zylinderzahl von 6 auf 4 ist bei gegebener Nennleistung und -drehzahl ca. 50 % mehr Luftmasse im Zylinder erforderlich. Der maximale Zylinderdruck wird durch Reduzierung des Verdichtungsverhältnisses von $\varepsilon$ = 18,0 auf 15,0 konstant gehalten. Weiterhin erfolgt die Anpassung der Brennverläufe entsprechend der notwendigen Änderungen am Einspritzsystem bzw. der Einspritzstrategie. In *Bild 17* sind die Volllast-Drehmomentkurven für verschiedene Aufladesysteme sowie die Leistungsdifferenz über der VKM-Drehzahl dargestellt. Im Vergleich mit der VKM-Basiskonfiguration zeigt sich, dass das zweistufige Aufladesystem im mittleren und unteren Drehzahlbereich mit Abstand das geringste Leistungsdefizit zur Basismotorisierung aufweist. Die Differenz zur Basismotorisierung ist in diesem Bereich allerdings immer noch erheblich.

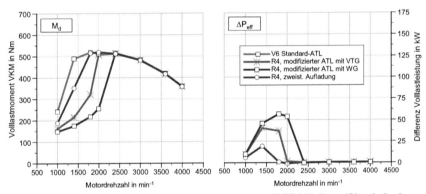

*Bild 17:* Auswirkung Downsizing-ATL-Konzepte bei VKM-Volllast (Simulation)

Um zum Basisfahrzeug vergleichbare Fahrleistungen zu erhalten, muss die fehlende Leistung elektromotorisch zur Verfügung gestellt werden. Bei Verwendung eines Wastegate-ATL müsste der Elektromotor eine Leistung bis ca. 60 kW aufbringen können; ein VTG-ATL würde immerhin noch ca. 45 kW elektromotorische Leistung erforderlich machen. Eine zweistufige Aufladung benötigt zusätzlich etwa 25 kW elektromotorische Leistung.

Im folgenden wird analog zur V6-Mild-Hybridvariante mit reduziertem Verdichtungsverhältnis, $\varepsilon = 15$ und Low-$NO_x$-Verbrennung, ein R4-Vierzylindermotor verwendet. Aufgrund der unterschiedlichen Leistungsdefizite der verschiedenen Aufladekonzepte ergeben sich eine individuell erforderliche E-Motorleistung und Batteriekapazität, welche in der resultierenden Fahrzeugmasse berücksichtigt werden. Die Hybridstrategie innerhalb des NEFZ ist nicht verändert.

Stickoxid- und Kraftstoffverbrauchskennfeld sowie Lastkollektive für das Downsizingkonzept mit einem VTG-ATL sind in *Bild 18* dargestellt.

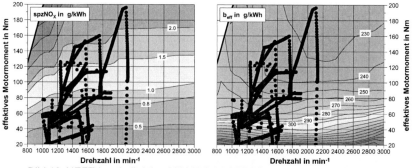

*Bild 18:* NEFZ-Lastkollektive Mild-Hybrid, VKM-Downsizing mit VTG-ATL und Hochdruck-AGR

Die Lastpunktverschiebung (höheres $p_{me}$ bei gleichem Motor-Gesamtmoment) wirkt sich bei dem Fahrzeug mit R4-VKM ungünstig auf die Stickoxidemission aus, da im unteren Motordrehzahlbereich aufgrund des zu geringen Ladedruckangebots weniger Abgasrückführung zur Verfügung steht. Weiterhin sind grundsätzlich die notwendigen Änderungen am Einspritzsystem zu berücksichtigen. Der Kraftstoffverbrauch bzw. die $CO_2$-Emission (-30 %$_{Basis}$) verbessern sich im Fahrzyklus gegenüber der Sechszylinder-Variante deutlich, *Bild 19*.

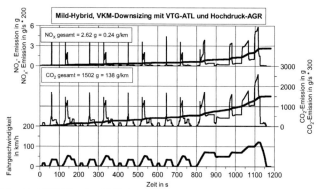

*Bild 19:* NEFZ-Verlauf Mild-Hybrid, VKM-Downsizing mit VTG-ATL und Hochdruck-AGR

Während der innerstädtischen Phase des NEFZ kommt es kurzzeitig immer wieder zu hoher Stickoxidemission, da aufgrund der ATL-Auslegung bei niedrigen Motordrehzahlen keine hinreichende AGR-Rate bereitgestellt werden kann. Die Ergebnisse für den außerstädtischen Teil des NEFZ sind mit denen des Mild-Hybrids mit V6-Motor nahezu identisch: Mit zunehmender Motordrehzahl wird der ATL in Bereichen guten Wirkungsgrades betrieben.

Wesentlich günstiger im Hinblick auf die Stickoxidemission in der Teillast ist der Einsatz einer Niederdruck-AGR mit VTG-ATL [10,13]. In der Nähe der verbrennungsmotorischen Volllast im unteren Drehzahlbereich ist auch bei diesem Konzept keine Abgasrückführung möglich, daher unterscheiden sich die beiden Konzepte dort nicht, *Bild 20*. Der Kraftstoffverbrauch ändert sich nicht wesentlich.

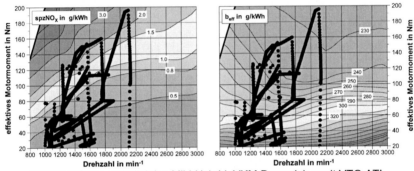

*Bild 20:* NEFZ-Lastkollektive Mild-Hybrid, VKM-Downsizing mit VTG-ATL und Niederdruck-AGR

Die Auswertung des Fahrzyklus zeigt deutliche Verbesserungen der Stickoxidemission, insbesondere die $NO_X$-Peaks im innerstädtischen Bereich bis 800 s sind deutlich abgeschwächt, *Bild 21*.

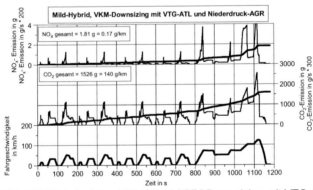

*Bild 21:* NEFZ-Verlauf des Mild-Hybrid, VKM-Downsizing mit VTG-ATL und Niederdruck-AGR

Der Einsatz eines Wastegate-ATL zwecks Simplifizierung des Aufladesystems ist auch mit Niederdruck-AGR und Hybridisierung nicht sinnvoll, da die Stickoxid-

Emission deutlich zunähme (hier nicht dargestellt). Ursache ist die geringe ATL-Performance im unteren Durchsatzbereich, wodurch das AGR-Potenzial begrenzt ist.

Geeignet ausgelegte zweistufige Systeme zur Abgasturboaufladung ermöglichen eine erhebliche Verbesserung der Ladeluft- und AGR-Bereitstellung für den Verbrennungsmotor im gesamten Betriebskennfeld [12]. Die berechnete Stickoxid-Emission für den Downsizing-Motor mit zweistufiger Aufladung und Hochdruck-AGR als Mild-Hybrid zeigt viel Potenzial bei immer noch günstigem Kraftstoffverbrauchskennfeld, *Bild 22*.

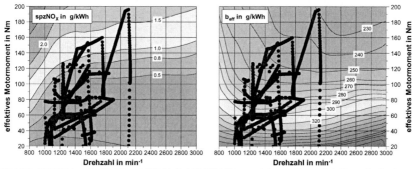

*Bild 22:* NEFZ-Lastkollektive Mild-Hybrid VKM-Downsizing mit zweistufiger Aufladung und Hochdruck-AGR

Im NEFZ-Fahrzyklus sind deutliche Verbesserungen der Stickoxidemission (-54 %$_{Basis}$) bei sehr guter $CO_2$-Emission (-29 %$_{Basis}$) erkennbar, *Bild 23*.

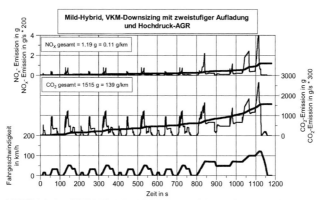

*Bild 23:* NEFZ-Verlauf Mild-Hybrid, VKM-Downsizing mit zweistufiger Aufladung und Hochdruck-AGR

Eine verstärkte elektromotorische Unterstützung bei den Beschleunigungen zu hohen Geschwindigkeiten (70 km/h, 100 km/h, 120 km/h) ist bei der verwendeten Hybridstrategie nicht möglich, da die Energierekuperation für eine ausgeglichene Energiebilanz nicht ausreicht.

Eine weitere Absenkung der $NO_X$-Emission lässt sich durch eine intensivierte AGR-Kühlung erreichen, da durch die niedrigere Einlasstemperatur einerseits das Temperaturniveau im Brennraum gesenkt wird, andererseits ist durch die Dichtezunahme (bei konstantem Ladedruck) eine höhere AGR-Rate möglich, *Bild 24*.

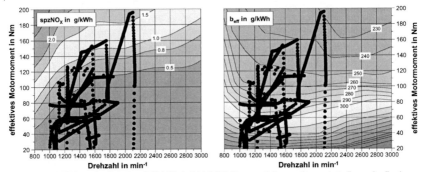

*Bild 24:* NEFZ-Lastkollektive Mild-Hybrid VKM-Downsizing mit zweistufiger Aufladung und stark gekühlter Hochdruck-AGR

Im NEFZ kann bzgl. der $NO_X$-Emission der EURO-6-Grenzwert nahezu erreicht werden (-62 %$_{Basis}$), die $CO_2$-Emission ist mit 140 g/km relativ niedrig (-29 %$_{Basis}$), *Bild 25*.

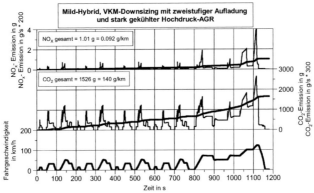

*Bild 25:* NEFZ-Verlauf Mild-Hybrid VKMDownsizing mit zweistufiger Aufladung und stark gekühlter HochdruckAGR

Die zweistufige Aufladung mit stark gekühlter Hochdruck-AGR erlaubt somit eine weitere Reduktion der Stickoxidemission im NEFZ bei günstigem Kraftstoffverbrauch. Da sich die Stickoxidemission auf wenige Peaks beschränkt, dürfte eine diesbezügliche Optimierung der Hybridstrategie dieser Optimal-Variante weitere deutliche Verbesserungen erbringen.

Variationen der Betriebsstrategie für die Optimal-Variante

Die Verlängerung der Achsübersetzung zum Zweck der Verringerung des Kraftstoffverbrauchs (Downspeeding des Verbrennungsmotors) führt zu einer Verlagerung der Lastpunkte im NEFZ in Richtung geringerer Drehzahl und höherer Last, somit in Bereiche erheblich höherer $NO_X$-Emission *Bild 26*.

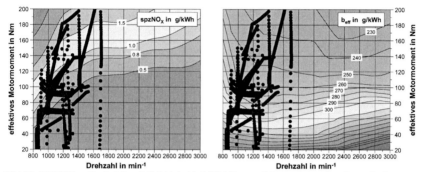

*Bild 26:* NEFZ-Lastkollektive Mild-Hybrid, VKM-Downsizing mit zweistufiger Aufladung und stark gekühlter Hochdruck-AGR, Downspeed

Im Fahrzyklus wird ersichtlich, dass sich eine Verlängerung der Achsübersetzung sehr ungünstig auf die Stickoxidemission bei nicht nennenswertem $CO_2$-Vorteil auswirkt, *Bild 27*. Bei der untersuchten Konfiguration haben VKM und E-Motor die selbe Drehzahl, was sich aufgrund der Drehmomentbegrenzung der E-Maschine als limitierend auswirkt.

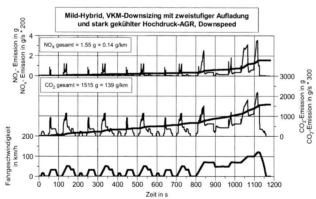

*Bild 27:* NEFZ-Verlauf Mild-Hybrid VKM-Downsizing mit zweistufiger Aufladung und stark gekühlter Hochdruck-AGR, Downspeed

Die Auswirkungen einer Verkürzung der Achsübersetzung (Upspeeding der VKM) sind in *Bild 28* dargestellt. Da sich die Leistungsanforderung (bei unverändertem Fahrzeug) im Fahrzyklus nicht ändert, bewirkt eine generelle Erhöhung der VKM-Drehzahl eine Absenkung des VKM-Moments mit günstiger Auswirkung auf die Stickoxidemission.

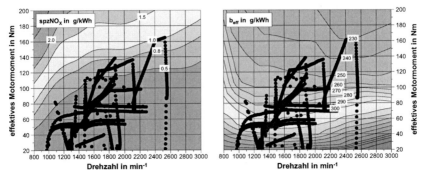

*Bild 28:* NEFZ-Lastkollektive Mild-Hybrid VKM-Downsizing mit zweistufiger Aufladung und stark gekühlter Hochdruck-AGR, Upspeed

Die Verschiebung der Lastpunkte zu geringerem Moment bzw. höherer Drehzahl wirkt sich allerdings ungünstig auf die $CO_2$-Emission aus, *Bild 29*. Die Stickoxidemission verbessert sich gegenüber der Basis-Achsübersetzung im gesamten Fahrzyklus.

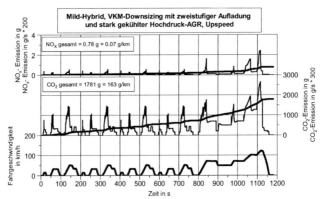

*Bild 29:* NEFZ-Verlauf Mild-Hybrid VKM-Downsizing mit zweistufiger Aufladung und stark gekühlter HochdruckAGR, Upspeed

Die Überlegung, die Stickoxidemission durch Vermeidung hoher VKM-Momente zu unterdrücken, also eine gezielte Momentenverschiebung bei konstanter VKM-Drehzahl vorzunehmen, ergibt seitens $NO_X$ ähnliche Ergebnisse wie beim Upspeeding, *Bild 30*.

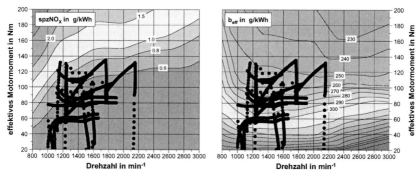

*Bild 30:* NEFZ-Lastkollektive Mild-Hybrid VKM-Downsizing mit zweistufiger Aufladung und stark gekühlter Hochdruck-AGR, Momentenverschiebung

Da im Fahrzyklus die Ladebilanz der Hybridbatterie ausgeglichen zu sein hat, kann der Verbrennungsmotor bei Betriebspunkten mit geringer Last (innerstädtische Phase) nicht so stark phlegmatisiert werden, also wird der Bereich mittlerer Motorlast schneller erreicht. Die $CO_2$-Emission ist dadurch wesentlich günstiger, da weniger Schwachlast-Betriebspunkte gefahren werden, *Bild 30*. Hochlastige Betriebspunkte werden wiederum stärker phlegmatisiert, dadurch werden Kennfeldbereiche mit hoher $NO_X$-Emission gemieden, Bild 30. Daraus ergibt sich eine Verringerung der Stickoxidemission bei relativ geringem $CO_2$-Nachteil, *Bild 31*.

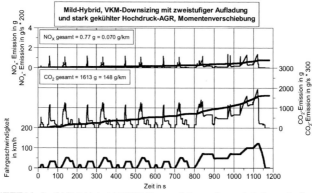

*Bild 31:* NEFZ-Verlauf Mild-Hybrid VKM-Downsizing mit zweistufiger Aufladung und stark gekühlter Hochdruck-AGR, Momentenverschiebung

Die Lastpunktverschiebung bei gegebener ATL-AGR-Konfiguration verursacht demnach in Kombination mit globalen Ansätzen wie Upspeeding oder Momentenverschiebung einen $CO_2$-$NO_X$-Trade-Off. Für eine weitere Optimierung des NEFZ-Ergebnisses ist eine unmittelbar betriebspunktbezogene Optimierung erforderlich, die derzeit im Hybrid-Antriebskoordinator implementiert ist.

In *Bild 32* sind die $CO_2$- und $NO_X$-Ergebnisse der NEFZ-Simulationen zusammengestellt.

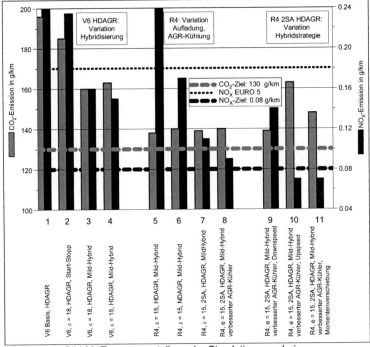

Bild 32: Zusammenstellung der Simulationsergebnisse

## 4 Zusammenfassung

Die vorliegende Arbeit hat zum Ziel, die Tauglichkeit verschiedener Konfigurationen von Diesel-Verbrennungsmotoren in Verbindung mit hybriden Antriebskonzepten zur Reduktion der Stickoxid- und $CO_2$-Emission für einen Pkw der Schwungmassenklasse 4000 lbs abzuschätzen. Hierbei soll insbesondere geklärt werden, mit welchem Konzept der EURO-6-Grenzwert für $NO_X$ (0,08 g/km) bei einem Kraftstoffverbrauch von 130 g/km effizient erreicht werden kann. Dazu werden das Fahrzeug und die Varianten des Antriebssystems in einem VeLoDyn-Modell (Matlab/Simulink bzw. Dymola) abgebildet. Die verbrennungsmotorischen Größen wie Stickoxidemission und Kraftstoffverbrauch werden mit dem Programm GT-POWER berechnet und in Form von Kennfeldern in die Simulationsrechnungen eingebunden.

Neben der Simulation von Micro- und Mild-Hybrid-Varianten in Verbindung mit dem konventionellen 3.0l-V6-Dieselmotor wird eine Downsizing-Variante mit verschiedenen ATL-AGR-Systemkonfigurationen als Kombination mit einem Mild-Hybrid-Antriebskonzept untersucht. Die Ergebnisse lassen sich wie folgt zusammenfassen:

- Der Rechnungs-Messungs-Vergleich zeigt eine hinreichende Übereinstimmung, sodass davon auszugehen ist, dass die Simulationsmodelle eine gute Abbildung der Realität darstellen.
- Die Mild-Hybrid-Variante mit konventionellem Dieselmotor ergibt zwar eine deutliche aber bei weitem nicht hinreichende Reduzierung bezüglich der $CO_2$-- (160 g/km, -18 %$_{Basis}$) und $NO_x$-Emission (0,16 g/km, - 33 %$_{Basis}$).
- Zusätzliches Downsizing ($V_H$: 3l→2l, z: 6→4) verbunden mit zweistufiger Aufladung und intensivierter AGR-Kühlung führt zu einer weiteren deutlichen Absenkung der $CO_2$- (140 g/km, -29 %$_{Basis}$) und $NO_x$-Emission (0,09 g/km, - 62 %$_{Basis}$).
- Die Verringerung der Komplexität der Downsizing-VKM (z. B. Einspritzung, Aufladung) in einem Hybrid-Antriebskonzept mit dem Ziel der Kostenreduktion ist nicht sinnvoll (*Bild 33*).
- Die Variationsrechnungen zum Downspeeding zeigen erwartungsgemäß keine weitere Verbesserung bezüglich der $NO_x$-Emission, für Upspeeding und für die Momentenverschiebung ergibt sich eine $NO_x$-Emission unterhalb des EURO-6-Grenzwerts (0,07 g/km) bei allerdings erheblich gesteigerter $CO_2$-Emission (163 bzw. 148 g/km).

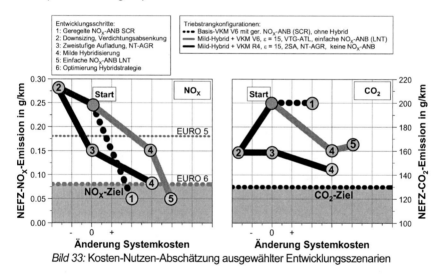

*Bild 33:* Kosten-Nutzen-Abschätzung ausgewählter Entwicklungsszenarien

Es lässt sich somit festhalten, dass die avisierte Verringerung von Stickoxid- und $CO_2$-Emission mit einem Mild-Hybrid-Konzept und mit VKM-Downsizing (zweistufige Abgasturboaufladung, intensivierte AGR-Kühlung) auch ohne geregeltes Abgasnachbehandlungssystem durchaus erreicht werden kann. Diesbezüglich entscheidend sind die konsequente Umsetzung des Downsizings in Verbindung mit Maßnahmen zur Reduktion der $NO_x$-Rohemission sowie eine detaillierte Optimierung des Managements des Hybrid-Systems. Insofern sollten (für diese Fahrzeugklasse) geregelte $NO_x$-Abgasnachbehandlungssysteme als nicht zwingend erforderlich zur Erreichung der EURO-6-Grenzwerte bei deutlich reduziertem Kraftstoffverbrauch angesehen werden.

# 5. Literatur

[1] ACEA Press Release „Monitoring Report Shows Further Reduction in New Car $CO_2$ Emissions in 2004", Brüssel, 2006

[2] Kommission der Europäischen Gemeinschaft: „Umsetzung der Gemeinschaftsstrategie zur Verminderung der $CO_2$-Emissionen von Kraftfahrzeugen: Fünfter Jahresbericht über die Wirksamkeit der Strategie (SEC(2005) 826), Brüssel 2005

[3] Manns, J., Krämer, L.:
$NO_x$-Aftertreatment Concepts for Future Emission Standards
6th Hyundai Advanced Diesel Engine Technology Symposium, 2007

[4] Bockelmann, W.:
Der Verbrennungsmotor im Spannungsfeld zukünftiger Anforderungen
25. Internationales Wiener Motorensymposium 2004

[5] Buschmann, G., Nietschke, W., von Essen, C.:
Welchen Beitrag können alternative Kraftstoffe und die Hybridtechnik zur $CO_2$-Absenkung leisten?
8. Symposium Entwicklungstendenzen bei Ottomotoren, 7.-8. Dezember 2006

[6] Buschmann, G., Mayr, B., Link, M., Knobel, C.:
Hybrid – Konkurrenz oder Unterstützung für Verbrennungsmotoren?
Hybridfahrzeuge, HdT 2005

[7] Liebl, J., Frickenstein, E., Wier, M., Hafkemeyer, M., El-Dwaik, F., Hockgeier, E.:
Intelligente Generatorregelung – Ein Weg zur effizienten Dynamik
ATZ, 04 / November 2006

[8] Lindemann, M., Gühmann, C.:
VeLoDyn – Ein Werkzeug zur Triebstrangsimulation von Kraftfahrzeugen
1. Tagung Simulation und Test in der Funktions- und Softwareentwicklung für die Automobiltechnik, HdT 2003

[9] Predelli, O., Bunar, F., Manns, J., Buchwald, R., Sommer, A.:
Auslegung von Dieselmotorsteuerungen in Pkw-Hybridantrieben
4. Braunschweiger Symposium Hybridfahrzeuge und Energiemanagement, Braunschweig 2007

[10] Tietze, T., Lautrich, G., Sommer, A., Jeckel, D., Ferrari, S., Cancalon, P. J.:
Low-Pressure Exhaust Gas Recirculation: The better Combination of single-stage Turbocharging and EGR,
2nd International CTI Forum Turbocharging, Augsburg 2007

[11] Renner, Ch: Hybridkonzepte – vergleichende Analyse mittels Längsdynamiksimulation, TAE Konferenz "Hybridfahrzeuge und ihre Antriebskomponenten", Ostfildern 2007

[12] Buchwald, R., Lautrich, G., Maiwald, O., Sommer, A.:
Boost and EGR System for the Highly Premixed Diesel Combustion,
SAE 2006-01-0204

[13] Tietze, T., Lautrich, G., Sommer, A., Jeckel, D., Ferrari, S., Cancalon, P. J.:
Frischer Wind für den Pkw-Dieselmotor in Nordamerika: Niederdruck- Abgasrückführung als ein Baustein zur Bewältigung der Abgasemissionsvorschriften,
Aufladetechnische Konferenz, Dresden 2006

## 14 Bestimmung der Niederdruckverläufe für schnelle Motorprozessrechnungen
*Determination of Crank Angle Resolved Intake and Back Pressure for Fast Process Simulation*

Andre Hering, Wolfgang Thiemann

## Abstract

Based on a zero-dimensional model of a spark ignition engine process an approach is presented, which allows calculating the time dependent pressure curves in the exhaust and the inlet system from coefficient maps with the help of the inverse discrete Fourier transformation (DFT).

Time dependent inlet and exhaust pressures have been measured on an engine test bench for a large number of different engine speed and load conditions. Using the DFT the harmonic portions are calculated and stored in multi-dimensional coefficient maps. In an adapted engine process simulation the gas exchange pressures are computed by the inverse discrete Fourier transformation (IDFT) and used as input variables for the charge cycle simulation.

The presentation shows the proceeding of determining the coefficient maps and recalculating the pressure curves during charge exchange. The engine process model is introduced and possible error sources of the new approach are identified.

Validation of the IDFT model with a focus on short computing time has been performed on two engines by comparison of test bench data and IDFT pressure curves with two other zero-dimensional charge exchange models. Therefore constant values for inlet and exhaust pressures as well as measured pressure curves were simulated.

Inter- and extrapolation capabilities of the new method are documented by a large number of measured engine operating points.

## Kurzfassung

Basierend auf einem nulldimensionalen Einzonenmodell eines ottomotorischen Prozesses wird ein Ansatz vorgestellt, die für die Ladungswechselrechnung benötigten Ansaug- und Abgasgegendrücke mit Hilfe der inversen diskreten Fourier-Transformation aus Koeffizienten-Kennfeldern zu berechnen.

Mit einem hohen Anspruch an die Modellgüte wird der Schwerpunkt jedoch auf eine möglichst schnelle, echtzeitfähige Prozesssimulation gelegt.

Mit Hilfe umfangreicher Prüfstandsversuche wurden in Abhängigkeit von Drehzahl und Drosselklappenstellung die Verläufe der Ansaug- und Abgasgegendrücke ermittelt. Diese wurden mit der diskreten Fourier-Transformation in ihre harmonischen Anteile zerlegt. Die Koeffizienten der diskreten Fourier-Transformation werden in mehrdimensionalen Koeffizienten-Kennfeldern zusammengefasst. In einer eigens aufgestellten Prozessrechnung werden aus den Koeffizienten mit der inversen diskreten Fourier-Transformation wieder die Niederdruckverläufe berechnet und damit die Ladungswechselrechnung durchgeführt.

Der Vortrag zeigt die Vorgehensweise bei der Ermittlung der Koeffizienten-Kennfelder und der Rückgewinnung des Niederdruckverlaufes auf. Dabei wird auch auf mögliche Fehlerquellen sowie die verwendeten Modelle zur Berechnung des Motorprozesses eingegangen und die Prüfung des Verfahrens aufgezeigt.

Das entwickelte Verfahren wurde an zwei Motoren validiert. Dazu wurden die Ergebnisse der Prozessrechnung mit den Messwerten der Prüfstandsversuche sowie mit zwei bekannten nulldimensionalen Verfahren der Ladungswechselrechnung verglichen. Dies erfolgte zum einen durch die Vorgabe konstanter Werte für Saug- und Abgasdruck und zum anderen durch die Berücksichtigung der gemessenen Verläufe für den Ansaug- und Abgasgegendruck.

Die Eignung des Verfahrens zur genauen Berechnung des Ladungswechsels konnte erfolgreich an zwei unterschiedlichen Motoren insbesondere vor dem Hintergrund einer schnellen Prozessrechnung nachgewiesen werden. Die Interpolations- und besonders die Extrapolationsfähigkeit des Verfahrens belegen umfangreiche Messungen an unterschiedlichsten Motorbetriebspunkten.

## 1 Einleitung

Verbrennungsmotoren dienen heute in vielfältigen Anwendungsgebieten zur Umwandlung chemischer in mechanische Energie. Zur effizienteren Ausnutzung der fossilen Brennstoffe werden Forschung und Entwicklung im Bereich der Verbrennungskraftmaschinen ständig vorangetrieben. Die Abgasgesetzgebung, die aus betriebswirtschaftlicher Sicht notwendige Verbrauchssenkung und das Bestreben, erneuerbare biologische Kraftstoffe zu verwenden, sind weitere Gründe für intensive Forschungstätigkeiten.

Die Modellierung und Simulation der komplexen innermotorischen Prozesse sind wichtige Voraussetzungen zur Erreichung der Forschungs- und Entwicklungsziele. Zum einen gelingt es damit, diese Vorgänge besser zu verstehen. Zum anderen können wichtige Randbedingungen und Parameter identifiziert und hinsichtlich ihres Einflusses auf den Prozess untersucht und gezielt verändert werden.

In Abhängigkeit der untersuchten Zusammenhänge werden die unterschiedlichsten Modelle für die Analyse und die Prozessrechnung verwendet. Die Beschreibung der thermodynamischen und strömungstechnischen Vorgänge erfolgt mit empirischen oder phänomenologischen Modellen. Komplexität und Berechnungsaufwand steigen mit zunehmendem Detaillierungsgrad und dem Umfang der in die Simulation einbezogenen Untersysteme des Motors.

Zur Beschreibung der Ladungswechselrandbedingungen innerhalb einer Prozessrechnung existieren heute mehrere Verfahren. Aufgrund der unterschiedlichen Beschreibungsgüte, des Rechenaufwandes und der notwendigen Kenntnis weiterer geometrischer und betrieblicher Randbedingungen werden diese Modelle in Abhängigkeit der Zielstellungen ausgewählt.

Für eine schnelle, möglichst einfache Prozessrechnung, die dennoch einen hohen Anspruch an die Genauigkeit stellt, wird im Rahmen dieses Vortrages eine neue Methode vorgestellt. Die Modellierung der Saug- und Abgasanlage wird durch das neue Verfahren ersetzt. Die im Prüfstandsversuch gemessenen zeitdiskreten periodischen Signale des Ansaug- und Abgasgegendruckes werden mit Hilfe der diskreten Fourier-Transformation in den Frequenzbereich überführt.

Die daraus gewonnenen Koeffizienten werden in Betrag und Phase umgerechnet. Das somit erhaltene Koeffizienten-Kennfeld wird der Simulation zur Verfügung gestellt. Im Zusammenhang mit bekannten Modellen zur Beschreibung der Energieumsetzung im Zylinder bei veränderten Betriebsbedingungen ermöglicht diese Vorgehensweise neben stationären Berechnungen im gesamten Motorkennfeld auch die Simulation des Motors im transienten Betrieb.

## 2  Grundlegende Zusammenhänge

Im Folgenden werden die diskrete Fourier-Transformation DFT sowie die inverse diskrete Fourier-Transformation IDFT und deren Anwendung auf periodische Signalverläufe sowie die verwendeten Modelle zur Beschreibung der thermodynamischen Vorgänge im Zylinder eines Verbrennungsmotors und zur Lösung der Differentialgleichung vorgestellt.

Ein Bestandteil der digitalen Signalverarbeitung ist die diskrete Fourier-Transformation als Sonderfall der Z-Transformation. Aufgrund des verhältnismäßig geringen Rechenaufwandes sowohl für die DFT als auch die IDFT besitzen diese eine große Bedeutung für viele Anwendungsbereiche. So zum Beispiel für die Analyse periodischer Signale, die mit äquidistanten Stützstellen als Wertepaare vorliegen, sowie deren Filterung.

Diese Zusammenhänge anwendend wird im Weiteren ein Modell beschrieben, mit dem die Ladungswechselrandbedingungen für eine schnelle Motorprozesssimulation mit den Mitteln der Fourier-Transformation bestimmt werden.

Ausgehend von den Vorgängen im Zylinder eines Verbrennungsmotors werden drei wesentliche Modellvorstellungen zur Beschreibung der thermodynamischen Abläufe unterschieden, siehe auch [22,24], die in Detaillierungsgrad, Aufwand, Rechenzeit und damit auch Genauigkeit variieren. Allerdings kommt heute jede dieser Modellvorstellungen zur Anwendung, da sie aufgrund ihrer speziellen Eigenschaften für unterschiedliche Fragestellungen Vorteile bieten.

Das einfachste, für die durchgeführten Untersuchungen angewandte, ist das nulldimensionale bzw. thermodynamische Modell, das Ein-Zonen-Modell. Dieses betrachtet den Inhalt des Zylinders als homogen, also zu jeder Zeit vollständig und ideal durchmischt. Im Zylinder herrscht ortsunabhängig an jeder Stelle der gleiche Druck, die Massenmitteltemperatur ist ebenfalls für die gesamte Zylinderladung gültig.

Aufgrund der komplexen Vorgänge der Schadstoffbildung eignet sich dieses Modell nicht zur Vorausberechnung der Abgaszusammensetzung. Jedoch ist es aufgrund kurzer Rechenzeiten und bei entsprechender Umsetzung sehr gut geeignet, sogar das instationäre Betriebsverhalten eines Motors, z. B. bei Änderung des Lastpunktes, in angemessener Zeit zu beschreiben.

## 2.1 Diskrete Fourier-Transformation und inverse DFT

Die diskrete Fourier-Transformation ist ein Sonderfall der Z-Transformation, die ein diskretes, meist komplexes Signal im Zeitbereich, beispielsweise eine Folge von Messwerten, in ein komplexes Signal im Frequenzbereich umwandelt. Das Frequenzspektrum der DFT ist wie die Definitionsmenge des Zeitbereiches, also zum Beispiel die Anzahl der Messwerte, endlich und diskret.

Ausgehend von Jean Baptiste Joseph Fouriers Überlegungen, dass sich eine Funktion f(t) aus periodischen, harmonischen Schwingungen zusammensetzen lässt, und der Berücksichtigung eines zeitdiskreten periodischen Signals, lässt sich folgende Bildungsvorschrift für die komplexen Koeffizienten der diskreten Fourier-Transformation anführen (2.1).

$$C_n = \frac{1}{N} \cdot \sum_{k=0}^{N-1} x_k \cdot e^{\frac{-j \cdot 2\pi k n}{N}} \qquad n = 0...N-1 \qquad (2.1)$$

Die Anzahl der Koeffizienten $C_n$ entspricht der Anzahl der diskreten Messwerte N des Signals. Aufgrund der Symmetrie des Frequenzspektrums genügt die Berechnung der Koeffizienten bis N/2. Die dazugehörende inverse diskrete Fourier-Transformation ergibt sich dann gemäß Gleichung (2.2).

$$x_k = C_0 + 2 \cdot \sum_{n=1}^{N/2} C_n \cdot e^{\frac{j \cdot 2\pi k n}{N}} \qquad k = 0...N-1 \qquad (2.2)$$

Die Abbildung (2.1) stellt die gemessene Kurve und den Realteil der Koeffizienten einer DFT mit der gesamten Anzahl N dar. Dabei wurden $C_0$ und $C_{n=N-1}$ nicht dargestellt, da diese aufgrund ihres Betrages den Rest der Koeffizienten nicht erkennen lassen würden.

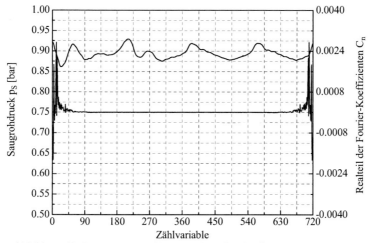

*Abbildung (2.1):* gemessene Kurve und reelle Koeffizienten $C_n$ der DFT

Die schnelle Fourier-Transformation FFT würde zwar eine drastische Einsparung an Rechenoperationen gegenüber der DFT ermöglichen. Da aber die Anzahl der Stützstellen beziehungsweise der Messwerte eine Zweierpotenz sein muss, ist die Anwendung der FFT im vorliegenden Fall nicht sinnvoll möglich.

Zur Berechnung der Koeffizienten der DFT existieren diverse bereits programmierte Algorithmen für Rechner, die jedoch stets im Komplexen arbeiten. Um das direkte Arbeiten mit komplexen Zahlen zu vermeiden und einen möglichst einfachen Quellcode zu erstellen, wird daher entsprechend den Gleichungen (2.3) die Bildungsvorschrift der Koeffizienten der DFT, wie in Gleichung (2.4) dargestellt, geändert.

$$e^{j\varphi} = \cos(\varphi) + j \cdot \sin(\varphi) \qquad \varphi = \frac{2\pi kn}{N}, \; n = 0...N\text{-}1 \qquad (2.3)$$

$$C_n = \left[\frac{1}{N} \cdot \sum_{k=0}^{N-1} x_k \cdot \cos(\varphi)\right]_{n=0}^{N-1} - j\left[\frac{1}{N} \cdot \sum_{k=0}^{N-1} x_k \cdot \sin(\varphi)\right]_{n=0}^{N-1} \qquad \varphi = \frac{2\pi kn}{N} \qquad (2.4)$$

Aus den so erhaltenen Real- und Imaginärteilen lassen sich für jeden Koeffizienten $C_n$ Betrag und Phase mit den Gleichungen (2.5) bestimmen.

$$|C_n| = \sqrt{\Re(C_n)^2 + \Im(C_n)^2} \qquad \varphi_n = \arctan\left(\frac{\Im(C_n)}{\Re(C_n)}\right) \qquad (2.5)$$

Die Rücktransformation benötigt Real- und Imaginärteil. Ausgehend von Gleichung (2.2) und den Gleichungen (2.5) lässt sie sich wie folgt mit den Formeln (2.6) darstellen.

$$C_n = a_n - j \cdot b_n$$

$$x_k = \left[ a_0 + 2 \cdot \sum_{n=1}^{N/2} [a_n \cdot \cos(\varphi) + b_n \cdot \sin(\varphi)] \right]_{k=0}^{N-1}$$

$$+ j \cdot \left[ b_0 + 2 \cdot \sum_{n=1}^{N/2} [a_n \cdot \sin(\varphi) - b_n \cdot \cos(\varphi)] \right]_{k=0}^{N-1}$$

$$\varphi = \frac{2\pi k n}{N} \quad (2.6)$$

Der Imaginärteil der Rücktransformation wird im vorliegenden Anwendungsfall nicht berücksichtigt. Wird die IDFT über alle Koeffizienten durchgeführt, so ergibt sich der Imaginärteil zu Null, da die für die DFT verwendeten Wertepaare rein reell sind. Bei Reduktion der Koeffizienten auf ein von der Qualität des Ergebnisses bestimmtes Mindestmaß ist der Imaginärteil von Null verschieden und bietet eine Möglichkeit zur Abschätzung des Fehlers. Diese soll im Weiteren nicht verwendet werden, da sie rein mathematischer Natur ist. Für diese Betrachtung sind motorspezifische Kenngrößen besser geeignet.

Die nachfolgend dargestellte Abbildung (2.2) zeigt einen gemessenen Verlauf des Saugrohrdruckes eines Motors, den mit der IDFT ermittelten Verlauf über alle Koeffizienten, der mit dem gemessenen Verlauf übereinstimmt, und den mit der IDFT ermittelten Verlauf über einen eingeschränkten Bereich der Koeffizienten bis n = 10 bei N = 298.

Diese Beeinflussung des Signals entspricht einem digitalen Tiefpassfilter, wobei im vorliegenden Falle bei Erreichen der Grenzfrequenz, gekennzeichnet durch den höchsten verwendeten Koeffizienten $C_n$, die Gewichtung der Koeffizienten sprunghaft von eins auf null abfällt.

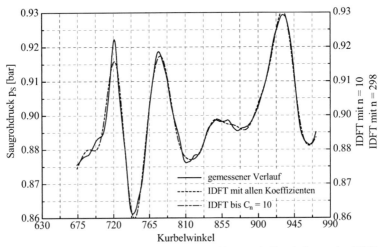

*Abbildung (2.2):* Vergleich der gemessenen Kurve mit Ergebnissen der IDFT

## 2.2 Modelle der Realprozessrechnung

In der zur Umsetzung des neuen Verfahrens erstellten Prozessrechnung wird mit nachstehenden Einschränkungen und zusätzlichen Annahmen die gewöhnliche, nichtlineare Differentialgleichung zur Bestimmung der Temperaturänderung im Zylinder für das nulldimensionale Einzonenmodell als Grundgleichung verwendet (2.7).

- Ottomotorischer Prozess mit externer Gemischbildung – $d\lambda/d\varphi = 0$
- Annahme, dass der Kraftstoff im Zylinder vollständig verdampft ist
- egoistische Vorzeichenregelung der Thermodynamik
- Vernachlässigung der Leckageverluste / Blow By

$$\frac{dT}{d\varphi} = \frac{1}{m \cdot c_V} \cdot \left( \frac{dQ_W}{d\varphi} + \frac{dQ_B}{d\varphi} - p \cdot \frac{dV}{d\varphi} + \left(h_E - u\right)\frac{dm_E}{d\varphi} + \left(h_A - u\right)\frac{dm_A}{d\varphi} \right) \qquad (2.7)$$

Für die erfolgreiche Anwendung dieser Gleichung ist die Kenntnis weiterer zahlreicher Randbedingungen notwendig. Dazu zählen die Art und Weise der Energiefreisetzung im Zylinder, der Wärmeübergang zwischen dem Gas im Zylinder und den Brennraumgrenzen, die thermodynamischen Kenngrößen des Gases im Zylinder sowie die Durchströmungseigenschaften der Ein- und Auslassorgane und die Ladungswechselrandbedingungen.
Für die Bestimmung dieser Randbedingungen existieren heute phänomenologische oder teil- bzw. vollempirische Modelle. Diese unterscheiden sich in Genauigkeit wie auch Rechenaufwand und sind daher in Abhängigkeit der Fragestellung zu wählen.

Ausgehend von den bekannten Werten für die Zustandsgrößen Temperatur und Druck sowie der Zylindermasse zu einem Bezugszeitpunkt, kann somit im Rahmen der Prozessrechnung der Verlauf des Gradienten der Massenmitteltemperatur direkt aus Gleichung (2.7) berechnet werden. Mit Hilfe der thermischen Zustandsgleichung für ideale Gase erhält man zugleich den Verlauf des Zylinderdruckes. Als Bezugszeitpunkt wird hierbei der Kurbelwinkel für das Schließen des Einlassventils gewählt, da diese Startbedingungen relativ leicht zu bestimmen sind.

### 2.2.1 Brennverlauf

Die Verbrennung des Kraftstoffes und die daraus resultierende zeitliche Energiefreisetzung im Brennraum kann mit Hilfe des Brennverlaufes beschrieben werden. Eine möglichst exakte Wiedergabe der realen Wärmefreisetzung ist eine wichtige Voraussetzung für eine genaue Simulation. Dazu eignet sich am besten ein „gemessener" Brennverlauf, der direkt aus einer Brennverlaufsanalyse gewonnen wird.

Die von Vibe [13] entwickelte, zumeist als Summenbrennverlauf bezeichnete Gleichung, lässt sich in der für die Prozessrechnung üblichen, vom Kurbelwinkel abhängigen Form (2.8) darstellen.

$$\frac{Q_B(\varphi)}{Q_{B_{ges}}} = 1 - e^{-a \cdot \left(\frac{\varphi - \varphi_{VB}}{\Delta\varphi_{BD}}\right)^{m+1}} \qquad \varphi_{VB} \leq \varphi \leq \varphi_{VB} + \Delta\varphi_{BD} \qquad a = -\ln(1 - \eta_u) \qquad (2.8)$$

Dabei ist $Q_{B,ges}$ die insgesamt im Brennraum zur Verfügung stehende Kraftstoffenergie als Produkt aus Kraftstoffmasse im Brennraum und unterem Heizwert. Der aktuelle Kurbelwinkel wird durch $\varphi$ dargestellt, $\varphi_{VB}$ kennzeichnet den Kurbelwinkel für den Verbrennungsbeginn und $\Delta\varphi_{BD}$ die Brenndauer.

Mit Ende der Verbrennung ist ein durch den Umsetzungsgrad $\eta_u$ gekennzeichneter Anteil der eingebrachten Kraftstoffenergie freigesetzt. Dies wird in der Gleichung (2.8) durch den Parameter a wiedergegeben.

Der Formparameter m kann ebenfalls rechnerisch aus Messwerten bestimmt werden. Dazu sind die Kenntnis eines beliebig zu wählenden Umsatzpunktes und die Brenndauer notwendig. Üblicherweise wird für den Umsatzpunkt der Kurbelwinkel verwendet, zu dem 50 % der zur Verfügung stehenden Kraftstoffenergie freigesetzt sind. Dieser entspricht der Schwerpunktlage der Verbrennung und ist daher für die Bestimmung des Formparameters am besten geeignet.

Den eigentlichen Brennverlauf (2.9) erhält man durch Differentiation des Summenbrennverlaufes (2.8). Die Abbildung (2.3) stellt einen gemessenen und einen angepassten Vibe-Ersatzbrennverlauf und die dazugehörigen Summenbrennverläufe dar.

$$\frac{dQ_B}{d\varphi} = \frac{Q_{B_{ges}}}{\Delta\varphi_{BD}} \cdot a \cdot (m+1) \cdot \left(\frac{\varphi - \varphi_{VB}}{\Delta\varphi_{BD}}\right)^m \cdot e^{-a\left(\frac{\varphi - \varphi_{VB}}{\Delta\varphi_{BD}}\right)^{m+1}} \qquad (2.9)$$

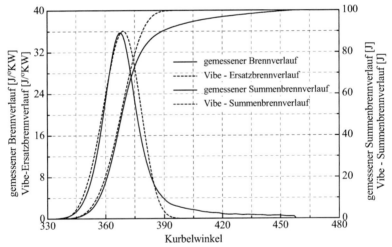

*Abbildung (2.3):* Vergleich „gemessener" und Vibe-Ersatzbrennverlauf

### 2.2.2 Stationärer Wandwärmeübergang

Ein sehr sensitiver Baustein der Prozessrechnung ist die Bestimmung des Wärmestromes zwischen dem Gas im Zylinder und der Zylinderwand. Die Beschreibung des sich aus einem konvektiven und einem Strahlungsanteil zusammensetzenden Wärmeübergangs stellt sehr hohe Anforderungen an die Modellbildung und die Darstellung der Randbedingungen. Der Anteil der Wärmeleitung in den Zylinderwänden wird nicht berücksichtigt, da nur der brennraumseitige Wärmeübergang betrachtet wird.

Grundlage der Berechnung des Wandwärmestromes ist der Newton'sche Ansatz (2.10). Die Bestimmung des Wärmeübergangskoeffizienten und der Wandtemperaturen haben dabei eine wesentliche Bedeutung. Hierfür kommen in den meisten Fällen halbempirische Ansätze zum Tragen, da die aus den Betriebsparametern des Motors abgeleiteten Einflussfaktoren und deren Zusammenhänge nur mit Hilfe von Prüfstandsversuchen ermittelt werden können [4, 5].

$$\frac{dQ_W}{d\varphi} = \frac{1}{\omega} \cdot \sum_i \alpha_i \cdot A_i \cdot \left(T_{W_i} - T_G\right)$$

$$\omega\left[\frac{°KW}{s}\right] = \frac{2 \cdot \pi \cdot n\left[min^{-1}\right]}{60} \cdot \frac{180}{\pi} = 6 \cdot n\left[min^{-1}\right]$$

(2.10)

Die zeitlichen Schwankungen der Wandtemperaturen sind klein im Vergleich zur Differenz aus Zylindertemperatur und Wandtemperatur und damit vernachlässigbar. Die örtlichen Veränderungen sind jedoch durchaus zu berücksichtigen. Üblicherweise wird für einfache Modelle der Brennraum in drei Bereiche unterteilt. Die Teilflächen werden gewichtet zu einer gesamten die Wärme übertragenden Fläche zusammengefasst.

Der Wärmeübergangskoeffizient ist von Druck und Temperatur, einer charakteristischen Geschwindigkeit und geometrischen Größen abhängig. Das am häufigsten zur Bestimmung verwendete Modell ist die 1970 von Woschni aufgestellte Gleichung (2.11). In ihrer ursprünglichen Form ist sie nur für Dieselmotoren gültig gewesen.

$$\alpha = 127{,}93 \cdot D^{-0{,}2} \cdot p^{0{,}8} \cdot \omega^{0{,}8} \cdot T^{-0{,}53}$$

(2.11)

Die in der Prozessrechnung verwendete charakteristische Geschwindigkeit $\omega$ (2.12) enthält im Term mit der Konstanten $C_2$ das so genannte Verbrennungsglied, das den Einfluss der Verbrennung berücksichtigt. Gleichzeitig beinhaltet dieser Term auch einen Ansatz für den Anteil der Wärmestrahlung, so dass sich eine spezielle Betrachtung erübrigt.

Für $\quad 2 \cdot C_1 \cdot c_m \cdot \left(\dfrac{V_c}{V(\varphi)}\right)^2 \cdot C_3 \geq C_2 \cdot \dfrac{V_h \cdot T_1}{p_1 \cdot V_1} \cdot (p - p_0)$

wird $\quad \omega = C_1 \cdot c_m \cdot \left[1 + 2 \cdot \left(\dfrac{V_c}{V}\right)^2 \cdot C_3\right]$

(2.12)

sonst $\quad \omega = C_1 \cdot c_m + C_2 \cdot \dfrac{V_h \cdot T_1}{p_1 \cdot V_1} \cdot (p - p_0)$

$$C_2 = \begin{cases} 4,00 \cdot 10^{-3} \left[\dfrac{m}{s\,K}\right] & : \quad \text{Ottomotor(Methanol)} \\ 3,24 \cdot 10^{-3} \left[\dfrac{m}{s\,K}\right] & : \quad \text{DI} - \text{Motor} / \text{Ottomotor} \end{cases}$$

$$C_3 = \begin{cases} 0,80 & : \quad \text{Benzin} \\ 1,00 & : \quad \text{Methanol} \\ 1 - 1,2 \cdot e^{-0,65 \cdot \lambda} & : \quad \text{Diesel} \end{cases}$$

Die Kenntnis der Temperaturen der den Brennraum begrenzenden Flächen ist eine weitere wichtige Voraussetzung für die Berechnung des Wärmeübergangs. Dabei werden im einfachsten Fall die drei Flächen Kolbenboden, Zylinderwand und Zylinderkopf mit jeweils zeitlich konstanten Werten unterschieden. Die Ventile werden mit ihren Flächen dem Zylinderkopf zugeordnet. Daher wird auf eine mittlere Wandtemperatur zurückgegriffen, deren Berechnungsansatz aus [18] entnommen wurde.

Dieses Modell berechnet in Abhängigkeit der Kühlwassertemperatur, der Drehzahl, des Verbrennungsluftverhältnisses und des Kraftstoffmassenstroms eine mittlere Wandtemperatur, gültig für alle drei genannten Flächen, die über ein gesamtes Arbeitsspiel angewendet wird. Als Fläche der Zylinderwand wird dabei die vom Kolben freigesteuerte Fläche zum Zeitpunkt 60 °KW vor dem oberen Totpunkt genutzt.

Die mittlere Wandtemperatur $T_W$ wird aus den Temperaturen der drei erwähnten Flächen gewichtet mit ihren Flächenanteilen nach Gleichung (2.13) bestimmt. Der Wert korr ist eine Korrektur der Wandtemperatur in Abhängigkeit des verwendeten Kraftstoffes, Benzin oder Diesel, und des Luftverhältnisses $\lambda$. Beispielhaft ist der Polynomansatz für Benzin und einem Luftverhältnis $\lambda < 1,0$ in Gleichung (2.14) angegeben.

$$T_W = \text{korr} + \frac{A_{ZW} \cdot T_{ZW} + A_{KB} \cdot T_{KB} + A_{ZK} \cdot T_{ZK}}{A_{ZW} + A_{KB} + A_{ZK}} \tag{2.13}$$

$$\text{korr} = \left[\left(\left(a_4 \cdot \lambda + a_3\right) \cdot \lambda + a_2\right) \cdot \lambda + a_1\right] \cdot \lambda + a_0 \tag{2.14}$$

Das nachstehende Diagramm in Abbildung (2.4) zeigt das Kennfeld der mittleren Wandtemperatur für den betrachteten Vierzylinder-Ottomotor, gefahren mit dem verbrauchs-optimalen Zündzeitpunkt.

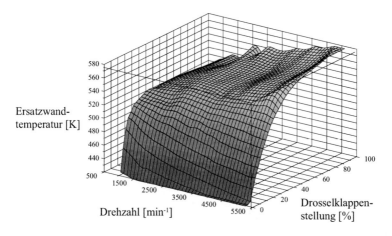

*Abbildung (2.4):* Kennfeld mittlerer Wandtemperaturen des Vierzylinder-Ottomotors

## 2.2.3 Stoffgrößen

Die Stoffwerte der Zylinderladung, spezifische Wärmekapazität, spezielle Gaskonstante und Polytropenexponent, sind neben den Zustandsgrößen Druck und Temperatur die wichtigsten beschreibenden Größen des Prozesses.
Das hier verwendete Verfahren zur Bestimmung der Stoffgrößen teilt die Zylinderladung in die drei Komponenten Luft, Kraftstoff und Abgas. Mit Hilfe von Tabellen oder Polynomansätzen werden die Stoffwerte dieser drei Komponenten in Abhängigkeit der Größen Druck, Temperatur und Luftverhältnis bestimmt.

Zu Beginn der Prozessrechnung werden mit Vorgabe des Luftverhältnisses und des aus der Indizierauswertung ermittelten Restgasanteils, zum Beispiel nach [5, 19, 25], die Massenteile der übrigen zwei Komponenten errechnet. Die Summe aller Massenteile muss sich zu eins ergeben. Die weitere Entwicklung der Massen und –teile ergeben sich aus der Prozessrechnung mit Betrachtung des Ladungswechsels. Die Stoffwerte der Zylinderladung berechnen sich als Summe aller Produkte aus dem jeweiligen Stoffwert und dem Massenteil der entsprechenden Komponente.

Die Stoffwerte der Komponenten Luft und Abgas können mit verschiedenen Ansätzen ermittelt werden. Zum einen besteht die Möglichkeit, diese direkt aus den Tabellen nach [7, 8] zu interpolieren. Eine zweite Möglichkeit ist die Berechnung mittels Polynomansätzen, die empirisch aus Tabellenwerken und messwertgestützt erstellt worden sind. In der Prozessrechnung wahlweise verwendet werden die Ansätze von Zacharias [10], Justi [26] und Urlaub [3]. Für die Stoffwerte des Kraftstoffes existieren verschiedene Polynomansätze [7, 8, 23], die wahlweise in der Prozessrechnung zur Verfügung stehen.

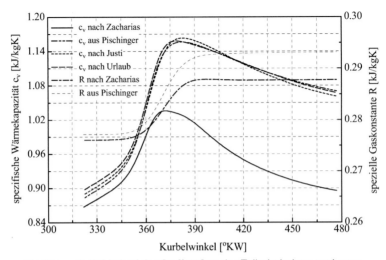

*Abbildung (2.5):* Verlauf der Stoffgrößen der Zylinderladung mehrerer Modelle während eines Hochdruckteiles

Die Abbildung (2.5) zeigt beispielhaft den Verlauf der für die gesamte Zylinderladung gültigen Stoffgrößen einer Brennverlaufsanalyse. Erkennbar ist, dass verschiedene Modelle voneinander abweichende Ergebnisse liefern. Hier ist sehr die deutlich die Notwendigkeit erkennbar, für den gesamten Ablauf der Indizierauswertung und Prozessrechnung die einmal gewählten Modelle beizubehalten.

Alle verwendeten Modelle befinden sich für die dargestellte Rechnung innerhalb ihres Definitionsbereiches. Dies ist vor allem für die Ansätze von Zacharias wichtig, da diese nur im überstöchiometrischen Bereich Gültigkeit besitzen.

### 2.2.4 Ladungswechsel

Der hinsichtlich der Modellbildung aufwändigste Teil der Prozessrechnung ist der Ladungswechsel. Das bisher betrachtete geschlossene System Brennraum des saugrohreinspritzenden Ottomotors wird zu einem offenen System, das mit seiner Umgebung nicht nur Energie in Form von Wärme sondern auch Massenströme austauscht.

Das Ausströmen von Abgas in den Abgaskanal und das Einströmen von Frischladung aus dem Ansaugkanal bezeichnen die Hauptströmungsrichtungen. Allerdings treten auch Rückströmvorgänge auf, die durch ein hohes Druckgefälle zwischen Abgasgegendruck und Saugrohrdruck während der Ventilüberschneidung verstärkt werden. So kann in Abhängigkeit des Druckverhältnisses bereits ausgeschobenes Abgas wieder in den Zylinder zurückgelangen oder Zylinderladung in den Ansaugkanal hineinströmen. Die Berücksichtigung erfolgt durch Anwendung der Propfentheorie.

Die als Gleichung von de Saint - Venant und Wantzel bezeichnete Berechnung der Ausströmgeschwindigkeit aus einem Behälter bildet die Grundlage für die Gleichung (2.15) zur Bestimmung des theoretischen Massenstromes für den Sonderfall der stationären, kompressiblen, reibungsfreien Strömung. Für verlustbehaftete reale Strömungen muss als Korrekturfaktor der Durchflusskennwert $\alpha_K$ verwendet werden [19,20].

$$\dot{m} = A_2 \cdot \sqrt{2 \cdot p_0 \cdot \rho_0} \cdot \psi \qquad \psi = \sqrt{\frac{\kappa}{\kappa-1} \cdot \left[\left(\frac{p_2}{p_0}\right)^{\frac{2}{\kappa}} - \left(\frac{p_2}{p_0}\right)^{\frac{\kappa+1}{\kappa}}\right]} \qquad (2.15)$$

Die innerhalb der Prozessrechnung zur Berechnung der Massenströme an den Ventilen notwendigen Ladungswechselrandbedingungen, Druck und Temperatur an den Aus- und Einlassventilen, können auf verschiedene Weise bereitgestellt werden.

Das nachfolgende Schaubild in Abbildung (2.6) zeigt eine Einteilung der wichtigsten Verfahren. Es werden für diese allgemeine Übersicht auch die nulldimensionalen Verfahren berücksichtigt, welche die gasdynamischen Einflüsse ganz oder teilweise vernachlässigen.

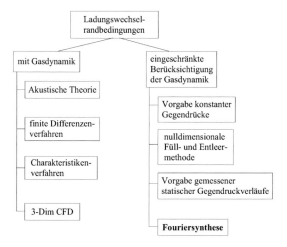

*Abbildung (2.6):* Modelle zur Bestimmung der Ladungswechselrandbedingungen

Für eine schnelle Prozessrechnung sind die komplexen und zeitintensiven Berechnungen der in der linken Hälfte dargestellten Verfahren nicht geeignet. Auch die nulldimensionale Füll- und Entleermethode ist aufgrund der Notwendigkeit der iterativen Berechnung nur bedingt geeignet.

Das einfachste nulldimensionale Verfahren ist die Vorgabe zeitlich konstanter Ansaug- und Abgasgegendrücke. Die gasdynamischen Vorgänge wie auch die Schwankungen des statischen Druckes (gilt für alle Verfahren) werden komplett vernachlässigt. Abbildung (2.7) zeigt beispielhaft die Ladungswechselschleife einer mit diesem Verfahren durchgeführten Prozessrechnung.

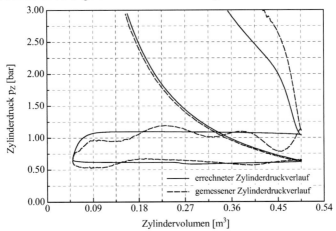

*Abbildung (2.7):* Ladungswechselschleife, berechnet mit mittlerem Ansaug- und Abgasgegendruck

Mit der Vorgabe gemessener Ansaug- und Abgasgegendrücke gelingt eine Genauigkeitssteigerung. Aufgrund der Vernachlässigung der kinetischen Energie führt auch dieses Verfahren noch immer zu Abweichungen. Für geringe Strömungsgeschwindigkeiten, also bei niedrigen bis mittleren Drehzahlen, sollte dieses Verfahren allerdings zu brauchbaren Ergebnissen führen. Die nachfolgende Abbildung (2.8) zeigt die Ladungswechselschleife einer derart durchgeführten Prozessrechnung.

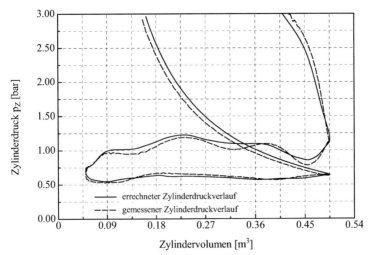

*Abbildung (2.8):* Ladungswechselschleife, berechnet mit gemessenen Ansaug- und Abgasgegendruckverläufen

Das auf dieser Methode basierende neue Verfahren unterliegt damit auch den gleichen Einschränkungen. Die Fouriersynthese wurde vor dem Hintergrund einer schnellen und iterationsfreien Rechnung gewählt, so dass auch eine transiente Prozessrechnung ermöglicht wird. Vor allem bei hohen Drehzahlen sind jedoch größere Abweichungen im Liefergrad zu erwarten.

### 2.2.5 Bestimmung der Ladungswechselrandbedingungen mit der Fourier-Synthese

Zur Aufstellung der für die Fourier-Synthese benötigten Koeffizienten-Kennfelder wurden die untersuchten Motoren im gesamten Kennfeld vermessen. Neben Zylinderdruck und diversen Temperaturen wurden auch Saugrohr- und Abgasgegendruck aufgezeichnet. Diese werden mit einer diskreten Fourier–Transformation in ihre harmonischen Anteile zerlegt.

Bei 720 °KW für ein Arbeitsspiel bleiben aufgrund der Symmetrieeigenschaften der DFT immer noch 360 komplexe Koeffizienten, um mit der IDFT den Originalverlauf ohne nennenswerte Fehler wieder zurückzurechnen.

Die Anzahl der Rechenoperationen der DFT und damit auch der IDFT betragen bei N - Stützstellen $N^2$ Berechnungen. Für 720 Stützstellen eines kompletten Arbeitsspieles ergeben sich also 518.400 Rechenoperationen. Bei Berechnung des halben Spektrums werden nur ein Viertel der Rechenoperationen benötigt. Dies ergibt allerdings immer noch 360 Koeffizienten mit 129.600 Rechenoperationen.

Abbildung (2.9) zeigt Beispielhaft die aus dem Real- und Imaginärteil der Koeffizienten gewonnenen Beträge für eine Transformation. Hier muss noch erwähnt werden, dass der Druckverlauf vor Durchführung der DFT auf den jeweils vorherrschenden Umgebungsdruck bezogen wird, um dem Einfluss eines veränderten Luftdrucks auf den Saugrohr- und Abgasgegendruckverlauf gerecht zu werden. Bei der IDFT muss demnach wieder mit dem dann aktuellen Umgebungsdruck multipliziert werden.

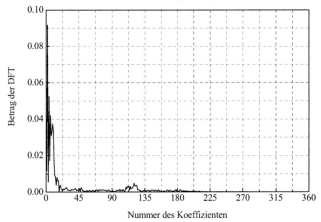

*Abbildung (2.9):* Betragsspektrum eines Abgasgegendruckverlaufes

Der Koeffizient mit n = 0 ist ausgeblendet. Er stellt den Mittelwert des gesamten Verlaufes dar und würde aufgrund seines Betrages alle anderen Koeffizienten zu einer Linie auf der x - Achse entarten lassen. Die dargestellten Koeffizienten sind aus einem Verlauf des Abgasgegendruckes ermittelt worden, der einen mittleren Verlauf aus 200 Arbeitsspielen darstellt. Ein großer Anteil der hochfrequenten Störungen des Messsignals ist durch die Mittelung bereits herausgefiltert worden.

In Abbildung (2.9) ist erkennbar, dass für die IDFT nicht alle Koeffizienten benötigt werden, um den ursprünglichen Verlauf innerhalb einer bestimmten Toleranz darzustellen. Untersuchungen der vermessenen Motorenkennfelder haben ergeben, dass für die IDFT bis einschließlich zum 180. Koeffizienten hinreichend genaue Ergebnisse erzielt werden. Das globale Maximum der Abweichung für das Ergebnis der IDFT vom gemessenen Verlauf, gemittelt über 200 Arbeitsspiele, liegt dann bei etwa 2 – 3 Prozent, während die mittlere Abweichung eines Arbeitsspieles maximal bei etwa 0,5 ‰ liegt.

Die im Vergleich zu den Koeffizienten mit n > 180 verhältnismäßig hohen Amplituden in Abbildung (2.9) zwischen n = 100 und n = 135 resultieren aus den höherfrequenten Störanteilen des gemessenen Verlaufes. Eine IDFT mit N = 100 reduziert deren Einfluss auf das Nutzsignal bereits deutlich, ohne einen größeren Einfluss auf den qualitativen Verlauf des Abgasgegendruckes auszuüben. Der Einfluss der IDFT mit N = 180 ist nur mit einer entsprechend hohen Auflösung im Diagramm sichtbar. Daher wird in Abbildung (2.10) nur ein Teilbereich dargestellt. Gleichzeitig enthält diese Abbildung den Verlauf der IDFT mit N = 100.

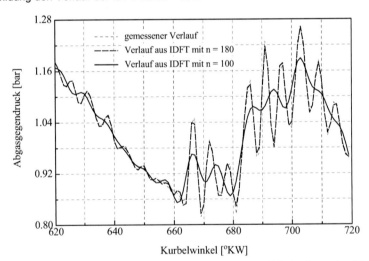

*Abbildung (2.10):* gemessener Abgasgegendruck und Verlauf aus der IDFT mit N = 180 und N = 100

Um die Zahl der Koeffizienten bei gleich bleibender Genauigkeit der IDFT noch weiter reduzieren zu können, wird nicht das gesamte Arbeitsspiel betrachtet. Für den Bereich des Ladungswechsels ist lediglich die Ventilöffnungsdauer interessant. Daher wird die DFT auf diesen Bereich ±5 °KW beschränkt.

In diesem Falle ist die Verwendung bis einschließlich des zehnten Koeffizienten ausreichend, womit der Rechenaufwand deutlich vermindert werden kann. Abbildung (2.11) zeigt die Ergebnisse der IDFT bis einschließlich des zehnten Koeffizienten von Saugrohr- und Abgasgegendruckverlauf.

Der maximale Fehler des einzelnen kurbelwinkelbezogenen Druckwertes erreicht dann für den Saugrohrdruck etwa fünf Prozent, für den Abgasgegendruck maximal 18 Prozent. Diese Werte stellen allerdings Ausnahmen dar. Im Mittel beträgt die Abweichung nicht mehr als 100 ppm für den Saugrohrdruck und 200 ppm für den Abgasgegendruck.

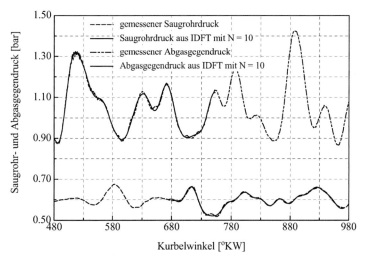

*Abbildung (2.11):* gemessene Niederdruckverläufe und IDFT mit N = 10 für den Bereich der Ventilöffnung

Trotz des periodischen Verlaufes von Saugrohr- und Abgasgegendruck müssen Anfangs- und Endwert des gemessenen Verlaufes aufgrund der Einschränkung auf das Ventilöffnungsintervall nicht zwingend gleich sein. Da die DFT jedoch periodische Verläufe voraussetzt, führen die DFT und eine anschließende IDFT zu den in Abbildung (2.12) dargestellten Ergebnissen.

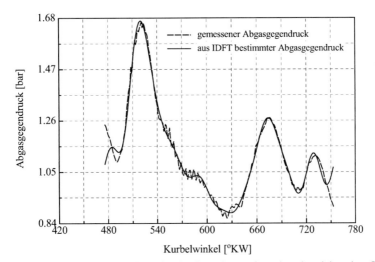

*Abbildung (2.12):* IDFT eines Signalverlaufes mit voneinander abweichenden Grenzwerten und eingeschränkter Anzahl Koeffizienten

Die für die Darstellung in Abbildung (2.12) durchgeführte Berechnung beschränkt sich auf die minimal notwendige Anzahl an Koeffizienten, um den Rechenaufwand gering zu halten. Die mittlere Abweichung zwischen gemessenem und berechnetem Verlauf beträgt 1,01 ppm. Das globale Maximum der Abweichung ist an den Intervallgrenzen mit etwa 18 % jedoch deutlich zu groß.

Die Differenz der Intervallgrenzen des betrachteten Teilverlaufes führt bei der IDFT zum sogenannten Gibbs'schen Phänomen, das sowohl bei Sprungstellen als auch dann auftritt, wenn die Funktionswerte an den Grenzwerten nicht übereinstimmen. Im zweiten hier vorliegenden Fall führt diese Unstetigkeit zu einem Funktionswert der IDFT, der etwa dem Mittelwert aus den Grenzwerten der Originalfunktion, also des gemessenen Verlaufes entspricht.

Vermeiden lässt sich dieses Phänomen, indem Anfangs- und Endwert des Verlaufes im für die DFT betrachteten Bereich auf denselben Wert gebracht werden. Im vorliegenden Fall kann nun entweder das gesamte Intervall durch eine Sägezahnfunktion so verschoben werden, dass die Funktionswerte für Intervallanfang und -ende null ergeben. Die zweite Variante ist die „Drehung" des Verlaufes um den Funktionswert für den Intervallanfang. In beiden Fällen wird die Originalfunktion gestaucht.

Wird nun die DFT auf den veränderten Verlauf angewendet, anschließend die IDFT und abschließend die Veränderung des Originalverlaufes zurück gerechnet, erhält man den gemessenen Verlauf bzw. das betrachtete Intervall. Die nun noch vorhandenen Unterschiede begründen sich allein aus der Anzahl der verwendeten Koeffizienten.

Den Koeffizienten-Kennfeldern ist auch der auf den Umgebungsdruck normierte Differenzbetrag zwischen Anfang und Ende des betrachteten Intervalls angefügt, um im Anschluss an die IDFT die für die DFT durchgeführte Drehung des Verlaufes wieder rückgängig zu machen.

Beachtet werden muss dabei jedoch, dass die physikalische Aussage des gemessenen Druckverlaufes mit dieser Anpassung verloren geht. Die Koeffizienten der DFT können demnach nicht mit der Einheit des Druckes dargestellt werden. Dieser Effekt verstärkt sich mit zunehmendem Druckunterschied der Grenzwerte. Speziell kann der Koeffizient $C_0$, der den Mittelwert des transformierten Verlaufes darstellt, nicht mit dem Mittelwert des gemessenen Druckverlaufes verglichen werden. Da diese Aussagefähigkeit nicht benötigt wird, kann das Verfahren unverändert angewendet werden.

In Abhängigkeit von Drehzahl und prozentualer Drosselklappenstellung werden die Ergebnisse der DFT der Prozessrechnung zur Verfügung gestellt. Die für Saugrohr- und Abgasgegendruck aufgestellten Koeffizienten-Kennfelder beinhalten jeweils zehn Koeffizienten für Betrag und Phase. Diese Datenfelder müssen für jeden zu untersuchenden Motor oder bei konstruktiven Änderungen der Elemente des Ladungswechsels neu erstellt werden.

Die Störfestigkeit des Verfahrens wird durch Untersuchung der Einflussfaktoren geprüft. Einen Einfluss auf den Saugrohrdruck übt eine veränderte Kühlwassertemperatur bei ansonsten gleichen Betriebsrandbedingungen aus. Eine Veränderung des Abgasgegendruckes hingegen wird durch eine Variation des Zündzeitpunktes erreicht. Diese beiden Parameter werden als Hauptstörgrößen identifiziert.

Zur Untersuchung des Einflusses der Kühlwassertemperatur auf den Saugrohrdruckverlauf sowie auf die Ergebnisse der Prozessrechnung mit dem neuen Verfahren wurden die in nachfolgender Tabelle aufgeführten Betriebspunkte 1 – 3 vermessen. Die Kühlwassertemperatur wurde von 90 °C an in 10 °C-Schritten bis auf 50 °C abgesenkt.

| PARAMETER | | DIMENSION | BP 1 | BP 2 | BP 3 | BP 4 | BP 5 |
|---|---|---|---|---|---|---|---|
| Drehzahl | n | min$^{-1}$ | 1500 | 1500 | 4000 | 2498 | 2502 |
| Drehmoment | M | Nm | 15,6 | 124,8 | 15,0 | 20,7 | 7,4 |
| DK - Stellung | | % | 5,3 | 24,2 | 11,9 | 8,31 | 8,3 |
| ZZP | $\varphi_{ZZP}$ | °KW v. OT | 24,5 | 15,38 | 43,5 | 37,88 | 10,13 |

*Tabelle (2.1):* Betriebspunktdaten für Untersuchung des Einflusses der Kühlwassertemperatur und des Zündzeitpunktes

In Abbildung (2.13) sind die über die Prozessrechnung ermittelten Luftvolumenströme bezogen auf die Messergebnisse dargestellt. Die Angabe erfolgt sowohl für die Ergebnisse bei Vorgabe der gemessenen Niederdruckverläufe als auch der aus der IDFT erhaltenen Verläufe, welche die aufgrund der sinkenden Kühlwassertemperatur geänderten Saugrohrdruckverläufe nicht berücksichtigen.

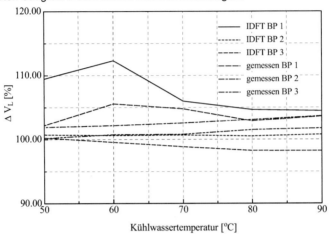

Abbildung (2.13): Einfluss der Kühlwassertemperatur auf den errechneten Luftvolumenstrom

Die hohe Grundabweichung der Prozessrechnung im ersten Betriebspunkt, gekennzeichnet durch leerlaufnahe Parameter, wird bei Verwendung der aus der IDFT erhaltenen Druckverläufe weiter verstärkt. Im höheren Last- und Drehzahlbereich, Betriebspunkte 2 und 3, gelingt eine Annäherung an die Messwerte mit maximal 3,5 % Fehler auch mit den simulierten Niederdruckverläufen. Die Abhängigkeit wird daher nicht weiter berücksichtigt.

Das im Gegensatz zum BP 4 deutlich späteren Zünden beim BP 5 hat sowohl auf den Brenn- als auch auf den Druck- und Temperaturverlauf einen nennenswerten Einfluss. Mit dem geänderten Druckverlauf im Zylinder stellt sich auch ein anderer Verlauf des Abgasgegendruckes ein. Diese Abhängigkeit kann, aufgrund der Vorgehensweise bei der Erstellung der Koeffizienten-Kennfelder, mit dem neuen Verfahren nicht dargestellt werden.

Die Abbildungen (2.14-2.15) zeugen jedoch auch hier von einer guten Übereinstimmung zwischen Messung und Rechnung. Dargestellt sind die Innenmitteldrücke der Indizierung sowie der Prozessrechnung mit gemessenem und berechnetem Saugrohr- und Abgasgegendruckverlauf der BP 4 und 5. Die gleiche Einteilung weist der ebenfalls dargestellte Luftvolumenstrom auf.

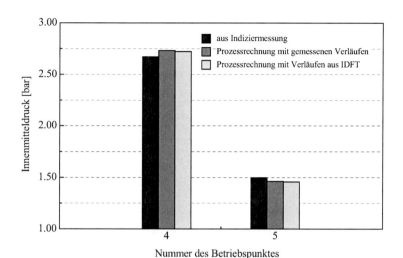

*Abbildung (2.14):* Innenmitteldruck der Indizierung und der Prozessrechnung für die BP 4 und 5

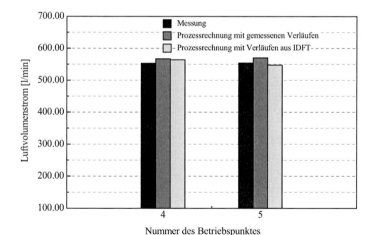

*Abbildung (2.15):* Luftvolumenstrom der Indizierung und der Prozessrechnung für die BP 4 und 5

Die nachfolgende Abbildung (2.16) zeigt die Niederdruckverläufe des BP 4 mit verbrauchsoptimalem Zündzeitpunkt. Die Vernachlässigung der höherfrequenten Anteile führt hier beim Abgasgegendruck in Teilen zu einer Absenkung des Druckniveaus. Der Saugrohrdruck wird dagegen sowohl nach Betrag als auch Phase nahezu ohne Abweichung dargestellt.

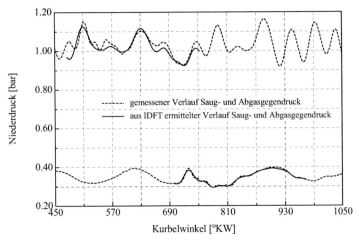

*Abbildung (2.16):* Niederdruckverläufe BP 4

Wie in Abbildung (2.17) zu erkennen ist, hat der veränderte Zündzeitpunkt keinen Einfluss auf den Saugrohrdruck. Die Berechnung mit Hilfe der IDFT ist wie vorher sehr genau. Der Abgasgegendruck zeigt jedoch deutliche Veränderungen, die sich aus dem veränderten Hochdruckteil des Prozesses ergeben. Der aus der IDFT ermittelte Verlauf entspricht dem bereits in Abbildung (2.16) dargestellten, da sich die für das neue Verfahren relevanten Parameter nicht geändert haben.

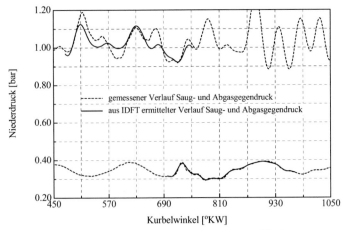

*Abbildung (2.17):* Niederdruckverläufe BP 5

Trotz dieser fehlerhaften Darstellung des Abgasgegendruckes zeigt das Ergebnis der Prozessrechnung nicht mehr als zwei Prozent Fehler gegenüber der Prüfstandsmessung. Aufgrund der Güte der dargestellten Ergebnisse wird auch dieser Zusammenhang im Weiteren nicht berücksichtigt.

Das vorgestellte neue Verfahren zur Ermittlung der Ansaug- und Abgasgegendrücke kann mit wenig Aufwand in einer Prozessrechnung umgesetzt werden. Nach Aufstellen der Koeffizienten-Kennfelder zeichnet es sich durch eine hohe Flexibilität gegenüber dem Basisverfahren, der direkten Verwendung gemessener Ansaug- und Abgasgegendrücke in Bezug auf eine transiente Prozessrechnung aus.

Die Rechenzeiten sind im Gegensatz zur Füll- und Entleermethode sowie den ein- und mehrdimensionalen Modellen geringer. Zum einen entfällt die Notwendigkeit einer Iteration. Zum anderen ist eine Neuberechnung der Ladungswechselrandbedingungen innerhalb der Prozessrechnung nur dann notwendig, wenn einer der Parameter Drehzahl, Drosselklappenstellung oder Umgebungsdruck eine Änderung erfährt.

## 3 Bewertung der Ergebnisse

Im Folgenden sollen die Ergebnisse der Simulation vorgestellt und mit den Messwerten verglichen werden. Ein Vergleich der Simulationsergebnisse untereinander soll die Abschätzung der Güte des neuen Verfahrens gegenüber dem gewählten Basisverfahren der Nutzung gemessener Ansaug- und Abgasgegendrücke für die Prozessrechnung ermöglichen.

Das aufwändig und mehrfach vermessene Motorkennfeld ermöglichte den Aufbau umfangreicher Koeffizienten-Kennfelder für die Simulation.

Die aus den Messwerten erstellten Kennfelder der diskreten Fourier-Transformation sind in den folgenden Abbildungen (3.1 – 3.4) dargestellt. Aus Gründen der Übersichtlichkeit sind hier lediglich die Beträge der komplexen Koeffizienten $C_0$ und $C_1$ aufgeführt.

Mit zunehmender Entdrosselung des Motors bei steigender Last steigt der Mittelwert des Saugrohrdruckes bis zum Erreichen des Umgebungsdruckes. Ebenso findet eine Verlagerung dieses Anstieges zu höheren Drosselklappenstellungen bei steigender Drehzahl aufgrund des deutlich höheren Volumenstromes statt.

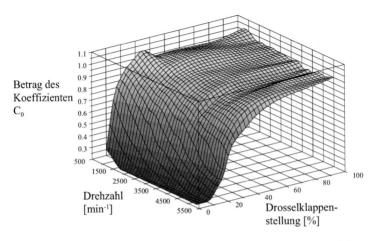

*Abbildung (3.1):* DFT-Kennfeld Saugrohr: Betrag des Koeffizienten $C_0$

Der in Abbildung (3.1) dargestellte Verlauf bestätigt diese Aussagen. Eine gegenüber der Drosselklappenstellung deutlich höhere Abhängigkeit von der Drehzahl zeigt der Verlauf der Beträge des Koeffizienten $C_1$ in Abbildung (3.2).

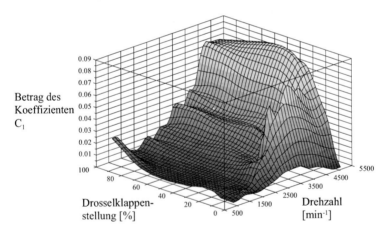

*Abbildung (3.2):* DFT-Kennfeld Saugrohr: Betrag des Koeffizienten $C_1$

Das in Abbildung (3.3) dargestellte DFT – Kennfeld der Beträge des abgasseitigen Koeffizienten $C_0$ zeigt deutlich ausgeprägte Extremwerte. Aufgrund der erkennbaren Abhängigkeit von der Drehzahl kann von einem entsprechenden Einfluss strömungstechnischer Vorgänge (Resonanz), hervorgerufen durch Rückwirkungen der gesamten Abgasanlage, ausgegangen werden.

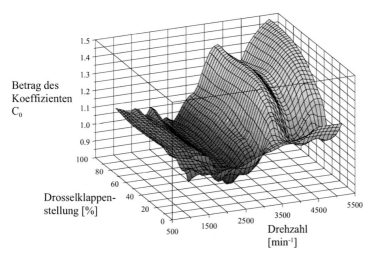

*Abbildung (3.3):* DFT-Kennfeld Abgas: Betrag des Koeffizienten $C_0$

Die Abbildung (3.4) des Koeffizienten $C_1$ zeigt anstelle des ausgeprägten Minimums bei etwa 2500 min$^{-1}$ in Abbildung (3.3) nun ein Maximum. Die Maxima der hohen Drehzahlen sind zwar etwas zusammen gerückt, aber noch immer vorhanden. Da hier mit niedrigen Koeffizienten auch niedrigfrequente Signalbestandteile betrachtet werden, kann ein Einfluss der hochfrequenten Störsignale ausgeschlossen werden.

Im weiteren Verlauf der höherfrequenten Anteile prägt sich dieses drehzahlabhängige Wechselspiel der Maxima und Minima weiter aus, wenngleich die einzelnen absoluten Amplituden geringer werden.

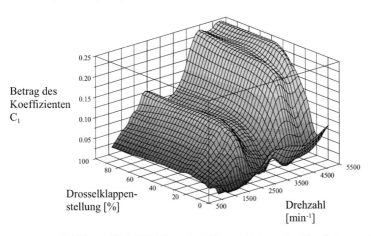

*Abbildung (3.4):* DFT-Kennfeld Abgas: Betrag des Koeffizienten $C_1$

## 3.1 Vergleich Messung – Rechnung

Im Weiteren werden die Ergebnisse der Prozessrechnung vorgestellt. Dabei werden zur Ermittlung der Ladungswechselrandbedingungen zum einen die Mittelwerte der gemessenen Niederdruckverläufe, diese selbst und die aus der IDFT berechneten Verläufe genutzt.

Im Bereich sehr niedriger Drehzahlen und Lasten, also bei relativ kleinen Strömungsgeschwindigkeiten in Bezug auf die Schallgeschwindigkeit, sollten auch mit der Verwendung mittlerer Gegendrücke für die Prozessrechnung Ergebnisse für die äußere Energiebilanz erzielt werden, die im Vergleich zur Messung um etwa 5 % abweichen.

In Abbildung (3.5) ist der mit Vorgabe der Mittelwerte für die Prozessrechnung errechnete Luftvolumenstrom bezogen auf den gemessenen Luftvolumenstrom für den untersuchten Bereich des Motorkennfeldes dargestellt.

Erkennbar sind deutliche Unstetigkeiten im niedrigen bis leerlaufnahen Lastbereich. Diese sind auf Einflüsse des am Einlassventil auftretenden Druckunterschiedes zwischen Saugrohr und Zylinder zurückzuführen. Die bei geringen Ventilhüben in der Phase der Ventilöffnung auftretenden sehr hohen Strömungsgeschwindigkeiten direkt am Ventil führen zu Fehlern der Berechnung, da die kinetische Energie nicht berücksichtigt wird.

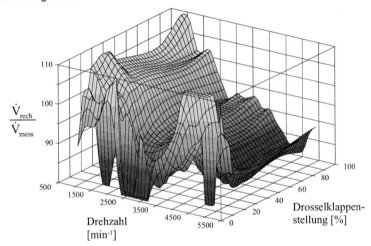

*Abbildung (3.5):* errechneter Luftvolumenstrom bezogen auf die Messung bei Vorgabe mittlerer Gegendrücke für die Prozessrechnung

Wie erwartet fällt die Qualität der Berechnung mit steigender Drehzahl sehr schnell ab und erreicht mit knapp 78 % ein globales Minimum. Dieses Verfahren der Bereitstellung der Ladungswechselrandbedingungen eignet sich demnach nur bedingt, in Abhängigkeit der gewünschten Annäherung an die Messung, zur überschlägigen Berechnung des Prozesses.

Da die Massenströme von Luft und Kraftstoff über das Luftverhältnis $\lambda$ miteinander verknüpft sind, welches nur durch die Anfettung im Bereich der Volllast zur Vermeidung klopfender Verbrennung geändert wird, ist der qualitative Verlauf der bezogenen Volumenströme ähnlich zu erwarten. Dies verdeutlicht die nachstehende Abbildung (3.6). Daher wird im Folgenden auf die vergleichende Darstellung des Kraftstoffvolumenstromes verzichtet.

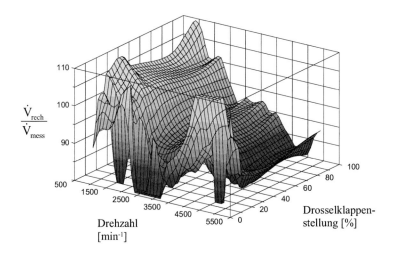

*Abbildung (3.6):* errechneter Kraftstoffvolumenstrom bezogen auf die Messung bei Vorgabe mittlerer Gegendrücke für die Prozessrechnung

Bei Vorgabe der gemessenen Saugrohr- und Abgasgegendruckverläufe für die Prozessrechnung ergibt sich für den Luftvolumenstrom bezogen auf den am Prüfstand ermittelten Messwert der in Abbildung (3.7) dargestellte Verlauf.

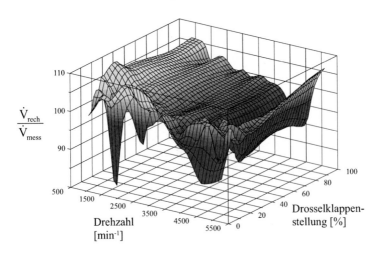

*Abbildung (3.7):* errechneter Luftvolumenstrom bezogen auf die Messung bei Vorgabe gemessener Niederdrücke für die Prozessrechnung

Die in der Literatur angeführten und erwarteten Fehler [27] derart durchgeführter Prozessrechnungen sind auch anhand dieses Diagramms ersichtlich. Die sich durch alle Drehzahlbereiche hindurch erstreckenden Unstetigkeiten im niedrigen Lastbereich, bereits in den Abbildungen (3.5 – 3.6) erkennbar, treten auch bei diesem Verfahren auf.

Erkennbar ist auch der im niedrigen Drehzahlbereich zu hoch berechnete Volumenstrom, wobei hier im Mittel nicht mehr als fünf Prozent Abweichung zum gemessenen Wert auftreten. Im gesamten mittleren Motorkennfeldbereich, ausgenommen natürlich die leerlaufnahen Betriebspunkte, wird eine gute bis sehr gute Übereinstimmung zwischen Messung und Rechnung erreicht. Die Abweichung beträgt im Durchschnitt nicht mehr als ±3 %.

Im hohen Drehzahlbereich ist erst ein ausgeprägtes Minimum bei etwa 4600 – 4800 $min^{-1}$, gefolgt von einem Maximum bei etwa 5000 $min^{-1}$ erkennbar.

Der Grundmotivation einer schnellen und doch hinreichend genauen Prozessrechnung mit einfachen Modellen wurde damit entsprochen. Um nun eine transiente Berechnung des ottomotorischen Prozesses zu ermöglichen, wurde das Verfahren der Bereitstellung der Ansaug- und Abgasgegendrücke mit der inversen diskreten Fourier-Transformation eingeführt. Die Ergebnisse zeigen die nachfolgend aufgeführten Abbildungen und Vergleiche.

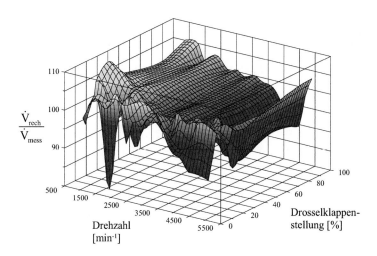

*Abbildung (3.8):* errechneter Luftvolumenstrom bezogen auf die Messung bei Verwendung der Verläufe aus der IDFT

Die Abbildung (3.8) zeigt wie erwartet auch die Unstetigkeiten der leerlaufnahen Betriebspunkte. Jedoch sind Bereiche mit niedrigeren und höheren Abweichungen des Ergebnisses im Gegensatz zur Verwendung der gemessenen Verläufe zu erkennen. Um dies zu verdeutlichen, werden in Abbildung (3.9) beide bezogenen Volumenstrom-Kennfelder dargestellt.

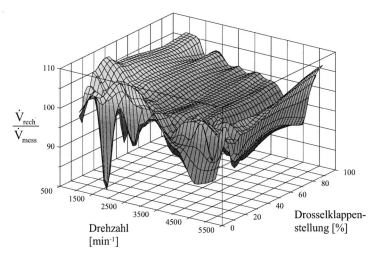

*Abbildung (3.9):* errechneter Luftvolumenstrom bezogen auf die Messung bei Verwendung der gemessenen Verläufe und denen der IDFT für die Prozessrechnung

Das hellere Volumenstrom - Kennfeld entspricht der Darstellung in Abbildung (3.7), also dem mit Hilfe der gemessenen Niederdruckverläufe ermittelten Ergebnissen. Dieses verdeckt das mit dem neuen Modell erstellte Volumenstrom - Kennfeld nahezu vollständig. Das bedeutet, dass im Bereich zu hoch berechneter Volumenströme eine geringere Abweichung, im Bereich zu niedrig berechneter Volumenströme aber auch eine höhere Abweichung in Bezug zum gemessenen Wert eintritt.

Die nachfolgende Abbildung (3.10) zeigt die relative Abweichung beider Volumenstrom - Kennfelder voneinander. Daraus wird deutlich, dass die Unterschiede im Großteil des Motorkennfeldes im Gegensatz zu den schon des Öfteren erwähnten Randgebieten niedriger Last mit deutlich weniger als einem Prozent Abweichung sehr gering ausfallen.

Zumindest für den Rahmen dieses untersuchten Motorkennfeldes wäre damit gezeigt, dass die vorgestellte Methode in einen Genauigkeitsbereich gelangt, der den Anforderungen an eine Prozessrechnung in weiten Teilen gerecht wird.

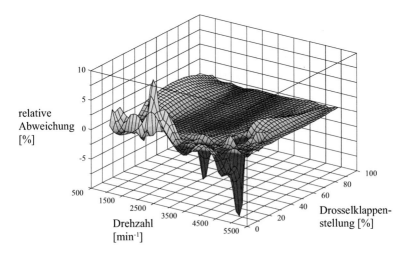

*Abbildung (3.10):* relative Abweichung der Daten aus Abbildung (3.9)

Damit liegen die Ergebnisse mit dem neuen Verfahren im gleichen qualitativen Bereich wie diejenigen des Basisverfahrens bei Vorgabe der gemessenen Randbedingungen für die Prozessrechnung. Der Vorteil des neuen Verfahrens besteht demnach in der Kombination aus bisher erreichter Simulationsgüte der nulldimensionalen Verfahren, hoher Rechengeschwindigkeit und der Hinterlegung vermessener DFT - Kennfelder für eine transiente Prozessrechnung.

## 3.2 Ergebnisse der Interpolation

Für die bisherigen Darstellungen wurden hauptsächlich Betriebspunkte verwendet, die auch zur Erstellung der DFT – Kennfelder genutzt wurden. Somit erübrigt sich in einigen Fällen eine Interpolation zwischen den Werten zur Bestimmung der Ladungswechselrandbedingungen.

Im Folgenden sollen noch neun weitere Betriebspunkte untersucht werden, deren Messwerte unabhängig vom vermessenen Motorkennfeld aufgenommen worden sind. Einen Überblick über die Qualität der Ergebnisse geben die folgenden Abbildungen (3.11 - 3.12).

Dargestellt sind in Abbildung (3.11) der aus den Messwerten ermittelte Innenmitteldruck für alle Betriebspunkte, gekennzeichnet durch die Nummer der Messung als x-Achse im Diagramm. Des Weiteren sind die berechneten Ergebnisse unter Verwendung der gemessenen Niederdruckverläufe und der mittels der IDFT ermittelten Verläufe dargestellt.

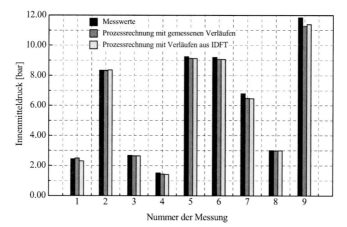

*Abbildung (3.11):* Innenmitteldruck der Kontrollmesspunkte im Vergleich Messung – Prozessrechnung

Abbildung (3.11) zeigt eine sehr gute Übereinstimmung mit den Messwerten. Die Abweichungen sind gering und die Ergebnisse der unterschiedlichen Verfahren nahezu deckungsgleich.

Ein weiteres, bisher verwendetes Vergleichskriterium ist der Luftvolumenstrom für die äußere Energiebilanz. In Abbildung (3.12) ist dieser sowohl für die Prüfstandsmessungen als auch als Ergebnis der Prozessrechnung dargestellt. Die Abweichungen vom Messwert liegen für die Prozessrechnungen bis Messpunkt Nr. 8 bei maximal sechs Prozent, bei Nr. 9 sind es etwa 7,5 %. Diese Ergebnisse sind bei Berücksichtigung der Abbildungen (3.7) und (3.8) auch zu erwarten gewesen.

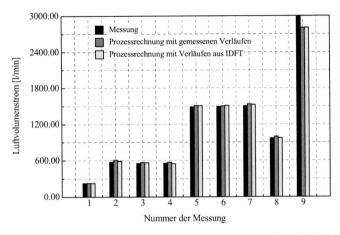

*Abbildung (3.12):* Luftvolumenströme der Kontrollmesspunkte im Vergleich Messung – Prozessrechnung

Den Einfluss der Interpolation zwischen den lediglich elf verwendeten Koeffizienten für die IDFT auf den Saugrohr- und Abgasgegendruckverlauf verdeutlicht die nachstehende Abbildung (3.13). Wenn auch der Abgasgegendruck qualitativ hinreichend gut wiedergegeben wird, so ist doch eine leichte Verschiebung im Bereich um etwa 650 °KW herum zu erkennen. Der Saugrohrdruck wird ebenfalls mit guter Qualität berechnet.

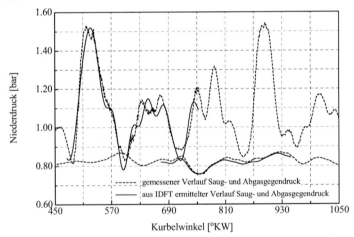

*Abbildung (3.13):* Niederdruckverläufe Kontrollmesspunkt Nr. 5

Vergleicht man nun, für den bereits in Abbildung (3.13) dargestellten Kontrollmesspunkt Nr. 5, die Verläufe der Enthalpieströme für Einlass- und Auslassströmung beider Modelle miteinander, Abbildung (3.14), so wird deutlich, dass durch die IDFT ein hoher Grad der Glättung des ansaug- und abgasseitigen Druckverlaufes erreicht wird, ohne die Qualität der Berechnung negativ zu beeinflussen.

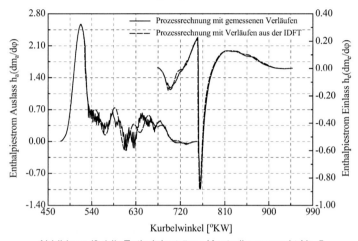

*Abbildung (3.14):* Enthalpieströme Kontrollmesspunkt Nr. 5

Die Verschiebung des Verlaufes des Abgasgegendruckes hat auch Einfluss auf den auslassseitigen Enthalpiestrom. Da der Beginn der Auslassströmung im Vergleich zur Verwendung der gemessenen Verläufe sehr gut wiedergegeben wird und diese eher durch niederfrequente Koeffizienten beschrieben wird, liegt die Ursache wohl in den höheren Koeffizienten. Denkbar wäre auch eine Beeinflussung durch die Vernachlässigung aller höheren Koeffizienten als $C_{10}$.

Diese Ergebnisse bestätigen den getroffenen Kompromiss zwischen Geschwindigkeit der Berechnung für eine schnelle Approximation der Ansaug- und Abgasgegendruckverläufe, ausgedrückt durch eine geringe Zahl an verwendeten Koeffizienten, und guter Genauigkeit.

# 4 Zusammenfassung und Ausblick

Es wird ein neues Verfahren zur Ermittlung der Ansaug- und Abgasgegendrücke für die Ladungswechselrechnung von Viertakt – Ottomotoren vorgestellt.

Mit Prüfstandsversuchen werden Saugrohr- und Abgasgegendruck äquidistant gemessen. Wie aus der digitalen Signalverarbeitung bekannt, können diese periodischen Verläufe mit der diskreten Fourier – Transformation in ihre harmonischen Anteile, gekennzeichnet durch Betrag und Phase, zerlegt werden.

Die Koeffizienten der diskreten Fourier – Transformation werden in mehrdimensionalen Koeffizienten - Kennfeldern zusammengefasst. In einer eigens aufgestellten Prozessrechnung werden aus den Koeffizienten mit der inversen diskreten Fourier-Transformation wieder die Niederdruckverläufe berechnet.

Die Validierung des neuen Verfahrens wurde an zwei Motoren durchgeführt. Dazu sind die Ergebnisse der Prozessrechnung mit den Messwerten der Prüfstandsversuche sowie mit zwei bekannten nulldimensionalen Verfahren der Ladungswechselrechnung verglichen worden. Diese sind zum einen die Vorgabe konstanter Werte und zum anderen die Vorgabe der gemessenen Werte für den Ansaug- und Abgasgegendruck.

Für den Vergleich der äußeren Energie- und Massenbilanz wurden der Luft- und Kraftstoffvolumenstrom verwendet. Dieser Vergleich zeigt in weiten Teilen der Motorkennfelder eine gute bis sehr gute Übereinstimmung der Prozessrechnung unter Anwendung des neuen Verfahrens mit den Messwerten sowie des bekannten messwertgespeisten Verfahrens.

Das neue Verfahren konnte demnach erfolgreich an zwei unterschiedlichen Motoren auf seine Verwendbarkeit, vor allem auf eine schnelle Prozessrechnung hin untersucht werden.

Die Weiterentwicklung des Modells und die Integration zusätzlicher Abhängigkeiten sind selbst bei kritischer Betrachtung der Ergebnisse zu empfehlen. Insbesondere gilt es, die Übertragbarkeit auf andere Motoren und Ladungswechselkonzepte eingehender zu prüfen und eine Allgemeingültigkeit abzuleiten.

# 5 Literatur

[1] Hering, Andre
Ein Ansatz zur Berechnung von Ansaug- und Abgasgegendruck für schnelle Motorprozessrechnungen
Dissertation, Helmut-Schmidt-Universität/Universität der Bundeswehr Hamburg, Hamburg 2006

[2] Noske, Georg
Ein Quasidimensionales Modell zur Beschreibung des Ottomotorischen Verbrennungsablaufes
Fortschritt-Berichte VDI, Reihe 6, Nr. 211, Düsseldorf 1988

[3] Urlaub, Alfred
Verbrennungsmotoren, Band 1 – 3
Springer - Verlag, Berlin 1989

[4] Merker, Günter P.; Schwarz, Christian
Technische Verbrennung – Simulation verbrennungsmotorischer Prozesse
B. G. Teubner, Stuttgart/Leipzig/Wiesbaden 2001

[5] Merker, Günter P.; Schwarz, Christian; Stiesch, Gunnar; Otto, Frank
Verbrennungsmotoren – Simulation der Verbrennung und Schadstoffbildung
B. G. Teubner, Wiesbaden 2004

[6] Kuratle, Rolf
Motorenmesstechnik
Vogel Buchverlag, Würzburg 1995

[7] Pischinger, Rudolf; Kraßnig, Günter; Taučar, Gerhart; Sams, Theodor
Thermodynamik der Verbrennungskraftmaschine, Neue Folge, Band 5
Springer – Verlag Wien 1989

[8] Pischinger, Rudolf; Klell; Sams, Theodor
Thermodynamik der Verbrennungskraftmaschine, 2.te, überarbeitete Auflage
Springer – Verlag Wien, New York 2002

[9] Kleinschmidt, Walter
Instationäre Wärmeübertragung in Verbrennungsmotoren
Fortschritt – Berichte VDI, Reihe 12, Nr. 383, Düsseldorf 1999

[10] Zacharias, Friedemann
Mollier-I,S-Diagramme für Verbrennungsgase in der Datenverarbeitung
MTZ 31 (1970) Heft 7, Seite 296-303

[11] Thiemann, Wolfgang
Verfahren zur genauen Zylinderdruckmessung an Verbrennungsmotoren – Teil 1/2
MTZ 50 (1989), Heft 2, Seite 81-88; Heft 3, Seite 129-134

[12] Thiemann, Wolfgang
Definition und Eigenschaften des Fülligkeitsgrads des Indikatordiagramms und sein Einfluß auf den Totpunktfehler
Automobil-Industrie Nr. 5/88, Seite 569-577

[13] Vibe, I. I.
Brennverlauf und Kreisprozess von Verbrennungsmotoren
VEB Verlag und Technik, Berlin 1970

[14] Engeln-Müllges, G.; Reutter, F.
Formelsammlung zur numerischen Mathematik mit C-Programmen
Bibliographisches Institut & F.A. Brockhaus AG, Zürich 1987

[15] Kammeyer, Karl-Dirk; Kroschel, Kristian
Digitale Signalverarbeitung
B. G. Teubner Stuttgart/Leipzig/Wiesbaden 2002
[16] Schwarz, H. R.
Numerische Mathematik
B. G. Teubner Stuttgart 1986
[17] Prandtl, Ludwig; Oswatitsch, Klaus; Wieghardt, Karl
Führer durch die Strömungslehre, 9.Auflage
Vieweg Verlag, Braunschweig 1990
[18] Manz, Peter Wolfgang
Rechnerische Simulation von instationären Betriebszuständen an einem Einzylinder - Ottomotor
Dissertation, Technische Universität Braunschweig 1989
[19] Manz, Peter Wolfgang
Indiziertechnik an Verbrennungsmotoren
Vorlesungsunterlagen
TU Braunschweig, Braunschweig 2005
[20] Böhme, G.; Wünsch, O.
Strömungslehre
Vorlesungsunterlagen
Helmut-Schmidt-Universität / Universität der Bundeswehr Hamburg, Hamburg 1997
[21] Benson, R.; Annand, W.; Baruah, P.
A simulation model including intake and exhaust systems for a single cylinder four-stroke cycle spark ignition engine
International Journal of Mechanical Science, Band 17, Heft 2, Seite 97-124, 1975
[22] Buchwald, R.
Motorprozesssimulation als Werkzeug zur Optimierung von Ottomotoren
Dissertation, TU Berlin 2000
[23] Willenbockel, Otto
Die Anwendung realer Prozessrechnungen zur quantitativen Erklärung der Stickoxid – Emission eines Ottomotors
Dissertation, TU Braunschweig 1973
[24] Bredenbeck, J.
Motorprozess-Simulation als Wissensbasis
Dissertation, TU Berlin 1996
[25] Köhler, U.; Bargende, M.; Schwarz, F.; Spicher, U.
Entwicklung eines allgemeingültigen Restgasmodells für Verbrennungsmotoren
Abschlussbericht, FVV Vorhaben - Nr. 740 Restgasmodell, 2003
[26] Justi, E.
Spezifische Wärme, Enthalpie, Entropie und Dissoziation technischer Gase
Springer-Verlag, Berlin, 1938
[27] von Rüden, Klaus
Beitrag zum Downsizing von Fahrzeug - Ottomotoren
Dissertation, TU Berlin 2004

# 15   Entwicklung eines kurbelwinkelsynchronen Motormodells für die Echtzeitsimulation
## Development of a Crank Angle Based Engine Model for Realtime Simulation

Sebastian Zahn, Rolf Isermann

## Abstract

This paper presents the development of a detailed physical model for real-time simulation of a CR diesel engine equipped with exhaust turbocharger and exhaust gas recirculation. Contrary to present mean value models used for ECU development and testing the model developed here is a cylinder-by-cylinder engine model with crankangle resolution. It focuses on future engine management systems with cylinder pressure based control functions.
For modelling the air path a lumped parameter approach is used. The turbocharger is described by a semi-physical model which relies on characteristic maps measured at the engine test bed. The state variables within the cylinder are calculated by an empirical model based on single-zone engine cycle calculation.
For the parameterization of the model a continuous method starting with test planning and ending with model validation is introduced. By means of a quasi-stationary measurement strategy the measurement effort and time can be considerably reduced.
To validate the model simulation results are compared with measurements of an Opel 1,9L common rail diesel engine.

## Kurzfassung

Der Beitrag stellt die Entwicklung eines detaillierten physikalischen Modells für die Echtzeitsimulation eines CR-Dieselmotors mit Abgasturbolader und Abgasrückführung vor. Das Modell zeichnet sich im Gegensatz zu den bisherigen für die Funktionsentwicklung und den Steuergerätetest genutzten Mittelwertmodelle durch eine kurbelwinkelsynchrone und zylinderindividuelle Berechnung der Zustandsgrößen des Motors aus und trägt damit der Erweiterung künftiger Steuergeräte um brennraumdruckgeführte Motormanagementsysteme Rechnung.
Die Modellbildung des Luft- und Abgaspfades beruht auf der Annahme konzentrierter Parameter. Für das Turboladermodell wird ein semi-physikalischer Ansatz auf der Grundlage am Motorprüfstand vermessener Kennfelder gewählt. Die Zustandsgrößen in den Zylindern werden durch ein empirisches Modell basierend auf einer einzonigen Arbeitsprozessrechnung bestimmt.
Für die Bedatung der Modelle des Luft- und Abgaspfades wird eine durchgängige Methodik von der Versuchsplanung bis zur Modellvalidierung vorgestellt. Mit Hilfe der kontinuierlichen, quasistationären Motorvermessung kann der Messaufwand und die Messzeit zur Modellbedatung im Vergleich zur Rastervermessung deutlich reduziert werden.
Die Validierung des Modells erfolgt mit Prüfstandsdaten eines Opel 1,9L Common-Rail-Dieselmotors.

# 1. Einleitung

Bedingt durch die steigenden Anforderungen an das Verbrauchs-, Leistungs- und Emissionsverhalten von Verbrennungsmotoren nimmt die Komplexität moderner Verbrennungsmotoren mit jeder Modellgeneration zu. Entsprechend wachsen die Komplexität der Steuerungs- und Regelungsfunktionen sowie der Umfang der Diagnose-Funktionalität im Motorsteuergerät an [1]. Damit einher geht ein zunehmender Vermessungs- und Applikationsaufwand.
Um Prüfstands- und Entwicklungszeiten zu reduzieren, werden zunehmend modell- und simulationsbasierte Methoden eingesetzt. Für die Entwicklung von Steuergerätefunktionen und den Reglerentwurf haben sich die Model-in-the-Loop (MiL) Simulation, die Software-in-the-Loop (SiL) Simulation und das Rapid Control Prototyping (RCP) etabliert. Die Hardware-in-the-Loop (HiL) Simulation ist zum Standard für den Test von Steuergeräten geworden. Bild 1 zeigt die Integration der Simulationstechniken in das bekannte V-Modell des Software- und Funktionsentwicklungsprozesses.

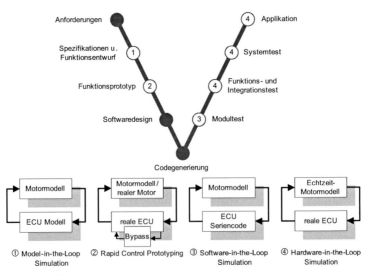

Bild 1: V-Modell des Software- und Funktionsentwicklungsprozesses

Für die vorgenannten Anwendungen kommen dabei einfache, oft experimentell bestimmte, stationäre Mittelwertmodelle zum Einsatz, die zumeist aus Daten einer Rastervermessung gewonnen werden. Mit der Verfügbarkeit von Drucksensor-Glühkerzen und der Erweiterung künftiger Steuergeräte um brennraumdruckgeführte Motormanagementsysteme reichen diese Mittelwertmodelle zur Steuergeräteentwicklung, zum Steuergerätetest sowie zum Entwurf neuer Regelkonzepte (z. B. Schwerpunktlageregelung) und Diagnosesysteme nicht mehr aus. Hier sind kurbelwinkelsynchrone Motormodelle notwendig. Der Entwurf zylinderindividueller Regelungen und Diagnosefunktionen bedingt zudem nicht nur die kurbelwinkelsynchrone Modellierung sondern zugleich die Nachbildung jedes einzelnen Zylinders einschließlich des dynamischen Verhaltens.

In diesem Beitrag wird als Zwischenstand eines Forschungsprojektes zur physikalischen Modellbildung und Simulation von Verbrennungsmotoren die Entwicklung eines kurbelwinkelsynchronen, zylinderindividuellen Motormodells für die Echtzeitsimulation am Beispiel eines Vierzylinder-Common-Rail-Pkw-Dieselmotors mit Turboaufladung und Abgasrückführung vorgestellt. Ziel dabei ist ein umfassendes Prozessmodell, welches durchgängig alle Simulationsmethoden (MiL, SiL, HiL) und das Rapid Control Prototyping (RCP) unterstützt. Als weitere Anwendungen des Modells sind die Entwicklung und der Test neuer Vermessungsstrategien und Diagnosekonzepte sowie der Einsatz als virtueller Sensor am Motorenprüfstand vorgesehen. Die Anforderungen an das Motormodell können wie folgt zusammengefasst werden:

- ▶ dynamisches Modell eines aufgeladenen CR-Dieselmotors mit Abgasrückführung für einen Drehzahlbereich von 800 1/min bis 3000 1/min
- ▶ echtzeitfähig
- ▶ zylinderindividuell und kurbelwinkelsynchron
- ▶ ausreichende Abbildungsgenauigkeit
- ▶ vertretbarer Aufwand zur Modellbedatung
- ▶ einfache Handhabung
- ▶ einfache Erweiterbarkeit und Übertragbarkeit auf andere Motoren

Als Lösung des Zielkonfliktes zwischen Rechenzeit, Abbildungsgenauigkeit und Bedatungsaufwand wird ein „Grey Box"-Modell entwickelt, welches soweit wie möglich auf physikalischen Gesetzmäßigkeiten beruht. Nur an den Stellen, an denen physikalische Zusammenhänge nur mit sehr hohem mathematischen Aufwand nachgebildet werden können (Bsp.: Turbolader), wird auf kennfeldbasierte Ansätze zurückgegriffen. Die Kennfelder werden dabei mit Hilfe künstlicher neuronaler Netze aus Messdaten bestimmt. Als Netztyp wird LOLIMOT [2] gewählt. Um die Forderung nach Echtzeitfähigkeit zu erfüllen, wird auf eine räumlich aufgelöste Berechnung der Zustandsgrößen im Motor bewusst verzichtet. Für die Modellierung des Luft- und Abgaspfades werden konzentrierte Parameter angenommen. Im übrigen folgt die Modellbildung den in [3] angegebenen Prinzipien. Das Zylindermodell basiert auf einer einzonigen Arbeitsprozessrechnung. Die Modellbildung erfolgt mit Hilfe der Entwicklungsumgebung MATLAB/Simulink.

## 2. Modellbildung des Luft- und Abgaspfades

### 2.1 Beschreibung des Systems und Notation

Bild 2 zeigt die typische Konfiguration des Luft- und Abgaspfades eines modernen DI-Dieselmotors. Der Motor ist mit einem Abgasturbolader mit variabler Turbinengeometrie, Ladeluftkühler und einer externen Abgasrückführung ausgestattet. Der Index der in Bild 2 aufgeführten Messgrößen gibt den Messort an. Dabei steht „1" für Zustände vor Verdichter, „2" für Zustände nach Verdichter, „3" für Zustände vor Turbine und „4" für Zustände nach Turbine. Ist ein zweiter Index vorhanden, so dient er der Detaillierung der Ortsangabe (Bsp.: „LLK" bezeichnet die Zustandsgrößen nach Ladeluftkühler).

Im Folgenden wird sowohl mit zeitlichen Ableitungen als auch mit Ableitungen nach dem Kurbelwinkel $\varphi$ gerechnet. Zeitliche Ableitungen sind mit einem Punkt (Bsp.: $\dot{y}$) versehen. Für eine Umrechnung der Größen gilt:

$$\frac{dy}{d\varphi} = \dot{y}\frac{dt}{d\varphi} \quad \text{mit} \quad \dot{y} = \frac{dy}{dt} \tag{2.1}$$

Normierte Größen oder Größen, welche auf einen Referenzzustand (Druck $p_{ref}$, Temperatur $T_{ref}$) bezogen sind, werden mit einem Sternsymbol (Bsp. $y^*$) gekennzeichnet.

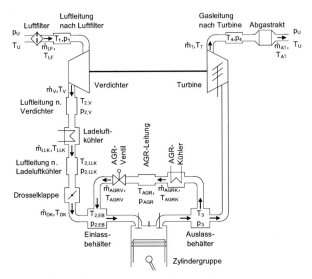

Bild 2: Strukturbild des Luft- und Abgaspfades

## 2.2 Modellbildung mit konzentrierten Parameter

Die Annahme konzentrierter Parameter [4] hat sich als effizienter Ansatz zur Beschreibung der gasdynamischen Vorgänge beim Ladungswechsel etabliert (Füll- und Entleermethode). In Erweiterung der klassischen Anwendung wird der Berechnungsansatz in dieser Arbeit zur durchgängigen Modellierung des *gesamten* Luft- und Abgaspfades genutzt.
Das Berechnungsverfahren zeichnet sich dadurch aus, dass sämtliche Komponenten des Luft- und Abgaspfades durch zwei physikalische Ersatzmodelle beschrieben werden: Der Einlassbehälter, der Abgaskrümmer sowie die Rohrleitungen werden durch Behälter nachgebildet. Ventile, Filter und Kühler werden durch Blenden (Drosseln) modelliert. Behälterbausteine und Drosselstellen wechseln sich jeweils ab. Dies entspricht einer Modellbildung als Speicher und Widerstand mit konzentrierten Parametern [3]. Die entscheidende Vereinfachung des Ansatzes besteht in der Annahme quasistationärer Strömungsvorgänge und eines sofortigen Ausgleichs der Zustandsgrößen in den Behältern.

Die Dynamik der Luft- und Abgaspfades wird in dieser Untersuchung allein den Speichervorgängen zugeschrieben. Die Drosselstellen werden als rein statische Übertragungsglieder modelliert, wodurch sich deren Identifikation vereinfacht, und Messaufwand und Messzeit verringert werden können.

## Ersatzmodell Behälter

Die Speicherbausteine im Luft- und Abgaspfad können im allgemeinen Fall als instationäres offenes System mit $p$ Massen- und Enthalpiezuflüssen und $q$ Massen- und Enthalpieabflüssen betrachtet werden. Da von einem System mit konzentrierten Parametern ausgegangen wird, werden die Zustandsgrößen im betrachteten Volumen als homogen verteilt angenommen. Das Arbeitsgas wird als Mischung idealer Gase mit den Komponenten Luft und verbrannter Kraftstoff betrachtet. Eingangsgrößen des Ersatzmodells sind neben den zu- und abfließenden Massenströmen die Temperaturen der Zuströme. Ausgangsgrößen sind Behältertemperatur und -druck. Die Massenbilanz des Behälters ist durch

$$\frac{dm_{Beh}}{d\varphi} = \sum_{i=1}^{p} \frac{dm_{zu,i}}{d\varphi} - \sum_{j=1}^{q} \frac{dm_{ab,j}}{d\varphi} \tag{2.2}$$

gegeben. Die Energiebilanz folgt aus dem ersten Hauptsatz der Thermodynamik zu

$$\frac{dU_{Beh}}{d\varphi} = \sum_{i=1}^{p} h_{zu,i} \frac{dm_{zu,i}}{d\varphi} - \sum_{j=1}^{q} h_{ab,j} \frac{dm_{ab,j}}{d\varphi} - \frac{dQ_W}{d\varphi} \tag{2.3}$$

Die Änderung der inneren Energie $dU_{Beh}/d\varphi$ setzt sich demnach aus der Summe der zufließenden Enthalpieströme, der Summe der abfließenden Enthalpieströme und den Wandwärmeverlusten $dQ_W/d\varphi$ zusammen. Für die Ableitung der inneren Energie kann geschrieben werden:

$$\frac{dU_{Beh}}{d\varphi} = \frac{d}{d\varphi}\left(m_{Beh} u_{Beh}\right) = m_{Beh} \frac{du_{Beh}}{d\varphi} + u_{Beh} \frac{dm_{Beh}}{d\varphi} \tag{2.4}$$

Dabei bezeichnet $u_{Beh}$ die spezifische innere Energie des Arbeitsgases. Sie ist eine Funktion der Temperatur, des momentanen Verbrennungsluftverhältnisses und des Druckes im Behälter. Für Temperaturen kleiner 1800K kann die Druckabhängigkeit vernachlässigt werden [5], so dass gilt:

$$u_{Beh} = u_{Beh}(T_{Beh}, \lambda_{Beh}) \tag{2.5}$$

Durch Auflösen der Energiebilanz Gl. (2.3) nach der Temperatur kann für jeden Integrationsschritt die momentane Behältertemperatur $T_{Beh}$ ermittelt werden. Zusammen mit der über die Massenbilanz Gl. (2.2) berechneten Gasmasse $m_{Beh}$ kann dann über die ideale Gasgleichung der Druck im Behälter zu

$$p_{Beh} = \frac{R \cdot m_{Beh} \cdot T_{Beh}}{V_{Beh}} \tag{2.6}$$

bestimmt werden. Dabei bezeichnet $R$ die spezifische Gaskonstante des Arbeitsgases. Diese ist wie die spezifische innere Energie eine Stoffgröße und von Temperatur, Luftverhältnis und Druck abhängig. In dem für den Verbrennungsmotor relevanten Betriebsbereich kann $R$ vereinfachend als konstant angenommen werden. Es wird lediglich zwischen dem Wert für Luft und Verbrennungsgas unterschieden. Als zusätzliche Zustandsgröße zur Beschreibung der momentanen Gaszusammensetzung im Behälter wird der Luftmassenanteil

$$x_{Beh} = \frac{m_{L,Beh}}{m_{Beh}} \qquad (2.7)$$

eingeführt. Er ist als Quotient von Luftmasse $m_{L,Beh}$ und gesamter Gasmasse $m_{Beh}$ definiert. Die Zustandsdifferentialgleichung ist durch

$$\frac{dx_{Beh}}{d\varphi} = \frac{1}{m_{Beh}} \left[ \sum_{i=1}^{p} (x_i - x_{Beh}) \frac{dm_{zu,i}}{d\varphi} \right] \qquad (2.8)$$

gegeben, wobei $x_i$ den Luftmassenanteil der zuströmenden Massenströme bezeichnet. Die Verwendung des Luftmassenanteils $x$ anstelle des momentanen Verbrennungsluftverhältnisses $\lambda$ zur Beschreibung der Gaszusammensetzung bietet numerische Vorteile für den Grenzfall reiner Luft ($\lambda \rightarrow \infty$). Für die Berechnung der spezifischen inneren Energie gemäß Gl. (2.5) ist allerdings weiterhin das Luftverhältnis notwendig. Es kann über die Beziehung

$$\lambda_{Beh} = \frac{x_{Beh}}{L_{st}(1 - x_{Beh})} \qquad (2.9)$$

bestimmt werden. Dabei steht $L_{st}$ für den stöchimoetrischen Luftbedarf.
Das Gleichungssystem bestehend aus den Gln. (2.2) bis (2.9) gilt allgemein für alle Speicherkomponenten des Luft- und Abgaspfades. Im Folgenden soll auf die speziellen Gegebenheiten bei den luft- und verbrennungsgasführenden Leitungen eingegangen werden.

a) Luftführende Leitungen

Die Rohrleitungen im Einlasssystem können als Behälter mit $p$=1 Eingängen und $q$=1 Ausgängen aufgefasst werden. Sie werden von reiner Luft durchströmt. Die Abhängigkeit der spezifischen inneren Energie vom Verbrennungsverhältnis kann somit vernachlässigt werden. Das geringe Temperaturniveau rechtfertigt die Annahme konstanter spezifischer Wärmekapazitäten $c_{p,L}$ und $c_{v,L}$ für Luft, womit sich für die spezifische innere Energie und deren Ableitung schreiben lässt:

$$u_{Beh} = c_{v,L} \cdot T_{Beh} \qquad (2.10)$$

$$\frac{du_{Beh}}{d\varphi} = c_{v,L} \frac{dT_{Beh}}{d\varphi} \qquad (2.11)$$

Die spezifischen Enthalpien der zu- und abfließenden Enthalpieströme ergeben sich zu:

$$h_{zu} = c_{p,L} \cdot T_{zu} \quad (2.12)$$

$$h_{ab} = c_{p,L} \cdot T_{Beh} \quad (2.13)$$

Wärmeverluste werden im Einlasszweig vernachlässigt.

b) Verbrennungsgasführende Leitungen

Die Gastemperaturen und Gaszusammensetzungen in den Behältern des Auslasssystems und des AGR-Zweiges sind zeitlich stark veränderlich. Die Annahme konstanter kalorischer Zustandsgrößen ist hier nicht gerechtfertigt. Die spezifische innere Energie gemäß Gl. (2.4) und deren Ableitung in Gl. (2.5) werden daher über Polynomansätze nach Justi [6] bestimmt. Die Ermittlung der spezifischen Enthalpien der zu- und abfließenden Gasströme kann über die Beziehungen

$$h_{zu,i} = u_{zu,i}(T_{zu,i}, \lambda_i) + R_i \cdot T_{zu,i} \quad (2.14)$$

$$h_{ab,j} = h_{ab} = u_{Beh}(T_{Beh}, \lambda_{Beh}) + R_{VG} \cdot T_{Beh} \quad (2.15)$$

ebenfalls auf die Berechnung der spezifischen inneren Energien nach Justi zurückgeführt werden. $\lambda_i$ gibt das Verbrennungluftverhältnis im jeweiligen Zustrom an. $R_i$ ist die spezifische Gaskonstante des zuströmenden Mediums. Hier ist entweder der Wert für Luft oder Verbrennungsgas einzusetzen.

Aufgrund der großen Temperaturunterschiede zwischen Behälter und Umgebung können Wärmeverluste im Auslasskrümmer und in der Gasleitung nach Turbine nicht vernachlässigt werden. Der Wärmestrom zwischen Gas (G) und Wand (W) wird über die Gleichung nach Newton beschrieben:

$$\frac{dQ_{GW}}{d\varphi} = \alpha_{GW} \cdot A_{GW}(T_{Beh} - T_W)\frac{dt}{d\varphi} \quad (2.16)$$

Dabei ist $\alpha_{GW}$ der Wärmeübergangskoeffizient, $A_{GW}$ die Wärmeaustauschfläche und $T_W$ die örtlich gemittelte Wandtemperatur. Für den Wärmeübergangskoeffizienten $\alpha_{GW}$ wird die Beziehung für erzwungene Konvektion bei turbulenter Strömung durch Rohre gemäß [7] angesetzt. Die mittlere Wandtemperatur $T_W$ kann über die Wärmebilanz der Wandung gemäß

$$c_W m_W \frac{dT_W}{d\varphi} = \frac{dQ_{GW}}{d\varphi} - \frac{dQ_{WU}}{d\varphi} = \alpha_{GW} \cdot A_{GW}(T_{Beh} - T_W)\frac{dt}{d\varphi} - \alpha_{WU} \cdot A_{WU}(T_W - T_U)\frac{dt}{d\varphi} \quad (2.17)$$

bestimmt werden, die sich aus der Differenz der Wärmeströme vom Arbeitsgas zur Wandung (GW) gemäß Gl. (2.16) und von der Wandung zur Umgebung (WU) zusammensetzt. Dabei ist $c_W$ die spezifische Wärmekapazität des Wandmaterials, $m_W$ die Behältermasse. Für den Wärmeübergangskoeffizienten $\alpha_{WU}$ wird die Beziehung für freie Konvektion um horizontale Zylinder nach [7] verwendet.

Im Falle der AGR-Leitung werden die Wärmeverluste der Leitung dem AGR-Kühler zugerechnet.

**Ersatzmodell Drossel**

Eingangsgrößen des Drosselersatzmodells sind neben der Temperatur des anströmenden Gases die Drücke in den vor und nach der Drossel angeordneten Speicherbausteinen. Der Druckabfall über der Drossel ruft einen Massenstrom hervor, dessen Größe vom Strömungswiderstand der Drossel abhängt. Zur Berechnung der Massenströme werden die Durchflussgleichungen für die stationäre inkompressible und die stationäre kompressible Strömung mit Reibung herangezogen. Ausschlaggebend für die Wahl des Modellansatzes sind die auftretenden Strömungsgeschwindigkeiten. Nach [8] gilt eine Strömung mit einer Machzahl $Ma \leq 0{,}3$ als inkompressibel, bei $Ma > 0{,}3$ als kompressibel.
Zu den Ausgangsgrößen des Modells zählen der aus der Drossel austretende Massenstrom sowie dessen Temperatur. Die Drosselstellen werden als rein statische Übertragungsglieder modelliert. Masse- und Wärmespeichereffekte werden vernachlässigt.

a) Drosselstellen mit inkompressibler Strömung

Aufgrund des niedrigen Druckverlustes über der Drosselstelle und der damit einhergehenden niedrigen Strömungsgeschwindigkeit können die Strömungen durch den Luftfilter, den Ladeluft- und AGR-Kühler sowie den Abgastrakt als inkompressible Strömungsvorgänge betrachtet werden. Die Durchflussgleichung ist gegeben durch

$$\frac{dm}{d\varphi} = \mu \cdot A_{bez} \cdot \sqrt{\frac{2 \cdot p_{zu}}{R \cdot T_{zu}}} \sqrt{p_{zu} - p_{ab}} \frac{dt}{d\varphi} \tag{2.18}$$

Der effektive Drosselquerschnitt setzt sich aus dem Durchflussbeiwert $\mu$ und einem geometrischen Bezugsquerschnitt $A_{bez}$ zusammen. Der Durchflussbeiwert berücksichtigt Reibungs- und Kontraktionseffekte der Strömung. Er wird als konstant angenommen und über eine Least-Squares-Schätzung aus Messdaten identifiziert. Als Bezugsquerschnitt wird die Querschnittsfläche der Austrittsöffnung der Drosselkomponente gewählt. Für die spezifische Gaskonstante $R$ ist wiederum der jeweilige Wert für Luft bzw. Verbrennungsgas einzusetzen.
Für die Drosselaustrittstemperatur ergibt sich im Falle des Luftfilters und des Abgastraktes unter der vereinfachenden Annahme isenthalper Drosselung:

$$T_{ab} = T_{zu} \tag{2.19}$$

Bei den beiden Kühlern liegt eine Drosselung mit Energieabgabe vor. Die Kühleraustrittstemperatur ergibt sich aus einem statischen Modell für den Kühlerwirkungsgrad zu:

$$T_{ab} = T_{zu} - \eta(T_{zu} - T_K) \tag{2.20}$$

Dabei bezeichnet $T_K$ die Temperatur des Kühlmediums (Luft bzw. Kühlwasser). Der Wirkungsgrad $\eta$ der Kreuzstromwärmetauscher kann allgemein als Funktion des Gasmassenstromes und des Kühlmassenstromes modelliert werden. Er wird als LOLIMOT-Kennfeld aus Messdaten identifiziert.

b) Drosselstellen mit kompressibler Strömung

Drosselklappe und AGR-Ventil werden als Drossel mit zusätzlichem Stelleingang modelliert. Bedingt durch den variablen Öffnungsquerschnitt können große Differenzdrücke auftreten, welche zu hohen Strömungsgeschwindigkeiten führen. Entsprechend wird zur Beschreibung der Komponenten die Durchflussgleichung für kompressible Fluide verwendet:

$$\frac{dm}{d\varphi} = \mu \cdot A_{bez} \cdot \frac{p_{zu}}{\sqrt{R \cdot T_{zu}}} \sqrt{\frac{2\kappa}{\kappa-1}\left[(\Pi)^{\frac{2}{\kappa}} - (\Pi)^{\frac{\kappa+1}{\kappa}}\right]} \frac{dt}{d\varphi} \tag{2.21}$$

$$\text{mit } \Pi = \min\left[\max\left[\frac{p_{ab}}{p_{zu}}, \left(\frac{2}{\kappa+1}\right)^{\frac{\kappa}{\kappa-1}}\right], 1\right]$$

Da in der Realität maximale kritische Geschwindigkeiten auftreten, wird das Druckverhältnis $\Pi = p_{ab}/p_{zu}$ auf den Bereich $1 < \Pi < \Pi_{krit}$ beschränkt. Dabei bezeichnet $\Pi_{krit}$ das Druckverhältnis, bei dem die Strömung Schallgeschwindigkeit erreicht. Als Bezugsquerschnitt $A_{bez}$ wird der geometrische Öffnungsquerschnitt angesetzt. Er wird über einfache geometrische Zusammenhänge in Abhängigkeit des normierten Stellweges $s^*$ berechnet. Der Durchflussbeiwert $\mu$ ist ebenfalls vom Stellweg $s^*$ abhängig. Eine Verbesserung der Modellgüte lässt sich erreichen, wenn der Durchflussbeiwert zusätzlich in Abhängigkeit der Strömungsgeschwindigkeit $c$ oder ersatzweise der Motordrehzahl $n_{mot}$ modelliert wird. Da die Motordrehzahl eine vorgegebene Eingangsgröße des Gesamtmodells ist, wird dieser der Vorrang gegeben. Das Kennfeld

$$\mu = f_{KF}(s^*, n_{mot}) \tag{2.22}$$

wird mit Hilfe von LOLIMOT aus Messdaten bestimmt. Der Isentropenexponent $\kappa$ in Gl. (2.21) ist ebenfalls eine Stoffgröße und damit von Temperatur, Druck und Luftverhältnis abhängig. Wie bei der spezifischen Gaskonstante kann allerdings näherungsweise mit konstanten Werten für Luft und Verbrennungsgas gerechnet werden. Für die Austrittstemperatur des Gasstromes folgt wiederum unter der Annahme isenthalper Drosselung:

$$T_{ab} = T_{zu} \tag{2.23}$$

**Wirkungsplan des Luft- und Abgaspfadmodells**

Eine Verschaltung der modellierten Komponenten des Luft- und Abgaspfades führt zu dem in Bild 3 gezeigten Wirkungsplan des Gesamtmodells, welcher im Vorgriff auf Kapitel 3 und 4 bereits das Turbolader- und Zylindermodell umfasst. Wie bereits angemerkt, wechseln sich Behälterbausteine (Kreissymbole) mit Drosselstellen ab. Die Ausgangsgrößen der Behälter sind Druck und Temperatur. Bei verbrennungsgasführenden Speicherbausteinen kommt als weitere Ausgangsgröße der Luftmassenanteil hinzu. Ausgangsgrößen der Drosselstellen sind der Massenstrom und die Temperatur des abströmenden Gases.

Aus Gründen der Übersichtlichkeit wird in Bild 3 auf eine Darstellung der Rückströmungen über die Ladungswechselorgane verzichtet.

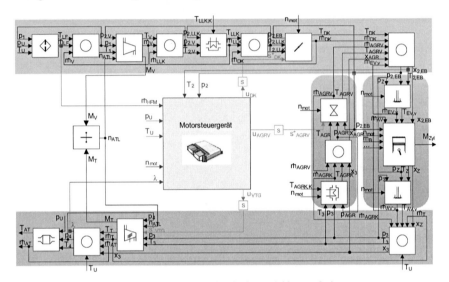

*Bild 3:* Wirkungsplan des Luft- und Abgaspfades

## 3. Modellbildung des Abgasturboladers

Der Abgasturbolader wird in die drei Teilmodelle Verdichter, Turbine und Laufzeug unterteilt. Die Hauptkomponenten Verdichter und Turbine werden im Sinne der Modellbildung mit konzentrierten Parametern als Drosselstellen mit Aufnahme bzw. Abgabe mechanischer Energie nachgebildet. Die Modellbildung erfolgt physikalisch basiert, d.h. die maßgeblichen Zusammenhänge werden durch thermodynamische und mechanische Grundgleichungen beschrieben. Die Wirkungsgrade von Verdichter und Turbine sowie der Massenstrom des Verdichters sind nichtlineare Funktionen und werden aus Rechenzeitgründen durch Kennfelder beschrieben. Die von Turboladerherstellern bereitgestellten Kennfelder entstammen Stationärversuchen an Heißgasprüfständen und sind auf mittlere bis hohe Drehzahlen beschränkt. Die Messergebnisse sind damit nicht unmittelbar auf die realen Gegebenheiten bei der Kopplung an den Verbrennungsmotor (sehr niedrige Drehzahlen, variierende Abgastemperatur, Druckpulsationen, etc.) übertragbar. Um dieses Problem zu umgehen, werden die entsprechenden Kennfelder experimentell aus Messungen am Motorprüfstand bestimmt.

## 3.1 Verdichter

Das Verdichtermodell besitzt im Vergleich zum einfachen Drosselersatzmodell einen zusätzlichen Eingang, die Turboladerdrehzahl $n_{ATL}$, und einen zusätzlichen Ausgang, das Verdichtermoment $M_V$. Unter der Annahme einer isentropen Kompression gilt für die Verdichteraustrittstemperatur:

$$T_V = T_1 \left[ 1 + \frac{1}{\eta_{is,V}} \left( \left( \frac{p_{2,V}}{p_1} \right)^{\frac{\kappa_L - 1}{\kappa_L}} - 1 \right) \right] \quad (3.1)$$

Dabei ist $\kappa_L$ der Isentropenexponent von Luft und $\eta_{is,V}$ der isentrope Verdichterwirkungsgrad. Die vom Verdichter aufgenommene Leistung ergibt sich aus dem ersten Hauptsatz der Thermodynamik für stationäre Fließprozesse zu

$$P_V = \dot{m}_V (h_V - h_1) = \dot{m}_V c_{p,L} (T_V - T_1) \quad (3.2)$$

Für das Verdichtermoment folgt

$$M_V = \frac{P_V}{\omega_{ATL}} = \frac{\dot{m}_V c_{p,L} (T_V - T_1)}{2\pi n_{ATL}}, \quad (3.3)$$

wobei $\omega_{ATL}$ die Kreisgeschwindigkeit der Turboladerwelle bezeichnet. Die geringen Temperaturänderungen rechtfertigen wie bei den luftführenden Behälterersatzmodellen die Annahme einer konstanten Wärmekapazität $c_{p,L}$ für Luft. Wie bereits angemerkt, wird der zur Berechnung der Verdichtertemperatur sowie der Verdichterleistung benötigte isentrope Wirkungsgrad $\eta_{is,V}$ ebenso wie der Massenstrom durch den Verdichter $\dot{m}_V$ einem Kennfeld entnommen. Das Wirkungsgradkennfeld ist dabei vom bezogenen Verdichtermassenstrom und der bezogenen Turboladerdrehzahl abhängig:

$$\eta_{is,V} = f_{KF}(\dot{m}_V^*, n_{ATL}^*) \quad (3.4)$$

Der bezogene Massenstrom hängt vom Druckverhältnis zwischen Zu- und Abstrom und wiederum von der bezogenen Laderdrehzahl ab:

$$\dot{m}_V^* = f_{KF}(\frac{p_{2,V}}{p_1}, n_{ATL}^*) \quad (3.5)$$

## 3.2 Turbine

Das Turbinenmodell weist gegenüber dem einfachen Drosselmodell zwei zusätzliche Eingänge (den normierten Stellweg $s^*_{VTG}$ und die Turboladerdrehzahl $n_{ATL}$) und einen zusätzlichen Ausgang (das Turbinenmoment $M_T$) auf. Turbinenaustrittstemperatur sowie Turbinenleistung und -moment ergeben sich analog zur Verdichterseite unter der Annahme einer isentropen Expansion zu

$$T_T = T_3 \left[ 1 - \eta_{is,T} \left( 1 - \left( \frac{p_4}{p_3} \right)^{\frac{\kappa_{VG}-1}{\kappa_{VG}}} \right) \right] \quad (3.6)$$

$$P_T = \dot{m}_T (h_3 - h_T) \quad (3.7)$$

$$M_T = \frac{P_T}{\omega_{ATL}} = \frac{\dot{m}_T (h_3 - h_T)}{2\pi n_{ATL}} \quad (3.8)$$

Dabei steht $\kappa_{VG}$ für den konstanten Isentropenexponenten von Verbrennungsgas und $\eta_{is,T}$ für den isentropen Turbinenwirkungsgrad. Bei der Ermittlung der spezifischen Enthalpien $h_3$ und $h_T$ wird die Abhängigkeit der kalorischen Zustandsgrößen von Temperatur und Gemischzusammensetzung berücksichtigt. Die Bestimmung wird wiederum auf die Berechnung der spezifischen inneren Energien nach Justi [6] zurückgeführt.
Für die Ermittlung des Turbinenmassenstromes $\dot{m}_T$ kann die Abhängigkeit von der Turboladerdrehzahl vernachlässigt und die Durchflussgleichung für kompressible Fluide entsprechend Gl. (2.21) angesetzt werden. Der Aufwand für die Modellierung des geometrischen Öffnungsquerschnittes wird umgangen, indem der effektive Querschnitt als Kennfeld in Abhängigkeit des normierten Stellweges $s^*_{VTG}$ aus Messdaten identifiziert wird:

$$A_{eff} = (\mu \cdot A_{bez}) = f_{KF}(s^*_{VTG}) \quad (3.9)$$

Der isentrope Wirkungsgrad $\eta_{is,T}$ ist vom Druckverhältnis über der Turbine, der Turboladerdrehzahl und der Stellung der Leitschaufeln abhängig:

$$\eta_{is,T} = \eta_{is,T}(\frac{p_4}{p_3}, n^*_{ATL}, s^*_{VTG}) \quad (3.10)$$

Die Bestimmung dieses vierdimensionalen Kennfeldes gehört zu den kritischsten Punkten bei der Modellierung des gesamten Luft- und Abgaspfades. Zudem ist speziell bei niedrigen Drehzahlen der Wärmeübergang über das Turboladergehäuse von der heißen Turbinen- zur kalten Verdichterseite zu berücksichtigen, welches zu Pseudo-Wirkungsgraden von mehreren 100 Prozent führt. Ein physikalisch motivierter Ansatz nach [9] zur Identifikation und Parametrierung ist das Aufteilen des isentropen Wirkungsgrades $\eta_{is,T}$ in einen aerodynamischen Wirkungsgrad und einen Wirkungsgrad für den Wärmeübergang über das Turboladergehäuse. Dazu wird die Temperatur $T_T$ nach der Turbine aufgespalten in

$$T_T = T_{T,Aero} - T_{T,Wärme} \quad (3.11)$$

$T_{T,Aero}$ entspricht der Temperatur nach einer idealen Turbine ohne Wärmeverluste. Der Temperaturverlust durch die Wärmeabgabe über das Turboladergehäuse wird mit $T_{T,W\ddot{a}rme}$ berücksichtigt. Auflösen von Gl. (3.6) nach dem isentropen Wirkungsgrad und Einsetzen von Gl. (3.11) liefert:

$$\eta_{is,T} = \eta_{T,Aero} + \frac{T_{T,W\ddot{a}rme}}{T_3} \cdot \frac{\kappa_{VG}-1}{1-\left(\frac{p_4}{p_3}\right)^{\frac{\kappa_{VG}-1}{\kappa_{VG}}}} = \eta_{T,Aero} + \eta_{T,W\ddot{a}rme} \quad (3.12)$$

Der aerodynamische Wirkungsgrad wird als Kennfeld in Abhängigkeit der Laufzahl $c_U$ und des normierten Stellweges $s^*_{VTG}$ aus Messdaten identifiziert:

$$\eta_{T,Aero} = f_{KF}\left(c_u, s^*_{VTG}\right) \quad (3.13)$$

Der Wirkungsgrad des Wärmeüberganges wird auf Grundlage eines Wärmetauschermodells vergleichbar mit der Kühlermodellierung in Kapitel 2.2 als Funktion von bezogenem Turbinenmassenstrom $\dot{m}^*_T$ und normiertem Stellweg $s^*_{VTG}$ als Kennfeld abgelegt:

$$\eta_{T,W\ddot{a}rme} = f_{KF}\left(\dot{m}^*_T, s^*_{VTG}\right) \quad (3.14)$$

## 3.3 Laufzeug

Das Laufzeug wird über die Momentenbilanz der gemeinsamen Welle von Verdichter und Turbine beschrieben. Für die Turboladerdrehzahl ergibt sich:

$$\dot{n}_{ATL} = \frac{1}{2\pi} \frac{M_T - M_V - M_L}{J_{ATL}} \quad (3.15)$$

Dabei bezeichnet $J_{ATL}$ das Trägheitsmoment des Laufzeuges und $M_R$ das Reibmoment der Gleitlager des Turboladers. Unter der Annahme viskoser Reibung gilt

$$M_R = K_R \omega_{ATL} \quad (3.16)$$

Der Reibbeiwert $K_R$ wird für den betriebswarmen Motor als konstant angenommen.

## 4. Modellbildung der Zylinder

Der Brennraum wird als eine einzige Zone mit einer homogenen, zeitlich variablen Verteilung der thermodynamischen Zustandsgrößen betrachtet (Einzonenmodell). Die Modellbildung entspricht damit der Modellierung der Speicherbausteine im Luft- und Abgaspfad. Wie bei den Behälterersatzmodellen wird das Arbeitsgas als Mischung idealer Gase mit den Bestandteilen Luft und verbrannter Kraftstoff betrachtet. Die Gemischzusammensetzung wird wiederum über den Luftmassenanteil $x_Z$ beschrieben.

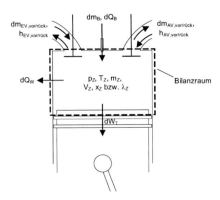

*Bild 4:* Einzonenmodell des Zylinders

## 4.1 Grundgleichungen

Der Brennraum wird als instationäres offenes System gemäß Bild 4 betrachet, welches durch den Zylinderkopf, die Zylinderwandung und den Kolben begrenzt wird. Wie beim Behälterersatzmodell werden für das System Masse, Energie und Gaszusammensetzung bilanziert. Mit Berücksichtigung von Rückströmungen über das Ein- und Auslassventil ergibt sich die Massenbilanz für einen Zylinder zu

$$\frac{dm_Z}{d\varphi} = \frac{dm_{EV,vor}}{d\varphi} + \frac{dm_{AV,rück}}{d\varphi} + \frac{dm_B}{d\varphi} - \frac{dm_{EV,rück}}{d\varphi} - \frac{dm_{AV,vor}}{d\varphi} \qquad (4.1)$$

Die Terme $dm_{EV,vor}/d\varphi$ und $dm_{EV,rück}/d\varphi$ bezeichnen die Vorwärts- und Rückwärtsströmung durch das Einlassventil, $dm_{AV,vor}/d\varphi$ und $dm_{AV,rück}/d\varphi$ entsprechend die Vorwärts- und Rückwärtsströmung durch das Auslassventil. Die zugeführte Kraftstoffmasse ist durch $dm_B/d\varphi$ gegeben. Für die Energiebilanz folgt aus dem ersten Hauptsatz der Thermodynamik:

$$\frac{dU_Z}{d\varphi} = \frac{dQ_B}{d\varphi} + h_{EV,vor}\frac{dm_{EV,vor}}{d\varphi} + h_{AV,rück}\frac{dm_{AV,rück}}{d\varphi} - p_Z\frac{dV_Z}{d\varphi} - \qquad (4.2)$$
$$- h_{EV,rück}\frac{dm_{EV,rück}}{d\varphi} - h_{AV,vor}\frac{dm_{AV,vor}}{d\varphi} - \frac{dQ_W}{d\varphi}$$

Die Gleichung weist im Vergleich zu Gl. (2.3) zwei zusätzliche Terme auf. Der Term $dQ_B/d\varphi$ steht für die durch die Verbrennung freigesetzte Wärme, den so genannten Brennverlauf. Die an den Kolben abgegebene technische Arbeit ist durch $p_Z \cdot dV_Z/d\varphi$ gegeben.
Unter der Annahme einer vollständigen Umsetzung des Kraftstoffes kann der Zusammenhang zwischen der Brennstoffmasse und dem Brennverlauf über die Beziehung

$$\frac{dm_B}{d\varphi} = \frac{dm_{B,v}}{d\varphi} = \frac{1}{H_u}\frac{dQ_B}{d\varphi} \qquad (4.3)$$

wiedergegeben werden, wobei $m_{B,v}$ für die verbrannte Brennstoffmasse und $H_u$ für den unteren Kraftstoffheizwert steht.
Löst man die Differentialgleichungen (4.1) und (4.2) nach der Gasmasse $m_Z$ und der Zylindertemperatur $T_Z$ auf, so folgt für den Druckverlauf im Zylinder

$$p_Z = \frac{R_{VG} \cdot m_Z \cdot T_Z}{V_Z} \tag{4.4}$$

Die Berechnung der inneren Energie in Gl. (4.2) in Abhängigkeit von Zylindertemperatur und Gaszusammensetzung erfolgt wie beim Behälterersatzmodell über den Ansatz nach Justi [6]. Dieser bildet zudem die Grundlage zur Berechnung der spezifischen Enthalpien der zu- und abfließenden Massenströme:

$$h_{EV,vor} = u_{EV,vor}(T_{EV,vor}, \lambda_{2,EB}) + R_{VG} \cdot T_{EV,vor} \tag{4.5}$$

$$h_{AV,rück} = u_{AV,rück}(T_{AV,rück}, \lambda_3) + R_{VG} \cdot T_{AV,rück} \tag{4.6}$$

$$h_{EV,rück} = h_{AV,vor} = h_Z = u_Z(T_Z, \lambda_Z) + R_{VG} \cdot T_Z \tag{4.7}$$

Die Gemischzusammensetzung wird über den Luftmassenanteil $x_Z$ mit

$$\frac{dx_Z}{d\varphi} = \frac{1}{m_Z}\left[(x_{2,EB} - x_Z)\frac{dm_{EV,vor}}{d\varphi} + (x_3 - x_Z)\frac{dm_{AV,rück}}{d\varphi} - x_Z \frac{dm_B}{d\varphi}\right] \tag{4.8}$$

berechnet. Für das Verbrennungsluftverhältnis $\lambda_Z$ gilt

$$\lambda_Z = \frac{x_Z}{L_{st}(1-x_Z)}. \tag{4.9}$$

Dieses geht in die Berechnung der kalorischen Zustandsgrößen ein.
Mit den Gln. (4.1), (4.2), (4.4) und (4.8) liegen die Grundgleichungen zur Berechnung der Zustandsänderungen im Brennraum vor. Die Untermodelle zur Beschreibung des Ladungswechsels, des Wandwärmeüberganges und der Energiefreisetzung durch die Verbrennung werden im Folgenden kurz vorgestellt. Die kinematischen und dynamischen Gleichungen für die Modellierung des Kurbeltriebes einschließlich der Momentenberechnung können der Literatur bspw. [10, 11] entnommen werden.

## 4.2 Ladungswechsel

Die Ladungswechselorgane sind eigentlich Teil des Luftpfades, werden aber in dieser Arbeit und in dem entwickelten Motormodell dem Zylinder zugerechnet. Sie werden als Drosselstellen mit einem zusätzlichen Stelleingang in Form des Ventilhubs $h_{EV/AV}$ modelliert. Aufgrund der auftretenden hohen Strömungsgeschwindigkeiten bis hin zur Schallgeschwindigkeit werden sie über eine Drosselgleichung für kompressible Fluide entsprechend Gl. (2.21) beschrieben.
Zur Berücksichtigung der Vorwärts- und Rückströmung über die Ventile wird für jede Strömungsrichtung eine Durchflussgleichung angesetzt. Wärmeübergänge in den Ein- und Auslasskanälen werden nicht berücksichtigt, so dass die Drosselung als isenthalp modelliert wird.

Der effektive Drosselquerschnitt der Ventile ergibt sich als Produkt aus dem Durchflussbeiwert $\mu_{EV/AV}$ und dem geometrischen und vom Ventilhub abhängigen Ventilquerschnitt $A_{EV/AV,geo}$. Dieser kann über die Gleichung

$$A_{\text{EV/AV,geo}}(\varphi) = \pi \cdot h_{\text{EV/AV}}(\varphi) \cdot \cos\beta_{EV/AV} \cdot [d_{EV/AV,i} + 0{,}5 \cdot h_{\text{EV/AV}}(\varphi)\sin 2\beta_{EV/AV}] \quad (4.10)$$

als Mantelfläche eines Kegelstumpfes approximiert werden. Dabei ist $h_{EV/AV}$ der von der Kurbelwellenstellung abhängige Ventilhub, $d_{EV/AV,i}$ der innere Ventilsitzdurchmesser und $\beta_{EV/AV}$ der Ventilsitzwinkel. Der Durchflussbeiwert $\mu_{EV/AV}$ wird wie bei den Drosselstellen im Luft- und Abgaspfad als LOLIMOT-Kennfeld in Abhängigkeit des Ventilhubs und der Motordrehzahl identifiziert:

$$\mu_{\text{EV/AV}} = f_{KF}(h_{\text{EV/AV}}, n_{mot}) \quad (4.11)$$

Der Ventilhub $h_{EV,AV}$ ergibt sich aus den Erhebungskurven der Ladungswechselorgane. Liegen keine Konstruktionsdaten vor, so können die Ventilerhebungskurven mit Hilfe von Cosinus-Funktionen approximiert werden.

### 4.3 Wandwärmeübergang

Der Wärmeübergang im Zylinder wird durch den Ansatz von Newton beschrieben:

$$\frac{dQ_W}{d\varphi} = \alpha_W A_W (T_Z - T_W) \frac{dt}{d\varphi} \quad (4.12)$$

Dabei ist $T_Z$ die zeitlich veränderliche und örtlich gemittelte Gastemperatur im Brennraum, $T_W$ die örtlich und zeitlich gemittelte Wandtemperatur und $\alpha_W$ die zeitlich veränderliche und örtlich gemittelte Wärmeübergangszahl. $A_W$ bezeichnet die Wärmeübergangsfläche, welche sich aus der direkt vom Arbeitsgas beaufschlagten Brennraumoberfläche und der Oberfläche im Feuersteg zusammensetzt .
Auf ein genaues Wandtemperaturmodell wird auch aus Gründen fehlender Wärmemesstechnik verzichtet. Die mittlere Zylinderwandtemperatur $T_W$ wird durch einen von Müller und Bertling [12] entwickelten empirischen Ansatz näherungsweise zu

$$T_W = 360 + 9 \cdot \lambda_A^{0{,}4} \sqrt{n_{mot} d_K} \quad [\text{K}] \quad (4.13)$$

bestimmt. Dabei ist $\lambda_A$ der Liefergrad, $n_{mot}$ die Motordrehzahl und $d_K$ der Kolbendurchmesser.
Die Wärmeübergangszahl $\alpha_W$ ist eine Funktion von Druck, Temperatur und Strömungsgeschwindigkeit im Brennraum. Ein weiterer Einflussfaktor ist die Brennraumgeometrie. Einen guten Kompromiss zwischen Rechenaufwand und Modellgenauigkeit stellen Berechnungsansätze basierend auf den Ähnlichkeitsgesetzen der turbulenten Rohrströmung dar. Auf Grundlage der vergleichenden Untersuchung von Wimmer und Pivec [13] wird in dieser Arbeit die Beziehung nach Woschni und Huber [14] verwendet. Der in die Wärmeübergangsbeziehung eingehende Schleppdruck wird während der Simulation über eine Polytropenbeziehung aus dem Zylinderdruck

im gefeuerten Betrieb bestimmt. Dazu wird ein fester Verlauf des Polytropenexponenten über dem Kurbelwellenwinkel vorgegeben [vgl. 15].

## 4.4 Brennverlauf

Als letzter Term in der Energiebilanz Gl. (4.2) ist der Brennverlauf vorzugeben. Bei empirischen Verbrennungsmodellen, wie sie in dieser Arbeit verwendet werden, werden Ersatzbrennverläufe genutzt, die den realen Brennverlauf $dQ_B/d\varphi$ durch mathematische Funktionen in Abhängigkeit maßgebender Parameter wie Brennbeginn und Brenndauer approximieren. Da durch dieses Vorgehen immer nur ein Betriebspunkt des Motors abgebildet wird, müssen weiterhin Vorschriften gefunden werden, die die Änderungen der Parameter in Abhängigkeit geänderter Motorbetriebsbedingungen beschreiben. Die Vorschriften werden in der Regel in einem empirischen Modell zur Betriebspunktvariation hinterlegt. Speziell bei modernen Brennverfahren ergeben sich umfangreiche Gleichungssysteme, die für eine Simulation in Echtzeit nur begrenzt geeignet sind. Daher werden die Parameter des Ersatzbrennverlaufes in dieser Arbeit in Anlehnung an [16] durch neuronale Netze bestimmt. Als Netztyp wird auch hier LOLIMOT gewählt.

Die Entscheidung für eine Brennverlaufsumrechnung auf Basis neuronaler Netze hat unmittelbare Auswirkungen auf die Wahl der Ersatzbrennfunktion. Fortgeschrittene Ersatzfunktionen wie die nach [17] oder [18] weisen speziell bei der Dieselverbrennung eine höhere Abbildungsqualität auf als die klassischen Vertreter wie die Vibe- oder Doppel-Vibe-Funktion [19, 20]. Im Rahmen dieser Arbeit hat sich allerdings gezeigt, dass sich die Entscheidung für einen Ansatz nicht nur auf die mögliche Abbildungsqualität in einem Arbeitspunkt stützen darf. Mindestens genauso wichtig ist die Robustheit des Ansatzes gegenüber Toleranzen in den Funktionsparametern wie sie bei Inter- oder Extrapolation von Kennfeldern basierend auf neuronalen Netzen entstehen. Während die Vibe- bzw. Doppel-Vibe-Funktion auch bei Variation der Parameter qualitativ stets einen ähnlichen Verlauf aufweist, kann sich der Verlauf einer Polygon-Hyperbel- oder einer Vibe-Hyperbel-Funktion qualitativ stark ändern. Aus diesem Grunde wird in dieser Arbeit trotz der etwas geringeren Abbildungsgenauigkeit den klassischen Ansätzen der Vorzug gegeben.

a) Vorverbrennung

Die Vorverbrennung wird durch eine einfache Vibe-Funktion [19] nachgebildet:

$$\frac{dQ_{B,VV}}{d\varphi} = \frac{Q_{B,VV}}{\Delta\varphi_{BD,VV}} a(m_{VV}+1) \left[\frac{\varphi-\varphi_{BB,VV}}{\Delta\varphi_{BD,VV}}\right]^{m_{VV}} e^{-a\left(\frac{\varphi-\varphi_{BB,VV}}{\Delta\varphi_{BD,VV}}\right)^{m_{VV}+1}} \quad (4.14)$$

mit $\varphi_{BB,VV} \leq \varphi \leq \varphi_{BB,VV} + \Delta\varphi_{BD,VV}$

Die zu bestimmenden Parameter des Vibe-Verlaufes sind der Verbrennungsbeginn $\varphi_{BB,VV}$, die Verbrennungsdauer $\Delta\varphi_{BD,VV}$, der Formfaktor $m_{VV}$ und die umgesetzte Wärmemenge $Q_{B,VV}$. Aufgrund der geringen umgesetzten Kraftstoffmenge und des langen Zündverzuges in der Vorverbrennung kann davon ausgegangen werden, dass die Vorverbrennung als reine Vormischflammenverbrennung mit nahezu symmetrischem Verlauf beschrieben werden kann. Der Formparameter wird daher zu $m_{VV}=2$ gewählt.

b) Hauptverbrennung

Die Modellierung der Hauptverbrennung erfolgt durch eine additive Überlagerung zweier Vibe-Funktionen. Die erste Vibe-Funktion beschreibt den steilen Premixed-Anstieg des Brennverlaufes in der frühen Verbrennungsphase. Die zweite Vibefunktion gibt die späte Diffusionsverbrennung wieder. Für den Doppel-Vibe-Ersatzbrennverlauf gilt:

$$\frac{dQ_{B,HV1}}{d\varphi} = \frac{Q_{B,HV1}}{\Delta\varphi_{BD,HV1}} a(m_{HV1}+1)\left[\frac{\varphi-\varphi_{BB,HV1}}{\Delta\varphi_{BD,HV1}}\right]^{m_{HV1}} e^{-a\left(\frac{\varphi-\varphi_{BB,HV1}}{\Delta\varphi_{BD,HV1}}\right)^{m_{HV1}+1}} \quad (4.15)$$

mit $\varphi_{BB,HV1} \leq \varphi \leq \varphi_{BB,HV1} + \Delta\varphi_{BD,HV1}$

$$\frac{dQ_{B,HV2}}{d\varphi} = \frac{Q_{B,HV2}}{\Delta\varphi_{BD,HV2}} a(m_{HV2}+1)\left[\frac{\varphi-\varphi_{BB,HV2}}{\Delta\varphi_{BD,HV2}}\right]^{m_{HV2}} e^{-a\left(\frac{\varphi-\varphi_{BB,HV2}}{\Delta\varphi_{BD,HV2}}\right)^{m_{HV2}+1}} \quad (4.16)$$

mit $\varphi_{BB,HV2} \leq \varphi \leq \varphi_{BB,HV2} + \Delta\varphi_{BD,HV2}$

$$\frac{dQ_{B,HVges}}{d\varphi} = \frac{dQ_{B,HV1}}{d\varphi} + \frac{dQ_{B,HV2}}{d\varphi} \quad (4.17)$$

Für beide Funktionen sind die Parameter Verbrennungsbeginn $\varphi_{BB,HVi}$, Verbrennungsdauer $\Delta\varphi_{BD,HVi}$, Formfaktor $m_{HVi}$ und die umgesetzte Wärmemenge $Q_{B,HVi}$ mit $i \in [1,2]$ zu ermitteln. Diese werden wie auch die Parameter der Vibe-Funktion für die Vorverbrennung aus Daten der Druckverlaufsanalyse ausgelesen bzw. über ein Least-Squares-Verfahren geschätzt und mit LOLIMOT-Kennfeldern statisch approximiert. Als Eingangsgrößen der LOLIMOT-Netze werden die für Verbrennung maßgeblichen Größen wie Motordrehzahl, Einspritzmenge, Ladedruck, etc. verwendet.

## 5. Bedatung des Modells

### 5.1 Modellparameter

Das entwickelte Motormodell umfasst etwa 110 Konstanten, Kennlinien und Kennfelder, die zu parametrieren sind. Die Parameter lassen sich gemäß Tab. 1 in fünf Parameterklassen unterteilen. Wie aus der Aufstellung hervorgeht kann der größte Teil der Parameter auf der Grundlage von Literaturwerten (Stoffwerte), den technischen Daten des Motors (Geometriedaten) und von einfachen Abschätzungen (Startwerte) bestimmt werden. Nur die Kennlinien und Kennfelder zur Beschreibung der thermischen und fluiddynamischen Eigenschaften sowie die Parameter der Ersatzbrennfunktion sind aus Messdaten zu identifizieren. Hier wird der Vorzug der physikalischen gegenüber der rein experimentellen Modellbildung deutlich. Die physikalische Orientierung reduziert den Messaufwand und ermöglicht die einfache Übertragung des Modells auf andere Motoren.

*Tabelle 1:* Modellparameter

| Parameterklasse | Beispiele | Anzahl |
|---|---|---|
| Stoffwerte | Wärmekapazität von Luft, unterer Kraftstoffheizwert | ca. 10 |
| Geometriedaten | Hubvolumen, Drosselklappendurchmesser | ca. 45 |
| Startwerte für die Simulation | Anfangswert Zylindermasse, Anfangswert Temperatur im Abgaskrümmer | ca. 30 |
| Thermodynamische und fluiddynamische Kennwerte | Wirkungsgrad Verdichter, Durchflussbeiwert AGR-Ventil | ca. 15 |
| Parameter der Ersatzbrennfunktion | Vibe-Parameter Vorverbrennung, Vibe-Parameter Hauptverbrennung | 11 |

## 5.2 Parametrierung des Luft- und Abgaspfadmodells

Die Identifikation der thermodynamischen und fluiddynamischen Parameter des Luft- und Abgaspfades einschließlich des Turboladers erfolgt nach der in Bild 5 dargestellten Methodik. Grundlage der Parameteridentifikation ist die Vermessung des Versuchsträgers mit geeigneten Anregungssignalen, welche in der Versuchsplanung in Schritt eins unter Zuhilfenahme von Vorwissen bspw. aus einer Grenzraumvermessung generiert werden. Da die Drosselstellen im Luft- und Abgaspfad als statische Übertragungsglieder modelliert werden, können die aus der Motorapplikation bekannten Verfahren der stationären Motorvermessung wie die Rastervermessung und die statistische Versuchsplanung (DoE – Design of Experiments) angewandt werden.

In dieser Arbeit wird allerdings ein neuer Ansatz, die kontinuierliche quasistationäre Vermessung, verfolgt, der in der Literatur unter den Namen „Sweepen" [21], „Sweep Mapping" [22] und „Slow Dynamic Slopes" [23] beschrieben wird. Dabei handelt es sich um eine Mischung aus stationärer und dynamischer Vermessung, die im Vergleich zu einer DoE-Messung für niedrigdimensionale Versuchsräume eine deutlich größere Datenmenge bei vergleichbarem Messaufwand liefert.

Bei der kontinuierlichen quasistationären Vermessung wird der Versuchsraum rasterförmig abgefahren, wobei eine Eingangsgröße schwach dynamisch z. B. durch langsame Rampen angeregt wird, während die restlichen Eingangsgrößen konstant gehalten werden. Der durch die Prozessdynamik entstehende Schleppfehler kann durch eine identische, aber umgekehrt verlaufende Rückmessung kompensiert werden, indem die Messergebnisse von Hinmessung und

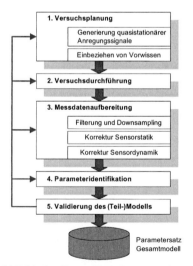

*Bild 5:* Methodik zur Modellparametrierung

gespiegelter Rückmessung arithmetisch gemittelt werden (siehe Bild 6). Die Signale müssen dabei nicht zwangsläufig rampenförmig sein. Ist der nichtlineare Zusammenhang zwischen dem Faktor und der Zielgröße im Voraus bekannt, kann er bei der Stimulusgenerierung berücksichtigt werden. Anhaltspunkt für die Wahl der Anstiegszeiten der quasistationären Anregungssignale liefert ein Vergleich der Hin- und Rückmessung. Eine Sweep-Dauer von 60 bis 100 Sekunden hat sich in diesem Projekt als sinnvoll erwiesen.

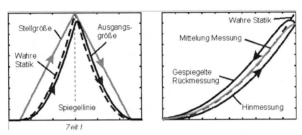

*Bild 6:* Prinzip der kontinuierlichen, quasistationären Vermessung [24]

Im zweiten Schritt der Bedatungsmethodik erfolgt die Durchführung der Messung am Motorenprüfstand gefolgt von der Messdatenaufbereitung in Schritt drei. Diese beginnt mit einer Filterung der Messdaten und einem optionalen Downsampling. Ein wichtiger Punkt ist die Korrektur der Sensorstatik. Diese beruht auf einem Abgleich der Druck- und Temperatursensoren im Motorstillstand. Die Durchflussgleichungen gemäß Gl. (2.18) und Gl. (2.21) sind sensitiv hinsichtlich geringer Druckunterschiede, die zu einer Vorzeichenumkehr der Druckdifferenz bzw. zu einer Umkehr des Druckverhältnisses führen und sich somit stark auf den berechneten Massenstrom auswirken können. Ein Abgleich der Temperatursensoren erhöht die Modellgüte der Wirkungsgradkennfelder.

Die Korrektur der Sensordynamik kann bei den Drucksensoren sowie beim HFM-Sensor aufgrund der kleinen Zeitkonstanten im Vergleich zu den Rampenanstiegszeiten vernachlässigt werden. Lediglich bei Temperatursensoren mit großem Fühlerdurchmesser ist eine Dynamikkompensation zur Verbesserung der Abbildungsqualität anzuraten. Die Sensordynamik kann vereinfacht durch ein PT1-Verhalten nachgebildet werden:

$$G_{Sensor}(s) = \frac{y_{mess}(s)}{y_{real}(s)} = \frac{1}{1+T_1 s} \tag{5.1}$$

Dabei entspricht $T_I$ der Zeitkonstanten des Sensors. Die einfachste Variante zur Rekonstruktion des wahren, von der Sensordynamik unverfälschten Signals ist die direkte inverse Filterung. Das Filter weist dabei eine inverse PT1-Charakteristik mit einem Verzögerungsglied zur Dämpfung hochfrequenter Signalanteile auf:

$$G_{Filter}(s) = \frac{1+T_1 s}{1+T_R s} \tag{5.2}$$

Die Verzögerungszeit $T_R$ ist nach [25] zu $0{,}1\ T_I < T_R < 0{,}5\ T_I$ zu wählen.

Der vierte Schritt bei der Modellparametrierung ist die eigentliche Parameteridentifikation. Konstante Parameter wie der Durchflussbeiwert des Luftfilters oder des Abgastraktes werden über ein Least-Squares-Verfahren geschätzt. Ein- oder mehrdimensionale Zusammenhänge werden mit Hilfe von LOLIMOT identifiziert und unter Simulink als Look-Up Tables hinterlegt.
Abschließend werden die identifizierten Parameter durch Simulation des betreffenden (Teil-)Modells und Vergleich der Simulationsergebnisse mit Messdaten validiert. Wird die geforderte Modellgüte erreicht, werden die Parameter in den Parametersatz des Gesamtmodells übernommen. Andernfalls wird der Identifikationsprozess wiederholt.

## 5.3 Parametrierung des Zylindermodells

Basis für die Bedatung des Zylindermodells ist eine Brennverlaufs- und Ladungswechselanalyse basierend auf einer Hoch- und Niederdruckindizierung.
Für die Parametrierung des Verbrennungsmodells wird der Motor einer Rastervermessung unterzogen, bei der sämtliche Eingangsgrößen des Modells (Motordrehzahl, Einspritzmenge, Ladedruck, etc.) variiert werden. Die Vorverarbeitung der mit piezoelektrischen Druckaufnehmern gemessenen Zylinderdruckverläufe umfasst die bereichsweise Filterung, die Korrektur des Sensoroffsets sowie die Mittelung der Arbeitsspiele. Die Brennverlaufsberechnung basiert wie das Zylindermodell auf einer einzonigen Arbeitsprozessrechnung. Die entsprechenden Software-Werkzeuge für die Druckverlaufsanalyse (DVA) wurden dabei im Rahmen dieses Projektes erstellt.
Bei der Rastervermessung werden zudem die Drücke im Einlassbehälter sowie im Auslasskrümmer aufgezeichnet, die zur Identifikation des Ladungswechselmodells herangezogen werden.

## 6. Simulationsergebnisse

Die Validierung des entwickelten Motormodells erfolgt mit Messdaten eines Opel 1,9L Common-Rail-Dieselmotors mit Abgasturbolader und Abgasrückführung, welche am Motorenprüfstand des Instituts für Automatisierungstechnik aufgezeichnet wurden.
In Bild 7 werden die aus der Indizierung bestimmten Verläufe von Zylinderdruck ($p_Z$) und Ladedruck (hier: $p_{2,LLK}$) sowie der aus der Druckverlaufsanalyse (DVA) ermittelte Brennverlauf ($dQ_B/d\varphi$) mit den entsprechenden kurbelwinkelaufgelösten Simulationsergebnissen verglichen. Dargestellt ist ein Arbeitspunkt im unteren Lastbereich ($n_{mot}$ = 1500 1/min, $m_B$ = 12 mm$^3$). Der Zylinderdruck wird vom Modell korrekt wiedergegeben. Kleine Abweichungen ergeben sich während der Ladungswechselphase. Im Brennverlauf ist deutlich die Voreinspritzung zu erkennen. Die Hauptverbrennung kann durch die Doppel-Vibe-Funktion in guter Näherung approximiert werden. Einzig in der Ausbrandphase sind Ungenauigkeiten zu erkennen. Die dominierende 180 °KW Harmonische im Ladedruck wird praktisch ohne Phasenverschiebung wiedergegeben. Höherfrequente Anteile werden prinzipbedingt nicht abgebildet. Der Offsetfehler zwischen gemessenem und simuliertem Verlauf liegt bei unter zwei Prozent.

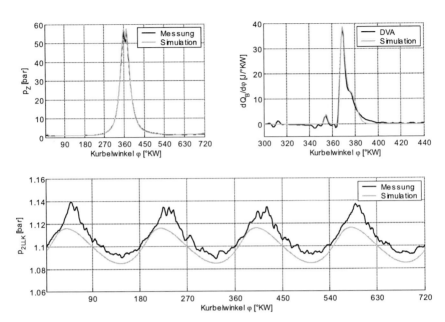

*Bild 7:* Kurbelwinkelsynchrone Verläufe von Zylinderdruck, Brennverlauf und Ladedruck bei $n_{mot}$ = 1500 1/min, $m_B$ = 12 mm$^3$

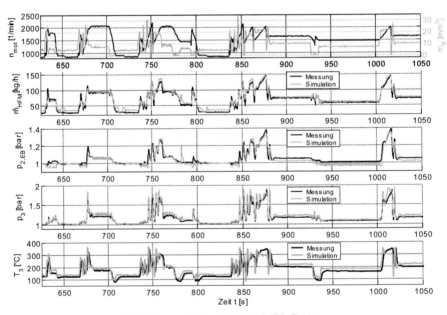

*Bild 8:* Ausschnitt aus dem MVEG-Zyklus

Zur Bewertung des zeitsynchronen Verhaltens des Motormodells dient der standardisierte europäische MVEG-Testzyklus (Motor Vehicle Emissions Group). Als Ausschnitt wird der vierte Grundstadtfahrzyklus und der Übergang zum außerstädtischen Zyklus (625 s bis 1050 s) gewählt (Bild 8). Gegenübergestellt sind die gemessenen und simulierten Verläufe des Luftmassenstromes ($\dot{m}_{HFM}$), des Ladedruckes ($p_{2,EB}$), des Abgasgegendruckes ($p_3$) sowie der Abgastemperatur ($T_3$).
Das Modell bildet die Größen qualitativ korrekt ab. Abweichungen ergeben sich im Luftmassenstrom bei niedrigen Motordrehzahlen. Beim Ladedruck ist ein leichter Einbruch des berechneten Verlaufs im Zeitfenster zwischen 625 s und 650 s festzustellen sowie Differenzen in den Spitzenwerten. Die Gründe hierfür sind in den Wirkungsgradkennfeldern des Turboladers zu suchen. Der simulierte Abgasgegendruck zeigt gute Übereinstimmung mit den Messergebnissen. Unterschiede in der Dynamik der Abgastemperatur sind auf Ungenauigkeiten bei der Modellierung der Sensordynamik zurückzuführen. Insgesamt können die Simulationsergebnisse als gut bewertet werden.

## 7. Zusammenfassung der Ergebnisse und Ausblick

Im Beitrag wird ein zylinderindividuelles und kurbelwinkelsynchrones Motormodell für die Echtzeitsimulation eines CR-Dieselmotors im Drehzahlbereich zwischen 800 1/min und 3000 1/min hergeleitet. Die an das Modell gestellten Anforderungen (siehe Kapitel 1) werden weitestgehend erfüllt: Der Aufwand zur Modellbedatung ist überschaubar. Aufgrund des physikalisch-basierten Modellansatzes kann ein Großteil der Modellparameter aus Tabellenwerken und der technischen Dokumentation des Motors bestimmt werden. Die übrigen Parameter werden aus Messdaten identifiziert. Die Modellierung der Drosselkomponenten als statische Übertragungsglieder erleichtert dabei den Identifikationsprozess. Ein methodisches Vorgehen bei der Modellbedatung einschließlich der Verwendung kontinuierlicher, quasistationärer Anregungssignale bei der Motorvermessung gibt dem Anwender die Möglichkeit, die Messzeit auf einige Stunden zu reduzieren.
Aus der Entscheidung für die physikalische Modellbildung folgt zudem eine modulare und hierarchische Modellstruktur und eine transparente Wirkkette, die die Handhabung des Modells erleichtert und den Forderungen nach einfacher Erweiterbarkeit und Übertragbarkeit Rechnung trägt.
Die Abbildungsgenauigkeit des Modells kann im aktuellen Stand als gut bezeichnet werden. Im Weiteren soll die Modellgüte durch Verbesserung des Verbrennungsmodells und Modifikation des Turbomodells erhöht werden.
Als Zwischenstand für die Laufzeiteigenschaften des Modells lassen sich folgende Werte angeben: Die Offline-Simulation des MVEG-Zyklus auf einem handelsüblichen Büro-PC benötigt bei Verwendung der *Rapid Simulation* Plattform aus dem *Real-Time Workshop* eine Simulationszeit von ca. 2500 s, was etwa der doppelten Echtzeit entspricht. Auf einem dSpace-Echtzeitrechnersystem kann eine Auflösung von 6 °KW bei 3000 U/min erreicht werden. Mit der Einbindung von C-Code, der Vorausberechnung komplexer Funktionen sowie der Parallelisierung der Modellberechnung auf zwei Prozessoren wird eine Verbesserung der Rechengeschwindigkeit und damit der Rechenauflösung angestrebt.

# Literatur

[1] Isermann, Rolf (Hrsg.): Modellgestützte Steuerung, Regelung und Diagnose von Verbrennungsmotoren. Berlin : Springer, 2003.
[2] Nelles, Oliver: Nonlinear System Identification : From Classical Approaches to Neural Networks and Fuzzy Models. Berlin : Springer, 2001.
[3] Isermann, Rolf: Mechatronische Systeme : Grundlagen. Berlin : Springer, 2002.
[4] Profos, Paul: Die Regelung von Dampfanlagen. Berlin : Springer, 1962.
[5] Pischinger, Rudolf; Klell Manfred; Sams, Theodor: Thermodynamik der Verbrennungskraftmaschine. 2. Aufl. Wien : Springer, 2002.
[6] Justi, Eduard W.: Spezifische Wärme : Enthalpie, Entropie und Dissoziation technischer Gase. Berlin : Springer, 1938.
[7] Verein Deutscher Ingenieure (Hrsg.): VDI-Wärmeatlas : Berechnungsblätter für den Wärmeübergang. 7. Aufl. Düsseldorf : VDI-Verl., 1994.
[8] Rist, Dieter: Dynamik realer Gase : Grundlagen, Berechnungen und Daten für Thermogasdynamik, Strömungsmechanik und Gastechnik. Berlin : Springer, 1996.
[9] Jung, Merten: Mean-Value Modelling and Robust Control of the Airpath of a Turbocharged Diesel Engine. Cambridge, Univ., PhD thesis, 2003.
[10] Urlaub, Alfred: Verbrennungsmotoren : Grundlagen, Verfahrenstheorie, Konstruktion. 2. Aufl. Berlin : Springer, 1994.
[11] Küntscher, Volkmar; Hoffmann, Werner (Hrsg.): Kraftfahrzeug-Motoren. 4. Aufl. Würzburg : Vogel, 2006.
[12] Müller, Herbert; Bertling, Hannes: Programmierte Auswertung von Druckverläufen in Ottomotoren. Düsseldorf : VDI-Verl., 1971 (Fortschritt-Berichte der VDI-Zeitschriften Reihe 6 Nr. 30).
[13] Wimmer, Andreas; Pivec, Robert: Messtechnische und numerische Untersuchungen zum gasseitigen Wärmeübergang. In: 7. Tagung Der Arbeitsprozess des Verbrennungsmotors, Graz, 1999. – Tagungsband, S. 31-52.
[14] Huber, Karl: Der Wärmeübergang schnellaufender, direkteinspritzender Dieselmotoren. München, Techn. Univ., Diss., 1990.
[15] Müller, Norbert: Adaptive Motorregelung beim Ottomotor unter Verwendung von Brennraumdruck-Sensoren. Düsseldorf : VDI-Verl., 2003 (Fortschritt-Berichte VDI Reihe 12 Nr. 545).
[16] Zellbeck, Hans; Liebsch, Stephan; Berger, Carsten: Der Brennverlauf, das wichtigste Mittel zur Optimierung des Arbeitsprozesses von Verbrennungsmotoren. In: 7. Tagung Der Arbeitsprozess des Verbrennungsmotors, Graz, 1999. – Tagungsband, S. 15-29.
[17] Schreiner, Klaus: Untersuchungen zum Ersatzbrennverlauf und Wärmeübergang bei schnellaufenden Hochleistungsdieselmotoren. In: Motortechnische Zeitschrift (MTZ), 54 (1993), Nr. 11, S. 554-563.
[18] Barba, Christian: Erarbeitung von Verbrennungskennwerten aus Indizierdaten zur verbesserten Prognose und rechnerischen Simulation des Verbrennungsablaufes bei Pkw-DE-Dieselmotoren mit Common-Rail-Einspritzung. Zürich, Eidg. Techn. Hochschule, Diss., 2001.
[19] Vibe,Ivan I.: Brennverlauf und Kreisprozess von Verbrennungsmotoren. Berlin : Verl. Technik, 1970.
[20] Oberg, Hans-Joachim: Die Darstellung des Brennverlaufes eines schnellaufenden Dieselmotors durch zwei überlagerte Vibe-Funktionen. Braunschweig, Techn. Univ., Diss., 1976.

[21] Schwarte, A.; Hack, L.; Isermann, R.; Nitzke, H.-G.; Jeschke, J.; Piewek, J.: Automatisierte Applikation von Motorsteuergeräten mit kontinuierlicher Motorvermessung. In: Verein Deutscher Ingenieure (Hrsg.): Steuerung und Regelung von Fahrzeugen und Motoren – AUTOREG 2004. Düsseldorf : VDI-Verl., 2004 (VDI-Berichte 1828), S. 651-663.

[22] Ward, M. C.; Brace, C. J.; Vaughan, N. D.; Ceen, R.; Hale, T.; Kennedy, G.: Investigation of Sweep Mapping Approach on Engine Testbed. In: SAE 2002 World Congress, Detroit, 2002. – SAE paper number 2002-01-0615.

[23] Leithgöb, R.; Bollig, M.; Büchel, M.; Henzinger, F.: Methodik zur effizienten Bedatung modellbasierter ECU-Strukturen. In: 1. Internationales Symposium für Entwicklungsmethodik, Wiesbaden, 2005. – Tagungsband, S. 195-208.

[24] Zimmerschied, Ralf; Weber, Matthias; Isermann, Rolf: Stationäre und dynamische Motorvermessung zur Auslegung von Steuerkennfeldern – Eine kurze Übersicht. In: Automatisierungstechnik (at), 53 (2005), Nr. 2, S. 87-94.

[25] Hafner, Michael: Modellbasierte stationäre und dynamische Optimierung von Verbrennungsmotoren am Motorprüfstand unter Verwendung neuronaler Netze. Düsseldorf : VDI-Verl., 2002 (Fortschritt-Berichte VDI Reihe 12 Nr. 482).

# 16  Simulation und Verifikation eines Ottomotors mit vollvariabler Ventilsteuerung und mit Abgasturboaufladung mit GT-Power
## *Simulation and Verification of a Turbocharged Gasoline Engine with Full Variable Valvetrain with GT-Power*

Rudolf Flierl, Mark Paulov

## Abstract

The effect of a turbocharger on an engine with fully variable valvetrain, regarding fuel consumption, torque and performance, will be analysed with the simulation tool GT-Power. In order to calibrate the GT-Power model, a four-cylinder production engine was modified by applicating a turbocharger and a fully variable valvetrain. The engine has been running on a dynamic engine test bench under fired conditions. The interest was focused on fuel consumption at part load and torque at lower engine speed range up to 2000 rpm. At lower engine speeds there are advantages in torque and performance due to the fully variable valvetrain. The early closing time of the inlet valve additional improves the response of the turbocharger at lower engine speeds. The performance of the turbocharger - in dependence of the different valve lifts and different opening times of the inlet valves - is analysed with GT-Power. The analysis is extended to a noticeable larger spread area, compared to the spread area of a common engine, due to the fully variable valvetrain and its small valve lifts at part load.

## Kurzfassung

Mit Hilfe des eindimensionalen Berechnungsprogramms GT-Power wird der Einfluss eines Abgasturboladers hinsichtlich Drehmoment und Verbrauch an einem Ottomotor mit vollvariabler Ventilsteuerung untersucht. Zum Abgleich des Simulationsmodells wurde ein 4-Zylinder Serienmotor auf vollvariable Ventilsteuerung und Abgasturboaufladung umgerüstet und befeuert auf einem dynamischen Motorprüfstand betrieben. Dabei wurde besonders der Drehzahlbereich bis 2000 U/min analysiert, indem der Motor mit variablem Ventiltrieb durch frühes Einlassschließen deutliche Drehmomentvorteile eröffnet, die auch zu einem frühen Anspringen des Turboladers führen. Mit dem Simulationsprogramm wird das Verhalten des Abgasturboladers in Abhängigkeit von unterschiedlichen Ventilhüben und den damit verbundenen unterschiedlichen Öffnungszeiten im unteren Drehzahlbereich analysiert. Diese Analyse erfolgt auch für das Spreizungskennfeld in Kombination mit dem variablen Ventiltrieb, welches aufgrund der kleinen Ventilhübe in der Teillast im Vergleich zu einem Motor mit konventioneller Ventilsteuerung deutlich vergrößert wird.

## 1. Einleitung

Variable Ventiltriebe sind seit mehr als 20 Jahren im Serieneinsatz. Mechanisch vollvariable Ventiltriebe mit vollvariablem Ventilhub und damit gekoppelter variablen Steuerzeit bewähren sich in Kundenhand in einigen hunderttausend Motoren. Diese Ventiltriebe sind nicht nur in Premiummodellen zu finden, sondern auch in Motoren mit 1,6L Hubraum, die in hohen Stückzahlen gebaut werden. Aktuell ist festzustellen, dass im asiatischen Raum mehrere Automobilhersteller mit derartiger Technik in Großserie gehen. Trotzdem gibt es auf Ingenieursebene immer noch erhebliche Diskussionen über Sinn und Unsinn dieser „Uhrmachertechnik" und wie viel Variabilität denn eigentlich sinnvoll oder gar wirtschaftlich ist. Reicht ein Umschalter oder muss es denn unbedingt gleich vollvariabel sein oder kann mit der Kombination von Umschaltung mit variabler Steuerzeit bereits ein Großteil der Funktionspotentiale abgeschöpft werden.

An der Technischen Universität in Kaiserslautern wurde, um dieser Frage nachzugehen, an einem Großserienmotor das mechanisch vollvariable Ventiltriebssystem UniValve adaptiert, ohne den Grundmotor zu verändern, d.h. Kurbeltrieb, Brennraum, Ventilwinkel, Ansaugkanäle, Ansauganlage und Abgasanlage wurden nicht verändert (Bild1). Der Motor wurde gedrosselt mit Vollhub, drosselfrei mit Laststeuerung durch unterschiedlichen Ventilhub, drosselfrei mit vollvariabler Sauganlage und gedrosselt und drosselfrei mit Turbolader betrieben und an der Volllast und bei 2000/2 bar in der Teillast untersucht. Parallel dazu wurde ein GT-Power-Modell von diesen Motorvarianten erstellt und die Übereinstimmung mit Versuch und Simulation festgestellt. Wobei diese Untersuchung der Übereinstimmung der einzelnen Varianten noch nicht vollständig ist.

*Bild 1:* Zylinderkopf mit vollvariablem Ventiltrieb UniValve

## 2. Beschreibung des mechanischen Ventiltriebsystems UniValve

Das Ventiltriebssystem „UniValve" ist, ähnlich der Valvetronic von BMW, als Kurvengetriebe aufgebaut. Ähnlich wie bei BMW wird ein Kipphebel verwendet, der in einer Kulisse bei jeder Drehung der Nockenwelle abläuft. Der Ventilhub und damit gekoppelt die Öffnungszeit wird durch Verdrehen der Exzenterwelle eingestellt.
Im Gegensatz zu BMW sind zwei solcher Kipphebel auf einer Achse angeordnet, so dass für zwei Ventile nun mehr drei Rollen verwendet werden. Dies ist ein deutlicher Kosten- und Toleranzvorteil.
In Weiterentwicklungen wird daran gearbeitet, die mittlere Rolle, welche in der Kulisse abläuft, entfallen zu lassen, um die Kosten und die Toleranzanforderungen weiter zu reduzieren. Zur Verstellung des Ventilhubes wird im UniValvesystem eine so genannte Innenexzenterwelle verwendet, bei der der Lagerdurchmesser größer als die Exzenterkontur ist, d. h. die Exzenterwelle kann aus einem centerless geschliffenen Rundstab herausgearbeitet werden. Die Exzenterwelle wird direkt in einer Bohrung im Zylinderkopf gelagert, d. h. Lagerdeckel und Lagerdeckelverschraubungen sind nicht notwendig.
Die folgende Abbildung zeigt den Gesamtzusammenbau von „UniValve" und eine Detaildarstellung der Gabelhebelanordnung (Bild 2). Um den Kontakt zwischen Nocken und Nockenfolgerrolle, sowie zwischen der Gabelhebelanordnung und der Verstelleinheit gewährleisten zu können, werden zwei Rückstellfedern verwendet, die einen Kontaktverlust sicher verhindern.
In Bild 3 werden unterschiedliche Ventilhubverläufe, die durch Drehung der Exzenterwelle eingestellt werden können, dargestellt. Wie zu erkennen ist, können - je nach Auslegung - alle Ventilhübe zwischen 0 mm und 10 mm (Maximalhub) vollvariabel angefahren werden.

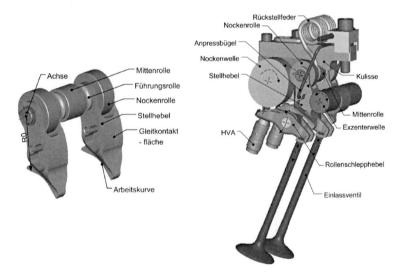

*Bild 2:* Aufbau des Systems „UniValve" der TU-Kaiserslautern

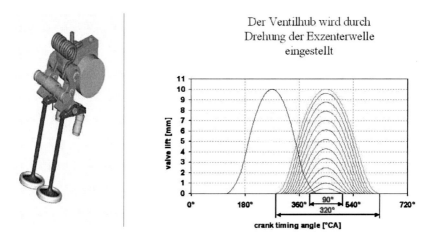

*Bild 3:* Funktion des Systems „Univalve" der TU-Kaiserslautern

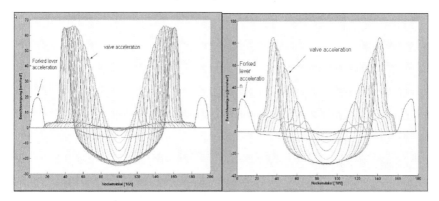

*Bild 4:* Zwei verschiedene Auslegungsvarianten der Beschleunigungsverläufe des Ventils (Kurvenschar) und des Nockens (schwarz)

Die kinematische Auslegung der Ventilhubkurve des UniValve-Systems erfolgt mit einem Simulationsprogramm. Damit können die Rampenhöhe und Länge, die Höhe der Öffnungsbeschleunigung und der Schließbeschleunigung genau ausgelegt und vorausberechnet werden. Die ausgelegten Rampen in der Ventilbeschleunigung können frei gestaltet werden. So zeigt die linke Abbildung von Bild 4 eine Rampe mit konstanter Beschleunigung, wobei in der rechten Abbildung die Ventilrampe mit konstantem Ruck dargestellt ist. Besonders zu beachten ist, dass die Auslegung der maximalen Öffnungs- und Schließbeschleunigung derart beeinflusst werden kann, dass die Maxima der bezogenen Beschleunigungen zu den Teilhüben zunehmen und das absolute Maximum bei einem Teilhub auftritt (Bild 4: links), bzw. das absolute Maximum der Öffnungsbeschleunigung bei Vollhub zu finden ist und die Maxima zu den Teilhüben hin abnehmen (Bild 4: rechts). Dadurch wird die Höhe und Lage der auftretenden Belastung auf die Ventiltriebsbauteile beeinflusst, die respektive bei einem Teilhub oder bei Maximalhub liegen kann.

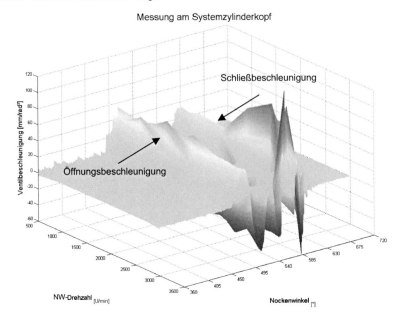

*Bild 5:* gemessene bezogene Ventilbeschleunigung bei unterschiedlichen Drehzahlen eines mechanisch vollvariablen Ventiltriebes

Mit dieser kinematischen Auslegung kann in einem ersten Schritt das Motorverhalten an der Volllast und in der Teillast bei 2000/2 bar vorausgerechnet werden. Bei starren Ventiltrieben ist die bezogene Beschleunigung weitgehend unabhängig von der Motordrehzahl. Bei mechanisch vollvariablen Ventiltrieben sind dagegen der Beschleunigungsverlauf und insbesondere die Höhe der Schließbeschleunigung deutlich von der Motordrehzahl abhängig. Zudem wird die Öffnungszeit bei höherer Drehzahl verkürzt (Bild 5). Da die Schließbeschleunigung bei höheren Drehzahlen dynamisch überhöht wird, kann in der kinematischen Auslegung die Höhe der Schließbeschleunigung reduziert werden, ohne dass Volllastnachteile entstehen.

## 3. Volllast von freisaugenden Otto-Motoren

Bei der Volllastauslegung zeigt sich, dass bei einem mechanischen vollvariablen Ventiltrieb die exakte Beschreibung der Öffnungszeit einen deutlich größeren Einfluss auf das maximale Drehmoment hat als der maximale Ventilhub.

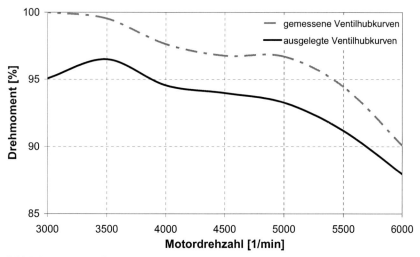

*Bild 6:* berechneter Drehmomentverlauf mit kinematisch ausgelegten und gemessenen Ventilhubkurven

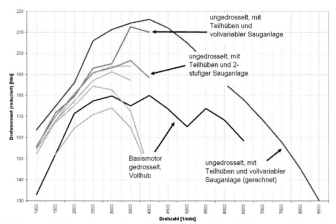

*Bild 7:* Volllastverhalten des gedrosseltem starren Ventiltriebes und des drosselfreien, vollvariablen Ventiltriebes (gemessen und gerechnet)

Interessant ist, dass das maximale Drehmoment im ungedrosselten Betrieb mit einem Ventilhub von 7 mm und einer Öffnungszeit von 215 °KW erreicht wird und damit deutlich über dem starren Ventiltrieb liegt.
Aufschlussreich ist auch, dass bei niederen Drehzahlen das Drehmoment des vollvariablen Ventiltriebes durch eine Verkürzung der Saugrohrlänge nicht mehr erhöht werden kann. Es ändert sich die Kombination von Ventilhub und Saugrohrlänge, d.h.

bei konstanter Saugrohrlänge wird durch die Verkürzung der Steuerzeit bzw. durch die Optimierung der Öffnungszeit bereits das maximale Drehmoment erreicht, welches auch durch eine „optimale" Kombination von Öffnungszeit und Saugrohrlänge nicht verbessert werden kann.

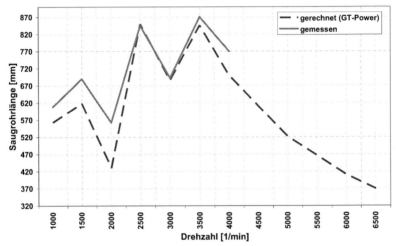

*Bild 8:* Saugrohrlänge mit maximalem Drehmoment gerechnet (GT-Power) und gemessen

Während der gemessene und gerechnete Verlauf der „optimalen" Saugrohrlänge gut übereinstimmen, ist der Unterschied zwischen gemessenem und gerechnetem Verlauf des Volllastdrehmoments bei niederen Drehzahlen doch noch erheblich.

## 5. Teillastverbrauch von freisaugenden Otto-Motoren mit drosselfreier Laststeuerung

In der Teillast ist das Ziel der Entwicklung einen möglichst geringen Kraftstoffverbrauch bei möglichst geringen Emissionen zu erzielen. Zum Vergleich der verschiedenen Laststeuer- /Brennverfahren wird der 2000/2 bar Punkt herangezogen. In diesem Betriebspunkt ist der Einfluss der Ladungswechselarbeit und des Restgasgehaltes auf den Kraftstoffverbrauch entscheidend. Der Betrag der Ladungswechselarbeit wird prinzipiell mit Kreisprozesssimulationsprogrammen wie GT-Power, Boost, Wave oder anderen sehr gut beschrieben, unabhängig davon ob eine gedrosselte oder drosselfreie Laststeuerung vorliegt.
Die Ladungswechselarbeit wird im gedrosselten Betrieb durch variable Steuerzeit, z.B. durch Verschiebung der Einlasssteuerzeit mit einem Phasenschieber auf der Einlassnockenwelle bei konstanter Auslassspreizung verändert.

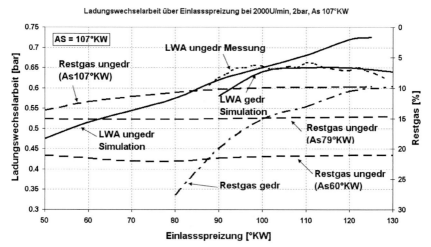

*Bild 9:* Zusammenhang von Ladungswechselarbeit, spez. Verbrauch und Restgas

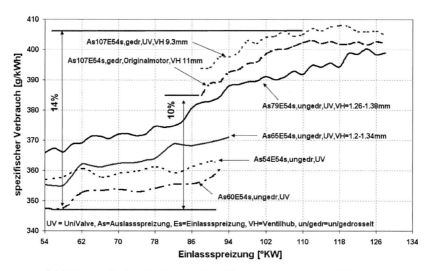

*Bild 10:* spezifischer Verbrauch über Einlassspreizung beim Ottomotor

Bei konstanter Auslassspreizung und variabler Einstellung der Einlasssteuerzeit ändert sich der Restgasgehalt und die Ladungswechselarbeit, abhängig davon ob der Motor gedrosselt oder ungedrosselt betrieben wird. Im gedrosselten Betrieb wird der Restgasanteil von der Einlassspreizung bestimmt. 20 % Restgasanteil wird bei einer Einlassspreizung von ca. 88 °KW erreicht. Die Ladungswechselarbeit wird von 0.63 bar auf 0.58 bar reduziert. Der Verbrauchsvorteil liegt bei ca. 3 % (Bild10). Der Restgasgehalt im ungedrosselten Betrieb ist nahezu unabhängig von der Einlassspreizung. Selbst bei einer Einlassspreizung von 50 °KW wird mit einer Auslassspreizung von 107 °KW ein Restgasgehalt von 12 % erreicht. Der Einlassventilhub im drosselfreien Betrieb beträgt allerdings nur 1.2mm mit einer Öffnungszeit von ca. 120 °KW. Infolge dieses geringen Ventilhubes steigt die Ladungswechselarbeit bei einer Einlassspreizung von 120 °KW gegenüber dem gedrosselten Betrieb an um dann mit der Einlassspreizung beständig abzunehmen. Da der Restgasanteil nahezu konstant bleibt, wird der Kraftstoffverbrauch allein durch die Ladungswechselarbeit von 405 g/kWh auf 394 g/kWh reduziert. Verkleinert man die Auslassspreizung von 107 °KW auf 79 °KW, so wird der Restgasanteil von 10 % auf 14 % angehoben und gleichzeitig die Ladungswechselarbeit reduziert von 0.63 bar auf 0.61 bar bei gleicher Einlassspreizung von Es= 105 °KW.

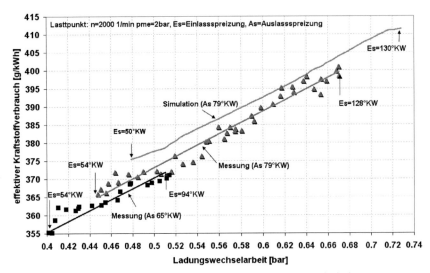

*Bild 11*: Kraftstoffverbrauch über Ladungswechselarbeit

Trägt man den effektiven Kraftstoffverbrauch über die Ladungswechselarbeit auf, so ergibt sich in der Simulation ein linearer Zusammenhang (Bild 11), wenn die Verbrennungsbedingungen (Zündwinkel, Umsatz usw.) konstant gehalten werden. Dieser lineare Zusammenhang ist auch bei den Messwerten zu erkennen. Bei konstanter Auslassspreizung ist bei einer drosselfreien Laststeuerung der Restgasgehalt in erster Näherung konstant. Der Verbrauchsvorteil allein durch den Restgasgehalt ist dann durch den Abstand der Linien mit konstanter Auslassspreizung gegeben.

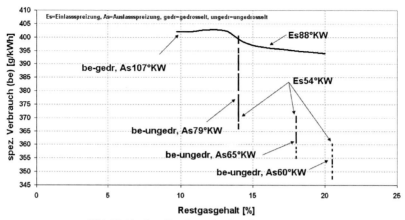

*Bild 12*: Kraftstoffverbrauch über Restgasgehalt

In der Simulation wird damit der Einfluss des Restgases auf die Gemischaufbereitung im Zylinder und auf die Energieumsetzung nicht berücksichtigt. Allerdings wird der Einfluss des Restgasgehaltes auf den Wirkungsgrad infolge der Erhöhung des Kompressionsdruckes erfasst.

Nach diesen Versuchen mit einer „drosselfreien" Laststeuerung mit mechanischem Ventiltrieb wurde an dem Motor ein Abgasturbolader angebracht, der extern mit Öl und Kühlmittel versorgt wurde. Die Ansaugluft wurde über einen Ladeluftkühler geführt. Die Sauganlage blieb ebenso, wie die Verdichtung bzw. der Kolben unverändert. Am Turbolader wurde die Drehzahl gemessen und aufgrund der geänderten Abgaskrümmergeometrie die Lage des Drucksensors verändert.

Diese Änderungen wurden in die Simulation eingebracht und das Modell an die gemessenen Saugrohrdruckverläufe und an die Turboladerdrehzahl angepasst. Eine akzeptable Übereinstimmung von gemessenen und gerechneten Werten war zum Zeitpunkt der Niederschrift noch nicht erreicht, so dass dieser Vergleich noch nicht in der Ausarbeitung vorliegt, zum Vortrag aber vermutlich dargestellt werden kann.

Bei 2000/2bar verschiebt sich die Ladungswechselarbeit im drosselfreien Betrieb zu höheren Werten. Für die Einstellung des Lastpunktes sind, bei gleicher Ein- und Auslassspreizung, kleinere Ventilhübe notwendig.

Aus Bild 12 wird deutlich, dass der Restgasgehalt bei gedrosseltem und ungedrosseltem Betrieb unterschiedlich funktioniert. Bei 2000/2 bar im drosselfreien Betrieb ist der Restgasgehalt unabhängig von der Einlassspreizung und wird durch die Auslassspreizung gesteuert.

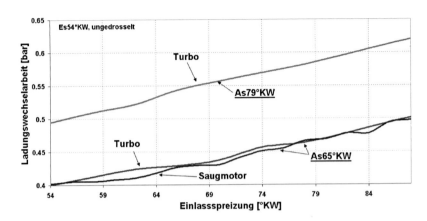

*Bild 13:* Ladungswechselarbeit in Abhängigkeit von der Einlassspreizung

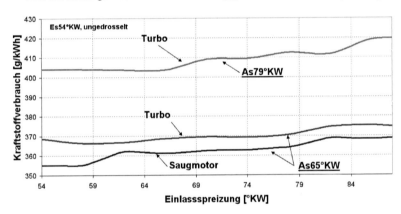

*Bild 14:* Verbrauch des drosselfreien Saugmotors und Turbomotors

Der Verbrauch des drosselfreien Motors mit Turboaufladung erreicht in diesem Versuch nicht ganz das Niveau des Saugmotors, kommt dem aber sehr nahe. (Bild 14)

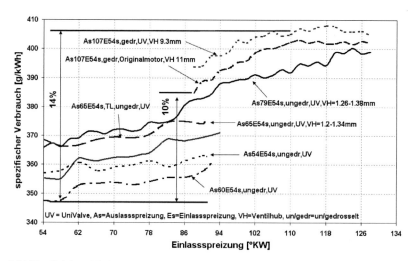

*Bild15:* effektiver Verbrauch über der Einlassspreizung eines drosselfreien Saug- und drosselfreien Turbomotors

Anzumerken ist, dass der Turbomotor noch nicht mit einer Auslassspreizung von 60 °KW bzw. 50 °KW untersucht wurde. Der Motor wurde bei niederen Drehzahlen bei Volllast mit Turbolader und als Saugmotor im gedrosselten und ungedrosselten Betrieb untersucht und mit ersten Simulationsergebnissen verglichen.

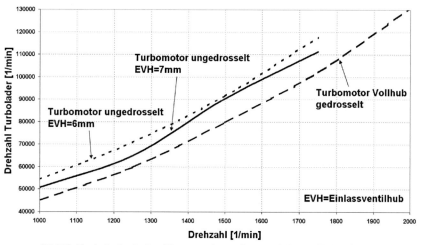

*Bild16:* Turboladerdrehzahl von gedrosselten und drosselfreien Motor

Gegenüber dem gedrosselten Turbomotor stellt sich beim drosselfreien Turbomotor eine deutlich höhere Turboladerdrehzahl bei niederen Drehzahlen ein. Die Zunahme ist einerseits auf den höheren Abgasmassenstrom infolge des frühen Einlassschließens bzw. infolge der kürzeren Öffnungszeiten bei einem Ventilhub von 6 und 7 mm, mit dem die Volllast beim drosselfreien Motor bereits erreicht wird, andererseits auf die hohe Enthalpie zurückzuführen. Allerdings wird die höhere Turboladerdrehzahl nicht in Drehmoment umgesetzt, da der Drehmomentzuwachs beim drosselfreien Motor im Wesentlichen durch den Zuwachs als Saugmotor gegeben ist.

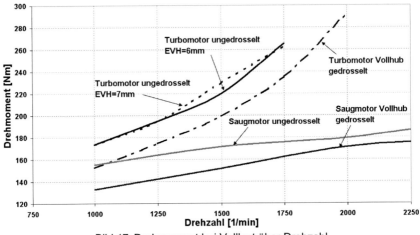

*Bild 17:* Drehmoment bei Volllast über Drehzahl

Gegenüber dem Saugmotor mit drosselfreier Laststeuerung wird das Drehmoment beim Turbomotor noch leicht erhöht.

## Ausblick

Mit dem drosselfreien Turbomotor wird das Drehmomentverhalten des Motors bei niederen Drehzahlen deutlich verbessert. Der Effekt kommt im Wesentlichen vom „Saugmotor", der durch frühes Einlassschließen ein Rückströmen von Frischgas bei niederen Drehzahlen vermindert. Der Verbrauch kann auf das Niveau des Saugmotors gebracht werden, offen ist ob bei kleineren Auslassspreizungen die Klopfgrenze erreicht wird. Insbesondere ist noch der Einfluss von Ventilhubphasing und Masking auf den Verbrauch zu analysieren. Weiter ist das dynamische Ansprechverhalten des Turbomotors eines der spannendsten Fragestellungen, die sowohl durch Simulation als auch durch Versuche am Prüfstand untersucht wird.

# 17 Kurbelwinkelbasierte Dieselmotormodellierung für Hardware-in-the-Loop-Anwendungen mit Zylinderinnendrucksensoren
## Diesel Engine Models in Hardware-in-the-Loop Systems for Electronic Control Units with In-Cylinder Pressure Sensors

Torsten Kluge, Tino Schulze, Markus Wiedemeier, Herbert Schuette

## Abstract

Mean value engine models (MVEM) can be considered the standard models for hardware-in-the-loop (HIL) test systems for engine control units (ECUs). Mainly due to stricter environmental regulation, future ECUs for Diesel engines will also be equipped with in-cylinder pressure sensors. HIL test systems therefore have to provide the in-cylinder pressure in real time by means of a corresponding model. The paper describes extensions to an MVEM implemented in Simulink in order to calculate the in-cylinder pressure and temperature by means of appropriate heat release functions. Some emphasis is placed on the comparison of different heat release functions with respect to their applicability in real-time, closed-loop simulations. First steps in the calibration/parameterization of the chosen model based on real dynamometer measurements, along with a test on a real ECU, will complete this contribution.

## Zusammenfassung

Als Modelle für aktuelle Hardware-in-the-Loop(HIL)-Systeme zum Testen von Motorsteuergeräten sind meist Mittelwertmotormodelle (engl.: Mean Value Engine Models, MVEM) im Einsatz. Hauptsächlich aufgrund strengerer Umweltgesetze werden zukünftige Motorsteuergeräte auch mit Zylinderinnendrucksensoren ausgestattet. Daher müssen zukünftige HIL-Testsysteme den Zylinderinnendruck mit Hilfe eines entsprechenden Modells in Echtzeit berechnen und ausgeben können. In diesem Beitrag werden Erweiterungen zu einem in Simulink implementierten MVEM zur Berechnung von Zylinderinnendruck und -temperatur mit Hilfe geeigneter Wärmefreisetzungs-funktionen beschrieben. Besondere Betonung liegt dabei auf dem Vergleich unterschiedlicher Wärmefreisetzungsfunktionen hinsichtlich ihrer Anwendbarkeit in echtzeitfähigen Simulationen für den geschlossenen Regelkreis. Die ersten Schritte der Modellparametrierung basierend auf realen Prüfstandsmessungen sowie der Test an einem realen Steuergerät komplettieren diesen Beitrag.

## 1. Einleitung

Der Einsatz echtzeitfähiger Mittelwertmotormodelle für Hardware-in-the-Loop-Systeme zum Testen von Motorsteuergeräten ist weitverbreitet. Diese Modelle liefern stationär und dynamisch eine gute Simulation der physikalischen Größen wie Motordrehmoment/–drehzahl, Luftmassenstrom etc. gemäß gemessener Aktorsignale wie

Einspritzung, Abgasrückführrate, Ladedruckregelung. Alle simulierten Größen sind Mittelwerte, das heißt, sie spiegeln nicht die zyklische Charakteristik der Verbrennung individueller Zylinder wider, sondern liefern konstante Werte über 720 Grad Kurbelwinkel.

Um Kraftstoffverbrauch und Emissionsausstoß bei höherer Leistungsfähigkeit weiter zu optimieren, wird die nächste Generation der Motorsteuergeräte in der Lage sein den Zylinderinnendruck zu messen. Der Zylinderinnendruck wird für wichtige Regelschleifen wie Motordrehmoment- und Zylindergleichstellung, besonders aber bei Dieselmotorsteuerungen eingesetzt, um den Ausstoß von Rußpartikeln und Stickoxiden zu verringern.

Da der Einspritzverlauf die Dieselverbrennung und damit auch den Zylinderdruck direkt beeinflusst, sind MVEMs für den Test neuer Steuergeräte-Generationen im geschlossenen Regelkreis nicht länger ausreichend. Es ist daher notwendig, den exakten Zylinderdruck gemäß der tatsächlichen Einspritzung in Echtzeit simulieren zu können. Mit diesem detaillierteren Modellierungsansatz ist es dann auch möglich, die vorwiegend in Benzinmotoren eingesetzten variablen Ventilsteuerungen darzustellen. Diese können mit MVEMs typischerweise nur grob auf Basis volumetrischer Wirkungsgradtabellen berechnet werden anstatt mit Simulation des Luftmassenstroms durch Einlass-/Auslassventile.

Nach einem kurzen Überblick über die Standard-MVEMs beschreibt dieser Beitrag ein detailliertes Dieselmotormodell, das in einem HIL-Testsystem eingesetzt wird und Zylinderdruck sowie -temperatur ausgibt. Es werden unterschiedliche Ansätze der Verbrennungssimulation (Wärmefreisetzungsfunktionen) diskutiert, um deren Eignung hinsichtlich HIL-Anwendungen zu verdeutlichen.

Darüber hinaus wird die Struktur des Simulink-Modells, zu der u.a. Luftpfad, Turbolader, AGR und Common-Rail Einspritzsystem gehören, sowie die Implementierung auf einem Echtzeitsystem beschrieben. Besondere Betonung liegt dabei auf den Schnittstellen zwischen Steuergerät und Modell sowie der Echtzeitimplementierung, da Abtastraten und I/O-Verzögerungen nicht nur für die numerische Stabilität, sondern auch für die Gesamtstabilität der HIL-Simulation im geschlossenen Regelkreis eine entscheidende Rolle spielen. Da die effiziente Parametrierung und Validierung eines solchen Modells ausschlaggebend für den HIL-Anwendungsprozess ist, behandelt der letzte Teil dieses Beitrags die Modellapplikation und zeigt einen Vergleich zwischen gemessenen und simulierten Größen.

## 2. Motormodellanforderungen für Steuergerätetestsysteme

Heutzutage werden für die Simulation von Verbrennungsmotoren diverse mathematische Ansätze eingesetzt. Angefangen bei einfachen Mittelwertmodellen bis hin zu hochkomplexen dreidimensionalen strömungstechnischen Analysen zielt jeder Ansatz auf seinen spezifischen Anwendungsbereich ab. Wie in diesem Beitrag beschrieben, besteht ein großer Unterschied zwischen komplexen Modellen, zum Beispiel GT-Power, und Motormodellen für die Steuergeräte-Entwicklung. Komplexe Modelle sind dafür ausgelegt, Motoren ganz oder teilweise zu entwickeln und zu optimieren. Echtzeitmodelle hingegen liefern Sensorsignale für die Entwicklung und den

Test von Steuergeräten. Auf diese Weise können während der Steuergeräte-Applikation kostenintensive Stunden am Prüfstand teilweise durch günstigere HIL-Stunden ersetzt werden [21].

Simulationsmodelle für die Entwicklung von Motorsteuergeräten und die Testapplikation müssen bestimmte Anforderungen erfüllen. In einer typischen Testumgebung arbeitet das Motormodell zusammen mit dem Steuergerät im geschlossenen Regelkreis. Das Modell muss gemäß den anliegenden Aktorsignalen konsistente Sensorwerte für alle Motorbetriebsarten (zum Beispiel statisches und dynamisches Verhalten, Startphase, Schubabschaltung, Abschalten des Motors etc.) generieren. Die Motorfehlerdiagnose sollte während der Simulation im geschlossenen Regelkreis keine Fehlfunktionen melden. Zum Beispiel muss die Kühlwassertemperatur nach dem Abschalten des Motors sinken, andernfalls meldet das Steuergerät eine Fehlfunktion des Temperatursensors/Kühlkreislaufs. Eine weitere wichtige Anforderung ergibt sich aus der Echtzeitfähigkeit, das heißt, der Verarbeitungsprozess muss innerhalb der Simulationsschrittweite abgeschlossen sein. Andernfalls ist eine Simulation im geschlossenen Regelkreis nicht möglich. Aufgrund dieser Einschränkung werden sich hochkomplexe Ansätze für die Echtzeitsimulation in den kommenden Jahren nicht realisieren lassen. Daher muss der Berechnungsaufwand während der Entwicklung von Motormodellen für Echtzeitumgebungen von Anfang an berücksichtigt werden.

Modelle für die Motor- und die Steuergeräte-Entwicklung stehen nicht in Konkurrenz zueinander, sie ergänzen sich vielmehr. Für eine vollständig virtuelle Entwicklung kann ein komplexes Motormodell für die Generierung der Prüfstandsdaten eines neuen Motors eingesetzt werden. Dieser Datensatz dient dann in der Steuergeräte-Entwicklung zur Applikation des Motormodells. So ist es möglich, Motor und Steuergerät parallel zu entwickeln.

Ein modularer Entwurf erlaubt den leichten Austausch oder die Modifikation von Modellteilen, was sich als durchaus vorteilhaft erweist, wenn, im Zuge der weiteren Steuergeräte-Entwicklung, zusätzliche Sensorsignale notwendig sind. So ist für neue Steuergeräte-Generationen beispielsweise der Zylinderinnendruck als zusätzliches Sensorsignal erforderlich. Daher müssen Motormodelle für Entwicklung und Test dieser Steuergeräte diese Signale bereitstellen.

Ein weiterer wichtiger Aspekt ist die einfache Applikation des Simulationsmodells. Das heißt es muss möglich sein, das Simulationsmodell mit herkömmlichen Prüfstandsmessungen in kurzer Zeit zu parametrieren. Aufwendige Machbarkeitsstudien und ausführliche Parameteruntersuchungen sind für Serienprojekte mit begrenztem Zeitkontingent und zahlreichen unterschiedlichen Motorvarianten nicht praktikabel.

Darüber hinaus müssen Motormodelle in der Steuergeräte-Entwicklung offline auf dem PC und online in der Echtzeitumgebung einsetzbar sein. Der Vorteil dabei ist, dass der Entwickler nur das Modell parametrieren muss und die Entwicklungsumgebung unverändert bleibt.

## 3. Einführung in die Mittelwertmotormodelle (MVEM)

Bei heutigen Motor-HIL-Simulatoren sind MVEMs der Standard [17][22][23][24][25]. Verglichen mit Zylinderinnendruckmodellen sind sie weniger komplex und schneller zu berechnen. Für ein gegenwärtiges HIL-Testsystem kann ein MVEM alle notwendigen Sensorsignale generieren und alle Aktorsignale so einbinden, dass ein modernes Motorsteuergerät im geschlossenen Regelkreis keine Fehler meldet. Die nachfolgende Abbildung zeigt den Aufbau eines Diesel-Motormodells [28], das für ein breitgefächertes Spektrum an HIL-Simulationsprojekten eingesetzt wird.

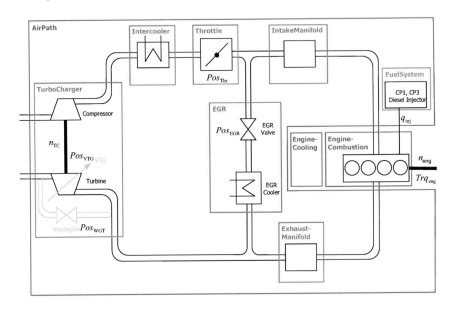

Abbildung 1: *Struktur des MVEMs*.

Das in Abbildung 1 dargestellte MVEM besteht aus folgenden Komponenten:
- Ansaugrohr
- Abgaskrümmer
- Drosselklappe und Ladeluftkühler
- AGR-Ventil und AGR-Kühler
- Turbolader
- Kraftstoffsystem und Motorkühlsystem
- Motorverbrennung

Die meisten Grundgleichungen der unterschiedlichen Komponenten weisen nur geringe Unterschiede zwischen einem MVEM- und einem Zylinderinnendruckmodell auf, zum Beispiel bei Kraftstoffsystem, Ansaugrohr etc. Im Wesentlichen unterscheiden sie sich aber durch die Modelle für Verbrennung und Zylinderfüllung.

## 3.1 Simulation der Verbrennung

Anstelle einer kurbelwinkelbasierten Simulation verwendet das MVEM-Konzept den sogenannten mittleren indizierten Druck.

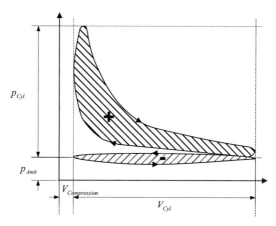

Abbildung 2: *p-V-Diagramm eines Verbrennungsmotors*.

Abbildung 2 zeigt ein typisches p-V-Diagramm eines Verbrennungsmotors. Der Bereich mit dem Pluszeichen beschreibt die Hochdruckphase, der Bereich mit dem Minuszeichen den Gaswechsel. Bei einem MVEM werden beide Bereiche zu einem flächengleichen Rechteck zusammengefasst, welches durch den Kolbenhubraum und den mittleren indizierten Druck definiert ist.

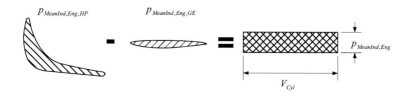

Abbildung 3: *Definition des mittleren indizierten Drucks.*

Unter dieser Annahme kann die thermodynamische Prozessarbeit des Zylinders mit folgender Gleichung berechnet werden:

$$W_{Cyl} = p_{MeanInd,Eng} V_{Cyl} \tag{1}$$

Teilt man die Prozessarbeit durch die dafür benötige Zeit (für einen Zyklus), kann die thermodynamische Leistung für einen Prozess berechnet werden:

$$P_{Cyl} = \frac{W_{Cyl}}{t_{Cycl}} = p_{MeanInd,Eng} V_{Cyl} \, i \, n_{Eng} = \frac{p_{MeanInd,Eng} V_{Cyl}}{t_{Cycl}}. \tag{2}$$

Diese thermodynamische Leistung wird der mechanischen Leistung gleichgesetzt:

$$P_{Cyl} = Trq_{MeanInd,Eng} \, 2\pi \, n_{Eng}. \tag{3}$$

Zuletzt lässt sich durch folgende Gleichung eine Beziehung zwischen dem internen mechanischen und dem thermodynamischen Drehmoment herstellen:

$$Trq_{MeanInd,Eng} = \frac{i \, V_{Cyl}}{2\pi} p_{MeanInd,Eng} \tag{4}$$

Der mittlere indizierte Druck kann aus einer gewöhnlichen Motorprüfstandsmessung für jeden Motorbetriebspunkt berechnet werden: Im MVEM werden diese Werte für unterschiedliche Betriebspunkte in einem Kennfeld abhängig von Motordrehzahl und eingespritzter Kraftstoffmenge gespeichert. Die unterschiedlichen Einflüsse werden durch die folgende Gleichung beschrieben:

$$p_{MeanInd,Eng} = p_{MeanInd,Eng,Ideal} \, (n_{Eng}, q_{Inj,Cyl}) \cdot \eta_\lambda (\lambda_{Cyl}) \cdot \eta_{Inj} (\varphi_{Inj,Cyl}) \tag{5}$$

Um das Motordrehmoment über dem Kurbelwinkel zu simulieren, ist ein herkömmlicher Mittelwertansatz nicht ausreichend. Dieser Ansatz berechnet einen Verbrennungsmoment, der über einen kompletten Motorprozess hinweg konstant bleibt. Somit werden keine Motordrehzahlschwankungen aufgrund variierender Motorprozesse simuliert. Um dieses zu umgehen, wurde die Mittelwertmethode durch eine sogenannte Formfunktion erweitert, was in der nachfolgenden Abbildung dargestellt ist.

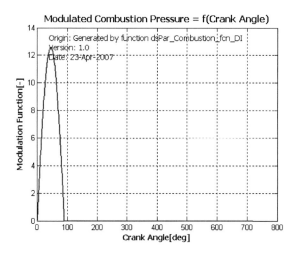

Abbildung 4: Formfunktion über Kurbelwinkel.

Die Formfunktion verläuft während des Brennprozesses positiv und geht während des restlichen Motorprozesses gegen Null. Der mittlere indizierte Druck wird mit dieser Formfunktion multipliziert

$$p_{MeanInd,Eng,Mod} = p_{MeanInd,Eng} \cdot f(\varphi_{Crank,Cyl}).\tag{6}$$

Der so modulierte indizierte Druck wird über alle Zylinder summiert und das nutzbare mechanische Drehmoment an der Kurbelwelle ergibt sich durch Substraktion des Reibmoments:

$$Trq_{MeanEff,Eng,Mod} = \sum_{Cyl} \frac{p_{MeanInd,Eng,Mod} \cdot i \cdot V_{Cyl}}{2\pi} - Trq_{Fric}(n_{Eng}, T_{Eng})\tag{7}$$

Abschließend kann festgestellt werden, dass ein MVEM durch einen Satz an Gleichungen charakterisiert ist, bei dem eine herkömmliche Motorprüfstandsmessung in Kennfelder umgewandelt wird, aus denen der mittlere indizierte Druck hervorgeht. Dieser Wert beschreibt den Brennverlauf eines vollständigen Kreisprozesses.

## 3.2 Luftpfad

Der Luftpfad simuliert Kompressor, Ladluftkühlung, Drossel und Ansaugrohrdynamik auf Seiten des Einlasses. Auf der Auslassseite werden Turbine, Abgasrückführventil, Kühler und Abgaskrümmer modelliert.

Der Turbolader wird als Kompressor und Turbine modelliert, die durch die Turboladerwelle miteinander verbunden sind.

Der Zwischenkühler kühlt den Luftstrom des Kompressors gemäß Wirkungsgrad und Temperaturunterschied zwischen Einlass- und Kühlmitteltemperatur. Die Drossel wird als Öffnung mit variablem Querschnitt modelliert, die den Frischluftstrom zum Ansaugrohr begrenzt.

Der Gasstrom im Ansaugrohr wird aus der Massenstrombilanz und die Temperatur des Ansaugrohrs aus der Energiebilanz berechnet. Der Druck ergibt sich aus der idealen Gasgleichung.

Derselbe Simulationsansatz wird für den Abgaskrümmer eingesetzt. Im Unterschied zum Ansaugrohr wird noch das Gemisch aus Frischluft und Abgasen berücksichtigt.

Der AGR-Kühler kühlt den Luftstrom der Verbrennung je nach Wirkungsgrad und Temperaturunterschied zwischen Einlass- und Kühlmitteltemperatur. Die Abgasrückführung wird als Ventil simuliert. Die AGR-Position kann den Luftstrom in das Ansaugrohr erhöhen.

Die verschiedenen Modelle lassen sich in drei allgemeine Unterkomponentenmodelle kategorisieren:
- Speicher,
- Ventil, und
- Kühler.

Diese drei Kategorien werden in den folgenden Absätzen diskutiert. Letztlich wird die Implementierung des Turboladers und die Füllung des Zylinders beschrieben.

### 3.2.1 Speicher

Der Speicher wird als thermodynamisches Kontrollvolumen mit Hilfe von Stoff- und Energiebilanzen für drei Komponenten i = {Luft, Kraftstoff und Abgas} modelliert.

$$\frac{dm_{i,Acc}}{dt} = \dot{m}_{i,Acc,In} - \dot{m}_{i,Acc,Out} \tag{8}$$

$$dU_{Acc} = dW_{Acc} + dQ_{Acc} + dH_{Acc} \tag{9}$$

Die folgende Abbildung zeigt die Eingangs- und Ausgangsgrößen.

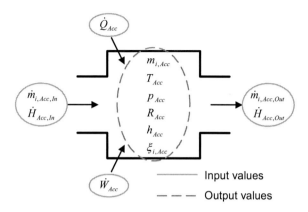

Abbildung 5: *Eingangs- und Ausgangsgrößen der Speicherberechnung.*

Abhängig vom Massenanteil jeder Komponente berechnet das Modell die Gaskonstante $R_{Acc}$, die spezifische Wärmekapazität $c_V$, die spezifische innere Energie $u$ und die spezifische Enthalpie $h$.

Eine Differenzialgleichung für die Speichertemperatur kann aus der Energiebilanz abgeleitet werden:

$$dT_{Acc} = \frac{dW_{Acc} + dQ_{Acc} + dH_{Acc} - \sum_i dm_{i,Acc} u_i}{m_{Acc} c_{v,Acc}} \tag{10}$$

Die vier Bestandteile des Zählers beschreiben:
- die Volumenänderungsarbeit $dW_{Acc}$,
- die Wärmefreisetzung und den Wandwärmestrom $dQ_{Acc}$,
- den Enthalpiestrom über die Kontrollvolumengrenze $dH_{Acc}$, sowie
- die Summe der inneren Energien $\sum_i dm_{i,Acc} u_i$ aller Gaskomponenten.

Der Speicherdruck wird mit Hilfe des idealen Gasgesetzes berechnet.

$$p_{Acc} = \frac{m_{Acc} R_{Acc} T_{Acc}}{V_{Acc}} \tag{11}$$

Die oben genannten Gleichungen werden sowohl zur Simulation von Ansaugrohr und Abgaskrümmer im MVEM als auch zur Beschreibung des Brennraums im Zylinderinnendruckmodell eingesetzt.

### 3.2.2 Ventile

Dieses Kapitel stellt das allgemeine Ventilkonzept vor, das zur Modellierung der Drossel und des AGR-Ventils im MVEM eingesetzt wird. Bei dem Zylinderinnendruckmodell wird das Konzept zudem für das Einlass- und Auslassventil angewandt. Die folgende Schematik zeigt ein allgemeines Ventil mit Eingangs- und Ausgangsgrößen sowie der berechneten Massen- und Enthalpieströme.

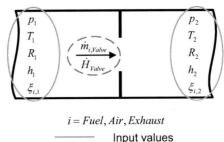

$$i = Fuel, Air, Exhaust$$

────────── Input values
— — — Output values

Abbildung 6: *Eingangs- und Ausgangsgrößen der Ventilberechnung.*

Angenommen wird eine isentrope, adiabate Strömung durch die Öffnung als Basis für die Berechnung des Massenstroms.

$$\dot{m}_{Valve} = A_{Valve} \frac{p_I}{\sqrt{R_I T_I}} \Psi\left(\frac{p_2}{p_I}, \kappa_I\right) \tag{12}$$

Die Definition der Durchflussfunktion ist in Gleichung (13) dargestellt. Beachtet werden muss, dass die Strömungsfunktion einen Maximalwert beim kritischen Druckverhältnis hat, der durch $\frac{p_2}{p_1} = \left(\frac{2}{\kappa+1}\right)^{\frac{\kappa}{\kappa-1}}$ beschrieben wird. Außerhalb dieses Druckverhältnisses erreicht der Massenstrom Schallgeschwindigkeit, die in einer herkömmlichen Öffnung nicht erhöht werden kann. Die unterschiedlichen Fälle für beide Strömungsrichtungen sind in folgender Gleichung zusammengefasst:

$$\Psi\left(\frac{p_2}{p_1},\kappa\right) = \begin{cases} \left(\frac{2}{\kappa+1}\right)^{\frac{1}{\kappa-1}} \sqrt{\frac{2\kappa}{\kappa+1}} & , \; 0 < \frac{p_2}{p_1} < \left(\frac{2}{\kappa+1}\right)^{\frac{\kappa}{\kappa-1}} \\ \sqrt{\frac{2\kappa}{\kappa-1}\left[\left(\frac{p_2}{p_1}\right)^{\frac{2}{\kappa}} - \left(\frac{p_2}{p_1}\right)^{\frac{\kappa+1}{\kappa}}\right]} & , \; \left(\frac{2}{\kappa+1}\right)^{\frac{\kappa}{\kappa-1}} \leq \frac{p_2}{p_1} < 1 \\ -\sqrt{\frac{2\kappa}{\kappa-1}\left[\left(\frac{p_1}{p_2}\right)^{\frac{2}{\kappa}} - \left(\frac{p_1}{p_2}\right)^{\frac{\kappa+1}{\kappa}}\right]} & , \; 1 \leq \frac{p_2}{p_1} < \left(\frac{2}{\kappa+1}\right)^{-\frac{\kappa}{\kappa-1}} \\ -\left(\frac{2}{\kappa+1}\right)^{\frac{1}{\kappa-1}} \sqrt{\frac{2\kappa}{\kappa+1}} & , \; \left(\frac{2}{\kappa+1}\right)^{-\frac{\kappa}{\kappa-1}} \leq \frac{p_2}{p_1} \end{cases} \tag{13}$$

Abbildung 7 zeigt die Strömungsfunktion für unterschiedliche Isentropenkoeffizienten.

Es ist zu erkennen, dass Unterschiede zwischen Isentropenkonstanten für die Berechnung der Strömungsfunktion eine untergeordnete Rolle spielen. Daher wird hier ein fester Isentropenkoeffizient angenommen unabhängig von der Zusammensetzung der Komponenten.

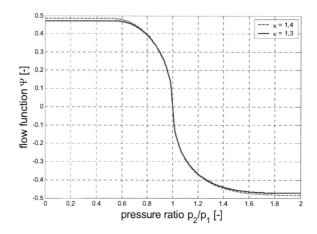

Abbildung 7: *Strömungsfunktion.*

Der Massenstrom der einzelnen Komponenten kann aus den einzelnen Massenkonzentrationen berechnet werden:

$$\dot{m}_{i,Valve} = \dot{m}_{Valve} \xi_{i,Valve} \tag{14}$$

Der Enthalpiestrom ergibt sich aus folgender Gleichung:

$$\dot{H}_{Valve} = \dot{m}_{Valve} h_{Valve} \tag{15}$$

### 3.2.3 Kühler

Der Kühler wird mit einem Wirkungsgrad modelliert, der aus der Motorprüfstandsmessung berechnet wird:

$$\eta_{Cooler} = \frac{T_{In,Cooler} - T_{Out,Cooler}}{T_{In,Cooler} - T_{Coolant}} \tag{16}$$

Die Wirkungsgrade für die Motorbetriebspunkte werden in einem Kennfeld abhängig von Motordrehzahl und der eingespritzten Kraftstoffmenge abgelegt.

### 3.2.4 Zylinderfüllung

In einem MVEM kann die Zylinderfüllung des Motors durch die Annahme einer Kolbenpumpe anhand folgender Gleichung modelliert werden:

$$\dot{m}_{Valve,Ideal} = i \, n_{Eng} \, V_{Cyl} \, \rho_{InMan} \tag{17}$$

Aufgrund des nicht idealen Verhaltens eines realen Motors wird Gleichung (17) um einen volumetrischen Wirkungsgrad erweitert, um das reale Zylindermassenstromverhalten in die Kolbenpumpengleichung zu integrieren. Der volumetrische Wirkungsgrad wird durch folgende Gleichung definiert:

$$\eta_{vol}(n_{Eng}, p_{InMan}) = \frac{\dot{m}_{Valve,Measurement}}{\dot{m}_{Valve,Ideal}} \tag{18}$$

Mit Hilfe dieser Definition kann ein Kennfeld des volumetrischen Wirkungsgrades aus einer Motormessung erstellt werden. Aus diesem Kennfeld lässt sich in Kombination mit der Gleichung für eine ideale Kolbenpumpe der Massenstrom in den Zylinder sehr genau berechnen.

### 3.2.5 Turbolader

Turbolader werden eingesetzt, um den Luftstrom in den Motor zu verdichten. Dadurch erhöht sich die Luftmenge im Zylinder pro Takt. Das Turboladermodell besteht im Wesentlichen aus drei Teilen:

- Kompressor
- Welle
- Turbine

Die folgende Abbildung zeigt die Komponenten sowie deren Eingangs- und Ausgangsgrößen.

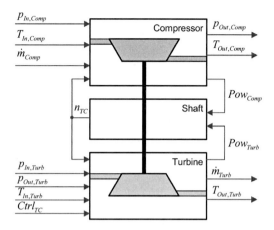

Abbildung 8: *Struktur des Turboladermodells.*

Kompressor und Turbine sind zur Berechnung der Turboladerwellendrehzahl durch eine Leistungsbilanz gekoppelt:

$$\dot{n}_{TC} = \frac{1}{J_{TC}} \left( \frac{P_{Comp}}{n_{TC}} + \frac{P_{Turb}}{n_{TC}} \right) \qquad (19)$$

Die Leistungen von Kompressor und Turbine sind durch folgende Gleichungen definiert:

$$P_{Turb} = \dot{m}_{Turb} c_{p,air} \eta_{Turb,is} T_{In,Turb} \left( 1 - \left( \frac{1}{\Pi_{Turb}} \right)^{\frac{\kappa-1}{\kappa}} \right) \qquad (20)$$

$$P_{Comp} = \dot{m}_{Comp} c_{p,air} \frac{1}{\eta_{Comp,is}} T_{In,Comp} \left( \Pi_{Comp}^{\frac{\kappa-1}{\kappa}} - 1 \right) \qquad (21)$$

Turbinenmassenstrom und Wirkungsgrad sind in Kennfeldern abgelegt. Das Turbinendruck-verhältnis ergibt sich aus Druck vor und nach der Turbine.

$$\dot{m}_{Turb,red} = Map(\Pi_{Turb}, Ctrl_{TC}) \qquad (22)$$
$$\eta_{Turb} = Map(\dot{m}_{Turb,red}, n_{TC,red}) \qquad (23)$$

Verdichtungsverhältnis und Wirkungsgrad des Kompressors sind in Kennfeldern abgelegt. Der Massenstrom ist gleich dem Massenstrom durch das Drosselventil.

$$\Pi_{Comp} = Map(\dot{m}_{Comp,red}, n_{TC,red}) \qquad (24)$$
$$\eta_{Comp} = Map(\dot{m}_{Comp,red}, n_{TC,red}) \qquad (25)$$

Die Kennfelder werden mit Messdaten des Tubolader-Herstellers parametriert.

Schließlich berechnet das Kompressormodell den Ladedruck und das Turbinenmodell berechnet den Massenstrom. Der Turbinenmassenstrom kann entweder durch variable Turbinengeometrie oder durch ein Wastegate-Ventil geregelt werden.

## 4. Einführung in kurbelwinkelbasierte Motormodelle

Zylinderinnendruckmodelle sind im Vergleich zu MVEMs eher physikalisch basiert. Die Parametrierung ist daher komplexer, aber die Extrapolation ist einfacher, wie beispielsweise die der variablen Ventilsteuerzeiten zur inneren Abgasrückführung [1]. Bei einem MVEM können die Auswirkungen variabler Ventilsteuerzeiten nur mit Hilfe mehrerer volumetrischer Wirkungsgradkennfelder simuliert werden, für die zahlreiche Prüfstandsmessungen notwendig sind. In einem Zylinderinnendruckmodell muss nur das Verhältnis von Nockenwellenposition und Ventilhub angepasst werden. Zudem liefern Zylinderinnendruckmodelle das Zylinderdrucksignal, das für zukünftige Motormanagementkonzepte benötigt wird [2][3][31]. Es sind bereits mehrere Simulationsprodukte verfügbar, die einige der hier vorgestellten Ideen und Gleichungen umsetzen [38][39][40].

**4.1 Neue Modellteile**

Das Zylinderinnendruckmodell (Abbildung 9) basiert auf dem MVEM.

Zusätzlich müssen die folgenden neuen Modellteile eingeführt werden:

- Einlass- und Auslassventile, und
- Brennraum mit Kurbelwellendynamik.

Zudem muss das Kraftstoffsystem des MVEMs angepasst werden. Es besteht aus:

- Common-Rail
- Hochdruckpumpe
- Druckregelventil
- Injektor

Der Injektor muss für das Zylinderinnendruckmodell modifiziert werden. Die anderen Module werden aus dem MVEM übernommen.

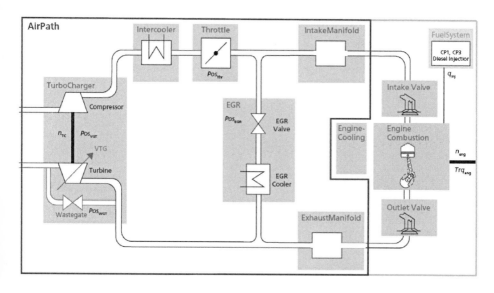

Abbildung 9: *Struktur des Zylinderinnendruckmodells.*

## 4.2 Aufbau der Differenzialgleichungen

Für den Aufbau der Differenzialgleichungen eines Motormodells gibt es zwei Möglichkeiten: zeitbasiert oder kurbelwinkelbasiert. Ein Vorteil des winkelbasierten Gleichungsaufbaus ist, dass die in der Literatur vorkommenden Ansätze zur Wärmefreisetzung nahezu alle kurbelwinkelbasiert sind. Zudem ist es wichtig, dass die Ausgangsgrößen des Motormodells mit fester Kurbelwinkelschrittweite ausgegeben werden. Die folgende Gleichung zeigt das Verhältnis von Zeitschrittweite und Kurbelwinkelschrittweite.

$$d\varphi = \omega \, dt \tag{26}$$

Allerdings hat ein kurbelwinkelbasiertes Motormodell einen wesentlichen Nachteil. Bei geringer Motordrehzahl bedeutet eine feste Kurbelschrittweite eine große Zeitschrittweite. Dieses kann zu numerischer Instabilität führen. Der Extremfall ist ein Motorstillstand, der mit einem kurbelwinkelbasierten Modell nicht simuliert werden kann. Dennoch ist dieser Fall essentiell, um Start-, Stopp- und Abkühlverhalten des Motors zu simulieren. Daher werden hier alle Gleichungen in zeitbasierte Differenzialgleichungen umgewandelt.

## 4.3 Einlass- und Auslassventile

Die Modellierung der Einlass- und Auslassventile basiert auf dem universalen Ventil, wie im MVEM-Kapitel beschrieben. Die Charakteristik der Einlass- und Auslassventile ist die Berechnung der Querschnittsfläche in Gleichung (27), abgeleitet aus (12). Sie wird berechnet aus einer Referenzfläche im Ventilkanal und der Durchflusszahl µ gemäß [18].

$$\dot{m}_{InValve} = A_{InValve}\, \mu(l_{InValve})\, \frac{p_{InValve}}{\sqrt{R_{InValve}\, T_{InValve}}}\, \Psi\!\left(\frac{p_{Cylinder}}{p_{InMan}}, \kappa_{InValve}\right) \tag{27}$$

Die Durchflusszahl hängt vom Ventilhub und der Durchflussrichtung (Abbildung 10) ab. Ventilsteuerzeiten können leicht durch Ändern des Verhältnisses von Nockenwellenposition und Ventilhubvariable simuliert werden. Da die Gleichung bidirektional ist, kann interne Abgasrückführung korrekt simuliert werden.

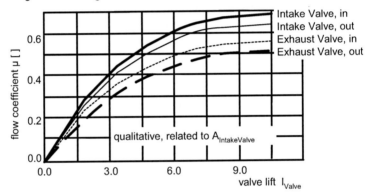

Abbildung 10: *Durchflusszahl.*

## 4.4 Brennraum

Das Modell des Brennraums basiert auf den Speichergleichungen. Manche Erweiterungen müssen im Vergleich zu Ansaugrohr und Abgaskrümmer den Gleichungen hinzugefügt werden.

### 4.4.1 Massenbilanz

Durch die Verbrennung werden in der Massenbilanz die Luft- und Kraftstoffmassen reduziert und die Abgasmasse erhöht. Zudem muss der eingespritzte Kraftstoffmassenstrom berücksichtigt werden.

$$\frac{dm_{i,Cyl}}{dt} = \dot{m}_{i,IntValve} + \dot{m}_{i,Inj} \pm \dot{m}_{i,Burned} - \dot{m}_{i,ExhValve} \tag{28}$$

Da die Massenberechnung für jede Komponente (Kraftstoff, Luft, Abgas) einzeln durchgeführt wird und auf einer durchgängigen Integration des Massenstroms basiert, wird das verbleibende Abgas automatisch berücksichtigt.

### 4.4.2 Energiebilanz

Die Temperatur im Brennraum wird basierend auf Gleichung (10) berechnet.

$$dT_{Cyl} = \frac{1}{m_{Cyl} c_{v,Cyl}} \left( dW_{Cyl} - dQ_{Wall,Cyl} + dQ_{Fuel} + dH_{IntakeValve} + dH_{Inj} - dH_{ExhaustValve} - \sum_i dm_{i,Cyl} u_{i,Cyl} \right) \qquad (29)$$

Die berücksichtigten unterschiedlichen Energieströme werden zudem in Abbildung 11 dargestellt.

Für die Wärmeübertragung der Brennraumwand kommt der etablierte Ansatz von Woschni [5] zum Einsatz. Für die Wärmefreisetzung werden nachfolgend verschiedene Ansätze analysiert.

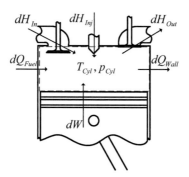

*Abbildung 11:* Eingehende und ausgehende Energieströme des Brennraums.

### 4.5 Wärmefreisetzungsfunktionen

Die reale Verbrennung ist ein so komplexer Vorgang, dass selbst Ansätze der dreidimensionalen Strömungssimulation (Computational Fluid Dynamics, CFD) ihn nur annähernd beschreiben. Diese Modelle sind für Echtzeitanwendungen aufgrund der enormen Berechnungszeiten nicht geeignet. Um den korrekten Zylinderinnendruck und die korrekte Zylindertemperatur zu berechnen, ist es wichtig, eine geeignete Variante der Wärmefreisetzungsfunktionen zu verwenden. Nachfolgend werden vier Ansätze zur Berechnung der Wärmefreisetzungsrate in Echtzeitanwendungen diskutiert.

### 4.5.1 Formfunktionen

Ein immer noch weitverbreiteter Ansatz wird in [6] gezeigt. Dabei handelt es sich nur um das bekannteste Beispiel einer ganzen Gruppe: die Formfunktionen. Es bestehen zahlreiche Varianten wie Doppel-Vibe und Mehrfach-Vibe Formfunktionen. Auch gehören die polygonen und hyperbolischen Ansätze zu dieser Gruppe. Die Formfunktion bestimmt die Verteilung von Wärmefreisetzung über dem Kurbelwinkel. Gemäß [6] wird die Wärmefreisetzung berechnet aus:

$$\frac{dQ_{Fuel}}{dt} = m_{Fuel,total} \, Q_{LHV} \, \dot{\varphi} \frac{C(m_v + 1)}{\Delta\varphi_{CD}} \left(\frac{\varphi - \varphi_{CS}}{\Delta\varphi_{CD}}\right)^{m_v} e^{-C\left(\frac{\varphi - \varphi_{CS}}{\Delta\varphi_{CD}}\right)^{m_v + 1}}. \tag{30}$$

Die Formfunktion kann mit den drei Parametern $m_v$, $\Delta\varphi_{CD}$ und $\varphi_{CS}$ an verschiedene Motorbetriebspunkte angepasst werden. In [7] ist dargestellt, wie die Parameter für jeden Betriebspunkt von einem Referenzbetriebspunkt extrapoliert werden können. Verschiedene Zündverzugszeiten werden durch Einstellen von $\varphi_{CS}$ berücksichtigt. Eine mögliche Methode der automatischen Applikation mit Messdaten wird in [8] gezeigt.

### 4.5.2 Arrhenius-Ansatz

In [9] wird die Berechnung der Wärmefreisetzung mit dem Arrhenius-Ansatz basierend auf der Kraftstoffkonzentration angenommen. Nach Arrhenius hängt die Reaktionsgeschwindigkeit von der Temperatur ab:

$$k_R = A e^{-\frac{E_A}{RT}}. \tag{31}$$

Diese Reaktionsgeschwindigkeit wird auf die Kraftstoffverbrennung angewandt:

$$C_x H_y + \left(x + \frac{y}{4}\right) O_2 \longrightarrow x CO_2 + \frac{y}{2} H_2 O \tag{32}$$

Die Änderung der $CO_2$-Konzentration wird berechnet aus:

$$\frac{dC_{CO_2}}{dt} = A e^{-\frac{4650}{T}} C_{O_2} C_{C_x H_y} \tag{33}$$

Die Wärmefreisetzung ergibt sich aus:

$$\frac{dQ_{Fuel}}{dt} = \frac{dC_{CO_2}}{dt} \frac{1}{x} m_{Cyl} Q_{LHV} \tag{34}$$

Für die Applikation des Modells soll die Reaktionsgeschwindigkeitskonstante $k_R$ abhängig vom Motorbetriebspunkt sein. Philipp [9] spezifiziert die Zündverzugszeit durch

$$t_{ID} = 4{,}4e-4 \left(\frac{p_{Cyl}}{10^5}\right)^{1{,}02} e^{\frac{4650}{T_{Cyl}}}. \tag{35}$$

### 4.5.3 Mischungsgesteuerte Verbrennung

Ein anderes Modell zur Beschreibung der Wärmefreisetzung beruht auf dem MCC-Ansatz (engl. Mixing Controlled Combustion) nach [10]. Der MCC-Ansatz bietet aufgrund seiner pysikalisch-phänomenologischen Modellierung einen erheblichen Vorteil, da er bei bekanntem Einspritzverlauf und Einspritzdruck die Verbrennung abbildet. Chmela [10] wendet die k-ε-Theorie nach Magnussen [11] in einem nulldimensionalen Verbrennungsmodell an. Das Ergebnis ist ein Verbrennungsmodell, basierend auf der Annahme, dass die Einspritzdüsen turbulente Energie erzeugen. Diese turbulente Energie wirkt sich wesentlich auf das Zeitverhalten der Kraftstoffreaktion aus. Die kinetische Energie muss im Vorfeld der Berechnung der turbulenten Energie eingeführt werden. Daher muss auch die kinetische Energie der eingespritzten Kraftstoffmenge berechnet werden.

$$\frac{dE_{kin,Fuel}}{dt} = \frac{1}{2}\rho_{Fuel}\left(\frac{1}{\mu A_{Inj}}\right)^2\left(\frac{dV_{Fuel,Inj}}{dt}\right)^3 \tag{36}$$

Anschließend lässt sich die kinetische Energie im Zylinder aus der eingespritzten und der freigesetzten kinetischen Energie ableiten:

$$\frac{dE_{kin,Fuel,Diss}}{dt} = \frac{dE_{kin,Fuel}}{dt} - c_{Diss}E_{kin,Fuel,Diss} \tag{37}$$

Um die Dichte der turbulenten Energie k zu berechnen, wird die kinetische Energie auf die Gesamtmasse des Verbrennungsprozesses bezogen.

$$k = c_{Turb}\frac{E_{kin,Fuel,Diss}}{m_{Fuel,Inj}(1+\lambda_{Diff}L_{St})} \tag{38}$$

Die Wärmefreisetzung wird berechnet aus:

$$\frac{dQ_{Fuel}}{dt} = c_{Mod}\,m_{Fuel}\,e^{c_{Rate}\frac{\sqrt{k}}{\sqrt[3]{V_{Cyl}}}}. \tag{39}$$

Bei diesem Ansatz wird die Zündverzugszeit nicht berücksichtigt. Nach Lakshinarayanan et al. [12] reduziert eine durch ein höheres Verdichtungsverhältnis bewirkte Temperaturerhöhung zu Beginn der Einspritzung die Verzugsdauer so beträchtlich, dass der Verzug vernachlässigt werden kann.

### 4.5.4 Verdampfungsgesteuerte Verbrennung (Evaporate Controlled Combustion [13])

Constien [13] zeigt ein Verdampfungsmodell zur Wärmefreisetzung. Die eingespritzte Kraftstoffmenge wird aufgeteilt in Massenbruchteile pro Simulationsschrittweite $t_k$ durch:

$$m_{Fuel,Inj}(t_k) = \rho_{Fuel}\int_{t_k}^{t_{k+1}}\frac{dV_{Fuel,Inj}}{dt}dt. \tag{40}$$

Unter der Annahme, dass alle Tropfen der eingespritzten Kraftstoffmenge den durch folgende Gleichung definierten Sauter-Durchmesser haben:

$$d_s(t_k) = 8{,}7e^{-6} d_N (Re\, We)^{-0{,}28}. \tag{41}$$

In der die Reynolds-Zahl und die Weber-Zahl definiert sind als:

$$Re = \frac{v_{Fuel,Inj} d_N}{v_{Fuel}} \tag{42}$$

$$We = \frac{v_{Fuel}^2 d_N \rho_{Cyl}}{\sigma_{Fuel}} \tag{43}$$

Die Anzahl der Tropfen wird aus der Kraftstoffmenge und dem Tropfendurchmesser berechnet, der aus dem Massenbruchteil pro Simulationsschrittweite abgeleitet wird:

$$n_{Tr}(t_k) = \frac{m_{Fuel,Inj}(t_k)}{\frac{\pi}{6} d_s(t_k)^3 \rho_{Fuel}} \tag{44}$$

Diese Berechnungen werden für die aktuell eingespritzte Kraftstoffmenge $m_{Fuel,Inj}(t_k)$ in jedem Schritt durchgeführt. Die Anzahl der Tropfen eines Anteils ist fix, nur der Tropfendurchmesser wird aufgrund der Verdampfung größer. Die folgenden Berechnungen müssen einzeln für jeden Einspritzanteil (Index m) in jedem Zeitschritt (Index k) durchgeführt werden. Die Oberfläche des Anteils ist gegeben mit:

$$A_{Tr,m}(t_k) = n_{Tr}(t_m) \pi d_{s,m}^2(t_k) \tag{45}$$

Die verdampfte Kraftstoffmenge hängt von dieser Oberfläche, dem Zylinderdruck und dem gegenwärtigen Tropfendurchmesser ab:

$$m_{evap,m}(t_k) = C_{Diff} A_{Tr,m}(t_k) p_{Cyl}(t_k)^{m_p} \frac{1}{d_{s,m}(t_k)} \tag{46}$$

Dementsprechend erhöht sich die Kraftstoffmasse der Tropfen:

$$m_{Fuel,Inj,m}(t_k) = m_{Fuel,Inj,m}(t_{k-1}) - m_{evap,m}(t_k) \tag{47}$$

Der neue Tropfendurchmesser errechnet sich aus:

$$d_{s,m}(t_k) = \sqrt[3]{\frac{m_{Fuel,Inj,m}(t_k)}{\frac{\pi}{6} n_{Tr}(t_m) \rho_{Fuel}}}. \tag{48}$$

Der Zündverzug wird gemäß [14] berechnet:

$$t_{ID} = a \left( \frac{p_{Cyl,mean}}{10^5} \right)^b e^{\frac{c}{T_{cyl,mean}}} \tag{49}$$

Das Simulationsmodell berechnet für jeden verdampften Kraftstoffanteil, ob die Differenz zwischen der tatsächlichen Simulationszeit und dem Zeitpunkt, an dem der einzelne Kraftstoffanteil eingespritzt wurde, kleiner ist als der tatsächliche Zündverzug.

In dem Fall ist der Anteil vollständig verbrannt. Die Wärmefreisetzung wird berechnet aus:

$$\frac{dQ_{Fuel}}{dt} = Q_{LHV} \sum_{m=1}^{k} m_{Fuel,Burned,m}(t_k) \qquad (50)$$

### 4.5.5 Erfassen der Einspritzung mit HIL-Simulatoren

Um ein Steuergerät im geschlossenen Regelkreis zu testen, müssen dessen Einspritzsignale im Motormodell berücksichtigt werden. Generell gibt es zwei Möglichkeiten, die Einspritzsignale eines Steuergeräts an einem HIL-Prüfstand zu erfassen: fensterbasiert oder kontinuierlich [30], [29].

Die intermittierende Einspritzmessung wird in Abbildung 12 gezeigt. Sowohl die steigenden Flanken als auch die Dauer des Einspritzsignals werden in einem vordefinierten Erfassungsfenster vermessen. Am Ende des Fensters stehen die neuen Messdaten für das Modell bereit. Die Einspritzmenge errechnet sich aus der Dauer der Einspritzpulse mit Hilfe eines Kennfelds. Das Ergebnis ist die gesamte Einpritzmenge, die für das MVEM oder die Formfunktionen notwendig ist.

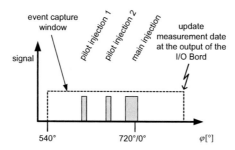

Abbildung 12: *Fensterbasierte Einspritzerfassung.*

Abbildung 13 zeigt die kontinuierliche Einspritzerfassung. Der Status und der Wert werden aus dem I/O-Board in jedem Zeitschritt ausgelesen. Während des andauernden Einspritzsignals ist der Status „1" und der Wert gibt die Position der steigenden Flanke aus. Andernfalls ist der Status „0" und der Wert gibt die Dauer des letzten Einspritzsignals an. Die Kraftstoffzufuhr über das Einspritzventil wird aus diesen Signalen berechnet. Zur Parametrierung dieses Modellteils sind nur Standard-Kennfelder wie für das MVEM notwendig. Um die Wärmefreisetzung nach Arrhenius, Chmela und Constien zu berechnen, ist die kontinuierliche Erfassung die geeignete Methode.

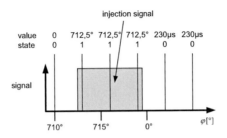

Abbildung 13: *Kontinuierliche Erfassung.*

### 4.5.6 Qualifikation für die HIL-Anwendung

Im Allgemeinen haben Formfunktionen den Vorteil, jede Wärmefreisetzungsrate durch den Einsatz unterschiedlicher Formfunktionen zu approximieren. Zudem sind sie leichter zu berechnen. Die Eingangsgröße für das Modell ist die gesamte Einspritzmenge pro Arbeitstakt, was, besonders in Echtzeit-Simulationsumgebungen, eine mögliche Ursache für Implementierungsprobleme darstellt. Im aktuellen Arbeitstakt kann die Messung der gesamten Einspritzmenge nicht vor Beginn des Brennprozesses selbst beendet werden (Abbildung 14). Dieses Problem kann nicht dadurch gelöst werden, dass die Einspritzmenge des letzten Arbeitstaktes genommen wird, da z.B. die Leerlaufregelung aufgrund des Verzugs eines kompletten Motorprozesses instabil würde. Somit sind Formfunktionen für HIL-Simulationen von Dieselmotoren nicht geeignet.

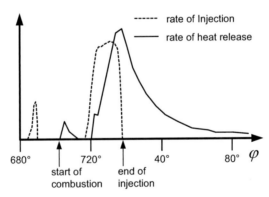

Abbildung 14: Typische Einspritzrate und Wärmefreisetzungsrate.

Der Arrhenius-Ansatz basiert auf der Kraftstoffkonzentration im Brennraum. In der Literatur [6] wird behauptet, dass dieser Ansatz im Wesentlichen nur auf bimolekulare Reaktionen angewandt werden kann. Jedoch ist die Dieselverbrennung eine typische Kettenreaktion. Um diesen Nachteil zu umgehen, wird der Arrhenius-Parameter gemäß dem Betriebspunkt berechnet. Da nur ein einziger Parameter zur Verfügung steht, sind die Adaptionsmöglichkeiten begrenzt.

Der Ansatz nach Chmela [10] basiert auf der Kraftstoffkonzentration und der Dichte der turbu-lenten Energie im Brennraum. Er hat drei unabhängige Parameter und bietet daher mehr Möglich-keiten zur Anpassung an die Prüfstandsdaten. Bargende [15] zeigt auf, dass es ggf. unmöglich ist, geeignete Parameter zu finden, die auf alle Motorbetriebspunkte anwendbar sind. Aus diesem Grund müssen die Parameter als betriebspunktabhängig betrachtet werden.

In der Literatur finden sich mehrere Modifikationen. Lakshinarayanan et al. [12] erweitern das Modell so, dass das Auftreffen des Strahls auf der Wand berücksichtigt werden kann. Pirker [20] und Barba [15] behandeln Modifikationen, die die teilweise Premixed-Verbrennung in Betracht ziehen.

Constiens [13] Modell basiert auf Verdampfung. Da die Kraftstoffmenge in Anteile gegliedert wird, ist der Berechnungsaufwand höher. Allerdings ist es möglich, diesen Ansatz in Echtzeitsimulationen einzusetzen [16].

Die Formfunktionen sind für die HIL-Simulation von Dieselmotoren nicht geeignet. Auch der Berechnungsaufwand für Constiens Ansatz [13] gestaltet sich für Echtzeitanwendungen problematisch. Daher werden die Ansätze nach Chmela [10] und Arrhenius analysiert und mit den Prüfstandsdaten verglichen. Nach Lakshinarayanan et al. [12] wird der Zündverzug auch im Arrhenius-Ansatz vernachlässigt.

## 5. Echtzeitimplementierung

Die Modellgleichungen werden mit MATLAB®/Simulink® von The MathWorks implementiert. Als Basis für die Implementierung der Zylinderinnendruckmodelle wurde das MVEM-Dieselmotor-Simulationspaket aus der dSPACE-Produktfamilie der Automotive Simulation Models (ASM) eingesetzt. Bei diesem Paket handelt es sich um ein offenes Simulink-Modell für die Echtzeitsimulation von Dieselmotoren mit Turboladern. Es ist speziell für den Hardware-in-the-Loop-Test von Steuergeräten sowie für die Reglerentwurfsphase ausgelegt. Da das Dieselmotor-Simulationspaket ein offenes Simulink-Modell ist, können zusätzliche Komponenten leicht hinzugefügt und bestehende Modelle einfach ersetzt werden. Bestehende Motorkomponenten wie Turbolader, Drosseln etc. sowie Modelle für Längsantrieb und Umgebung, zum Beispiel Fahrermodelle, garantieren einen guten Ausgangspunkt für die Entwicklung anspruchsvoller Modelle, wie dieser Beitrag zeigt.

Mittelwertmodelle für Dieselmotoren, wie sie im ersten Abschnitt dieses Beitrags beschrieben wurden, zum Beispiel mit 6 Zylindern, AGR, Turbolader, Common-Rail-Einspritzung und diversen Zusatzmodellen, können auf einem aktuellen HIL-System, zum Beispiel dem DS1006-Board von dSPACE mit 2,6°GHz, mit einer Abtastrate von 1 ms und einfacher Euler-Integration ausgeführt werden. Die Ausführungszeit beträgt ca. 65 µs, das heißt nur 6,5% Prozessorauslastung werden dafür benötigt.

Aus zahlreichen Gründen ist selbst für MVEMs eine Abtastrate von 1 ms für eine numerisch stabile Integration des Massenstroms durch den Motor nicht ausreichend.

Besonders bei kleineren Saugrohrvolumina wird das System steif. Daher wurde für diese Teile mit Hilfe eines „For-Iterator"-Subsystems und eines speziellen Integrationsblocks eine Übertaktung implementiert. Mit ca. zehn Zwischenintegrationsschritten können typische Systeme stabil simuliert werden.

Für ein kurbelwinkelbasiertes 4-Zylinder-Motormodell ist es hilfreich, die Zusatzmodellkomponenten vom Kernmotormodell zu trennen, da das Kernmodell sowohl für eine numerisch stabile Integration als auch für eine ausreichend hohe Zylinderdruckauflösung eine höhere Abtastrate benötigt. Aufgrund der geringen Schrittweite und des komplexen Modells muss die Modellimplementierung optimiert werden, um den Berechnungsaufwand zu reduzieren. Mit Hilfe einer sinnvollen Modellstruktur können doppelte Berechnungen vermieden werden. Auch sind trigonometrische Funktionen und Potenzfunktionen durch Approximationen zu erstezen, da sie viel Rechenaufwand erfordern. Da das Motormodell mit einer Rate von 100 µs abgetastet und die Zusatzmodelle mit nur 1 ms ausgeführt werden, kann für den Zylinderdruck eine Auflösung von 0,6° oder 3,6° Kurbelwinkel für 1000 rpm bzw. 6000 rpm realisiert werden. Auf einem echtzeitfähigen DS1006 Prozessor Board mit 2,6 GHz beträgt die Ausführungszeit einer 100-µs-Task ca. 55 µs. Einschließlich der Zusatzmodelle kommt man so auf eine Gesamtprozessorauslastung von ca. 70%.

Mit Hilfe spezieller I/O-Hardware ist es auch möglich, das Modell auf einer Kurbelwinkelbasis zu integrieren. Setzt man einen kurbelwinkeläquidistanten HW-Interrupt ein, wird das Modell mit einer konstanten Kurbelwinkelschrittweite, zum Beispiel ein oder zwei Grad, evaluiert. Die zeitbasierten Differenzialgleichungen werden im (HW-getriggerten) Simulink-Subsystem implementiert, das über einen speziellen Variable Time Step Integrator verfügt. Die tatsächliche Schrittweite des Integrators wird durch Division des konstanten Kurbelwinkelschritts durch die Motordrehzahl für jeden Integrationsschritt berechnet. Bei hohen (> 4000 rpm) und niedrigen (< 1700 rpm) Motordrehzahlen resultiert dieser Ansatz in sehr kleinen (nicht echtzeitfähigen) oder sehr großen (numerisch instabilen) äquivalenten Integrationszeitschritten. Daher muss ein Mechanismus integriert werden, der in diesen Betriebsphasen auf Zeitintegration umschaltet. Da dieser Aufwand normalerweise nicht durch die Vorteile der kurbelwinkelbasierten Integration gerechtfertigt werden kann, verwenden die Mehrzahl der heutigen Modelle eine auf konstanter Zeit basierende Integration.

Da Steuergeräte mit Zylinderinnendrucksensoren üblicherweise für Regelzwecke den MFB50 (50% Massenanteil Kraftstoff verbrannt) als „Mittelwert" berechnen, sollte die oben genannte Kurbelwinkelauflösung ausreichend sein. Wenn eine höhere Auflösung notwendig ist, zum Beispiel weil ein präziser Maximaldruck simuliert werden muss, kann das Modell auf zwei Echtzeitprozessoren ausgeführt werden, um die Berechnung zu beschleunigen.

Ein Zylinderinnendruckmodell mit 6 Zylindern wurde im Closed-Loop-Betrieb auf einem HIL-System mit einem Seriensteuergerät, der BOSCH EDC16 und mit einem Entwicklungssteuergerät EDC17, erfolgreich getestet.

# 6. Modellapplikation

Für das MVEM existiert ein Standard-Parametrierungsprozess, der sich bereits in zahlreichen HIL-Projekten bewährt hat. Zu Beginn eines HIL-Projekts stellt der Kunde Parametersätze und Prüfstandsmessungen zur Verfügung. Manche Parameter wie Zylinderanzahl, Motorhubraum etc. lassen sich ohne weitere Bearbeitung direkt einsetzen, andere Parameter, zum Beispiel der mittlere indizierte Druck, müssen aus den Prüfstandsmessungen berechnet werden. Schließlich wird ein Parametersatz, der das Simulationsmodell charakterisiert, so generiert, dass die Prüfstandsmessungen reproduziert werden können. Der Prozess selbst gestaltet sich unkompliziert, so dass die Modellparameter ohne zusätzliche Optimierungsschritte direkt aus den Eingangsdaten berechnet werden können.

Dieser weitverbreitete Ansatz muss auf die Zylinderinnendruckmodelle erweitert werden. Viele Parameter können wie für das MVEM berechnet werden, wobei allerdings ein erweiterter Parametrierungsprozess für das Füllen und Leeren des Zylinders und für den Brennprozess selbst notwendig ist. Es scheint offensichtlich, dass sich der etablierte, unkomplizierte Ansatz des MVEMs nicht auf die Parametrierung der Zylinderinnendruckmodelle übertragen lässt. Aufgrund des Einschwingverhaltens des Modells wird ein Parametrierungsprozess für Zylinderinnendruckmodelle auf einer Kombination von Simulation und Parameteroptimierung beruhen.

Abbildung 15 zeigt den groben Entwurf eines solchen Prozesses. Die folgenden Ideen basieren hauptsächlich auf den in [8] vorgestellten Untersuchungen.

Im Prinzip kann der Prozess in zwei Einzelschritte aufgeteilt werden:
- Aufbereitung der Messdaten, und
- Iterative Parametersuche.

Der erste Schritt dieses Prozesses, die Aufbereitung der Messdaten, zielt auf die Berechnung einer Wärmefreisetzungsfunktion aus den Zylinderinnendruckmessungen und den herkömmlichen Prüfstandsmessdaten ab. Da der Zylinderdruckverlauf neben der Wärmefreisetzung auch Wandwärmeverluste, Volumenänderungsarbeit und den Enthalpiestrom aus den unterschiedlichen Eingangs- und Ausgangsmassen enthält, muss zunächst die Wärmefreisetzungsfunktion reduziert werden. Nach der Umsetzung der Druckmessgrößen in die Wärmefreisetzung kann der zweite Schritt des Parametrierungsprozesses, die iterative Parametersuche, angestoßen werden. Ein Optimierungsalgorithmus startet die Simulation des Brennprozesses mit einem initialen Parametersatz für ein bestimmtes Verbrennungsmodell. Daraus resultiert eine Wärmefreisetzungskennlinie. Vergleicht man diese simulierte Wärmefreisetzung mit der aus der thermodynamischen Analyse, kann ein charakteristischer Fehler, zum Beispiel der kleinste quadratische Fehler, als Eingangsgröße für den Optimierungsprozess berechnet werden. Dieser automatische Prozess generiert für alle Motorbetriebspunkte Funktionsparameter der Verbrennung.

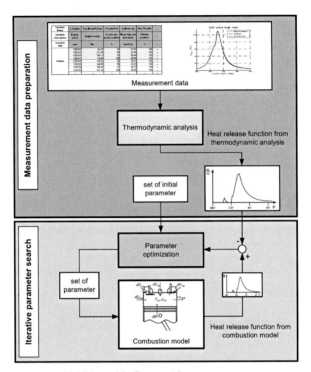

Abbildung 15: *Parametrierungsprozess.*

Der vorgestellte Parametrierungsprozess befindet sich derzeit in der Entwicklung. Es scheint offensichtlich, dass sich die Parametrierung der Zylinderinnendruckmodelle ohne einen solchen Prozess sehr zeitintensiv gestaltet. Heutige HIL-Projekte mit ihren zahlreichen Motorvarianten sind oftmals durch enge Zeitpläne charakterisiert. Mit den gegenwärtigen MVEMs ist es möglich, die Parametrierung fast vollständig zu automatisieren. Da bei Zylinderinnendruckmodellen der Aufwand für die Modellapplikation höher ist, ist auch hier ein automatisierter Prozess, wie er hier vorgestellt wurde, obligatorisch für die Akzeptanz von Zylinderinnendruckmodellen in Echtzeitanwendungen und Testsystemen für Motorsteuerungen.

## 7. Simulationsergebnisse

Für die Simulation des Zylinderinnendrucks ist es wichtig, dass Wert und Position des Maximaldrucks so weit wie möglich den Messdaten entsprechen. Zudem muss auch die Motorleistung übereinstimmen.

Tabelle 1 vergleicht die Simulationsergebnisse des Zylinderinnendrucks mit den Chmela- und Arrhenius-Ansätzen mit den Messdaten der vier unterschiedlichen Motorbetriebspunkte. Die vier Verbrennungsparameter des Chmela-Ansatzes und der aus der Arrhenius-Zahl wurden für jeden Motorbetriebspunkt optimiert. Weiterhin wurde die Wandtemperatur für jeden Punkt angepasst. Dieses ist notwendig, da ein korrekter Zylinderinnendruck, besonders in der Verdichtungsphase, nur mit dem richtigen Wandwärmeverlust simuliert werden kann. Der optimale Parameterwert der Wandtemperatur, der zu einer minimalen Abweichung zwischen gemessenem und simuliertem Zylinderinnendruck führt, ist je nach Chmela- oder Arrhenius-Ansatz unterschiedlich. Eine detailliertere Analyse ergibt, dass die Parameter im Chmela-Ansatz nicht so stark verändert werden müssen wie die im Ansatz nach Arrhenius. Für eine erste grobe Applikation des Modells ist es ausreichend, diese als Konstanten zu betrachten. Die Arrhenius-Zahl variiert stark. Untersuchungen mit verschiedenen Motoren müssen zeigen, wie weit die Applikation eines Motors bei einem anderen wiederverwendet werden kann.

*Tabelle 1:* Parameter von Modellen der setzungsraten mit verschiedenen Einstellungen.

| Chmela: | | | | |
|---|---|---|---|---|
| | 1250rpm Geringe Last | 1250rpm Hohe Last | 3000rpm Geringe Last | 3000rpm Hohe Last |
| $c_{Diss}$ | 0,1 | 0,1 | 0,1 | 0,1 |
| $c_{Turb}$ | 0,2 | 0,2 | 0,2 | 0,2 |
| $c_{Rate}$ | 0,0009 | 0,00115 | 0,0009 | 0,0014 |
| $c_{mod}$ | 12,0 e9 | 15,5 e9 | 13,0 e9 | 14,5e9 |
| $T_{Wall}$ | 500 K | 670 K | 600 K | 880 K |
| Arrhenius: | | | | |
| | 1250rpm Geringe Last | 1250rpm Hohe Last | 3000rpm Geringe Last | 3000rpm Hohe Last |
| $K_{Arrh}$ | 14,8 e6 | 2,85 e6 | 6,7 e6 | 2,6 e6 |
| $T_{Wall}$ | 420 K | 800 K | 600 K | 880 K |

Abbildung 16 zeigt den Vergleich mit einem Zylinderinnendruckverlauf bei niedriger Drehzahl und geringer Last. Obwohl klar zu erkennen ist, dass der Zündverzug in diesem Betriebspunkt nicht vernachlässigt werden darf, wurde der Maximaldruck nahezu korrekt simuliert.

Der Vergleich in Abbildung 17 mit niedriger Drehzahl und hoher Last zeigt, dass die Simulationsergebnisse für Maximaldruck mit der Messung übereinstimmen. Die Auswirkungen des Zündverzugs sind sichtbar, können aber vernachlässigt werden. In der Expansionsphase sind die simulierten Drücke zu niedrig. Dieser Effekt ist beim Arrhenius-Ansatz größer als beim Chmela-Ansatz.

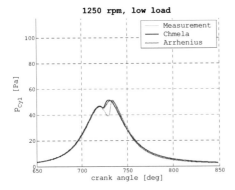

Abbildung 16: *Vergleich bei geringer Last und niedriger Drehzahl.*

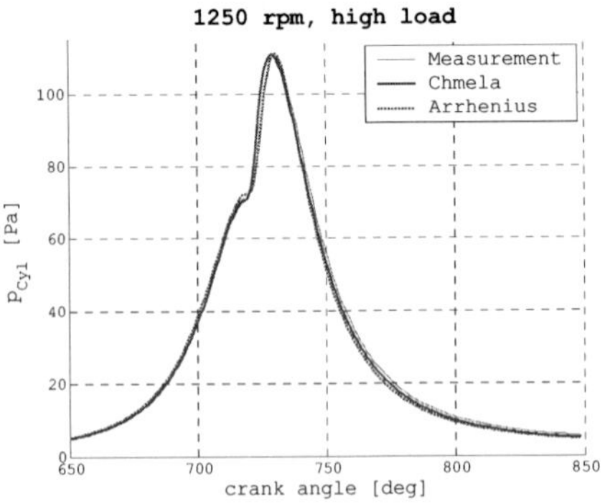

Abbildung 17: *Vergleich bei hoher Last und niedriger Drehzahl.*

Abbildung 18 zeigt den Vergleich bei hoher Last und hoher Drehzahl. Beide Ansätze zeigen Abweichungen beim simulierten Maximaldruck. An diesem Betriebspunkt muss der Zündverzug berücksichtigt werden. Der Arrhenius-Ansatz simuliert erneut einen zu niedrigen Druck während der Expansion.

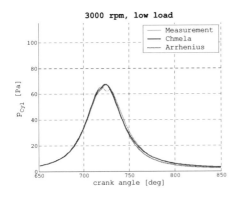
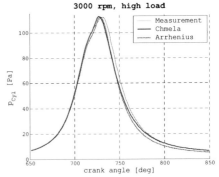

Abbildung 18: *Vergleich bei geringer Last und hoher Drehzahl.*

Abbildung 19: *Vergleich bei hoher Last und hoher Drehzahl.*

Bei hoher Last und hoher Drehzahl (Abbildung 19) entspricht der simulierte Maximaldruck der Messung. Allerdings ist, besonders mit dem Arrhenius-Ansatz, der simulierte Druck in der Expansionsphase erneut zu niedrig. Die simulierte und gemessene Motorleistung ist in Tabelle 2 gegeben.

*Tabelle 2:* Vergleich der Leistung.

| Gemessen | 1250rpm Geringe Last | 1250rpm Hohe Last | 3000rpm Geringe Last | 3000rpm Hohe Last |
|---|---|---|---|---|
| Gemessen | 9,3 kW | 23,5 kW | 15 kW | 56,4 kW |
| Chmela | 9,0 kW | 21,2 kW | 16 kW | 48,3 kW |
| Arrhenius | 8,3 kW | 19,0 kW | 10 kW | 41,1 kW |

Der Arrhenius-Ansatz tendiert zu einer zu geringen Motorleistung. Die Ursache dafür ist der zu geringe Zylinderinnendruck während der Expansion. Als Ergebnis der Kolbenkinematik hat der Druck im Bereich des oberen Totpunktes nur geringe Auswirkungen auf die erzeugte Leistung. 90° nach dem oberen Totpunkt ist die Wirkung des Drucks am größten.

Die Auswirkung der Arrhenius-Zahl auf den Expansionsdruck ist verglichen mit den Einflüssen auf den Maximaldruck gering. Somit führt eine bessere Approximation der erzeugten Motorleistung zu einer schlechteren Approximation des Maximaldrucks.

Der Maximaldruck und die Maximaldruckposition können mit beiden Ansätzen korrekt simuliert werden. Beim Arrhenius-Ansatz ist es schwerer, die geeignete Motorleistung zu erzeugen. Um die korrekte Zylinderinnencharakteristik zu simulieren, muss das Modell durch Involvieren des Zündverzugs erweitert werden.

## 8. Fazit und Ausblick

Die gesetzlichen Vorgaben nach schadstoffreduzierten Verbrennungsmotoren und die Erwartung der Kunden an einen kontinuierlicher verbesserten Krafstoffverbrach lassen den verstärkten Einsatz von verbesserten Motorseuterungen im Fahrzeug als realistisch erscheinen Parallel dazu werden neue Technologien wie verbesserte Mikromechanik, Sensortechnologie und höhere Prozessorleistung zu erschwinglichen Preisen neue Anforderungen an die HIL-Technologie stellen.

Diese wirken sich stark auf die erforderlichen Modelle für Entwicklung und Test moderner Motorsteuerungen aus. Dieser Beitrag gibt einen Überblick über den bewährten MVEM-Ansatz und führt hin zum technisch anspruchsvolleren Zylinderinnendruckmodell. Die besondere Betonung liegt dabei auf den identischen Grundgleichungen, zum Beispiel Speicheren und Ventile, in beiden Ansätzen. Der modulare Aufbau des Modells ermöglicht den leichten Austausch verschiedener Subsysteme. Dadurch können neue Modellierungsansätze wie unterschiedliche Wärmefreisetzungsfunktionen oder Wandwärmeflussmodelle in kürzester Zeit implementiert und getestet werden. Behandelt werden drei unterschiedliche Wärmefreisetzungsfunktionen. Während des Closed-Loop-Betriebs von Zylinderinnendruckmodell und Motorsteuerung werden besondere Anforderungen in Bezug auf I/O-Anbindung erfüllt. Lösungen wie durchgängige Einspritzmessung und lokale Übertaktung werden vorgestellt.

Vergleiche zwischen Simulationsergebnissen und Kennlinien für Zylinderinnendruckmessungen zeigen gute Übereinstimmungen. Besonders deutlich ist das Fehlen eines Zündverzugmodells während Motorbetriebspunkten mit geringer Last. Dieses wird in zukünftigen Versionen berücksichtigt.

Die größte Herausforderung bei der Anwendung dieser anspruchsvollen Modelle in HIL-Testsystemen ist die automatische Modellapplikation. Auf der einen Seite ist, wie beschrieben, ein rekursiver Parametrierungsprozess für Zylinderinnendruckmodelle notwendig. Auf der anderen Seite ist die zur Verfügung stehende Zeit für die Modellapplikation in heutigen Steuergeräte-Testsystemprojekten begrenzt. Daher ist ein schneller Parametrierungsprozess unabdingbar, um ein gutes Closed-Loop-Verhalten in angemessener Projektzeit zu erreichen.

Aus Sicht der Autoren werden die Zylinderinnendruckmodelle die MVEMs in zukünftigen HIL-Tests ablösen. Zusätzliche Sensorinformationen wie Zylinderinnendruck müssen für Steuergeräte-Testsysteme zur Verfügung gestellt werden, um Motorsteuergeräten auf dem neuesten Stand der Technik zu genügen. Darüber hinaus werden neue Aktoren, zum Beispiel variable Ventiltriebe, multiple Einspritzpulse, variable Turbinengeometrie etc., die Anzahl physikalischer Freiheitsgrade in Verbrennungsmotoren erhöhen. Physikalisch basierte Modelle versprechen die Fähigkeit, angemessenes Systemverhalten auch ohne umfangreiche Prüfstandsmessungen simulieren zu können.

## 9. Literatur

[1] Sommer, A.; Stiegler, L.: „Potential des variablen Ventiltriebs in Pkw-Dieselmotoren". automotion 01/2006 Page 1, IAV Berlin 2006
[2] Jeschke, J.: Konzeption und Erprobung eines zylinderdruckbasierten Motormanagements für PKW-Dieselmotoren: Dissertation. Fakultät für Maschinenbau, Otto-von-Guericke-Universität Magdeburg, Magdeburg 2002
[3] Larik, J.: Zylinderdruckbasierte Auflade- und Abgasrückführregelung für PKW-Dieselmotoren: Dissertation. Fakultät für Maschinenbau, Otto-von-Guericke-Universität Magdeburg, Magdeburg 2005
[4] Schuette, H.; Ploeger M.: "Hardware-in-the-Loop Testing of Engine Control Units- A Technical Survey", SAE-Paper 2007-01-0500, 2007
[5] Woschni, G.; Fieger, J.: Experimentelle Bestimmung der örtlich gemittelten Wärmeübergangskoeffizienten im Ottomotor. MTZ 42, 6 1981, S. 229-234
[6] Vibe, I.: Brennverlauf und Kreisprozeß von Verbrennungsmotoren. Verlag Technik, Berlin, 1970
[7] Woschni, G.; Anisits, F.: Eine Methode zur Vorausberechnung der Änderung des Brennverlaufes mittelschnellaufender Dieselmotoren bei geänderten Betriebsbedingungen. MTZ 34, 4 1973, S. 106-115
[8] Friederich, I.; Pucher, H.; Offer, T.: Automatic Model Calibration for Engine – Process Simulation with Heat-Release Prediction. SAE-Paper 2006-01-0655, 2006
[9] Philipp, O.; Thalhauser, J.: Ein Dieselmodell mit Abgasturboauflladung, AGR und Zylinderdruckberechnung für HiL und SiL. 5. Symposium: Steuerungssysteme für den Antriebsstrang von Kraftfahrzeugen, Berlin 9.-10. Juni , 2005
[10] Chmela, F.; Orthaber, G.: Rate of Heat Release Prediction for Direct Injection Diesel Engines Based on Purely Mixing Controlled Combustion. SAE-Paper 1999-01-0186, 1999
[11] Magnussen, B. F.; Hjertager, B. H.: On mathematical modeling of turbulent combustion with special emphasis on soot formation and combustion, 16th Symp. (Int.)on Combust. 1976; 719-729.
[12] Lakshinarayanan, P. R.; Aghav, Y. V.; Dani, A. D.; Meta P.S.: Accurate prediction of heat release in a modern direct injection diesel engine.

Proceedings of the Institution of Mechanical Engineers / Part D, Journal of automobile engineering, Vol. 216, No. 8, August 2002 S. 663-675
[13] Constien, M.: Bestimmung von Einspritz- -und Brennverlauf eines direkteinspritzenden Dieselmotors: Dissertation. Fakultät für Maschinenwesen, TU München, 1991
[14] Wolfer, H. H.: Der Zündverzug im Dieselmotor. VDI Forschungsheft 392, 1938
[15] Barba C.: Erarbeitung von Verbrennungskennwerten aus Indizierdaten zur verbesserten Prognose und rechnerischen Simulation des Verbrennungs- ablaufes bei Pkw-DE-Dieselmotoren mit Common-Rail-Einspritzung: Disser- tation. Technische Hochschule Zürich, Zürich 2001.
[16] Torkzadeh, D.: Echtzeitsimulation der Verbrennung und modellbasierte Reglersynthese am Commom-Rail-Dieselmotor: Dissertation. Fakultät für Elektrotechnik und Informationstechnik, Universität Fridericiana zu Karlsruhe, 2003,
[17] Hendricks, E.; Chevalier, A.; Jensen, M.; Spencer, S.; Trumpy, D.; Asik, J.: Modelling of the intake manifold filling dynamics. SAE-Paper 960037, 1996
[18] Merker, G. et al.: Verbrennungsmotoren: Simulation der Verbrennung und Schadstoffbildung. Teubner, Wiesbaden: 2. Auflage, 2004
[19] Wiedemeier, M.: Kurbelwellensynchrones Modell eines Diesel- Verbrennungsmotors für Hardware-in-the-Loop Anwendungen: Diplomarbeit, Universität Paderborn, 2006
[20] Pirker, G.; Chmela, F.; Wimmer, A.: ROHR Simulation for DI Diesel Engines Based on Sequential Combustion Mechanisms. SAE-Paper 2006-01-0654, 2006
[21] Beaumont, A.: Hardware in the Loop (HiL) for Engine Control Strategy Development. 3$^{rd}$ biennial dSPACE USA User Conference, Plymouth, MI, 2004
[22] Hendricks E.: Mean value modelling of large turbocharged two-stroke diesel engine. SAE Technical Paper 890564, 1989
[23] Hendricks, E.; Sorenson, S.C.: Mean Value Modelling of Spark Ignition Engines. SAE Technical Paper No. 90-06-16, 1990.
[24] Moskwa, J.J., Hedrick, J.K., Automotive Engine Modeling for Real Time Control Application. Proceedings of the 1987 American Control Conference, WA10-11:00, pp. 341-346, Minneapolis, MN, June 1987.
[25] Moskwa, J.J.; Hedrick, J.K.: Modeling and Validation of Automotive Engines for Control Algorithm Development. Transactions of ASME J. of Dynamic Systems, Measurement and Control, Vol. 114, pp. 228-285, June 1992.
[26] Hülser, H.; Unger, E.; Neunteufl, K.; Breitegger, B.: Eine zylinderdruckbasierte Motorregelung für niedrigste Emissionen beim Dieselmotor. 5th Symposium control systems for powertrains in vehicles, Berlin, 2005
[27] Witthaut, M.: Kurbelwellensynchrones, echtzeitfähiges Modell eines Verbrennungsmotors für Hardware-in-the-Loop Anwendungen: Diplomarbeit, Universität Paderborn, 2005
[28] dSPACE GmbH: ASM Diesel Engine Reference, Model Description Version 1.3. Paderborn, 2007
[29] dSPACE GmbH: DS2211 RTI Reference Release 5.3. Paderborn, 2007
[30] dSPACE GmbH: DS2211 HIL I/O Board Features Release 5.3. Paderborn, 2007
[31] Heywood, J.: Internal Combustion Engine Fundamentals. McGraw-Hill Book Company, Singapore, 1988
[32] Chmela, F.; Orthaber, G.; Schuster, W.: Vorausberechnung des Brennverlaufs von Dieselmotoren mit direkter Einspritzung auf der Basis des Einspritzverlaufs. MTZ 59, 7/8, 1998. S. 484-491
[33] Offer, T.: Numerische Lösungskonzepte für die Motorprozeß-Simulation: Dissertation. Fachbereich 11 – Maschinenbau und Produktionstechnik, TU Berlin, 1999
[34] Peters, N.: Technische Verbrennung. Vorlesungsskript des Instituts für Technische Mechanik, RWTH- Aachen, 2005

[35] Pischinger, R.; Klell, M.; Sams, T.: Thermodynamik der Verbrennungskraftmaschine: Der Fahrzeugantrieb. Springer, Wien; New York, 2. überarbeitete Auflage, 2002
[36] Pischinger, R. et al.; List, H. und Pischinger, A. (Hg.): Thermodynamik der Verbrennungskraftmaschine. Neue Folge Band 5 der Reihe Die Verbrennungskraftmaschine, Springer, Wien; New York, 1989
[37] ASM - Automotive Simulation Models: Product Information see on http://www.dspace.de/
[38] enDyna: Product Information see on: http://www.tesis.de
[39] Enginuity: Product Information see on: http://www.simuquest.com
[40] Artemis: Information see on http://www.ricardo.com
[41] GT-Power: Information see on http://www.gt.com

## 10. Definitionen, Abkürzungen

**MVEM:** Mean Value Engine Model

**AGR** Abgasrückführung

**CFD:** Computational Fluid Dynamics

**VTG** Variable Turbine Geometry

**VVT** Variable Valve Timing

**Definitionen**

| | |
|---|---|
| $\lambda$ | Lambda-Wert |
| $\eta$ | Wirkungsgrad |
| $\eta_\lambda$ | Wirkungsgradfunktion abhängig vom Lambda-Wert |
| $\eta_{Inj}$ | Wirkungsgradfunktion abhängig vom Einspritzwinkel |
| $\varphi$ | Kurbelwinkel |
| $\Psi$ | Durchflussfunktion |
| $\kappa$ | Isentropenkoeffizient |
| $\xi$ | Massenbruchteil |
| $\Pi$ | Druckverhältnis |
| $\rho$ | Gasdichte |
| $\sigma_{Fuel}$ | Oberflächenspannung des Kraftstoffes |
| $\omega$ | Motordrehzahl |
| $\mu$ | Entladungskoeffizient |
| $v$ | Spezifisches Volumen |
| $A$ | Querschnitt |
| $c_v$ | Spezifische Wärmekapazität |

| | |
|---|---|
| $c_p$ | Spezifische Wärmekapazität bei konstantem Volumen bei konstantem Druck |
| $c_{Diss}$ | Diffusionskonstante |
| $c_{Mod}$ | Modellkonstante |
| $c_{Rate}$ | Mischrate |
| $c_{Turb}$ | Umrechnungskonstante für turbulente kinetische Energie |
| $C$ | Vibe-Konstante (C = 6,908) |
| $Ctrl$ | Steuersignal |
| $d$ | Durchmesser |
| $E$ | Energie |
| $E_A$ | Aktivierungsenergie |
| $h$ | Spezifische Enthalpie |
| $H$ | Enthalpie |
| $i$ | Faktor für Viertaktmotor (i = 0,5) oder Zweitaktmotor (i = 1) |
| $J$ | Trägheit Turbolader |
| $k_R$ | Reaktionsgeschwindigkeit |
| $l_{Valve}$ | Ventilhub |
| $L_{St}$ | Stöchiometrische Konstante |
| $m$ | Masse |
| $n$ | Wellendrehzahl |
| $n_{Tr}$ | Anzahl der eingespritzten Kraftstofftropfen |
| $p$ | Druck |
| $P$ | Zylinderleistung |
| $q$ | Spezifische Wärme |
| $q_{Inj,Cyl}$ | Eingespritzte Kraftstoffmenge pro Zylinder |
| $Q$ | Wärme |
| $Q_{LHV}$ | Unterer Heizwert |
| $Re$ | Reynolds-Zahl |
| $R$ | Spezifische Gaskonstante |
| $t$ | Zeit |
| $T$ | Temperatur |
| $Trq$ | Drehmoment |
| $u$ | Spezifische innere Energie |
| $U$ | Innere Energie |
| $V$ | Volumen |
| $We$ | Weber-Zahl |
| $W$ | Arbeit |

**Indizes**

| | |
|---|---|
| Acc | Accumulator |
| Burned | Burned |
| CD | Combustion duration |
| Comp | Compressor |
| Crank | Crankshaft |
| CS | Combustion start |
| Cycl | Engine cycle |
| Cyl | Cylinder |
| Diff | Diffusion |
| Diss | Dissipation |
| Eng | Engine |
| ExhMan | Abgaskrümmer (vor Turbine) |
| ExhValve | Auslassventil |
| Evap | Evapurated |
| Fuel | Fuel |
| I | Index of gas components (fuel, air, exhaust) |
| ID | Ignition delay |
| Ideal | Nominal value without efficency factor influences |
| In | Input value |
| Inj | Injection |
| InMan | Intake manifold |
| InValve | Inlet valve |
| is | isentropic |
| Kin | kinetic |
| Mean | Mean value |
| MeanInd | Mean indicated |
| Mod | Mdoulated |
| N | Injector nozzle |
| Out | Output value |
| Red | Reduced values |
| S | Sauter |
| TC | Turbocharger |
| Turb | Turbine |
| Vol | volumetric |

# 18 Entwicklung eines Motormodells (Enhanced Mean-Value-Model) zur Optimierung von Thermomanagementmaßnahmen
## Development of an Enhanced Mean-Value-Model for Optimization of Measures of Thermal-Management

Michael Weinrich, Michael Bargende

## Abstract

An optimization of internal combustion engines only can be done when the processes taking place in a combustion engine are well known. For thermal optimization this means the necessity to quantify the heat flow which results from the combustion and the friction for every single time step. An approach is introduced for a simulation tool which takes into account all relevant heat sources in the combustion engine and in the engine compartment. With this easy tool it is possible to calculate the appearing power flow and enthalpy flow as well as the component temperatures. The tool shall be used in an early phase of the development to optimize the engine or the vehicle-related thermalmanagement before real hardware or test data are available. Therefore the complex thermodynamic processes in the engine are described as easy as possible; the complete system still can be described reliably within certain limits and the effects of different thermal optimization measures can be shown.

It is an essential point for the modeling that there are only necessary two integral quantities (the high pressure efficiency and the high pressure wall heat loss) for the complete simulation model which are calculated in forehand and filed in look-up tables by a suitable work process calculation. This procedure makes the simulation fast, stable and easy to use. With those pre-processed data it is possible to simulate stationary operating points and transient operating conditions.

The complete system is built in Matlab/Simulink and Flowmaster and contains the following components besides the simple burning description: turbocharger, exhaust gas recirculation, friction model and a thermal structure model.

## Zusammenfassung

Eine Optimierung von Verbrennungsmotoren kann nur erfolgen, wenn die im Verbrennungsmotor ablaufenden Vorgänge hinreichend bekannt sind. Für das Thermomanagement bedeutet dies die Notwendigkeit, die Wärmeströme, die zum ainen von der Verbrennung und zum anderen von der im Motor auftretenden Reibung ausgehen, zu quantifizieren und deren Aufteilung im Motor, Motorraum und Fahrzeug zu jeden Zeitpunkt darstellen zu können.

Es wird ein Ansatz für ein Auslegungswerkzeug vorgestellt, der alle relevanten Wärmequellen im Motor und im Motorraum berücksichtigt und daraus die auftretenden Leistungs- und Enthalpieströme, sowie wesentliche Bauteiltemperaturen berechnet.
Die Verwendung dieses Werkzeugs soll in einer frühen Phase der Motoren- bzw. Fahrzeugentwicklung zur Optimierung des motorischen bzw. fahrzeugbezogenen Thermomanagements erfolgen, bevor die eigentliche Hardware oder entsprechende Versuchsdaten verfügbar sind. Deshalb sind die komplexen thermodynamischen Vorgänge im Motor in dieser Arbeit bzw. in diesem Modell möglichst einfach beschrieben; das Gesamtsystem kann damit aber immer noch, natürlich innerhalb bestimmter Grenzen, zuverlässig beschrieben und die Effekte unterschiedlicher Optimierungsmaßnahmen dargestellt werden.

Ein wesentlicher Punkt bei der Modellierung ist, dass für das gesamte Simulationsmodell nur zwei integrale Größen (der Hochdruckwirkungsgrad und der Hochdruckwandwärmeverlust) mittels einer geeigneten, realen Arbeitsprozessrechnung vorausberechnet und in Kennfeldern abgelegt werden müssen. Da diese Daten im Rahmen eines Pre-Processings gewonnen werden können, steht auch für die Simulation ganzer instationärer Testzyklen ein relativ einfaches und vor allem schnelles Werkzeug zur Verfügung, um die relevanten Wärmeströme zu quantifizieren und zu optimieren.

Das modellierte Gesamtsystem (in Matlab/Simulink und Flowmaster) beinhaltet neben dieser einfachen Verbrennungsbeschreibung folgende weitere Komponenten: Abgasturbolader, Abgasrückführung, Reibmodell und ein thermisches Motorstrukturmodell.

# 1 Einleitung

An die Entwicklung und die Entwicklungseffizienz moderner Kraftfahrzeugkühlsysteme werden immer höhere Ansprüche gestellt. Von großer Bedeutung ist dabei die Reduzierung des Kraftstoffverbrauchs, des $CO_2$-Ausstoßes und die Verbesserung des Innenraumkomforts bei modernen verbrauchsoptimierten Motoren. Im Hinblick auf den komplexen Warmlaufprozess besteht das Entwicklungsziel u. a. darin, die Wärme- und Stoffströme so zu gestalten, dass die Anforderungen an Kraftstoffökonomie, Abgasqualität und Heizkomfort erfüllt werden. Auf den ersten Blick mögen das widersprüchliche Anforderungen sein, in der Umsetzung gilt es jedoch, den maximalen Nutzen aus der sequenziellen, zeitlich optimalen Zuteilung der zur Verfügung stehenden Wärmeenergien für das doch unterschiedliche Aufheizverhalten der Fluide und Bauteile zu gewinnen.

Durch effiziente Ausnutzung aller verfügbaren Wärmequellen im Fahrzeug soll insbesondere während der Warmlaufphase der Kraftstoffverbrauch deutlich reduziert werden. Dadurch muss das Modell aber ebenfalls in der Lage sein, instationären Betriebszustände, wie beispielsweise Geschwindigkeits- und Lastwechsel, sowie Fahrzyklen (NEDC) und Warmlaufphasen berechnen zu können. Dies wird mit Hilfe eines thermischen Netzes erreicht, wobei die thermischen Trägheiten im Motor (Bauteilerwärmung und -abkühlung bei Betriebspunktwechsel), als auch die Aufteilung der Wärmeströme (z. B. eines motorinternen Kühlmittel-Öl-Wärmeübertragers) beschrieben werden und sich die Wärmeströme am Motor zu jedem Zeitpunkt quantifizieren lassen, siehe Abbildung 1.1.

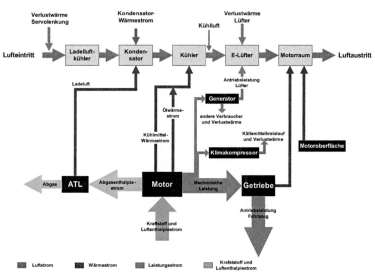

Abbildung 1.1: Energieströme im Gesamtmodell [16]

Die Erfüllung dieser Anforderungen kann durch ein Auslegungswerkzeug erreicht werden, das alle relevanten Wärmequellen und -senken des Systems beinhaltet und den Motor, ohne hohe innere Detaillierung, nur in seiner Außenwirkung beschreibt.

Um möglichst früh in den Entwicklungsprozess eingreifen zu können, ist es sinnvoll, ein derartiges Werkzeug schon in einer frühen Phase der Fahrzeugentwicklung zur Optimierung von Thermomanagementmaßnahmen einzusetzen, bevor Hardware oder umfangreiche Versuchsdaten verfügbar sind. Die Modellierung ist möglichst einfach gewählt, damit eine einfache Abbildung des Motors und die effektive Handhabung - idealerweise auch ohne Expertenwissen - möglich ist [16].

## 2 Aufbau des Modells

Das Modell wurde für einen Pkw mit einem aufgeladenen 2.0 Liter Dieselmotor der Baureihe Duratorq erstellt und entsprechend kalibriert.
Es wird hier nur der motorische Teil des Gesamtfahrzeugmodells näher vorgestellt und in den folgenden Kapiteln beschrieben. Das Motormodell wurde bereits auf unterschiedliche weitere Motoren übertragen und bildet diese für Stationärpunkte (Fluidtemperaturen und Bauteiltemperaturen) sehr gut ab. Die im Kapitel 4 vorgestellten Vergleiche zwischen Messung und Simulation basieren zum einen auf dem Gesamtfahrzeugmodell und zum anderen ausschließlich auf dem Motormodell.
Um Modellteile für das Gesamtsystem jeder Zeit einfach austauschbar, erweiterbar und modifizierbar zu halten, sind alle im Modell verwendeten Systeme modular aufgebaut. Durch die Definition von festgelegten Schnittstellen lassen sich dadurch beliebige Systeme mit geänderter innerer Funktionalität oder auch neue Simulationsprogramme verwenden.
Die Modellierung und Umsetzung der Zusammenhänge erfolgt so weit wie möglich auf physikalischen Ansätzen. Sollte dies nicht oder nur schwer möglich sein, kommen empirische Ansätze oder Kennfelder zum Einsatz.

### 2.1 Thermodynamik

Der Arbeitsprozess der Kolbenverbrennungskraftmaschine ist ein außerordentlich komplizierter thermodynamischer Vorgang. Er beinhaltet allgemeine Zustandsänderungen mit Wärmeübergang in einem weiten Temperatur- und Druckbereich, chemische Prozesse während und nach der Verbrennung, instationäre Vorgänge und Strömungen im Arbeitsraum und beim Ladungswechsel, sowie Verdampfungsvorgänge vor allem bei der Gemischbildung [2]. Verbrennungsmotoren sind Wärmekraftmaschinen, bei denen durch die Verbrennung eine Umwandlung von chemisch gebundener Energie in mechanische Energie erfolgt. Ein Teil dieser im Brennraum des Zylinders freigesetzten Wärme wird mittels des Kurbeltriebs in mechanische Energie umgewandelt. Die restliche Energie wird mit dem Abgas abgeführt und über die Brennraumwände an das Kühlmittel sowie direkt an die Umgebung abgegeben. Ziel des Prozessablaufs bei der Umwandlung von chemischer in mechanische Energie ist es, einen möglichst hohen Prozesswirkungsgrad zu erreichen, der aber sehr stark vom Ablauf des thermodynamischen Prozesses abhängt [3].
Die Standfestigkeit von Bauteilen des Verbrennungsmotors wird im Wesentlichen durch die Bauteiltemperaturen und deren innere Temperaturverteilung bestimmt. Kritische Komponenten sind der Zylinderkopf und der Motorblock. Es findet im Verbrennungsmotor ein örtlich und zeitlich unterschiedlicher Wärmeübergang zwischen der Motorstruktur, dem Abgas und den Fluiden statt. Während des Warmlaufs ist der Wärmeaustrag des Systems kleiner als der Wärmeeintrag, wodurch sich die einzelnen Bauteile aufheizen.

Durch eine bedarfsgerechte Kühlung des Motors kann eine schnellere Aufheizung des Systems und ein verringerter Kraftstoffverbrauch erreicht werden. Um das zu ermöglichen sind zuverlässige Aussagen über den Temperaturzustand an kritischen Bauteilen zwingend notwendig. Wenn das Ziel eine Kraftstoffverbrauchssenkung ist, sind Maßnahmen, die die Erwärmung des Kühlwassers bis zur endgültigen Betriebstemperatur nur durch einen zusätzlichen Kraftstoffverbrauch verwirklichen, eher kontraproduktiv. Die Gesetze der Thermodynamik verlangen, dass sich über die gleiche Zeit oder gefahrene Distanz der Gesamtkraftstoffverbrauch dadurch erhöht. Maßnahmen zur Reduzierung des Kraftstoffverbrauchs liegen zum einen in der Verringerung der Reibung, die mit sinkender Starttemperatur stark ansteigt, und zum anderen in der Verbesserung des Verbrennungswirkungsgrads. Der Weg zur Verbrauchssenkung liegt in der schnellen Erhöhung der Öltemperatur und nicht der Wassertemperatur. Die grundsätzlichen Verbrennungsmotoroptimierungen können in drei Kategorien eingeteilt werden: zusätzliche Wärmequellen, Maßnahmen zur Wärmerückgewinnung (z.b. aus dem Abgas) und Veränderungen der Betriebsbedingungen (Getriebe, Betrieb von Nebenaggregaten, usw.) [17].

Die thermodynamischen Prozesse lassen sich durch den ersten Hauptsatz der Thermodynamik beschreiben. Durch diesen Hauptsatz sind Aussagen über die Energiebilanz bzw. Energieerhaltung möglich. Die innere Wärmebilanz lässt sich damit folgendermaßen darstellen:

$$Q_B + H_E = Q_w + H_A + W_{iHD} + W_{iLW} + H_L \qquad (2.1)$$

Betrachtet man den Motor dabei als ein offenes System, so setzen sich die über die Systemgrenze zugeführten Energien aus der Brennstoffenergie $Q_B$ und der Ansaugluftenthalpie $H_E$ zusammen. Zu den abgeführten Energien gehören die Wandwärmeverluste $Q_w$, die Abgasenthalpie $H_A$, die geleisteten Arbeiten $W_{iHD}$ und $W_{iLW}$ und die Leckageverluste $H_L$, die aber näherungsweise zu Null gesetzt werden können. Bis auf die Abgasenthalpie lassen sich alle Größen durch mehr oder weniger einfache Ansätze bestimmen. Sind all diese Größen bekannt, so lassen sich die Abgasenthalpie bzw. Abgastemperatur berechnen.
In den folgenden Kapiteln wird die Berechnung der einzelnen Größen beschrieben, die letztendlich zur Bestimmung der Abgastemperatur notwendig sind und wie deren Zusammenwirken innerhalb des Modells umgesetzt wird.

## 2.2 Kenngrößen und mittlere Arbeitsspielwerte

Die Verbrennung bzw. Energieumsetzung ändert sich bei einem Verbrennungsmotor nicht nur von Betriebspunkt zu Betriebspunkt, sondern auch abhängig von den äußeren Randbedingungen des Systems (z.B. Restgas oder Brennraumwandtemperatur).

Ein möglicher Weg, um die Verbrennung mittels sehr einfach handhabbaren Größen zu beschreiben, stellt die Verwendung von integralen mittleren Arbeitsspielgrößen dar. Die Betrachtung des Systems erfolgt dann nicht mehr kurbelwinkelaufgelöst, sondern wird am Ende eines Arbeitsspiels durch jeweils nur einen Wert repräsentiert. Das Modell, das dadurch entsteht, wird als Mittelwertmodell (engl. Mean-Value-Model) bezeichnet. Diese Art der Verbrennungsbeschreibung lässt die reale Abbildung des Systems natürlich nur noch innerhalb bestimmter Grenzen zu. Umkehrschlüsse vom Wirkungsgrad auf den Ablauf der Verbrennung sind damit nicht mehr eindeutig möglich (Mehrdeutigkeit). Durch dieses Vorgehen wird eine schnelle und auch stabile Simulation erreicht. Die durch eine Arbeitsprozessrechnung berechneten Größen werden für die Simulation in entsprechenden Kennfeldern abgelegt.

### 2.2.1 Idealer Ladungswechsel

Der Ladungswechsel wird im idealen Fall nur durch den Ansaugdruck $p_{Ansaug}$ und Abgasdruck $p_{Abgas}$ beschrieben und durch die Differenz dieser beiden Drücke bestimmt. Die dafür benötigten Drücke werden durch das später dargestellte, einfache Turboladermodell bereitgestellt, siehe Kapitel 2.2.6.

$$p_{miLW} = p_{Ansaug} - p_{Abgas} \tag{2.2}$$

Aus dem indizierten Mitteldruck für den Ladungswechsel $p_{miLW}$ lässt sich die Ladungswechselarbeit $W_{LW}$ einfach durch Multiplikation mit dem Hubvolumen $V_h$ berechnen:

$$W_{LW} = V_h \cdot p_{miLW} \tag{2.3}$$

### 2.2.2 Indizierter Hochdruckwirkungsgrad und Wandwärme

Im indizierten Hochdruckwirkungsgrad $\eta_{iHD}$ spiegeln sich die charakteristischen Eigenschaften des untersuchten Verbrennungsmotors bezüglich des ablaufenden thermodynamischen Prozesses im Brennraum wieder. Die Abhängigkeit des Wirkungsgrades ist dabei aber sehr vielfältig. Die Wandwärme $Q_w$, die den Brennraum über die Wände verlässt, ist ebenfalls sehr stark von den jeweiligen Betriebsbedingungen und dem entsprechenden Verbrennungsablauf abhängig. Deshalb ist es notwendig, diese sehr motorspezifischen Größen in entsprechenden Kennfeldern abzulegen. Die Auswertung der vorhandenen Messdaten und allen weiteren notwendigen Berechnungen beruhen auf der Thermodynamik-Software EnginOS Tiger [18].

Die Abhängigkeiten der Wandwärmeverluste lassen sich durch den Bezug der Wandwärme $Q_w$ auf die zugeführte Brennstoffenergie $Q_B$ stark vereinfachen und in einem neuen Kennfeld $\eta_w$ ablegen.

$$\eta_w = \frac{Q_w}{Q_B} \tag{2.4}$$

Dieses Kennfeld kann nicht nur annähernd durch eine Ebene beschrieben, sondern auch einfacher als das Wandwärmekennfeld, durch Veränderung der Ebenensteigung, auf weitere Motoren übertragen werden, siehe Abbildung 2.1.

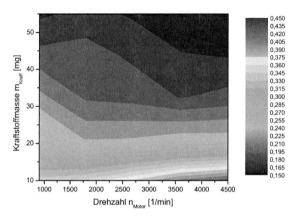

Abbildung 2.1: Quotient aus $Q_w$ und $Q_B$

Das Quotientenkennfeld wird, wie alle im Modell verwendeten Kennfelder, in Look-Up-Tabels abgelegt und über die maximale Spreizung von Drehzahl und Kraftstoffmasse aufgetragen. Dadurch werden aber Betriebspunkte beschrieben, die weit über den normalen Kennfeldbereich hinaus reichen und nur theoretisch vorkommen. Dieses Vorgehen ist jedoch durch Simulink und der Verarbeitung von Kennfeldern bedingt.

Die Abhängigkeit der Kennfelder muss, um instationäre Vorgänge zu simulieren (z.b. Aufwärmung), auf inneren Größen basieren (z.B. Kraftstoffmasse oder ind. Mitteldruck). Deshalb liegen den Kennfeldern generell die Drehzahl und die Kraftstoffmasse als unabhängige Parameter zu Grunde. Dies bedeutet aber für das Wirkungsgradkennfeld, dass im ersten Rechenschritt ein geschätzter Wirkungsgrad verwendet wird und einige Iterationen für die Wirkungsgradbestimmung notwendig sind („Floating Target" - d. h. die Blockeingangsgrößen sind abhängig von den Blockausgangsgrößen). Das System konvergiert aber nach nur wenigen Iterationen.

Als Eingangsgröße in das Motorsystem dient ein im Getriebemodell berechnetes Drehmoment bzw. effektiver Mitteldruck $p_{me}$. Der indizierte Mitteldruck für den Hochdruckteil $p_{miHD}$ setzt sich aus dem effektiven Mitteldruck $p_{me}$, dem Reibmitteldruck $p_{mr}$ und dem indizierten Mitteldruck für den Ladungswechselteil $p_{miLW}$ zusammen, dargestellt in Abbildung 2.2.

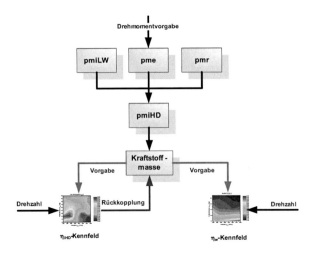

Abbildung 2.2: Verwendung von Kennfeldern: Wandwärme und ind. Hochdruckwirkungsgrad

Die durch die Verbrennung entstehende Wandwärme teilt sich auf die Bauteile Kolben, Buchse und Zylinderkopf auf. Dabei wird eine feste prozentuale Aufteilung angenommen, die sich an dem Flächenverhältnis und der jeweiligen Wandwärmestromdichte für ein Arbeitsspiel orientiert.
Es wird die berechnete kurbelwinkelabhängige Wandwärmestromdichte, die abhängig vom jeweiligen Betriebspunkt ist, auf die Fläche des Kolbens, des Zylinderkopfes und der Buchse bezogen und der kurbelwinkelabhängige Wärmestrom in die jeweilige Komponente berechnet. Die den Brennraum begrenzenden Wände haben dabei aber für alle Betriebspunkte eine konstante und einheitliche Oberflächenwandtemperatur von 200°C.

Aus der Summe des Gesamtwärmestroms und der Summe der jeweiligen Komponente (Buchse, Kolben und Zylinderkopf) wird der prozentuale Anteil für jede Komponente berechnet. Der Wärmestrom in den Kolben und Zylinderkopf ist auf Grund des Flächenverhältnisses um OT während der Verbrennung um ein Vielfaches Größer als der Wärmestrom in die Buchse um OT. Es ergibt sich damit eine Aufteilung, die unverändert für alle betrachteten Betriebspunkte verwendet werden kann: Kolben: ca. 37,5%, Zylinderkopf: ca. 37,5% und Buchse: ca. 25%

Eine weitere Möglichkeit zur Berechnung des Wärmestroms in die einzelnen Wandanteile stellt die Flächenaufteilung bei Kolbenmittelstellung zwischen UT und OT dar. Die auf diese Art gewonnene Teilung dient im Modell zur Aufteilung des Wandwärmestroms. Dabei ergibt sich eine Aufteilung des Wärmestroms in 50% Buchse, 25% Kolben und 25% Zylinderkopf.

In der Literatur finden sich aber auch Werte, nach denen sich der Wärmestrom aus dem Brennraum in 50% Kolben, 30% Zylinderwand und 20% Zylinderkopf aufteilt [1].

## 2.2.3 Reibmodell Dieselmotor

Der Kraftstoffverbrauch von Verbrennungsmotoren wird in der Warmlaufphase entscheidend durch die Reibung bestimmt. Im Durchschnitt ist die Reibung bei Dieselmotoren, bedingt durch deren Bauweise, etwas höher als bei vergleichbaren Ottomotoren.

Der Reibmitteldruck in seiner absoluten Größe ist von vielen Randbedingungen (z. B. der Radialspannung der Kolbenringe) abhängig. Ein möglicher Ansatz basiert auf der Vorgabe des Reibmitteldrucks in einem einzigen Betriebspunkt und auf der Berechnung der Reibmitteldruckänderung durch Variation der Betriebsparameter oder der Randbedingungen. Durch dieses Vorgehen werden alle geometrischen und konstruktiven Besonderheiten des Motors im Referenzbetriebspunkt berücksichtigt. Zu den wichtigsten Motorparametern gehören die Drehzahl, die Last und das thermische Niveau des Motors [4].

Für die Bestimmung des Reibmitteldrucks wurde ein Ansatz verwendet, der von Schwarzmeier [4] für Dieselmotoren entwickelt wurde.

$$p_{mr} = p_{mrX} + C_1 \cdot \left( \frac{c_m}{T_{Zylw}^{1,68}} - \frac{c_{mX}}{T_{ZylwX}^{1,68}} \right) + C_2 \cdot \left( \frac{p_{me}}{T_{Zylw}^{1,68}} - \frac{p_{meX}}{T_{ZylwX}^{1,68}} \right)$$
$$+ C_3 \cdot \left( \frac{(d \cdot n)^2}{T_{Öl}^{1,49}} - \frac{(d \cdot n_X)^2}{T_{ÖlX}^{1,49}} \right)$$
$$+ C_4 \cdot \left( (1-0,012 \cdot c_m) \cdot p_{me}^{1,35} - (1-0,012 \cdot c_{mX}) \cdot p_{meX}^{1,35} \right) \quad (2.5)$$
$$+ C_5 \cdot \left( n^2 - n_X^2 \right)$$
$$+ C_6 \cdot \left( \frac{p_{me}}{T_{Öl}^{1,49}} - \frac{p_{meX}}{T_{ÖlX}^{1,49}} \right)$$

In der Reibung werden auch alle Nebenaggregate berücksichtigt, die für den Motorbetrieb notwendig sind. Dadurch kann unterschieden werden in Reibung, die durch Dissipation zu einer Erhöhung der inneren Energie eines Systems führt und Reibung, die nur zum Antrieb eines Nebenaggregats dient (Kühlwasserpumpe, Lüfter usw.). Deshalb wird aus oben aufgeführter Gleichung die Antriebsleitung des Pumpenanteils herausgerechnet, wodurch diese den reinen Wärmeeintrag ins Motorsystem beschreibt.
Die Aufteilung der Reibleistung wird wie folgt angenommen [8], [9]. Diese Aufteilung gilt streng genommen nur für einen Ottomotor, wird aber hier auch für einen Dieselmotor angewendet.

- Kolbenschaft und Buchse: 53%
- Nockenwelle und Ventile: 15%
- Kurbelwelle: 11%
- Wasserpumpe: 11%
- Ölpumpe: 10%

Nach der Aufteilung in die einzelnen Komponenten des Motors kann die Ableitung der Reibungswärme auf den Zylinderkopf, Motorblock und die Fluidkreise aufgegliedert werden [8], [10]:

- Die Reibleistung der Kurbelwelle wird direkt vom Öl in die Ölwanne transportiert.
- Die Hälfte der Reibleistung am Kolbenschaft und Buchse wird durch das Öl abgeführt, die andere Hälfte geht an die entsprechenden Bauteile.
- Die Reibleistung der Nockenwelle geht an den Zylinderkopf.
- Die Reibleistung der Wasserpumpe wird dem Kühlwasser zugeschlagen.
- Die Reibleistung der Ölpumpe wird direkt vom Öl abtransportiert.

Damit ergibt sich zusammengefasst folgende Aufteilung:

- Reibungsverluste ins Öl: 47,5%
- Reibungsverluste ins Kühlwasser: 11%
- Reibungsverluste an die Bauteile: Zylinderkopf 15%, Motorblock 26,5%

Ist im Gesamtsystem ein Öl-Wasser-Wärmetauscher vorhanden, so kann ggf. auf die Modellierung des Ölkreises verzichtet werden, da die dem Öl zugeführte Wärme auch direkt dem Wasser zugeschlagen werden kann. Dieses Vorgehen ist nur bei der Berechnung von Stationärpunkten möglich [11].

### 2.2.4 Ansaug- und Abgassystem

Das Ansaug- und Abgassystem findet sich zu einem großen Teil im Simulinkmodell wieder. Die Berechnung des indizierten Mitteldrucks für den Ladungswechsel, die Abgasrückführrate und die Drücke und Temperaturen am Turbolader werden in Simulink berechnet. Die Auslasskanäle und der Krümmer werden in Flowmaster modelliert, d.h. die Abgastemperaturänderung vom Eintritt in den Auslasskanal bis nach dem Abgaskrümmer wird in Flowmaster berechnet und anschließend wieder an Simulink übergeben. Diese Krümmeraustrittstemperatur wird für die Berechnungen des Abgasturboladers in Simulink benötigt.
Die notwendigen Druckrandbedingungen im Saugrohr $p_1$ und Abgassystem $p_4$ werden durch entsprechende Querschnitte, Umgebungsdrücke und Massenströme mittels einer einfachen Drosselgleichung berechnet.

$$\dot{m} = \frac{p}{\sqrt{R \cdot T}} \cdot A \cdot (\Pi)^{\frac{1}{\kappa}} \cdot \sqrt{\frac{2 \cdot \kappa}{\kappa - 1} \cdot \left(1 - (\Pi)^{\frac{\kappa-1}{\kappa}}\right)} \qquad (2.6)$$

### 2.2.5 Abgasrückführung

Die Restgasmasse, die wieder der Verbrennung zugeführt wird, um die Prozesstemperaturen zu senken, wird im Abgassystem über ein AGR-Ventil eingestellt. Durch die niedrigen Prozesstemperaturen wird die $NO_x$-Bildung reduziert. Die Zumischung von Restgas findet nur im niedrigen bis mittleren Teillastbereich statt.

Der Massenstrom wird über das Druckverhältnis zwischen Ladedruck $p_2$ und Druck vor Turbine $p_3$ (Hochdruckabgasrückführung), der Durchtrittsfläche $A$ des AGR-Ventils und dem Gaszustand $\rho_{Abgas}$ bestimmt.

$$\dot{m}_{AGR} = A \cdot \sqrt{2 \cdot \rho_{Abgas} \cdot (p_3 - p_2)} \tag{2.7}$$

### 2.2.6 Abgasturbolader

Der Beschreibung des Turboladers liegen die physikalischen Zusammenhänge und entsprechende Wirkungsgradkennfelder zugrunde. Auf Grund der wenigen vorhandenen Messdaten basiert die Modellierung des Turboladers auf sehr einfachen Gleichungen und Zusammenhängen, die im Folgenden beschrieben werden.

Die Temperaturänderung an der Turbinen- bzw. Verdichterseite lässt sich durch jeweils eine isentrope Zustandsänderung unter Berücksichtigung des jeweiligen Wirkungsgrads darstellen. Für die Turbinenseite gilt nachfolgende Gleichung:

$$T_4 = T_5 \cdot \left( 1 + \eta_T \cdot \left[ \left( \frac{1}{\Pi_T} \right)^{\frac{\kappa_A - 1}{\kappa_A}} - 1 \right] \right) \tag{2.8}$$

Analog lässt sich die isentrope Zustandsänderung für die Verdichterseite darstellen:

$$T_2 = T_1 \cdot \left( \frac{1}{\eta_V} \cdot \left[ \Pi_V^{\frac{\kappa_V - 1}{\kappa_V}} - 1 \right] + 1 \right) \tag{2.9}$$

Die benötigten Drücke werden durch die beiden Turboladerhauptgleichungen und durch die Druckrandbedingungen des Gesamtsystems in Form von Drosselstellen bestimmt. Durch die Turboladerhauptgleichungen werden die Drücke nach Verdichter und vor Turbine bestimmt. Die dafür benötigten Gleichungen sind im Folgenden dargestellt [6], [7]. Die 2. Turboladerhauptgleichung, die hier für die Berechnung des Druckes anstatt des Massenstromes benötigt wird, lässt sich nur iterativ lösen.

Die 1. Turboladerhauptgleichung für die Verdichterseite lautet wie folgt:

$$\pi_V = \frac{p_2}{p_1} = \left( 1 + \frac{\dot{m}_T}{\dot{m}_V} \cdot \frac{c_{pT}}{c_{pV}} \cdot \frac{T_3}{T_1} \cdot \eta_{TL} \cdot \left[ 1 - \left( \frac{p_4}{p_3} \right)^{\frac{\kappa_T - 1}{\kappa_T}} \right] \right)^{\frac{\kappa_V}{\kappa_V - 1}} \tag{2.10}$$

Aus dem Momentengleichgewicht zwischen Turbine und Verdichter bei stationärem Betrieb resultiert die 2. Turboladerhauptgleichung:

$$\dot{m}_T = A_{T{e\!f\!f}} \cdot p_3 \cdot \sqrt{\frac{2}{R \cdot T_3}} \cdot \sqrt{\frac{\kappa_T}{\kappa_T - 1} \cdot \left[\left(\frac{p_4}{p_3}\right)^{\frac{2}{\kappa_T}} - \left(\frac{p_4}{p_3}\right)^{\frac{\kappa_T+1}{\kappa_T}}\right]} \qquad (2.11)$$

Die benötigten Kennfelder können, falls Messdaten des Ansaug- und Abgassystems vorliegen, direkt aus Temperatur, Druck und Massenstrom gewonnen werden. Liegen diese Daten nicht vor, so können auch die Datenblätter des Turboladerherstellers herangezogen werden.

### 2.2.7 Abgastemperatur aus Abgasenthalpie

Die Enthalpie der zugeführten Luft $H_E$ wird aus den Bedingungen im Brennraum bei UT berechnet. Die Frischgasenthalpie wird aus dem zugeführten Frischluftmassenstrom $\dot{m}_{Luft}$, der spezifischen Wärmekapazität $c_{pLuft}$ und der Temperatur der Luft $T_{Luft}$ berechnet. Die dafür benötigte Luftmasse wird über ein Lambda-Kennfeld aus der Kraftstoffmasse bestimmt.

$$H_E = \int_0^{T_{Luft}} c_{pLuft}(T) \cdot \dot{m}_{Luft} \cdot dT \qquad (2.12)$$

Damit sind alle benötigten Größen bekannt, um die Abgastemperatur aus der Abgasenthalpie zu bestimmt.

$$H_A = H_E + Q_B - (Q_B \cdot \eta_{iHD} + V_h \cdot p_{miLW}) - Q_B \cdot \eta_w \qquad (2.13)$$

$$\int_0^{T_{Abgas}} c_{pAbgas}(T) \cdot \dot{m}_{Abgas} \cdot dT = \\ c_{pLuft} \cdot \dot{m}_{Luft} \cdot T_{Luft} + Q_B - (Q_B \cdot \eta_{iHD} + V_h \cdot p_{miLW}) - Q_B \cdot \eta_w \qquad (2.14)$$

Die Abgastemperatur wird so bestimmt, dass das Integral der Abgasenthalpie der vorab berechneten Abgasenthalpie aus dem ersten Hauptsatz entspricht.

### 2.2.8 Wärmeübergang im Aus- und Einlasskanal

Der Wärmeübergang zwischen Abgas und Krümmer während des Ladungswechsels basiert auf erzwungener Konvektion und hängt im Wesentlichen von den Strömungsverhältnissen in den Kanälen ab.
Von Zapf [12] wird folgender Zusammenhang für den Wärmeübergang im Einlass- und Auslasskanal vorgeschlagen:

$$Nu_{EK} = 0,214 \cdot \text{Re}^{0,68} \cdot \left(1 - 0,765 \cdot \frac{h_v}{D_{i,EK}}\right) \qquad (2.15)$$

$$Nu_{AK} = 2{,}58 \cdot \text{Re}^{0{,}5} \cdot \left(1 - 0{,}797 \cdot \frac{h_v}{D_{i,AK}}\right) \tag{2.16}$$

Dabei ist zu bemerken, dass der Wärmeübergangskoeffizient des Auslasskanals deutlich über dem des Einlasskanals liegt. Dieser Unterschied ist auf die unterschiedlichen Strömungsverhältnisse im Ein- und Auslassbereich zurückzuführen. Auf der Einlassseite befindet sich das Ventil in Strömungsrichtung gesehen am Ende des Kanals, wodurch die Strömung kaum beeinflusst wird. Im Gegensatz dazu liegt im Auslasskanal das Ventil am Anfang bzgl. der Strömungsrichtung und führt damit zu einer diffusartigen Strömung.
Basierend auf den oben aufgeführten Gleichungen lassen sich die Wärmeübergangskoeffizienten $\alpha$ in Abhängigkeit des Ventilsitzdurchmessers $D_i$, des Ventilhubs $h_V$, des Kanaldurchmessers $d$, des Massenstroms $\dot{m}$ und der Temperatur $T$ berechnen [13].

$$\alpha_{EK} = 2{,}152 \cdot \left(1 - 0{,}765 \cdot \frac{h_v}{D_{i,EK}}\right) \cdot \dot{m}^{0{,}68} \cdot T^{0{,}33} \cdot d_{EK}^{1{,}68} \tag{2.17}$$

$$\alpha_{AK} = 1{,}785 \cdot \left(1 - 0{,}797 \cdot \frac{h_v}{D_{i,AK}}\right) \cdot \dot{m}^{0{,}5} \cdot T^{0{,}41} \cdot d_{AK}^{1{,}5} \tag{2.18}$$

Die Gleichungen nach Zapf liefern gute Ergebnisse für die Wärmeübergangskoeffizienten, die aber generell etwas zu hoch liegen [12], [13].

### 2.2.9 Wärmeübergang in den Fluidsystemen und an der Oberfläche

Ein vereinfachter Wärmeübergang für eine turbulente Rohrströmung von Wasser wird nach [14] durch folgende Gleichung mit der Geschwindigkeit $w$ und der mittleren Kühlwassertemperatur $\overline{T}_{KW}$ angegeben:

$$\alpha = \left(2900 \cdot w^{0{,}85} \cdot \left(1 + 0{,}014 \cdot \left(\overline{T}_{KW} - 273{,}15\right)\right)\right) \cdot 1{,}163 \tag{2.19}$$

Die Geschwindigkeit des Mediums kann über die Kontinuitätsgleichung und die Dichte des jeweiligen Mediums $\rho$ berechnet werden.

$$\dot{V} = A \cdot w \tag{2.20}$$

$$\rho = \frac{\dot{m}}{\dot{V}} \tag{2.21}$$

$$w = \frac{\dot{m}}{A \cdot \rho} \tag{2.22}$$

Auf Grund der komplexen Kanalgeometrien kann der vorhandene Querschnitt im Allgemeinen nicht bestimmt und nur ein entsprechender Ersatzquerschnitt angegeben werden. Damit lässt sich der Wärmeübergangskoeffizient in Abhängigkeit des Ersatzquerschnittes und der sich ändernden Strömungsgeschwindigkeit berechnen.

Der vereinfachte Wärmeübergang für eine turbulente Rohrströmung für Öl wird nach [14] durch folgende Gleichung angegeben:

$$\alpha = \left(145 \cdot w^{0,85} \cdot \left(1 + 0,014 \cdot \left(\overline{T}_{Öl} - 273,15\right)\right)\right) \cdot 1,163 \qquad (2.23)$$

Die Bestimmung der Strömungsgeschwindigkeit erfolgt auf die gleiche Art und Weise, wie sie schon beim Kühlwasser vorgestellt wurde.

Die auftretende Konvektion an der Motoroberfläche lässt sich auf Grund der komplexen Motorgeometrie nur schwer beschreiben. Im Vergleich zu dem Wärmestrom, der über die Fluide Kühlwasser und Öl abgeführt wird, ist die Wärmeabfuhr über die Motoroberfläche sehr gering. Für die Berechnung der Wärmeübergangskoeffizienten an der Oberfläche wird die vereinfachte Annahme einer längsangeströmten Platte verwendet.
Der Wärmeübergangskoeffizient $\alpha$ lässt sich allgemein durch die Nusselt-Korrelation angeben.

$$\alpha = Nu \cdot \frac{\lambda}{L} \qquad (2.24)$$

Die Nusselt-Zahl $Nu$ wiederum kann nach der Gleichung von Petukhov/Popov wie folgt ermittelt werden [15]:

$$Nu = \frac{0,037 \cdot Re^{0,8} \cdot Pr}{1 + 2,443 \cdot Re^{-0,1} \cdot \left(Pr^{\frac{2}{3}} - 1\right)} \qquad (2.25)$$

Über die Reynolds-Gleichung lässt sich unter Annahme der Länge $L$ ($L = 1$), der spezifischen Stoffeigenschaften für die kinematische Viskosität $\nu$ und des Wärmeleitkoeffizienten $\lambda$ die Berechnung des Wärmeübergangskoeffizienten $\alpha$ nur noch in Abhängigkeit der Luftanströmgeschwindigkeit $w$ darstellen:

$$Re = \frac{w \cdot L}{\nu} \qquad (2.26)$$

$$\alpha = \frac{4,681 \cdot w^{0,8}}{1 - 0,17 \cdot w^{-0,1}} \qquad (2.27)$$

Im Flowmaster-Netzwerk wird standardmäßig für Berechnung des Wärmeübergangskoeffizienten $\alpha$ eine Dittus-Boelter-Korrelation verwendet. Mit deren Hilfe kann die Nusselt-Zahl, basierend auf der Prandtl- und Reynoldszahl, berechnet werden.

$$Nu = 0,023 \cdot Re^{0,8} \cdot Pr^n \qquad (2.28)$$

Dabei wird der Exponent mit $n = 0,4$ für Aufheizvorgänge und $n = 0,3$ für Abkühlvorgänge angenommen. Die Gleichung ist gültig für $Re \geq 10000$ und $0,7 \leq Pr \leq 160$.
Über die bekannte Nusselt-Korrelation lässt sich der Wärmeübergangskoeffizient $\alpha$ berechnen.

## 2.3 Zusammenspiel der Modellblöcke

Grundlegende Bedingung bei der Umsetzung im Modell ist eine einfache Methode zur Ermittlung der benötigten Größen, die zu einem Wärmeeintrag in das Motorsystem führen. Zu diesen gesuchten Größen gehören der Brennraumwandwärmestrom, ein Teil der abgeführten Abgasenthalpie und die durch mechanische Bewegung entstehende Reibung.

In Abbildung 2.3 sind neben den verschiedenen Größen, die für die Verknüpfung der einzelnen Modellteile sorgen, auch die jeweiligen Abhängigkeiten für die einzelnen Berechnungsschritte dargestellt. Die Ergebnisse der Blockausgänge besitzen teilweise über weitere Rechenschritte einen direkten Einfluss auf die Blockeingänge. So ist die Reibung z.b. abhängig von den Fluidtemperaturen, die aber erst nach Berechnung des Wärmeeintrags in die Struktur und in die Fluide vorliegen.

Das Modell beinhaltet folgende Teilmodelle, die in den vorigen Kapiteln beschrieben sind:

- Reibmodell für einen Dieselmotor
- Verbrennungsmodell
- Ansaug- und Abgassystem
- Turboladermodell
- Fließprozess zur Berechnung der Abgastemperatur
- Thermisches Netzwerk der Motorstruktur

Der gesamte Wirkzusammenhang des Modells ist in Abbildung 2.3 dargestellt. Dabei werden die Größen ausgehend von den Vorgabeparametern Last und Drehzahl, die entweder vorgegeben oder durch das Getriebemodell bekannt sind, in den einzelnen Modellblöcken (gelb dargestellt) berechnet. Die motorspezifischen Daten sind in Kennfeldern (ind. Hochdruckwirkungsgrad und Wandwärmeverluste, blau dargestellt) abgelegt.

Die Interaktionen der Modellblöcke sind mit den entsprechenden Größen durch Pfeilverknüpfungen dargestellt. Aus Abbildung 2.3 kann auch die Trennung des Gesamtmodells in Teilmodelle entnommen werden.

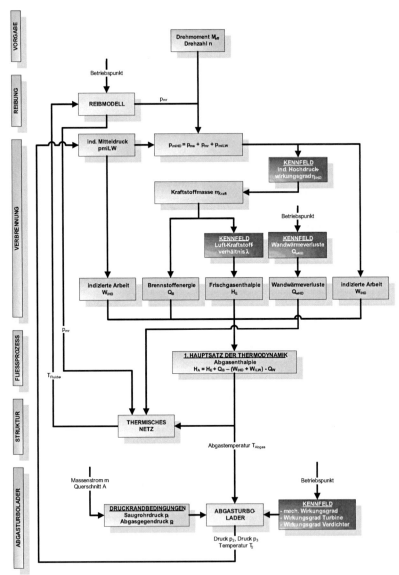

Abbildung 2.3: Gesamtsimulationsübersicht

# 3 Thermisches Motornetzwerk

Durch das thermische Netzwerk werden die Wärmeströme, die durch das Simulink-Motormodell (Reibung, Abgasenthalpieanteil und Wandwärme) berechnet werden, an die Fluide und einzelnen Bauteile aufgeteilt. Die Interaktion der verschiedenen Bauteile innerhalb des Flowmaster-Netzes ist in Abbildung 3.1 dargestellt. Diese dargestellte Bauteilinteraktion dient als Grundlage, auf der das Flowmaster-Netzwerk aufbaut. Die Konvektion an der Motoroberfläche wird berücksichtigt, indem das Modell entweder mit dem Motorraummodell und den dadurch bekannten Strömungspfaden gekoppelt oder der entsprechende Wärmeübergangskoeffizient vorgegeben wird.

|  | Ölkreislauf | Wasserkreislauf | Abgassystem | Zylinderkopf | Laufbuchse | Kolben | Motorblock | Ölwanne | Abgaskrümmer | Kühlluftpfad | Getriebe |
|---|---|---|---|---|---|---|---|---|---|---|---|
| Ölkreislauf | - | x |  | x |  | x | x | x |  |  |  |
| Wasserkreislauf | x | - | x | x | x |  | x |  |  | x |  |
| Abgassystem |  | x | - | x |  |  |  |  | x | x |  |
| Zylinderkopf | x | x | x | - | x |  | x |  | x | x |  |
| Laufbuchse |  | x |  | x | - | x |  |  |  |  |  |
| Kolben | x |  |  |  | x | - |  |  |  |  |  |
| Motorblock |  | x |  | x |  |  | - | x |  | x | x |
| Ölwanne | x |  |  |  |  |  | x | - |  | x |  |
| Abgaskrümmer |  |  | x | x |  |  |  |  | - | x |  |
| Kühlluftpfad | x | x | x | x |  |  | x | x | x | - | x |
| Getriebe |  |  |  |  |  |  | x |  |  | x | - |

Abbildung 3.1: Flowmasterinterne Schnittstellen der einzelnen Komponenten

Das thermische Netzwerk in Flowmaster wird als einfaches Mehrmassenmodell mit unterschiedlichen Bauteilen modelliert, die die Motorstruktur und Fluidkreise miteinander verbinden, siehe Abbildung 3.2. Dabei wird der Motor nur als Ein-Zylindermotor modelliert und die entsprechenden Bauteil-, Fluidmassen und Massenströme auf die Anzahl der Zylinder bezogen. Dadurch bleibt ein einfaches und überschaubares Netzwerk bestehen. Sollen im Zuge weiterer Untersuchungen zylinderspezifische Unterschiede in der Temperaturverteilung dargestellt werden, so kann dies durch Aneinanderreihungen des Ein-Zylindermodells erreicht werden.

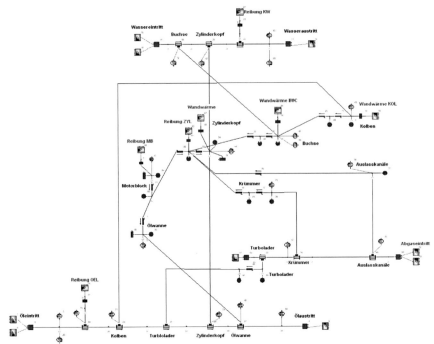

Abbildung 3.2: Gesamtes Netzwerk in Flowmaster mit offenen Fluidkreisen

Die einzelnen Komponenten sind voneinander abhängig und interagieren miteinander. Die Bauteile, die eine Masse im System repräsentieren, besitzen eine thermische Kapazität, wodurch auch ein Warmlauf nachgebildet werden kann. Im Modell werden direkte und indirekte Massen unterschieden. Direkte Massen werden mit dem in die jeweilige Komponente eingebrachten Wärmestrom beaufschlagt. Der Wärmetransport zur indirekten Masse erfolgt über Wärmeleitung [5]. Das Modell bildet alle wesentlichen Bauteile der Motorstruktur mit direkten und indirekten Massen ab.

## 3.1 Optimierung des thermischen Netzwerks mit Hilfe von Simulink

Das komplexe thermische Netzwerk lässt sich von Hand nur noch sehr schwer parametrieren. Deshalb ist es von Vorteil, für die Parameterfindung der Wärmeübergangs- und der Wärmeleitungskomponenten einen Optimierungsalgorithmus zu verwenden.

Das Vorgehen ist schematisch in

Abbildung 3.3 dargestellt. Die Massenträgheiten werden zugunsten eines schnelleren Simulationslaufs vernachlässigt, d.h. es werden nur Stationärpunkte optimiert. Die Vorgabe einer Warmlaufkurve im Parameterset und entsprechende Trägheiten im Netzwerk ist aber in einer weiteren Optimierung problemlos möglich und sollte - wenn möglich - gegenüber der Kalibrierung mit Stationärpunkten angestrebt bzw. vorgezogen werden.

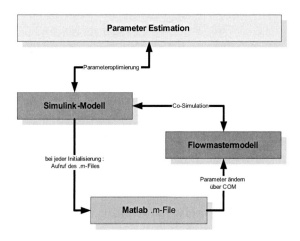

Abbildung 3.3: Vorgehen bei der Optimierung des Flowmaster-Netzes über Simulink

In Simulink wird mit der Toolbox „Parameter Estimation" ein Optimierungsset für die Optimierung zusammengestellt. Dieses Set beinhaltet die Messdaten, die zu optimierenden Größen im Flowmaster-Modell und den zu verwendenden Optimierungsalgorithmus.

## 4 Vergleich von Simulation und Experiment

Die Simulationsergebnisse werden im Folgenden exemplarisch für folgende Betriebspunkte dargestellt und mit den Messergebnissen verglichen:

- Kennfeld mit Stationärpunkten
- Warmlauf mit 50 km/h bei einer Fahrt in der Ebene
- Lastwechsel bei einer Fahrt mit 140 km/h

Abbildung 4.1 bis Abbildung 4.3 zeigen die Abweichung der Simulation zur Messung. Die gemessenen Betriebspunkte sind durch entsprechende Punkte (schwarz) gekennzeichnet. Es sind die Abgastemperatur und die Fluidtemperaturen für die Simulation und Messungen des reinen Stationärbetriebs des Motors dargestellt.

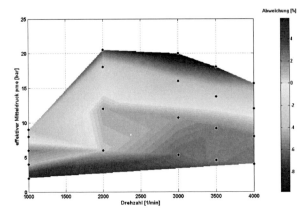

Abbildung 4.1: Abweichnung der Abgastemperatur T3vATL

Die größten Abweichungen bei der Abgastemperatur zwischen Messung und Simulation treten bei niedriger Last und Drehzahl bzw. im Volllastbereich bei mittleren und hohen Drehzahlen auf.

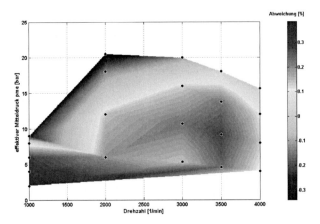

Abbildung 4.2: Abweichung der Kühlwassertemperatur

Die Abweichungen der Kühlwassertemperatur für die Stationärpunkte sind im gesamten Kennfeldbereich sehr gering und liegen unter 0,5%. Auch die Abweichungen in der simulierten Öltemperatur liegen im gesamten Kennfeld unter 1%.

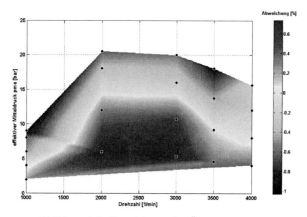

Abbildung 4.3: Abweichung der Öltemperatur

Die folgenden Abbildungen zeigen die Abweichungen von Messungen und Simulation für die Integration des Motormodells in das Gesamtfahrzeugmodell. Die dargestellten Messungen fanden auf einem Fahrzeugprüfstand statt.
Abbildung 4.4 zeigt den Verbrauch über der Zeit für einen Warmlauf mit 50 km/h, bei einer Fahrt in der Ebene und Start bei einer Umgebungstemperatur von 20°C.

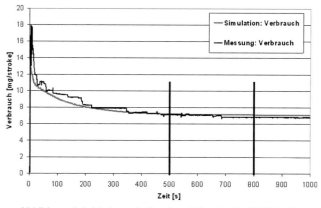

Abbildung 4.4: Verbrauch für einen Warmlauf mit 50 km/h

Tabelle 4.1 zeigt den kumulierten Kraftstoffverbrauch nach 500 s und nach 800 s bei einem Warmlauf mit 50 km/h, sowie das ermittelte Kraftstoffeinsparpotenzial. Dieses Einsparpotenzial entspricht der Differenz, die zwischen der jeweiligen Warmlaufprozedur und einem Vergleichsprozess beim optimal betriebswarmen Motor über die entsprechende Zeitspanne erzielt wird. Hierbei und im Folgenden wird allerdings keine Bewertung hinsichtlich der Schadstoffemissionen vorgenommen, die bei den hier untersuchten Betriebsbedingungen auftreten. Experiment und Simulation zeigen eine gute

Übereinstimmung; die Abweichungen im Verbrauch über die beiden betrachteten Zeitspannen liegt bei maximal 5%.

|  | nach 500 s | | nach 800 s | |
|---|---|---|---|---|
|  | Verbrauch | Kraftstoffein-sparpotenzial | Verbrauch | Kraftstoffein-sparpotenzial |
| Messung | 280 g | 21% | 416 g | 16% |
| Simulation | 268 g | 16% | 408 g | 12% |

Tabelle 4.1: Kraftstoffverbrauch und -einsparpotenzial im Experiment und bei einer Simulation eines Warmlaufs mit 50 km/h nach 500 s und nach 800 s

Abbildung 4.5 zeigt die simulierten und gemessenen Kühlmitteltemperaturen am Motorausgang für diesen Warmlauf und Abbildung 4.6 die Verläufe der Motoröl- und Motorblocktemperatur. Die dargestellten Unterschiede sind, obwohl keine aufwändige Kalibrierung durchgeführt wurde, gering.

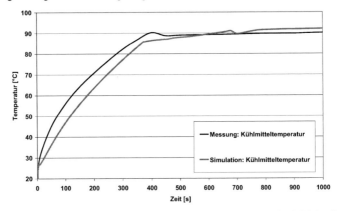

Abbildung 4.5: Kühlmitteltemperaturen für einen Warmlauf mit 50 km/h

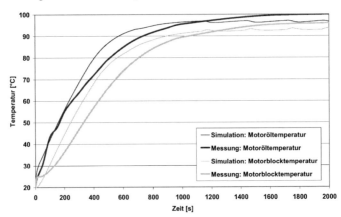

Abbildung 4.6: Motoröl- und Motorblocktemperatur für einen Warmlauf mit 50 km/h

Ein weiterer Betriebspunkt, der im Experiment und in der Simulation untersucht wurde, umfasst aufeinander folgende Lastwechsel bei einer konstanten Fahrgeschwindigkeit von 140 km/h. Abbildung 4.7 zeigt ein Beispiel für eine Abfolge von drei Lastwechseln. Nach einer Fahrt in der Ebene, mit einer Zugkraft von 800 N, wird die Last bei konstanter Fahrgeschwindigkeit auf 1200 N, dann auf 1600 N und schließlich auf 1950 N (Volllast) erhöht. Auch hier zeigt sich die Güte der Simulation sowohl durch die im gesamten Lastspektrum sehr gut abgebildeten Absoluttemperaturen, als auch daran, dass alle Änderungen in ihrer Tendenz sehr gut simuliert werden können.

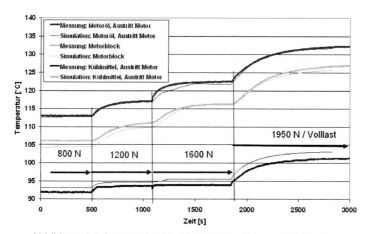

Abbildung 4.7: Lastwechsel bei konstanter Fahrt mit 140 km/h

# Literaturverzeichnis

[1] Kuratle: Motorenmesstechnik; Vogel Fachbuch Würzburg; 1995
[2] Pischinger; Klell; Sams: Thermodynamik der Verbrennungskraftmaschine, 2. Auflage, Der Fahrzeugantrieb; Springer Verlag, Wien, New York; 2002
[3] Van Basshuysen; Schäfer: Handbuch Verbrennungsmotor, 2. Auflage, Vieweg Verlag; 2002
[4] Schwarzmeier: Der Einfluss des Arbeitsprozessverlaufs auf den Reibmitteldruck von Dieselmotoren; Dissertation; TU München; 1992
[5] Hager; Gumpoldsberger; Marzy: Messdatenunterstützte Motormodelle zur Simulation der Wärmeströme in Kraftfahrzeugen; Fachhochschule Graz, Engineering Center Steyr GmbH; 2001
[6] Krüger, Enning, Hild, Schloßer, Fieweger, Deutsch: Abgasturbolader; Abschlussbericht; AiF-Nr. 10681; 1998
[7] Pucher: Aufladung von Verbrennungsmotoren; Expert-Verlag, 1985
[8] Chiodi: Literaturrecherche zum Thema Wandtemperaturmodell; Abschlussbericht FVV-Vorhaben; 1999
[9] Kaplan; Heywood: Modeling the spark ignition engine warm-up process to predict component temperatures and hydrocarbon emissions; SAE; 1991
[10] Veshagh; Chen: A Computer Model for Thermofluid Analysis of Engine Warm-Up Process; SAE; 1993
[11] Hager; Gumpoldsberger; Marzy: Messdatenunterstützte Motormodelle zur Simulation der Wärmeströme in Kraftfahrzeugen; Fachhochschule Graz, Engineering Center Steyr GmbH; 2001
[12] Zapf: Beitrag zur Untersuchung des Wärmeübergangs während des Ladungswechsels im Viertakt-Dieselmotor; MTZ 30; 1969
[13] Pivec; Sams; Wimmer: Wärmeübergang im Ein- und Auslasssystem; MTZ 59; 1998
[14] Schack: Der Industrielle Wärmeübergang; 5. Auflage; 1957
[15] Müller-Steinhaben: Vorlesungsskript Wärme- und Stoffübertragung, Universität Stuttgart, WS 2002/2003
[16] Genger, Weinrich: Entwicklung eines Auslegungswerkzeugs für Kühlsysteme mit Einbindung aller Wärmequellen und -senken im Motorraum für ein optimiertes Thermomanagement; Abschlussbericht FVV-Vorhaben Nr. 854; 2006
[17] Shayler: Routes of improving heater and engine performance during warm-up; IMechE, VTMS 4, London; 1999
[18] EnginOS Tiger; http://www.enginos.de

# 19 Prozessgestaltung in einem Pkw-Dieselmotor mit hoher Leistungsdichte auf Basis kombinierter Simulationsmodelle
## *Process Configuration in a High Performance Car Diesel Engine in Base on Combined Simulation Models*

Cornel Stan, Lutz Drischmann, Sören Täubert

## Kurzfassung

Bei dem steigenden Marktanteil der Dieselmotoren in Automobilen wird der Zielkonflikt zwischen dem spezifischen Kraftstoffverbrauch und der Schadstoffemissionen – insbesondere der $NO_X$-Emission – zu einer eindeutigen Herausforderung in Hinblick auf die Gestaltung der thermodynamischen Vorgänge und ihrer Anpassung auf Last, Drehzahl oder Umgebungsbedingungen. Der Beitrag befasst sich mit der Analyse und Gestaltung der Prozessabschnitte – Ladungswechsel, Kraftstoffeinspritzung, Gemischbildung, Verbrennung. Die Freiheitsgrade der Prozessgestaltung beziehen sich hauptsächlich auf die Form der Ladungswechselkanäle und des Brennraums, auf den Einspritzverlauf bei Pilot- und Haupteinspritzung sowie auf Menge und Zustand des rückgeführten Abgases. Für die erwähnten Prozessabschnitte gelten weitgehend spezifische Gesetzmäßigkeiten. Deren Ankopplung und Anpassung im Gesamtprozess bei variablen Funktionsbedingungen kann durch Kombination jeweils geeigneter numerischen Modelle und experimenteller Routinen sehr effizient durchgeführt werden. Dafür werden 1D und 3D CFD-Codes wie AMESim, BOOST und FIRE auf spezifische Prozesse fokussiert und in einem System von Eingangs-/Ausgangsparametern vernetzt. Validierung, Kalibrierung und die Ermittlung von zusätzlichen Prozesseigenschaften werden durch spezifische experimentelle Untersuchungen vorgenommen. In dem Beitrag werden wesentliche Ergebnisse wie Bewegung der Ladung im Brennraum, Einspritzvorgänge, Druck- und Brennverlauf sowie die Schadstoffemission für beispielhafte Ausführungen von Ladungswechselkanälen, Brennräumen und Einspritzstrahlen dargestellt.

## Abstract

The trade-off between the specific fuel consumption and pollutant emissions – especially $NO_X$ – of CI engines for automobiles becomes, in conditions of the increasing demand of such engines on the market, to a challenge: the generation of appropriate thermodynamic process stages and their adaptability to variable conditions in terms of load, speed and surrounding state achieve in this case a high complexity. This paper presents a contribution to the analysis and generation of thermodynamic process stages such as scavenging, fuel direct injection, mixture formation and combustion. The degrees of freedom regarding the process forming mainly concern the geometry of scavenging ducts, the architecture of the combustion chamber, the injection rate modulation with pilot- and main injection as well as mass and state of the recirculated exhaust gas. For such process stages, specific thermodynamic and fluid dynamic models have to be considered. Their connection and adaptation within the complete process under variable conditions becomes very efficient by combinations of numerical models and experimental routines. One- and three-dimensional CFD Codes such as AMESim, BOOST and FIRE are focussed on specific process stages and coupled in a system of input and output parameters. Validation, calibration and determination of additional process characteristics are made by specific experimental analysis. The paper presents main result forms such as the mixture movement within the combustion chamber, injection events, pressure course, heat release and resulting pollutant emissions for different terms of intake ducts, combustion chamber and spray forms.

## 1. Einleitung

Der Dieselmotor gewinnt als Automobilantrieb immer mehr an Bedeutung – auf dem europäischen Markt hat er bereits über 50% Anteile, bis 2012 werden 55% vorausgesagt. Auch in Antriebsszenarien für die Zukunft spielt der Dieselmotor eine wichtige Rolle. Nichtsdestotrotz oder gerade in Anbetracht des erwarteten Einsatzes, ist der Zielkonflikt zwischen spezifischem Kraftstoffverbrauch (damit auch $CO_2$- Emission) und $NO_X$- bzw. Partikelemission auf ein niedrigeres Niveau, durch verbesserte Prozessqualität zu bewegen. Das moderne Konzept von Down Sizing Plattformen mit modularen Funktionen wie Aufladung, anpassungsfähige Ladungswechselsteuerung, Direkteinspritzung oder Abgasrückführung unterstützt die Entschärfung des erwähnten Zielkonfliktes [1]. Bild 1 zeigt ein Beispiel solch modularer Konfiguration.

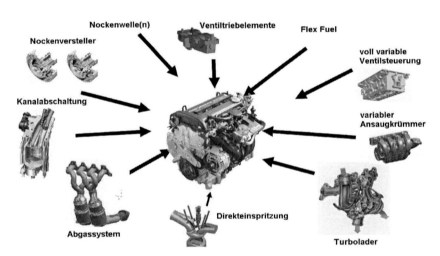

*Bild 1:* Modulare Konfiguration wesentlicher thermodynamischer Funktionen eines Dieselmotors

Die Erhöhung der Leistungsdichte, die neuerdings als Down Sizing bezeichnet wird, ist grundsätzlich durch die Zunahme der effektiven Energiedichte $\left[\frac{kJ}{m^3}\right]$ und/oder der Drehzahl $[s^{-1}]$ möglich [2].

- Die Zunahme der Energiedichte kann mittels Dichte des Arbeitsmediums, infolge Aufladung (extensiv), sowie durch Zunahme der spezifischen Kreisprozessarbeit (intensiv) vorgenommen werden.

- Die Zunahme der Drehzahl, die insbesondere bei Ottomotoren praktiziert wird, hat ihre Grenzen im Zusammenhang mit der zulässigen Kolbengeschwindigkeit bei den verwendeten Werkstoffen und bei der erwarteten Lebensdauer des Motors. Allgemein wird zur Drehzahlerhöhung bei gleichzeitiger Einhaltung einer mittleren Kolbengeschwindigkeit der Hub gesenkt und die Bohrung vergrößert. Bei Dieselmotoren ist eine solche Maßnahme nur begrenzt anwendbar, aufgrund des zu realisierenden Verdichtungsverhältnisses, welches höher als bei Ottomotoren ist. Der langsamere Brennverlauf in Dieselverfahren stellt der Drehzahlerhöhung eine weitere Grenze.

Sowohl die Zunahme der Kreisprozessarbeit, als auch ein mögliche Drehzahlerhöhung werden hauptsächlich durch die Verkürzung der Verbrennungsdauer begünstigt. Ein steiler Brennverlauf bewirkt aber auch eine Zunahme des thermischen Wirkungsgrades und somit eine Senkung des spezifischen Kraftstoffverbrauchs (dadurch auch der $CO_2$-Emission) – durch die Verlagerung der Zustandsänderung bei der Wärmezufuhr von isobar (idealer Dieselprozess) in Richtung isochor (idealer Ottoprozess). Dieser Zusammenhang ist in Bild 2 dargestellt.

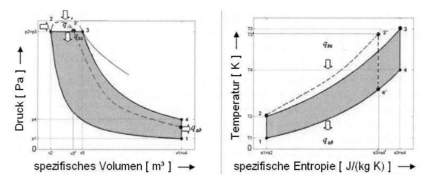

*Bild 2:* Zunahme der spezifischen Kreisprozessarbeit und des thermischen Wirkungsgrades bei gleichzeitiger Senkung der maximalen Prozesstemperatur bei Verkürzung der Verbrennungsdauer in einem Dieselmotor (schematisch)

Wie im Bild ersichtlich, besteht ein weiterer Vorteil des beschleunigten Brennverlaufs in der Senkung der maximalen Prozesstemperatur, auch wenn dabei der maximale Druck zunimmt (p,v-Diagramm).

Die Realisierung eines solchen Prozessverlaufes für einen Pkw-Dieselmotor durch geeignete Maßnahmen in Bezug auf Ladungswechsel, Einspritzung, Gemischbildung und Verbrennung sowie ihre Anpassung nach Last, Drehzahl und Umgebungsbedingungen sind die wesentlichen Ziele der nachfolgend dargestellten Prozesssimulation.

## 2. Motorkonfiguration als Basis der Prozessgestaltung mittels numerischer Simulation

Die Basis dieser Studie bildet ein turboaufgeladener Vierzylinder-Pkw-Dieselmotor mit 4 Ventilen je Zylinder. Der Motor ist mit einem Common-Rail- Direkteinspritzsystem sowie mit einem AGR (Abgasrückführung) System mit Kühlung ausgestattet. Eine erste Maßnahme zur Prozessoptimierung mittels numerischer Simulation betrifft den Ladungswechsel und besteht in der Gestaltung der Ein- und Auslasskanäle. Im Bild 3 ist als Beispiel eine günstige Konfiguration von Einlasskanälen dargestellt.

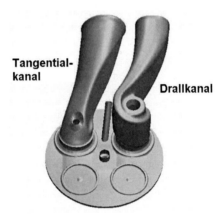

*Bild 3:* Konfiguration der Einlasskanäle eines Pkw-Dieselmotors: Kombination eines tangentialen mit einem spiralförmigen Kanal

Die Luftbewegung durch den spiralförmigen Kanal während der Ansaugphase ergibt beim Eintreffen in den Zylinder einen kontrollierten Drall, der von der Luftströmung aus dem tangentialen Kanal unterstützt wird. Allerdings wird durch die Rotationsbewegung der Luft im spiralförmigen Kanal der Massenstrom zum Zylinder im Vergleich zu einer Strömung entlang der Kanalmittelachse reduziert. Andererseits ist die Anpassung der Drallintensität an variablen Last-/Drehzahlkombinationen nicht möglich, wodurch Nachteile bezüglich der Gemischbildungs- und Verbrennungsvorgänge entstehen. Für eine bessere Anpassung kann der spiralförmige Kanal mit einem konventionell ausgeführten Kanal ersetzt werden – wie im Bild 4 dargestellt – in dem allerdings die Drosselung in einem Teilquerschnitt vorgenommen werden kann.

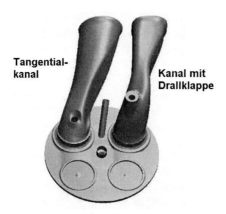

*Bild 4:* Konfiguration der Einlasskanäle eines Pkw-Dieselmotors: Kombination eines tangentialen mit einem konventionellen, partiell drosselbaren Kanal

Eine weitere Maßnahme zur Prozessoptimierung mittels numerischer Simulation besteht in der Gestaltung des Brennraums. Die Hauptelemente dieser Gestaltung sind die Form der Kolbenmulde sowie die Position der Einspritzdüse und der Glühkerze. Ein Beispiel für die Geometrie der Kolbenmulde ist im Bild 5 ersichtlich.

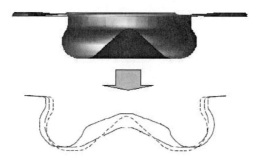

*Bild 5:* Konfiguration des Brennraums eines Pkw-Dieselmotors: Geometrie der Brennraummulde

Solche Muldenformen werden zur Unterstützung der Gemischbildung oder der Verbrennung optimiert.

Ein Beispiel für die Betrachtung der Position von Einspritzdüse und Glühkerze bei der numerischen Simulation ist im Bild 6 dargestellt.

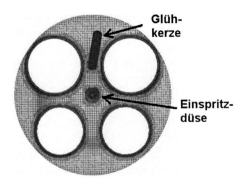

*Bild 6:* Konfiguration des Brennraums eines Pkw-Dieselmotors: Position von Einspritzdüse und Glühkerze

Die Rückführung einer gekühlten Abgasmenge in den Einlasskanal bildet eine weitere Maßnahme zur Gestaltung des Verbrennungsprozesses. Eine solche Konfiguration ist im Bild 7 als Beispiel dargestellt.

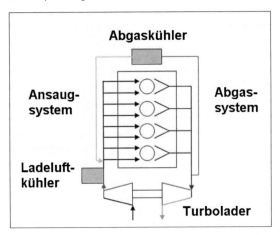

*Bild 7:* Rückführung einer gekühlten Abgasmenge in den Einlasskanal im Rahmen der gesamten Ein- und Auslassströmung in einem turbogeladenen Dieselmotor (schematisch)

Die rückzuführende Abgasströmung wird zwischen Auslassventil und Turbine über eine Leitung zu einem Wärmetauscher geleitet und gekühlt und dann in die Einlasskanäle homogen auf die Ansaugluft verteilt. Die Menge des rückgeführten Abgases wird anhand einer Drosselung gesteuert.

Die Maßnahmen bezüglich Ladungswechselkanäle, Brennraumkonfiguration und Abgasrückführung sind drei repräsentative Beispiele aus einem umfangreichen Maßnahmenkatalog als Basis zur Optimierung zukünftiger Dieselmotoren.

# 3. Numerische Simulation der thermodynamischen Prozessabschnitte

## 3.1 Aufbau des Gesamtmodels

Ziel der Simulation ist die Analyse und Optimierung der Prozessabschnitte im Zylinder des Motors in Bezug auf spezifische Kreisprozessarbeit, thermischer Wirkungsgrad- dadurch spezifischer Kraftstoffverbrauch und $CO_2$-Emission – sowie $NO_X$- und Partikelemission. Dafür werden Ladungswechsel und Ladungsbewegung, Einspritzstrahlcharakteristika, Gemischbildungsvorgänge mit Kraftstoffverdampfung sowie der Verbrennungsverlauf und die Bildung von Abgasbestandteilen modelliert und analysiert. Die Eingangsdaten für die numerische Simulation stammen von dem gewählten Basismotor.

Die Komplexität der Betrachtung verlangte die Nutzung bzw. die Ankopplung von ein- und dreidimensionalen CFD-Codes. So wurden die Vorgänge in den Ladungswechselkanälen und im Einspritzsystem hauptsächlich mittels eindimensionaler Codes modelliert, während die Gemischbildung und Verbrennung im Zylinder anhand dreidimensionaler Codes erfolgte. Bild 8 stellt die verwendeten Codes und die Art ihrer Verbindung dar.

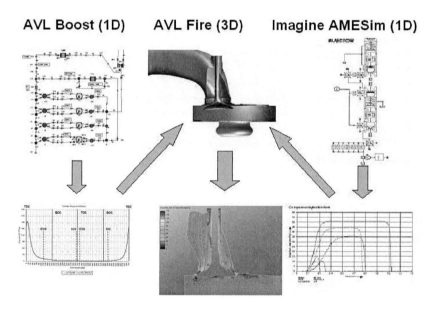

*Bild 8:* Numerische Simulation der Vorgänge in einem Pkw-Dieselmotor auf Basis gekoppelter ein- und dreidimensionaler CFD Codes

Die jeweiligen Modelle werden durch experimentelle Untersuchungen kalibriert.

## 3.2 Simulation des Ladungswechsels

Das Modell des Ladungswechselsystems – mit Komponenten wie Leitungen, Luftfilter, Ladeluftkühler und Turboaufladung – wurde auf Basis der eindimensionalen CFD Codes BOOST [3] und GT-Power [4] aufgebaut. Die Strömung in den Leitungen kann dabei unter instationären Bedingungen berechnet werden. Die Zustandsgrößen Druck, Dichte und Geschwindigkeit werden als Mittelwerte in dem jeweiligen Leistungsquerschnitt betrachtet: dadurch wird nur die Reibung der Strömung an der Leitungswand, aber nicht in der Strömung selbst, betrachtet. Das eindimensionale strömungsmechanische Modell basiert auf den Erhaltungssätzen für Massenstrom, Impuls und Energie.

Die Strömung in Verbindungselementen beispielsweise in Drosselstellen wird als quasi stationär betrachtet – d. h. die Zustandsgrößen am Ein- und Ausgang aus einer Drosselstelle bleiben auf konstanten Werten innerhalb eines zeitlichen Rechenschrittes. Der zeitliche Verlauf der Werte resultiert aus der Verkettung dieser Schritte. Die eindimensionale Berechnung wird in dieser Phase auf die Prozessabschnitte im Zylinder – Verdichtung, Verbrennung, Entlastung – erweitert, um eine gesamte Prozessbetrachtung zu ermöglichen, aus der zunächst die Parameter für den Ladungswechselvorgang resultieren.

Dafür werden einige Vereinfachungen vorgenommen:

- Die Verbrennung des eingespritzten Kraftstoffs erfolgt ohne Zeitverzug.

- Die Verbrennungsprodukte vermischen sich homogen und ohne Zeitverzug mit den weiteren gasförmigen Komponenten im Zylinder.

Die Verbrennung wird auf Basis eines dafür vereinbarten Brennverlaufs berechnet. Für den Wärmeübergang zwischen dem Arbeitsmedium und der Zylinderwand werden wahlweise die Modelle von Woschni, Hohenberg, Lorenz oder das Model AVL 2000 verwendet [3].

Die Strömung während des Ladungswechsels wird unter der Bedingung einer idealen Vermischung betrachtet – dabei wird zum Beispiel die Ladungswechselströmung verzögerungsfrei und homogen mit den Gaskomponenten im Zylinder vermischt. Weiterhin wird die Kolbenbewegung aufgrund der Kinematikelemente des Kurbeltriebs berechnet.

Die in dieser Form durchgeführte eindimensionale Simulation liefert die Eingangswerte für die genaue dreidimensionale Modellierung der Prozessabschnitte im Zylinder – innere Gemischbildung und Verbrennung. Bild 9 zeigt das allgemeine Berechnungsschema der eindimensionalen Simulation mittels GT Power.

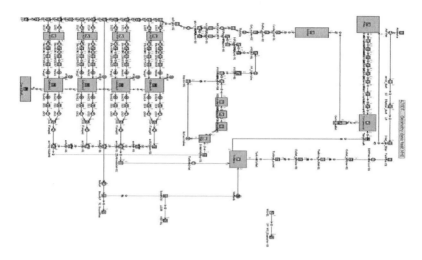

Bild 9: Allgemeines Schema der eindimensionalen Prozessberechnung mittels GT Power

## 3.3 Simulation der Kraftstoffdirekteinspritzung und der Gemischbildung

Für die eindimensionale Simulation der Vorgänge in Hydrauliksystemen – so in einem Kraftstoffeinspritzsystem – erweist sich allgemein der CFD-Code AMESim [5] als besonders geeignet. Das Modell für die Einspritzdüse des verwendeten Diesel Common Rail Direkteinspritzsystems ist im Bild 10 dargestellt.

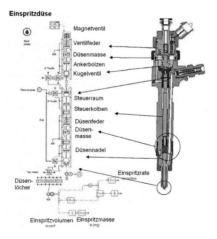

Bild 10: Modellierung der Einspritzdüse des verwendeten Diesel Common Rail Direkteinspritzsystems mitttels AMESim

359

Beispiele der simulierten Funktionsmodule sind im Bild 11 dargestellt.

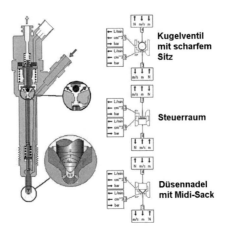

*Bild 11:* Beispiele der simulierten Funktionsmodule der verwendeten Einspritzdüse

Das Modell der elektromagnetisch gesteuerten Mehrlocheinspritzdüse wird bezüglich der Kenngrößen – wie Federkonstante, Nadelhub, Druckverlustbeiwerte oder bewegte Massen – kalibriert [6]. Die Ergebnisse der eindimensionalen Simulation der Vorgänge im Einspritzsystem mittels AMESim werden zur weiteren Simulation der zeitlichen und räumlichen Einspritzstrahleigenschaften im Brennraum zu einem dreidimensionalen Programm transferiert – in dem beschriebenen Fall zum CFD-Code FIRE [2]. Die Transfer-Eingangsgrößen sind dabei der Einspritzverlauf und die Geschwindigkeit der Kraftstofftropfen bei der jeweils eingespritzten Kraftstoffmasse. Für die Simulation der Einspritzcharakteristika wird in einem ersten Schritt ein Kontrollvolumen definiert. Ein Beispiel ist im Bild 12 dargestellt.

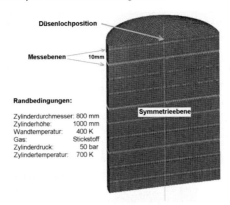

*Bild 12:* Kontrollvolumen zur Kalibrierung der simulierten Einspritzstrahlcharakteristika

Auf dieser Basis werden Tropfendurchmesser und ihre Verteilung berechnet. Der Tropfenzerfall wird nach dafür geeigneten Modellen wie TAB (Taylor Analogy Break Up), KHRT (Kelvin-Helmholtz-Rayleigh-Taylor Break UP) oder Huh-Gosmann verwendet [7].

Der Ergebnisse der Kalibrierung des in dieser Studie verwendeten Huh-Gosmann-Modells auf Basis experimenteller Daten [6] sind im Bild 13 ersichtlich.

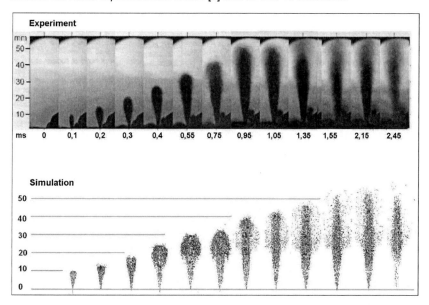

*Bild 13:* Zeitlicher Ablauf des Einspritzstrahls – Simulation und Experiment

### 3.4 Simulation der Verbrennung

Die dreidimensionale Simulation der Verbrennungsvorgänge in einem Dieselmotor mit Kraftstoffdirekteinspritzung wird allgemein anhand kommerzieller CFD-Codes – beispielsweise FIRE, KIVA, FLUENT, VECTIS oder STAR CD – vorgenommen. Für diese Studie wurde der CFD Code FIRE angewandt. Die Basis der Simulation bildet ein Zylinder- bzw. Brennraummodell, wie im Bild 14 dargestellt.

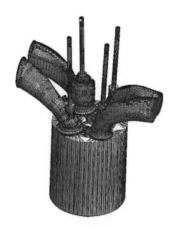

*Bild 14:* Zylinder bzw. Brennraummodell mit 550.000 Zellen zur Simulation der Verbrennungsvorgänge

Die Simulation der Verbrennungsvorgänge mittels FIRE kann auf Basis einer der Basismodelle – Probability Density Function (PDF), Flamelet, Eddy Break-Up oder Mixing Time Scale – vorgenommen werden [2], [7]. Im Falle der Anwendung einer Abgasrückführung empfiehlt sich die Nutzung des Eddy Break-Up Modells.

Die Arbeitsschritte bei der Anwendung des CFD-Codes FIRE zur dreidimensionalen Simulation der Vorgänge im Brennraum sind im Bild 15 schematisch dargestellt.

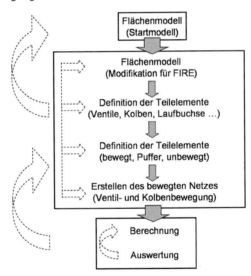

*Bild 15:* Arbeitsschritte bei der Anwendung des CFD-Codes FIRE zur dreidimensionalen Simulation der Vorgänge im Brennraum – schematisch

## 4. Ergebnisse der Prozessgestaltung

Auf Basis der Motordaten, der Ergebnisse der eindimensionalen Simulation und der Kalibrierung mittels experimenteller Untersuchungen kann die dreidimensionale Simulation – von Ladungswechsel, Einspritzstrahlentwicklung und Gemischbildung bis zur Verbrennung und Bildung der Abgaskomponenten durchgeführt werden. Im Folgenden werden einige Ergebnisformen als Beispiele aufgeführt.

Ein wichtiger Aspekt des Ladungswechselvorgangs ist der Druckverlauf im Zylinder während der Ansaugphase. Ein Beispiel dafür ist im Bild 16 dargestellt.

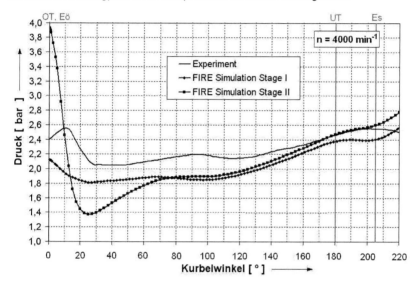

*Bild 16:* Druckverlauf im Zylinder während der Ansaugphase – Vergleich von Experiment und dreidimensionaler Simulation

In einem ersten Schritt der Simulation erscheinen die ursprünglichen Druckwerte als zu niedrig, was an der Wahl der Zustandsgrößen als Eingangswerte liegt. Eine globale Prozesssimulation mittels des eindimensionalen Codes GT Power lieferte dafür genauere Werte. Die Ergebnisse der dreidimensionalen Simulation nähern sich demzufolge der experimentellen Ergebnisse, wie im Bild 16 ersichtlich. Der hohe Eingangsdruckwert resultiert infolge der Aufladung.

Im Bild 17 ist der Verlauf der in dem Zylinder einströmenden Frischladungsmasse während der Ansaugphase dargestellt.

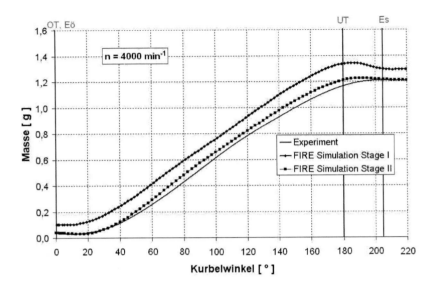

*Bild 17:* Verlauf der in den Zylinder einströmenden Frischladungsmasse während der Ansaugphase – Vergleich von Experiment und dreidimensionaler Simulation

Die im Zylinder vorhandene Luftmasse ist die Basis für den Gemischbildungs- und Verbrennungsverlauf. Zur Ermittlung der Luftmasse wurde neben dem zeitlichen Druckverlauf auch der Temperaturverlauf berechnet und mittels experimenteller Ergebnisse kalibriert. Eine weitere wichtige luftseitige Eingangsgröße für die Simulation der Gemischbildungs- und Verbrennungsvorgänge ist der dreidimensionale Geschwindigkeitsverlauf der Frischladungsmasse im Zusammenhang mit den gewählten Formen der Einlasskanäle und mit den Steuerparametern (Winkel und Hub) der Einlassventile.

Solche Störungsfelder und ihre zeitliche Entwicklung sind im Bild 18 in einem Vergleich von spiralförmigen und tangentialen Einlasskanal dargestellt.

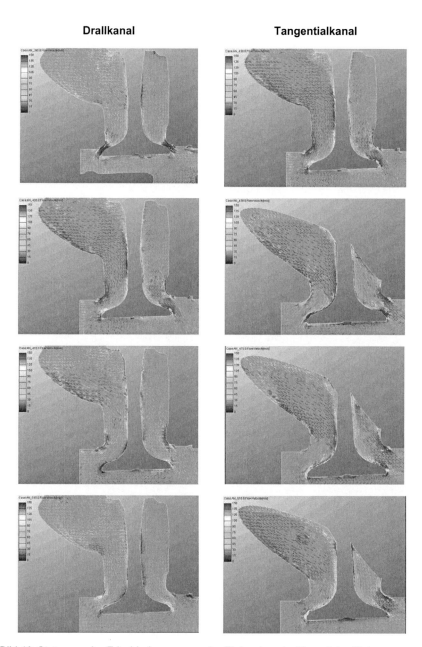

Bild 18: Strömung der Frischladungsmasse im Einlasskanal während der Einlassventilöffnung – Vergleich zwischen spiralförmigen und tangentialen Einlasskanal – dreidimensionale Simulation in Schritten von 40 °KW

Der im spiralförmigen Kanal generierte Luftdrall ist sehr stabil und setzt sich nach der Einströmung in den Zylinder fort, was eine gute Voraussetzung für die Mischung mit dem eingespritzten Kraftstoff ist. Andererseits wird durch den Drall die Strömungsgeschwindigkeit entlang der Kanalachse gemindert, wodurch der Massenstrom sinkt.

Der tangentiale Kanal hat den Vorteil einer besseren Zylinderfüllung, es fehlt jedoch jegliche Drallbewegung. Interessant erscheint die Bildung einer Luftströmung gegen die ursprüngliche Richtung von Anlasskanal zum Zylinder selbst bei noch offenen Einlassventilen, ab 140 °KW nach OT – Einlass schließt 205 °KW nach OT. Für die Strömung in einem Einlasskanal – wie im Bild 18 im tangentialen Kanal zu erkennen – bildet der Ventilteller einen Widerstand. Die partielle Dämpfung der Luftgeschwindigkeit verursacht eine rücklaufende Druckwelle entgegen der eigentlichen Strömungsrichtung, die eine Rückströmung selbst bei noch offenem Ventil verursacht.

Nach der Luftströmung in den Zylinder erfolgt die Kraftstoffdirekteinspritzung – Einspritzbeginn beispielsweise 345 °KW nach OT bei 4000 $min^{-1}$. Durch die Kombination der verwendeten Codes – GT Power and BOOST und weiterhin FIRE für die Luftströmung im Einlasskanal und Zylinder bzw. AMESim und weiter FIRE für die Kraftstoffeinspritzung und Einspritzstrahlentwicklung – kann nunmehr der Verlauf der Einspritzung und Gemischbildung verfolgt werden.

*Bild 19:* Sequenzen des Einspritzverlaufs und der Verteilung der Kraftstofftropfen in den Brennraum unter Einfluss der Luftströmung – Simulation

Bild 19 zeigt als Beispiel einige Sequenzen dieses Vorganges in Schritten von 2 °KW bei 4000 $min^{-1}$. Die ersten Tropfen des Einspritzstrahls sind verhältnismäßig groß und werden relativ schnell im Brennraum verzögert. Die nachkommenden Tropfen prallen auf die gebremsten Tropfen auf, wodurch der Winkel des Einspritzstrahls erweitert wird. Es folgt die Verdampfung der flüssigen Tropfen und eine Ablenkung durch den Aufprall im Brennraum. Ein Aufprall flüssiger Kraftstofftropfen auf Oberflächen in der Kolbenmulde ist nicht feststellbar.

Ergebnisformen für die Analyse des anschließend einsetzenden Verbrennungsvorgangs sind in den Bildern 20 und 21 dargestellt. In der einen Form in Bild 20 wird die Entwicklung der Verbrennungsreaktion als momentane Masse der Verbrennungsprodukte bezogen auf die theoretisch maximalen Masse dargestellt.

*Bild 20:* Sequenzen des Verbrennungsablaufs (352 °KW, 360 °KW, 366 °KW) – ausgedrückt als momentane relative Masse der Verbrennungsprodukte

In der anderen Form im Bild 21 wird die Entwicklung der Verbrennungsreaktion als momentanes Kraftstoff-Luftverhältnis dargestellt.

 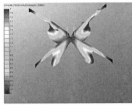 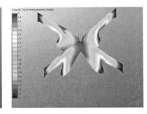

*Bild 21:* Sequenzen des Verbrennungsablaufs (360° KW, 376° KW, 390° KW) – ausgedrückt als momentanes Kraftstoff-Luftverhältnis

Die Analyse des Verbrennungsablaufs erfolgt für repräsentative Last-/Drehzahlkombinationen mit unterschiedlichen AGR-Raten und für entsprechende Einstellungen der Pilot- und Haupteinspritzung.

Das Modell bietet unter anderen die Möglichkeit einer geeigneten Gestaltung des Druckverlaufs im Zylinder bei einer betrachteten Last-/Drehzahlkombination. Dafür werden beispielsweise die Parameter der Einspritzung (Einspritzbeginn, Menge und Timing von Pilot- und Haupteinspritzung) mit den Parametern der Frischladungsmasse (Einlasssteuerung, AGR-Rate) entsprechend aufeinander abgestimmt. Ein Beispiel einer solchen Abstimmung ist im Bild 22 dargestellt.

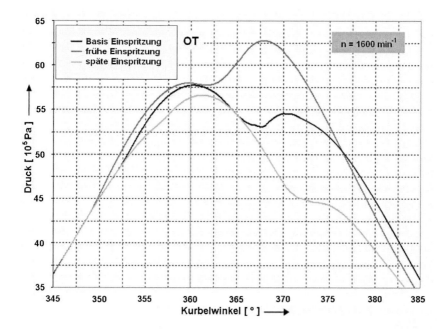

*Bild 22:* Druckverlauf im Zylinder in Abhängigkeit des Einspritzbeginns bei einem Einspritzvorgang mit Pilot- und Haupteinspritzung

Die Verschiebung des gesamten Einspritzvorgangs um 7-8 °kW führt zu einer bemerkenswerten Änderung des Druckverlaufs im Zylinder. Die erheblichen Differenzen der erreichbaren Druckamplituden und ihrer Lage in Bezug auf OT äußern sich sowohl in der spezifischen Kreisprozessarbeit – dadurch in der hubraumbezogenen Leistung – als auch im thermischen Wirkungsgrad – und dadurch im spezifischen Kraftstoffverbrauch bzw. in der $CO_2$-Emission.

## Zusammenfassung

Die geeignete Kombination von eindimensionalen und dreidimensionalen Simulationsmodellen für Frischladungsströmung, Direkteinspritzung, Gemischbildung und Verbrennung erlaubt eine wirkungsvolle Gestaltung der Prozessabläufe in einem modernen Pkw-Dieselmotor. Diese Herangehensweise ist um so mehr vorteilhaft, als durch Abgasrückführung sowie durch Pilot- und Haupteinspritzung – mit last-/ drehzahlabhängigen Verhältnissen bzw. Mengen, Beginn und Dauer – die Anzahl der Parameterkombinationen erheblich zunimmt. Diese Herangehensweise erlaubt – außer der Kenngrößen- und Parameteranpassung zu jeweiligen Arbeitspunkten des Motors – die optimierte Gestaltung des Motors. Als Optimierungsparameter zählen unter anderem: Ladedruck, Form bzw. Steuerung der Ladungswechselkanäle, Steuerung der Ein- und Auslassventile, Steuerung der Pilot- und Haupteinspritzmenge, Form des Einspritzstrahls (geometrischer Einspritzwinkel, Anzahl der Durchflussbohrungen in der Einspritzdüse), Form der Kolbenmulde, Menge und Temperatur des rückgeführten Abgases, Verdichtungsverhältnis. Der ständige Vergleich zwischen Simulation und Experiment zeigt, dass alle ein- und dreidimensionalen Simulationsmodelle mittels geeigneten bzw. eigens dafür entwickelten experimentellen Verfahren in repräsentativen Funktionsbereichen kalibriert werden müssen. Der Vorteil gut kalibrierter Simulationsmodelle besteht nicht nur in der effektiven Optimierung von Kenngrößen und Parametern bei einer erheblichen Anzahl möglicher Kombinationen. Die Simulation gewährt auch Einblick in Prozesseigenschaften oder in Bereichen wofür eine experimentelle Analyse nicht möglich ist.

## Literatur

[1] Stan, C.: Alternative Antriebe für Automobile – Hybridsysteme, Brennstoffzellen, alternative Energieträger, Springer Verlag Berlin-Heidelberg-New York, 2005, ISBN 3-540-24192-2

[2] Stan, C.; Stanciu, A.: Optimierungsstrategie zu den gekoppelten Innenvorgängen in Ottomotoren mit hoher Leistungsdichte in „Motorprozesssimulation und Aufladung" (Herausgeber H. Pucher, J. Kahrstedt), Expert Verlag Renningen, 2005, ISBN 3-8169-2503-0

[3] AVL BOOST – Users Guide, Version 4.1, AVL Graz 2005

[4] GT-Power – Users Manuals, Version 6.1, Gamma Technologies Inc., 2004

[5] AMESim (Advanced Modelling Environment for Simulation) Version 4.2.0, User Manual, Imagine Roanne, France, 2006

[6] Waidmann, W.; Boemer, A.; Braun, M.: Adjustment and Verification of Model Parameters for Diesel Injection CFD Simulation, SAE Paper 2006-01-0241

[7] Stanciu, A.S.: Gekoppelter Einsatz von Verfahren zur Berechnung von Einspritzhydraulik, Gemischbildung und Verbrennung von Ottomotoren mit Kraftstoff-Direkteinspritzung, Dissertation, Technische Universität Berlin, 2005

# 20 Echtzeit-Motorsimulation in SiL, HiL und Prüfstandsanwendungen
## Real-Time Engine Simulation for Advanced SIL, HIL and Test Bed Applications

Hannes Böhm, Gerhard Putz, Bernd Hollauf,
Martin Schüssler, Holger Hülser, Peter Schöggl

## Abstract

With the increasing variability of gas exchange and combustion control strategies, many real-time applications such as the ECU SW development strongly benefit from a detailed, yet real-time capable engine simulation model.
ARES, a real-time capable mean-value engine model, combines the advantages of Fast Neural Networks or Polymodels, as used in the combustion module, with the flexibility of physical models used in application dependent peripheral components such as the intake and exhaust manifold and the turbocharger.
The parameterisation of the combustion module, key to a premium model quality, is supported by a close link between real-time and 1-D-model, again supported by a combustion analysis of testbed data (GCA), and, essentially, an automised calculation controlled by DoE parameter variation methods.
ARES engine model supports the development of ECU software and control algorithms (ranging from engine to aftertreatment controls e.g. dosing strategy for SCR systems) and, secondly, the pre-calibration of basic maps and closed-loop controller parameters. A selection of typical applications of AVL ARES are described which are found in aftertreatment development, ECU-SW development & testing.

## Kurzfassung

Mit der zunehmenden Variabilität der Gaswechsel- und Verbrennungsregelungsstrategien profitieren viele Echtzeit(RT)-Anwendungen wie zum Beispiel ECU SW-Entwicklung und -Testen von einem detaillierten aber immer noch RT-fähigen Motorsimulationsmodell. ARES, ein RT-fähiges Mittelwert-Motormodell, kombiniert die Vorteile eines Fast Neural Networks oder Polymodels, wie im Zylindermodell verwendet, mit der Flexibilität von physikalischen Modellen, wie in eher applikationsabhängigen Peripheriekomponenten wie Ansaug- und Auslasskrümmer und Turbolader verwendet. Der Schlüssel zu einer hohen Modellqualität liegt in der Parametrisierung des Zylindermodells, das von Simulationsdaten eines 1-D Model bedatet wird, das seinerseits hinsichtlich der Parametrisierung massgeblich durch die Verbrennungsanalyse von Messdaten (AVL GCA) unterstützt wird; die Parametrisierung des Zylindermodells erfolgt über DoE gestützte Parametervariationsmethoden. Das ARES Motormodell unterstützt die Entwicklung von ECU Software und Regelalgorithmen (von Motor bis Abgasnachbehandlung wie SCR-Dosierungsstrategien), sowie die Vorbedatung von Regleralgorithmen. Eine Auswahl von typischen Anwendungen von AVL ARES werden vorgestellt.

## 1. Der gegenwärtige Entwicklungsprozess der Motor-Management-Systeme

Die zunehmende Nachfrage in der Automobilindustrie nach Emissionsreduktion sowie verbessertem spezifischen Verbrauch führt zur Notwendigkeit komplexer Motor-Management-Systemen. Der traditionelle Entwicklungszugang beinhaltet hauptsächlich Entwicklungsrbeit am Motorenprüfstand sowie Modellierung und Simulation von lediglich spezifischen isolierten Funktionen, die eine umfassende Unterstützung der Entwicklungsarbeit nicht zu leisten in der Lage sind. Als Konsequenz können *Hardware-in-the-Loop* (HiL) Methoden üblicherweise erst sehr spät in den Entwicklungsprozess Eingang finden, weil sie von Messdaten abhängen, die einen Prototyp voraussetzen, während ARES Hardware-unabhängig modellbasierend bedatet wird.

## 2. Der Entwicklungsprozess mit AVL ARES

AVL ARES [1] ist ein auf der Plattform MATLAB/Simulink erstelltes Gesamtmotormodell, das physikalische Modelle der Komponenten Einlasszweig, Auslasszweig, EGR sowie vorprozessierte Module für Verbrennung, Turbolader, mechanische Reibung sowie für Öl und Kühlkreislauf enthält. Dieser methodische Zugang erlaubt die Kombination von Echtzeitfähigkeit, Genauigkeit, und Modellstabilität mit hoher Flexibilität in der Handhabung sowie in der Anwendung. Um über die HiL-Anwendungen hinaus Simulationen von Antriebsträngen auch offline zu unterstützen beinhaltet ARES auch eine so genannte "Software-ECU", also eine Nachbildung der wesentlichen Funktionen einer ECU auf Matlab/Simulink Ebene.
Aufgrund der hochgenauen transienten Motorsimulation ist ARES sehr gut geeignet um Regelstrategieentwicklung zu unterstützen sowie Abstimmungsarbeiten zu erleichtern wie die Bestimmung der Regelparameter sowie Basisdatensätze der Regler.

Durch das Vorziehen von Entwicklungsschritten (*Front-Loading*) mit ARES-Off-Line Modellen sowie mit ARES-HiL-Systemen lässt sich die Entwicklungsarbeit auch unabhängig vom Prüfstand, somit also relativ kostengünstig vom Schreibtisch aus erledigen. Die modulare Struktur von ARES und die Skalierbarkeit der ARES-Module unterstützen eine Vielzahl von Anwendungen mit unterschiedlichen Anforderungen bezüglich Modellgenauigkeit. Für Funktionstest der ECU bzw. des Kabelbaums können dem Kunden standardisierte Modelle von verschiedenen Motortypen sowie – grössen zur Verfügung gestellt werden, die jedoch an den Zielmotor angepasst werden können. Funktionsentwicklung oder auch Vorkalibration bedingen genaue Simulationsergebnisse weshalb eine präzise Modellerstellung Voraussetzung ist. Eine Möglichkeit zur Anhebung der Modellqualität besteht darin, neben der Verwendung von Simulationsdaten auch Messdaten in die Modellerstellung einfließen zu lassen.

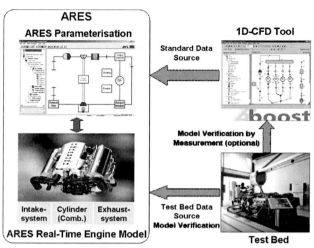

Bild 1: *ARES Parametrisierungskonzept*

Da in den frühen Projektphasen Motormessdaten, insbesondere Verbrennungsdaten kaum verfügbar sind, können Daten von ähnlichen Motoren als Datenbasis verwendet werden. Für die Parametrierung des Echtzeitverbrennungsmodells verwendet ARES die 1-D CFD Software AVL BOOST oder ähnliches. Derartige Vorberechnungen können unter der Variation der Verbrennungshauptparameter erfolgen, wie zum Beispiel Motordrehzahl, Einspritzmenge, Einspritzzeitpunkt, Zündzeitpunkt, EGR-Rate, Kühlmitteltemperatur, Einlasslufttemperatur und -druck, Druck im Auslasskanal, Drallklappenposition, etc.

Mit den Ergebnissen der Simulation kann ein mathematisches Modell (Polymodell oder *Fast Neural Network* (FNN)) kreiert werden das eine Auswertung in Echtzeit erlaubt.
Die Bedingungen im Einlass und Auslassstrang werden online in einfachen physikalischen Modellen errechnet. Die Qualität der Ergebnisse hängt entscheidend ab von:
- der Qualität des 1-D CFD Models
- der Gültigkeit der Geometrie Parameter, der Brennverläufe, der mechanischen Reibung, der Wärmeübergangskoeffizienten usf.

Regelparameter wie z. B. die EGR-Rate oder die, der variablen Ventilsteuerung, die Drallklappenposition, etc. können zusätzlich Kanäle im ARES-Zylinder-Modell sein. Weiters können aber auch Motorrohemissionsmassenströme als Kanäle verarbeitet werden.
Um die Wärmebilanz richtig wiedergeben zu können besitzt ARES auch Modelle des Kühlkreislaufs sowie des Ölkreislaufs; somit können mit ARES auch Aussagen über Aufwärmphasen getroffen werden.

## 3. ARES Modellerstellung

### 3.1. Prozess der Motormodellerstellung

Um das thermodynamische Verhalten sowie Abgasnachbehandlungsstrategien künftiger Motorgenerationen zu beschreiben wurde ein *State-of-the-Art*-Motor mit US2010 Emissionspotential als Modellbeispiel gewählt. Am Beginn des Parametrisierungsprozess wurden 130 Referenzpunkte gewählt die gleichmässig verteilt im Kennfeld angeordnet sind. Mit den Indiziermessdaten wurde dann eine globale Verbrennungsanalyse mit der AVL *Gas exchange Combustion Analysis* (GCA) durchgeführt, einem Tool zur automatischen Gewinnung relevanter Verbrennungsparameter aus Messdaten. Aus den gewonnenen Verbrennungsparameterdatensätzen für 130 Punkte wurden dann ein Simulationsmodell mit AVL BOOST kreiert und bedatet. Ein validiertes 1-D Motormodell wurde somit gewonnen und durch Vergleich von Simulationsergebnissen mit Messergebnissen an den 130 Punkten weiter verfeinert.

Nachdem die Komponenten vor und nach dem Zylinder physikalisch modelliert sind, und daher nicht Teil des ARES Zylindermodells sind, sind lediglich die thermodynamischen Parameter an den Schnittstellen von und zum Zylinder sowie die Energieaufteilung (Wandverluste, Energie ins Abgas und mechanische Energie) von Relevanz für die Modellerstellung. Daher wird ein so genanntes BOOST-Kernmodell durch Abtrennen der Einlass und Auslassstränge vom Verbrennungsmodell erstellt. Zur Beschreibung aller möglichen Zustände wurden im nächsten Schritt Parametervariationen bezüglich der Einspritzmenge, des Einspritzzeitpunkts, der Drallklappenposition, etc. definiert. Für diesen Schritt stehen zwei methodische Ansätze zur Verfügung. Die *Centerpoint*-Methode variiert die Eingabedaten rund um jeden der 130 Punkte und generiert 2560 Variationen. Die *Space-Filling*-Methode hingegen generiert ihr eigenes Gitter das den Datenraum gleichmäßig füllt. In letzterem Fall werden gesamt 2145 Variationen benötigt.
Die Ergebnisse der Simulationen werden dann an die Modellbildungssoftware weitergegeben. Um die beiden Datensätzen in Simulink Echtzeit-Kernel zu transferieren wurde die AVL-FNN-Methode verwendet. Nach der interaktiven Trainingsprozedur stehen die Echtzeitdatensätze dem Simulink-Modell zur Verfügung.

Mit dieser Prozedur wird gleichsam das Zylindermodell einer ganzen Klasse von Dieselmotoren mit ähnlicher Verbrennung generiert, aus dem ein Zielmotor abgeleitet werden kann.
Von grundsätzlicher Wichtigkeit für die Modellgüte ist das Aufbereiten der Turbinen- und Kompressorkennfelder, insbesondere die Ausweitung der Kennfelder von den (Best-Punkt) Herstellerkennfelder zu den Gesamtkennfeldern von Massenstrom vs. Effizienz für VTG-Turbinen. Die Erstabschätzung der Parameter für Einlass und Auslasskomponentnen wurden vom BOOST-Gesamtmodell abgeleitet. In einem 2. Validierungsschritt werden die 130 Referenzpunkte mit dem ARES-Modell gerechnet und die Ergebnisse mit den Messwerten verglichen.

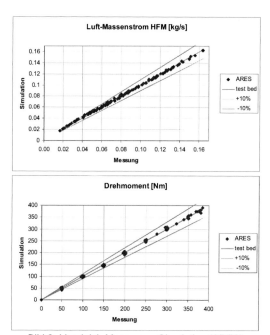

Bild 2: *Vergleich Messung – Simulation (ARES)*

Unter Verwendung exakt gleicher Eingangsbedingungen führt ein Vergleich der Sensorwerte zu einer finalen Modellparameterabstimmung. Die Ergebnisse nach diesem Optimierungsschritt sind in Bild 2 dargestellt.

### 3.2. Generisches ECU Modell

Um ARES in einer off-line Simulation in nachfolgend beschriebenen Anwendungen betreiben zu können, wurde ein generisches ECU-Modell entwickelt und implementiert in Simulink.

Das ECU-Modell muss die wesentlichen Steuerungsfunktionen einer realen ECU beinhalten. Diese sind:
- Berechnung der Einspritzmenge in Abhängigkeit der Fahrpedalstellung und weiterer Motorparameter (Temperatur, etc.)
- Berechnung des/der Einspritzzeitpunkts/e (SOI) sowie des Einspritzverlaufs (Vor- u. Nacheinspritzung)
- Drehmomentenbegrenzung um mechanische Schäden zu unterbinden sowie Emissionen zu begrenzen
- Leerlaufdrehzahlregelung um ein Absterben des Motors zu verhindern

Zusätzlich werden je nach Hardwarekonfiguration weitere Regelalgorithmen für die Aktuatoren benötigt.

Im konkreten Beispiel das hier vorgestellt wird, muss das ECU-Modell einen Dieselmotor mit folgenden Aktuatoren regeln bzw. steuern:

- Turbolader mit variabler Turbinen Geometrie (VTG)
- EGR-Ventil
- Drosselklappe
- Drallklappe

Bild 3 zeigt einen schematischen Überblick über die Softwaremodule des ECU-Modells.

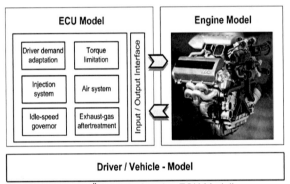

Bild 3: *Überblick über das ECU Modell*

Die verschiedenen Softwaremodule bestehen hauptsächlich aus Basiskennfeldern mit diversen Umgebungskorrekturen (z. B. Korrektur über Kühlmitteltemperatur) zur Steuerung der Aktuatoren. Ein solcher kennfeldbasierter Ansatz ist ausreichend um offline Simulationen mit dem Motormodell durchführen zu können. Diese Simulationen können zum Inhalt haben den ARES-Motor in Testzyklen (wie ETC, ESC, oder ähnliche), oder im Prüfstandsbetrieb geführt über Drehzahl und Drehmoment zu betreiben.

In weiterer Folge, kann die gesamte hier vorgestellte Simulationsumgebung nun dazu verwendet werden, neue Softwarefunktionalitäten und Regelalgorithmen für die Implementierung in Motorsteuergeräten zu entwickeln. Die entwickelten Algorithmen können im Voraus offline getestet werden, bevor sie an einem realen Motor am Prüfstand eingesetzt werden. Das ARES-Motormodell und das ECU-Modell werden als Testumgebung für *Model-in-the-Loop* (MiL) Tests von neu entwickelten Regelalgorithmen verwendet. Dieser methodische Zugang führt daher zu einer signifikanten Reduktion von Entwicklungszeit am Motorenprüfstand und, in weiterer Folge, zu einer signifikanten Reduktion von Entwicklungskosten.
Da Motoren mit ähnlicher Hardware-Konfiguration üblicherweise von ECUs mit identen Kontrollalgorithmen aber unterschiedlichen Kalibrationen geregelt werden, ist es nicht notwendig ein ARES-Modell des konkreten Motors zu haben, für den die zu entwickeltenden Steuerungsfunktionen vorgesehen sind. Stattdessen ist für die Algorithmenentwicklung und Bedatung lediglich das korrekte dynamische Verhalten des Motors relevant. Wurde einmal das ARES-Modell für einen Motor kalibriert, so kann

dieses Modell dazu benutzt werden, Funktionen für verschiedene Motoren zu entwicklen und vorab zu bedaten.

## 4. Anwendungsbeispiele

Die Entwicklung von Regelalgorithmen mit ARES ist nicht beschränkt auf ECU-Entwicklung. In der AVL stehen einige komplexe Katalysatormodelle für Abgasnachbehandlung zur Verfügung. Diese Modelle können ebenso in das ARES Modell angeschaltet werden. Damit können aber auch Regelalgorithmen wie der der Harnstoffdosierungsstrategien für SCR oder Systemüberwachung für *On-Bord Diagnostics* (OBD) entwickelt werden [2]. Nicht zuletzt ist auch die Entwicklung von Triebstrangregelalgorithmen ideal unterstützt durch ARES wie beispielsweise zur Bestimmung des optimalen Drehmomenteintrags während des Gangwechsels.

### 4.1 Anwendungsbeispiele 1 – Entwurf des ECU Algorithmus

Als Illustrationsbeispiel wurde die Entwicklung eines Ladedruckregelalgorithmus gewählt. In den letzten Jahren wurden in der AVL viele Untersuchungen über dieses Thema geführt, insbesondere in Kombination mit einer EGR-Raten Regelung. Der einzigartige MMCD™-Prozess, vorgestellt durch die AVL in [3], wurde hier auf das ARES-Modell angewandt, um eine optimale Reglerstruktur zu gewinnen, sowie eine Reglerkalibration durchzuführen.

#### 4.1.1 Methodik der MMCD™

MMCD™ (Model-Based Multivariable Controller Design) ist ein flexibler und universell anwendbarer Prozess, der eine hochgradig automatisierte Entwicklung und Kalibration von Regelalgorithmen ermöglicht [3]. Der Regler und seine optimale Kalibration werden automatisch vom empirischen Modell der Regelstrecke abgeleitet. Um dieses empirische Model zu generieren sind Messungen des transienten Systemverhaltens von Nöten, welche über Sprunganregungen der Regelstrecke gewonnen werden. Mit dem ARES-Modell sind diese transienten Messungen von der Notwendigkeit von Prüfstandsmessungen und somit jeglicher Hardware befreit. Die Systemidentifikation, oder, streng genommen, die Schaffung eines empirischen Modells und die Berechnung der Reglerparameter werden offline mithilfe einer speziellen Matlab-basierten Software ACAT™ (Automated Controller Application Tool) gewonnen. Bild 4 zeigt die einzelnen Abschnitte der Reglerkalibration mit ACAT™.

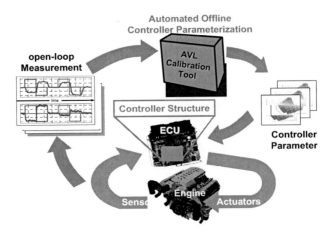

Bild 4: *Automatisierter Reglerkalibrationsprozess*

### 4.1.2 Ladedruckregelung: Struktur und Kalibration des Reglers

Um eine zufriedenstellende transiente Leistungsentfaltung sicherzustellen ist eine genaue und schnelle Regelung des Ladedrucks notwendig. Bild 5 zeigt die Struktur und die Hauptmodule der entwickelten Ladedruckregelung. Die Funktionalität besteht im Wesentlichen aus zwei Hauptbereichen, dem Closed-Loop-Teil zur Anpassung des Ladedrucks unter transienten Bedingungen, und dem Open-Loop-Teil für Stationärbedingungen. Der Closed-Loop Teil beinhaltet den speziellen mittels MMCD™ entwickelten Regler sowie die Bestimmung des Ladedrucksollwertes. Im Open-Loop-Teil wird die stationäre kennfeldbasierte Vorsteuerung des Reglers in Abhängigkeit von einigen Umgebungsvariablen wie zum Beispiel der Motortemperatur berechnet.

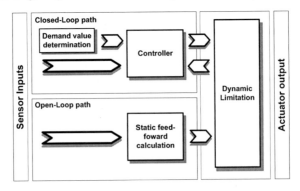

Bild 5: *Struktur der Ladedruckregelung*

Um die Regelparameter zu kalibrieren wurde ACAT™ verwendet. Bild 7 zeigt eine Anregung mit den zugehörigen Systemantworten des ARES-Motormodells sowie des realen Motors für einen Betriebspunkt. Die Ähnlichkeit im dynamischen Verhalten des ARES-Modells und des realen Motors ist offensichtlich. Bei gleicher Anregung der VTG (dargestellt in der unteren Hälfte von Bild 6) korrespondiert die Systemantwort des Motormodells sehr gut mit der des realen Motors.

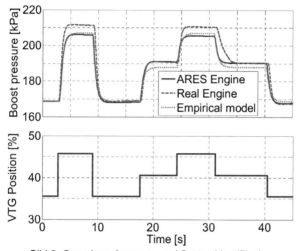

Bild 6: *Open-loop-Anregung und Systemidentifikation*

Die open-loop Messung vom ARES Motormodell und dem realen Motor zeigen, dass die Systemantwort im Ladedruck bei einer VTG-Anregung dargestellt werden kann durch ein System 1. Ordnung (PT1) mit einer Zeitverzögerung. Basierend auf der Systemidentifikation wurde der MMCD™ Prozess angewandt um einen Ladedruckregler zu definieren. Um eine hohe Qualität der Reglerparametrisierung sicherzustellen wurde die Streckenanregung und die Systemidentifikation automatisch für eine vergleichsweise hohe Zahl (~35) von Betriebspunkten des ARES-Modells durchgeführt. Dabei können alle diese Punkte mit dem ARES-Modell völlig problemlos d. h. gefahrlos angefahren werden, während Streckenanregungen am realen Motor am Prüfstand unter Umständen zur Schäden führen können und daher jedenfalls sorgfältige Vorbereitung zur Vermeidung derselben getroffen werden müssen.

### 4.1.3 Ergebnisse und Diskussion der Ladedruckreglerentwicklung

Die entwickelte Reglerstruktur sowie deren Kalibration wurden offline am ARES-Motormodell über den gesamten Betriebsbereich getestet. Bild 7 zeigt für einen Betriebspunkt den geregelten Ladedruck und die korrespondierende Stellgröße des Reglers für verschiedene Sollwertsprünge. Die extremen Überschwinger in der Reglerstellgröße ergeben sich aus dem komplexen Regelalgorithmus, der es erlaubt, den Ladedrucksollwert sehr schnell und ohne Überschwingen einzuregeln. In naher Zu-

kunft wird dieser getestete und vorkalibrierte Regelalgorithmus im AVL-Demo-Fahrzeug implementiert und validiert werden.
Darin liegt auch der bestechende Vorteil des ARES-Motormodells in Verbindung mit dem ECU-Modell. Nachdem die erste Kalibration vollständig offline durchgeführt wurde, ist der Zeitaufwand für eine Kalibration am Fahrzeug stark reduziert. Darüberhinaus konnten im Zuge der ersten Offlinekalibration etwaige Programmierungsfehler oder inadäquate Features des Regelalgorithmus gefunden und behoben werden.

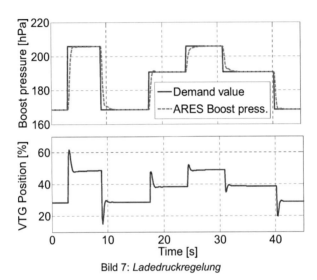

Bild 7: *Ladedruckregelung*

Vorteilhafterweise können mit der hier beschriebene Methodik diverse Untersuchungen an den entwickelten Steuerungsfunktionen in speziellen Betriebsbedingungen des Motors auch dann noch gemacht werden, wenn der Motor nicht mehr am Motorenprüfstand aufgebaut ist.

### 4.2 Anwendungsbeispiel 2 - Emissionsoptimierung auf Systemebene

Ein weiteres attraktives Beispiel der universellen Anwendbarkeit von AVL ARES besteht in der Emissionsoptimierung auf Systemebene. Im Gegensatz zur komponentenorientierten Emissionsoptimierung, z. B. Rohemissionsoptimierung am Verbrennungsmotor, ist darunter eine über Komponentengrenzen hinweg beabsichtigte Minimierung der *Tail-pipe* Emissionen zu verstehen, also unter der Gesamtbetrachtung von ECU, Motor und Abgasnachbehandlung (DOC, DPF, SRC), sowie unter Berücksichtigung von Fahrleistungen, Kraftstoffverbrauch, Fahrbarkeit und Haltbarkeit der Komponenten.

Die für diesen Zweck benötigte Simulationskette umfasst ein komplexes ECU Modell (beschrieben in Kapitel 4.1), ein Motormodell, und ein Modell zur Abgasnachbehandlung, wobei letzteres aus dem Aftertreatment Modul von AVL BOOST besteht. Die Anforderungen, die an das Motormodell gestellt werden, sind:

1) Genaues thermodynamisches Motormodell, d.h. korrekte Systemantwort auf ECU-Vorgaben
2) Volle Kommunikationsfähigkeit mit der ECU
3) Bereitstellung von Rohemissionsdaten wie Massenströme der einzelnen Spezies, Temperatur, Druck
4) Kurze Simulationszeiten, idealerweise Echtzeitfähigkeit
5) Implementierung auf Matlab/Simulink-Plattform

Ein wesentlicher Punkt besteht also in der korrekten Wiedergabe von thermodynamischen Abhängigkeiten, wie beispielsweise die Beeinflussung der Konvertierungsraten über die Abgastemperatur, die ihrerseits wieder über das Wärmemanagement z. B. über VTG-Position oder Einspritzzeitpunkt etc. beeinflusst werden kann.

Ein wichtiger Aspekt der Controller-Entwicklung und -Vorbedatung sind dabei die On-Board-Diagnostics (OBD), weil deren vollständige Entwicklung sowie Überprüfung entlang aller logischer Verzweigungen sehr aufwändig ist, und damit möglichst in einem frühen Stadium der Entwicklung (ohne Hardware) erfolgen sollte. Beispielsweise lassen sich produktionsbegründete Abweichungen, Alterungen oder Sensorrauschen vorgeben und erhält als Ergebnis eine Diagnose, Strategieentscheidungen und deren Auswirkungen, die zu überprüfen sind.

### 4.2.1 Das erweiterte ARES-Motormodell

Als Basis des ARES-Motormodells wurde das bereits beschriebene *State-of-the-Art*-Aggregat mit US2010 Emissionspotential gewählt, dessen Parametrierung bereits eingehend geschildert wurde.
In dieser Anwendung wurde das ARES-Basismodell um die Kanäle für die Rohemissionen NOx, Soot, CO und HC erweitert. Weiters wurde das Aftertreatmentmodul von AVL BOOST verwendet, wozu BOOST als *dynamic link library* (DLL) ins ARES Modell eingebunden ist.
Eine schematische Darstellung des erweiterten ARES-Modells ist in Bild 8 dargestellt wobei hier das ECU Modell als Teil des ARES-Motormodells gezeichnet ist, ebenso wie die Abgasnachbehandlungskomponenten DOC (Dieseloxidationskatalysator), DPF (Diesel-Partikel-filter) und SCR (Selektive Katalytische Reduktion). Der Austausch an Sensordaten bzw. Stellparameter zwischen ECU und Hardware ist durch strichlierte Linien angedeutet.

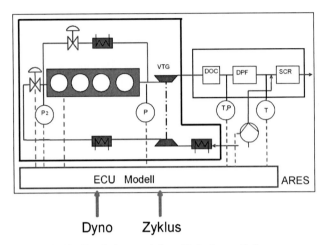

Bild 8: *Simulationsmodell zur Emissionsoptimierung*

Die Genauigkeit einiger für das Projekt relevanter Größen ist in Bild 9 dargestellt. Dabei zeigt sich, dass für den gesamten Betriebsbereich gute Ergebnisse erzielt wurden. Vor allem die Temperatur T41, die Abgastemperatur nach der Turbine, die sehr sensitiv auf Ungenauigkeiten reagiert, wird sehr genau getroffen. Erwartungsgemäss treten bei niedrigen Lasten höhere Abweichungen auf, als dies bei höheren Lasten der Fall ist.

Die aus Vorsimulationen und Messungen gewonnen Emissions-Trainingsdaten lassen sich konsistent abbilden (Bild 10 bis 13) weshalb dieser Datensatz zur Interpolation verwendet wurde. Die Trainingsdaten bilden den gesamten Last/Drehzahlbereich ab.

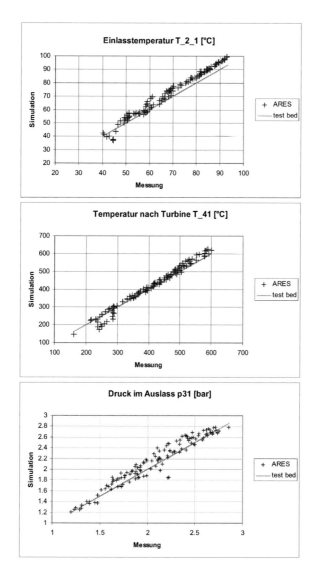

Bild 9: *Qualität des ARES-Motormodells am Beispiel der Einlasstemperatur (T21), der Abgastemperatur nach der Turbine (T41) und dem Druck im Auslass (p31).*

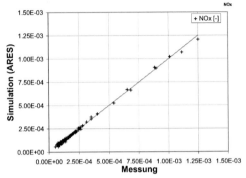

Bild 10: *Simulationsgüte der Spezies NOx: Molarer Anteil Simulation vs. Messung*

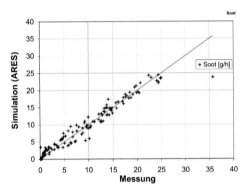

Bild 11: Simulationsgüte der Spezies Soot

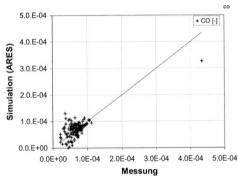

Bild 12: *Simulationsgüte der Spezies CO: Molarer Anteil Simulation vs. Messung*

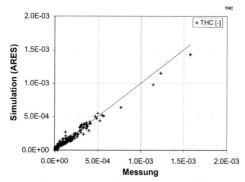

Bild 13: *Simulationsgüte der Spezies HC: Molarer Anteil Simulation vs. Messung*

Von den ARES-Simulationen lassen sich – einem virtuellen Prüfstand gleich – Ergebnisse gewinnen, die mit AVL PUMA- und INCA-Protokollen vergleichbar sind: die Bilder 15 und 16 zeigen repräsentative Ergebnisse des erweiterten ARES-Modells für den Motorzyklus *World-Wide Reference Transient Engine Cycle* (WHTC). Im Bild 15 sind die Systemtemperaturverläufe T2, T21 am Einlasskanal sowie T31 am Auslasskanal und T41 nach der Abgasturbine dargestellt, während Bild 16 die Temperaturen an den Abgasnachbehandlungskomponenten T_DOC, T_DPF, T_SCR zeigt.

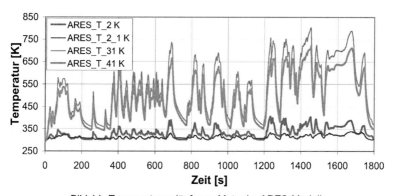

Bild 14: *Temperaturverläufe am Motor im ARES-Modell*

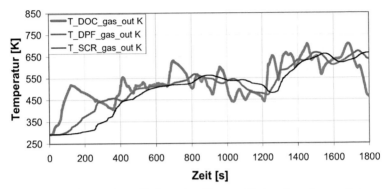

Bild 15: *Temperaturverläufe an den Abgasnachbehandlungskompenten im ARES-Modell*

Zusammengefasst zeigt sich, dass sich ARES für diese Anwendung in hervorragender Weise eignet, weil es die zur Systemoptimierung erforderlichen kurzen Simulationszeiten erfüllt und die Ergebnisse die erforderliche Genauigkeit aufweisen.

## Literatur

[1] G. Putz, B. Hollauf, H. Böhm, H. Hülser, P. Schöggl: AVL ARES Real-Time engine model – an approach to accelerate the modern engine and software development process, JSAE Spring 2007 Conference. Paper accepted.

[2] G. Vitale, P. Siebenbrunner, H. Hülser, J. Bachler: Model-based OBD Algorithm Development and Calibration, 3rd IAV Symposium on OBD, Braunschweig 2007.

[3] H. Hülser, K. Neunteufl, C. Roduner, R. Schneider, New Control Concepts for Gasoline, Diesel and Hybrid – Theory and Practice of Algorithm Design, 27th Int. Wiener Motoren Symposium, 2006.

## 21 Gesamtprozessanalyse in Echtzeit: Modellbasierte Berechnung der Zylinderladung zur Regelung moderner Brennverfahren
*Real-Time Analysis of Overall Engine Process: Model Based Calculation of Cylinder States for Controlling Modern Combustion Systems*

Busso von Bismarck, Helmut Pucher, Carsten Roesler

## Abstract

An essential problem of modern combustion processes like HCCI is the fact that the initiation of combustion can no longer be directly controlled by ignition timing or respectively start of injection, but only by conditioning of the cylinder charge. Also the progress of combustion must be controlled with regard to noise emission.
This conditioning is only possible through the means of a complex cylinder pressure based engine management. Central feature of such a management system is the real-time analysis of the overall engine process. It enables to gain a variety of physically calculated "virtual operation data" through a relatively small measuring effort (manifold and cylinder pressure indication). These "virtual operation data" will then serve as input data for closed loop control or diagnosis algorithms. This so called "observer" not only aims to calculate the cylinder states (pressure, temperature and charge composition) but also should acquire the various operation parameters of the inlet and exhaust paths of the engine.
The physically based engine model is programmed in Simulink® and applied to a dSPACE® system. The experiments presented in the paper were carried out on a common rail diesel engine with EGR and VTG turbocharger. The rapid prototyping system consists of a 1006 dSPACE® board. For the evaluation of the gas composition a 1D model (GT-Power) was used. A controlled gas extraction device ought to allow a comparison of the calculated and measured data.

## Kurzfassung

Ein wesentliches Problem bei modernen Brennverfahren wie der homogenen Selbstzündung besteht darin, dass sich der Brennbeginn nicht mehr wie derzeit direkt durch Zündzeitpunkt bzw. Einspritzbeginn beeinflussen lässt, sondern dies nur noch durch eine gezielte Konditionierung der Ladung möglich ist. Auch die anschließende Verbrennung muss insbesondere in Hinblick auf die Geräuschemission kontrolliert ablaufen.
Dies wird nur durch ein komplexes zylinderdruckbasiertes Motormanagement realisierbar. Zentrales Element eines solchen Managements ist die „Echtzeit-Gesamtprozessanalyse". Diese bietet den Vorteil, mit einem relativ geringen Messaufwand (Hoch- und Niederdruckindizierung) eine Vielzahl an „virtuellen Messgrößen" physi-

kalisch berechnen zu können, die wiederum als Eingangsgrößen eines Diagnose-
oder Regelalgorithmus dienen. Ziel dieses „Beobachters" ist nicht nur die Berechnung des Zustandes im Zylinder (Gaszusammensetzung, Druck und Temperatur),
sondern auch die Erfassung der Betriebsparameter des vor- und nachgelagerten
Luft- bzw. Abgassystems des Motors.
Das physikalisch basierte Motormodell ist in Simulink® erstellt und auf einem
dSPACE® -System appliziert worden. Die Versuche wurden an einem Common-Rail-
Dieselmotor mit Abgasrückführung und variabler Turbinengeometrie durchgeführt.
Als Rapid-Prototyping-System dient ein 1006er dSPACE®-Board. Zur Evaluierung
der Gaszusammensetzung kommt ein 1D-GT-Power-Modell zum Einsatz. Ein getaktetes Gasentnahmesystem soll den Rechnungs- Messungsvergleich ermöglichen.

## 1. Einleitung

Die Ziele der modernen Brennverfahrenentwicklung werden in zunehmendem Maße
durch die Klimaproblematik und die Ressourcenverknappung beeinflusst. Dabei gilt
es bekanntlich, die drei Entwicklungsziele, die Befriedigung des Kundenwunsches
nach „Fahrspaß" (Drehmoment) bei akzeptabler, vom Gesetzgeber vorgeschriebener
Abgasemission zu vertretbaren Kosten, zu befriedigen. Der Wirkungsgrad, der direkt
mit der $CO_2$-Emission korreliert, spielt hierbei eine immer wichtiger werdende Rolle.
Die homogene Selbstzündung (HCCI) gilt dabei als viel versprechende Möglichkeit
diesen Zielen näher zu kommen.
Bei der homogenen Selbstzündung muss das Motormanagement gewährleisten,
dass die Verbrennung in Bezug auf Schwerpunktlage, Druckgradienten und Brenndauer den gewünschten Verlauf annimmt. Aufgrund der Entkoppelung von Einspritzbeginn und Brennbeginn stellt die Beeinflussung dieser Parameter eine technische
Herausforderung dar. Für die Steuerung müssen neben dem Einspritzverlauf nun
auch die Zylinderzustände (Inertgasanteil, Temperatur und Druck) für die Steuerung
hinzugezogen werden. Dazu werden in der modernen Brennverfahrenentwicklung
Eingriffsmöglichkeiten wie variabler Ventiltrieb (VVT, VVL), zylinderselektive AGR
oder moderne Einspritztechniken genutzt, die zu einer sehr großen Anzahl an Freiheitsgraden führen. Damit lassen sie den Steuerungsprozess der Verbrennung deutlich komplexer werden. Um das Potenzial solcher Technologien auszuschöpfen und
für ein Regelkonzept nutzen zu können, ist die Kenntnis des Zustandes im Zylinder
unabdingbar.
Der Verbrennungsprozess ist nur dann steuerbar, wenn der Zündverzug durch einen
hohen Inertgasanteil ausreichend groß ist. Das Inertgas, welches sich aus interner
und externer AGR sowie im Zylinder verbleibendem Restgas zusammensetzt, vermischt sich mit der übrigen Zylinderladung, verschleppt die Verbrennung und gibt
dem Luft-Kraftstoff-Gemisch Zeit zur Homogenisierung.
Das HCCI Verfahren wird neben dem Ansteuerbeginn auch über die Zuführung von
externer AGR und möglicherweise interner AGR gesteuert. Der Einspritzbeginn kann
klassischerweise über ein am Motorprüfstand appliziertes Kennfeld gesteuert oder
mit Hilfe des Verbrennungsschwerpunktes, der über eine Thermodynamische Druckverlaufsanalyse ermittelt werden kann, geregelt werden [1, 4].

Der prozentuale Anteil des Inertgases zur Gesamtladung kann über eine Hoch- und
Niederdruckindizierung am Motorprüfstand und der anschließenden Offline-
Gesamtprozessanalyse stationär ermittelt werden [2, 3], kann aber wegen der statio-

nären Messung über die Anteile der verbrannten Gasanteile beim dynamischen Betrieb nur eine geringe Aussage treffen. Des Weiteren gibt es Rechenansätze, die mit Hilfe von Druck und Temperatur im Ladungswechsel-OT [5] den Restgasanteil bestimmen, jedoch nicht den Einfluss der externen AGR berücksichtigen.

Eine Alternative bietet die Gesamtprozessanalyse in Echtzeit, die hier vorgestellt werden soll. Dafür werden am Motor drei Druckverläufe (Zylinderdruck, Druck vor Einlass und nach Auslass) gemessen. Mit Hilfe des einzupassenden Zylinderdruckverlaufs wird mit der Thermodynamischen Analyse (Hochdruckphase) der Brennverlauf berechnet. Mit dem Brennverlauf und den Niederdruckverläufen wird die Echtzeit-Gesamtprozessanalyse gerechnet. Diese kann nun die genauen modellbasierten Massenanteile im Zylinder und durch die Ventile berechnen, aus denen der Inertgasanteil bestimmt wird. Die Gesamtprozessanalyse dient somit als Prozessrechnung, aus der der Zylinderdruck wieder berechnet werden kann. Der gerechnete und der gemessene Zylinderdruck können nun gegenübergestellt werden und dienen als Rechnungs-Messungs-Vergleich. Außerdem wird die Massenzusammensetzung der Gesamtprozessanalyse der Hochdruckphase als Startwert zur Verfügung gestellt.

Die hier vorgestellten Ergebnisse sollen das Potenzial der Gesamtprozessanalyse in Echtzeit für den Einsatz als „physikalischen Beobachter" in einem Regelungskonzept eines modernen Brennverfahrens zeigen. Die Versuche dazu wurden an einem Motorprüfstand mit einem Vierzylinder-Common-Rail-Dieselmotor umgesetzt, im Vergleich zu Messdaten und zu Ergebnissen einer 1D-Motorprozesssimulation mit GT-Power.

## 2. Grundlagen

Unter der Annahme einer ideal gemischten Zylinderladung dient als Grundlage für die Berechnung von Druck p, Temperatur T und Masse m im Zylinder der erste Hauptsatz der Thermodynamik für ein instationäres offenes System, Gl. (1)

$$\frac{dU}{d\varphi} = \frac{dQ}{d\varphi} + \frac{dW}{d\varphi} + h_e \cdot \frac{dm_e}{d\varphi} - h_a \cdot \frac{dm_a}{d\varphi} \tag{1}$$

Das System wird begrenzt durch die momentane inneren Zylinderwandfläche – Bild 1.
Mit der Massenbilanz

$$\frac{dm}{d\varphi} = \frac{dm_e}{d\varphi} + \frac{dm_a}{d\varphi} + \frac{dm_B}{d\varphi} \tag{2}$$

wobei $\frac{dm_e}{d\varphi}$ und $\frac{dm_a}{d\varphi}$ für die Massenströme am Einlass und am Auslass sowie der

Term $\frac{dm_B}{d\varphi}$ für den zugeführten Kraftstoffmassenstrom stehen, und der thermischen Zustandsgleichung für ideale Gase

$$pV = mRT \tag{3}$$

lassen sich unter Vorgabe des Brennverlaufs, der Ventilgeometrie (Hubkurven, Durchflussbeiwerte), sowie der mittleren Wandtemperaturen die zeitlichen Verläufe von Druck, Temperatur und Masse im Zylinder bestimmen.

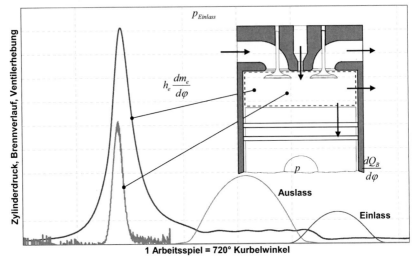

*Bild 1:* Schema der Thermodynamischen Analyse

Bei Kenntnis des Zylinderdruckverlaufs während der Hochdruckphase des Arbeitsspiels und entsprechender Umstellung von Gl. (1) in Gl. (4) lässt sich der Brennverlauf $\frac{dQ_B}{d\varphi}$ berechnen.

$$\frac{dQ_B}{d\varphi} = c_v \frac{dT}{d\varphi} + \frac{dQ_W}{d\varphi} + p\frac{dV}{d\varphi} + m\sum_i \frac{\delta u}{\delta n_i} \cdot \frac{dn_i}{d\varphi} \tag{4}$$

Zur Bestimmung der kalorischen Stoffwerte muss in Hinblick auf die Echtzeitfähigkeit, aber auch auf die Flexibilität hinsichtlich unterschiedlicher Brennverfahren ein Modell gewählt werden, welches auch im unterstöchiometrischen Betrieb Gültigkeit besitzt, aber deterministisch lösbar ist, da iterative Lösungsverfahren (z.B. Newton-Verfahren) zur Lösung von großen Gleichungssystemen Echtzeitfähigkeit ausschließen. Aufwändige Mehrkomponentenmodelle, die z. B. auch $NO_x$ oder Kohlenwasserstoffe berücksichtigen, kommen somit nicht in Frage. Bei der Bestimmung der kalorischen Stoffwerte wird hier von einem Modell ausgegangen, welches acht Komponenten des Arbeitsgases berücksichtigt. Dissoziationsvorgänge des Arbeitsgases werden vernachlässigt bzw. über den Umsetzungsgrad berücksichtigt. Als Komponenten möglicher unvollständiger Verbrennung werden CO und $H_2$ berücksichtigt.

Der Wandwärmeübergang im Zylinder wird als konvektiver Wärmeübergang nach Newton

$$\frac{dQ_W}{d\varphi} = \frac{1}{\omega} \cdot \alpha \cdot \sum_i A_i \cdot (T_G - T_{Wi}) \tag{5}$$

modelliert, wobei der zugehörige konvektive Wärmeübergangskoeffizient $\alpha$ nach Woschni benutzt wird.
$T_G$ ist dabei die zeitlich veränderliche, örtlich mittlere Gastemperatur im Zylinder, $T_{wi}$ die jeweilige örtlich und zeitlich mittlere Temperatur der gasseitigen Wandflächen i. Steht der Zylinderdruckverlauf nicht nur für die Hochdruckphase sondern über das gesamte Arbeitsspiel zur Verfügung und werden zudem die Druckverläufe unmittelbar vor dem Einlass und nach dem Auslass des Zylinders indiziert, so lassen sich bei Kenntnis der Ventilhubgeometrie über die Durchflussgleichung nach Saint-Venant und Wantzel, Gl. (6)

$$\frac{dm}{d\varphi} = \frac{1}{\omega} \mu A \sqrt{p_0 \rho_0} \sqrt{\frac{2\kappa}{\kappa-1}\left[\left(\frac{p_1}{p_0}\right)^{\frac{2}{\kappa}} - \left(\frac{p_1}{p_0}\right)^{\frac{\kappa+1}{\kappa}}\right]} \tag{6}$$

vor allem auch die Massenströme von Ein- und Auslass über das Arbeitsspiel berechnen. Diese so genannte Gesamtprozess-DVA liefert zudem auch den Restgasgehalt, die mittlere Abgastemperatur und viele weitere kurbelwinkelabhängige und integrale Motorbetriebsgrößen. Im Falle einer Echtzeit-DVA lassen sich diese in die Motorsteuerungs- und Regelungssysteme einbinden.

## 3. Systemaufbau

Als Versuchsträger (Bild 2) dient ein CR-Dieselmotor mit VTG-Turbolader und einer ungekühlten Abgasrückführung. Der Motor wird auf dem hochdynamischen Prüfstand des Fachgebiets Verbrennungskraftmaschinen der TU Berlin betrieben. Für die Zylinderdruckindizierung wird ein piezoelektrischer Druckaufnehmer vom Typ AVL GU12P verwendet. Dieser ist in einen ungekühlten Glühkerzenadapter eingelassen und hat über mehrere Bohrungen Zugang zum Brennraum. Durch die Kanäle zum Sensor besteht die Gefahr von eventuell auftretenden Pfeifenschwingungen. Im Füllkanal wird mittels eines piezoresistiven Drucksensors vom Typ Kistler 4045A2 mit Kühladapter indiziert. Die Kühlung ist notwendig, da an dieser Stelle durch die AGR mit Temperaturen zu rechnen ist, die über der für den Sensor zulässigen Temperatur von 120 °C liegen. Es besteht ferner die Möglichkeit, einen zweiten Sensor gleichen Typs im Drallkanal einzubinden. Auf der Auslassseite wird vor dem Eintritt in die Turbine der Druck erfasst. Hier kommt ein piezoresistiver Druckaufnehmer des Typs Kistler 4075A10 zum Einsatz, der durch einen Umschaltadapter mit Wasserkühlung vor den hohen Abgastemperaturen geschützt wird. Über eine Druckluftschaltung kann der Zugang zur Messstelle für ein begrenztes Zeitfenster freigegeben werden. Die Zuschaltung der Messstelle ist durch einen digitalen Kanal des dSPACE®-Systems realisiert.
Diese besteht im Kern aus einer DS1006er Prozessorkarte, die mit einem 2,6 GHz AMD Opteron Prozessor bestückt ist. Der Prozessor bietet die notwendige Rechenleistung, um die Gesamtprozessanalyse mit einer ausreichend kleinen Rechenschrittweite ausführen zu können. Für die A/D-Wandlung der Drucksignale wird ein leistungsstarkes DS2004er Board verwendet (16bit Auflösung und 800ns Abtastzeit pro Kanal). Das OT- und KW-Signal von einem Heidenhain-Winkelmarkengeber werden über zwei digitale Eingangskanäle eingelesen.

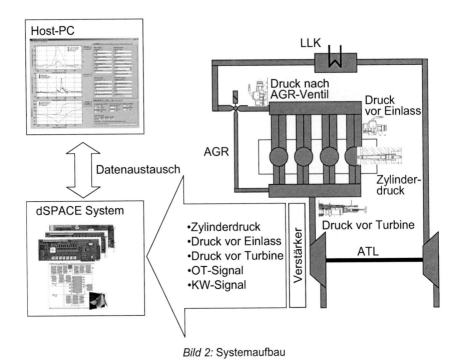

*Bild 2:* Systemaufbau

## 4. Ergebnisse

Zur Überprüfung der Ergebnisse der Echtzeitgesamtprozessanalyse dient der Vergleich des gemessenen Zylinderdruckverlaufes mit dem von der Prozesssimulation berechneten (siehe Bild 3).

Da der Zylinderdruckverlauf mit einem ungekühlten piezoelektrischen Aufnehmer, der mit einem Adapter in der Glühkerzenbohrung eingelassen ist, gemessen wurde, kommt bei der DVA die Einpassung nach der Polytropenmethode zum Einsatz [6]. Im Bereich von „Einlass schließt" (60 °KW nach UT) bis 60 °KW vor Zünd-OT wird ein Korrekturdifferenzdruck berechnet und anschließend mit dem zu analysierenden Druckverlauf verrechnet.

Die beiden Zylinderdruckverläufe (gemessen und berechnet) in Bild 3 liegen während der Hochdruckphase des Arbeitsspiels sehr gut übereinander, was bedeutet, dass die während der Kompressionsphase zu verdichtende Füllung des Zylinders korrekt bestimmt wurde und somit der Ladungswechsel korrekt berechnet wurde. Die beiden Zylinderdruckverläufe weisen während der Ladungswechselphase die gleiche Charakteristik auf und liegen hier nur um ca. 100 mbar auseinander.

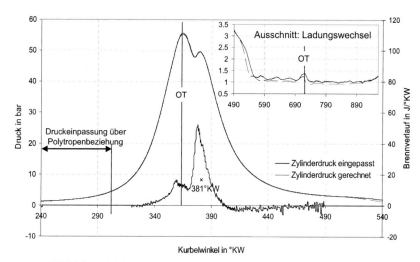

*Bild 3:* Vergleich gemessener und gerechneter Zylinderdruckverlauf und Brennverlauf

In Bild 4 sind die Verläufe der Massenströme durch die Ein- und Auslassventile aus der Echtzeit-Rechnung im Vergleich zur GT-Power-Simulation dargestellt. Aufgrund des in Echtzeit gemessenen, nicht gemittelten Zylinderdruckverlaufes sind die Massenströme der Gesamtprozessanalyse, insbesondere der Auslassmassenstrom verrauscht. Die Verläufe aus beiden Berechnungsmethoden stimmen jedoch im Allgemeinen quantitativ sehr gut überein und unterscheiden sich im Integralwert nur um weniger als 1 %.

Der Auslassmassenstrom der Echtzeitrechnung hat einen Phasenversatz zu dem der GT-Power-Rechnung. Dies liegt daran, dass beim Versuchsmotor der Druckaufnehmer nicht direkt hinter dem Auslassventil liegt sondern kurz vor der Turbine. Der Aufwand für eine zylindernahe Positionierung des Sensors wäre aus konstruktiven Gründen nicht vertretbar gewesen. Nichtsdestotrotz stimmen die Ergebnisse der beiden Simulationen überein. Dies gilt auch für den gemessenen und gerechneten Druckverlauf, so dass dieser Fehler zu vernachlässigen ist.

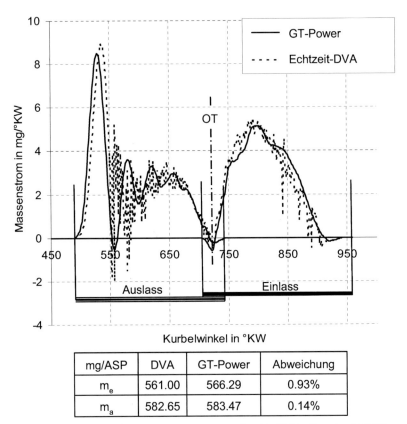

*Bild 4:* Ein- und Auslassmassenströme gerechnet in Echtzeit und mit GT-Power

Bild 5 zeigt abschließend, wie sich die Brennverläufe beim dynamischen Betrieb verhalten. Zu diesem Zweck wurde bei einer konstanten Drehzahl von n=1500 min$^{-1}$ eine Rampe des Pedalwertgebers (PWG) von 17 % auf 23 % (entspricht $p_{me}$=2 bar auf 4 bar) mit einem Gradienten von 2 %/s gefahren. Die Schwerpunktlage des Brennverlaufs verschiebt sich durch den Lastanstieg leicht in Richtung „spät" und verbleibt bei der anschließenden Konstantfahrt bei 1 °KW über dem anfänglichen Niveau. Mit Hilfe derartiger dynamischer Erfassung des Betriebszustandes im Zylinder und in den angeschlossenen Gaswechselleitungen können die unterschiedlichsten Größen beim Drehzahl- und Lastwechsel eines Motors berechnet werden.

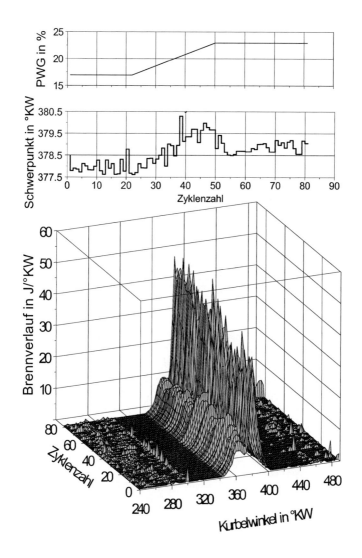

*Bild 5:* Brennverlauf und Schwerpunkt
bei Laststeigerung von $p_{me}$ = 2 auf 4 bar bei 1500 min$^{-1}$

# 5. Zusammenfassung und Ausblick

Es wurden die Potenziale der Gesamtprozessanalyse in Echtzeit zur Erfassung des Gaszustandes gezeigt, mit dem die Regelung moderner Brennverfahren wie HCCI gewährleistet werden kann.
Die Ergebnisse der Gesamtprozessanalyse wurden zum einen mit Messdaten in Form der Zylinderdruckverläufe und zum anderen mit dem, in der Rechengenauigkeit höher einzuschätzenden, eindimensionalen Simulationstool GT-Power mit den Massenströmen durch die Ventile bestätigt.
Zusätzlich konnte beim dynamischen Betrieb des Motorprüfstandes das Potenzial der Echtzeitrechnung aufgezeigt werden, den Einfluss verschiedener Größen auf den Motorbetrieb zu erfassen und diese für eine zylinderdruckbasierte Regelung bereitzustellen.

Zur genauen Erfassung der Gaszusammensetzung wird als nächster Schritt die AGR-Leitung des Motors hinzugeschaltet, in das Modell der Gesamtprozessanalyse integriert und mit GT-Power verglichen.
Außerdem lassen sich mit Hilfe der physikalisch basierten Modellierung des Abgasturboladersystems noch weitere Größen wie Enthalpiegefälle durch die Turbine, Turbinendrehzahl und Temperaturen des gesamten Motors in Echtzeit erfassen.
Des Weiteren ist beabsichtigt ein getaktetes Gasentnahmeventil zum Einsatz zu bringen, das den Rechnungs-Messungs-Vergleich des Gaszustandes im Zylinder ermöglicht.

## Literatur

[1] Friedrich, I.; Pucher, H.; Roesler, C.: *Echtzeit-DVA – Grundlage der Regelung künftiger Verbrennungsmotoren*, MTZ Konferenz Motor, Stuttgart 2006
[2] Friedrich, I ; Pucher, H.; Offer, T; von Rüden, K.; Häntschel, U.; Hödicke, H.; Roesler, C.: *Druckverlaufsanalyse – ein mächtiges Werkzeug für das Kalibrieren neuer Brennverfahren*, 1. Konferenz Motorprozess-Simulation und Aufladung, Berlin 2005
[3] Friedrich, I.; Grigoriadis, P.; Pucher, H.: *Full-cycle thermodynamic analysis – an efficient tool for engine process development*, Performance and Emissions Conference, IMechE, London 2004
[4] Jeschke, J. : *Konzeption und Erprobung eines zylinderdruckbasierten Motormanagements für PKW-Dieselmotoren*, Dissertation, Universität Magdeburg, 2002
[5] Jippa, K.-N.: *Onlinefähige, thermodynamikbasierte Ansätze für die Auswertung von Zylinderdruckverläufen*, Dissertation, Universität Stuttgart, 2004
[6] Bargende, M.; Burkhardt, C.; Frommelt A.: *Besonderheiten der thermodynamischen Analyse von DE-Ottomotoren*, MTZ 62 (2001) 1, S.56-68

## 22 Creating Synergies between Virtual Development and Testing for Diesel Engine Applications

Georgios Bikas, Jürgen Grimm, Michael Fischer

## Abstract

Modern Diesel Engine Technology is addressing trends towards more stringent emissions legislations, ever increasing fuel economy demands, cost reduction demands and reduced product engineering development cycles.

Engine developers are facing a lot of challenges to achieve engine-out emissions reduction without sacrificing fuel consumption. In the recent years progress towards new combustion concepts and turbo-charging in combination with cooled exhaust gas recirculation (EGR) and advanced aftertreatment has been achieved. This has led to increasing engine complexity and consequently the preselection of the appropriate hardware for a specific application has become more challenging.

It is very time consuming and expensive to test on an engine dyno all possible combinations of different piston bowls in conjunction with a variety of injection equipment, turbochargers and EGR circuits. Even if it would be worth generating the plethora of data gained by testing, this can not be easily analyzed in order to understand essential interactions between the systems. In order to fulfill afore mentioned requirements, a deeper understanding of the physical and chemical processes during engine operation and the interaction between different sub-systems is indispensable.

In the last few years, engine modeling and simulation has become a powerful tool that can be applied to support development projects. The main advantage of the simulation is its ability to gain insightful information of the process under investigation. In diesel combustion simulation a very detailed picture of the combustion course can be obtained, including formation and destruction rate of pollutants. In addition simulation results can be as valuable as the quality of the models used to describe the processes and their interactions.

In a short introduction an overview about the HMETC activities which combine engine simulation (1D, 3D-flow, 3D-injection and combustion) and engine testing (flow bench, engine dyno) will be presented. Afterwards we are concentrating on the approach to develop and apply high fidelity computing and high-resolution engine experiments synergistically, to create methods and apply advanced tools needed for low emissions diesel engine design.

## Kurzfassung

Die zukünftige Entwicklung der Dieselmotoren ist maßgeblich geprägt durch verschärfte Abgasgesetzgebung, Verringerung des Kraftstoffverbrauchs, Kostenreduzierung sowie verkürzte Entwicklungszyklen.

Die Motorenhersteller stehen vor der Herausforderung die Motorrohemissionen ohne Einbußen im Kraftstoffverbrauch weiter zu reduzieren. In den letzten Jahren konnten deutliche Fortschritte in der Entwicklung neuer Verbrennungskonzepte sowie der Kombination von Abgasturboaufladung mit gekühlter Abgasrückführung (EGR) erzielt werden. Durch die steigende Anzahl der einzelnen Parameter steigt auch die Systemkomplexität und erfordert neue Kriterien bei der Vorauswahl spezifischer Hardwarekomponenten. Somit ergeben sich sehr schnell große Versuchspläne, um den Einfluss von Einspritzsystem, Turbolader und Abgasrückführung am Motorprüfstand zu untersuchen. Die Analyse der Wechselwirkung einzelner Parameter erfordert fundierte Kenntnisse der physikalischen und chemischen Zusammenhänge. Deshalb entstanden in den letzten Jahren verstärkt Simulations- und Modellierungswerkzeuge, um den Vorgang der Schadstoffentstehung und Nachoxidation während Verbrennung näher zu beschreiben. Der große Vorteil der Simulation ist, bereits in Konzeptsphase wertvolle Informationen über den Einfluss einzelner Parameter zu erhalten, ohne dass teure Versuchteile nötig sind. Dieser Informationsgehalt kann dann für die Definition der realen Testmatrix verwendet werden, um die Anzahl der Versuchteile sowie der Versuchsreihen zu minimieren.

Es erfolgt ein kurzer Überblick über das Einsatzgebiet der Simulation (1D, 3D-flow, 3D-Einspritzung und Verbrennung) in Kombination mit dem Versuchsbetrieb (Strömungslabor, Motorprüfstand) bei Hyundai Motor Europe. Dieser Entwicklungsprozess dient zukünftig als Grundlage, um die Synergie zwischen Simulation mittels hochauflösender Modellierung und dem Motorversuch für die Entwicklung von Low-Emissions-Konzepten zu nutzen.

## 1. Introduction

Experience with computational simulations of diesel combustion provides an interesting view of a relatively little-appreciated element in combustion modeling, specifically the role of a conceptual model for the overall combustion process. For example, in the early days of diesel combustion, it appeared that the fuel jet injection into the engine produced a fine mist of liquid fuel droplets, which then ignited after a suitable time delay. Further fuel addition in spray form added new fuel, which was believed to be ignited by the initial droplet flame. One major product of this process was soot, which was eventually consumed later in the engine cycle. Unfortunately, detailed analysis of the elements of this overall process defied explanation. The initial ignition of the spray could never be reproduced by any first principles model, with computed ignition delay times often inconsistent with experimental results by orders of magnitude. Subsequent fuel consumption could not be computationally linked to the ignition, and soot production from this system was also difficult to simulate. In retrospect, it should have been apparent that the models were warning that the conceptual model of diesel combustion was fundamentally flawed.

A reliable conceptual model of diesel combustion was eventually developed by Dec and colleagues at Sandia/Livermore [1] on the basis of complex, multiple laser in-cylinder diagnostics. The satisfying result of this extremely ambitious and demanding series of studies has been a formulation in which all of the elementary process fit nearly together. In this conceptual model most or all of the fuel vaporization is complete prior to ignition. The vaporized fuel mixes with and entrains hot air, steadily reducing the local equivalence ratio and heating the fuel/air mixture. Ignition in general occurs at fuel-rich conditions ($\phi \sim 2$). Because the conditions are so rich in the diesel ignition, the reaction does not go to complete. Kinetic model computations show that large amounts of unsaturated, small hydrocarbon species are produced during this rich ignition, and most of the available oxygen leads to CO.

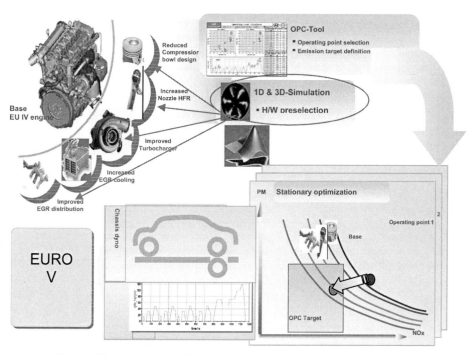

*Figure 1:* The role of simulation in the engine development process at HMETC

Modeling compression-ignition and the subsequent premixed and diffusion-controlled phases of combustion in a diesel engine is particularly complex. The processes are unsteady, heterogeneous, three-dimensional and depend on the characteristics of the fuel, the fuel injection system and the design of the combustion chamber. In particular the ignition process involves many physical and chemical steps. The physical or mixing delay is controlled by the rates of fuel injection and fuel-air mixing. The chemical delay is due to pre-combustion reactions of fuel, air and residual species leading to auto-ignition. Once the fuel and air which have premixed during the ignition delay have been consumed, the rate of heat release is controlled by the rate of mixing of fuel vapor with air. In the past there have been some successful attempts to model the in-cylinder processes of a diesel engine. Some of them can be found in the literature [3-8].

# 3. Methodology and combustion modeling

The turbocharger(T/C) matching for a specific engine application is performed by 1D gas exchange simulation. A complete engine model is built in GT-Power and correlated to test bench results if available. The compressor and turbine maps usually provided by the boosting system supplier are implemented into the GT-Power model and specific operating points are analyzed in terms of air flow, boost pressure, exhaust back pressure, turbo charger rotational speed and thermodynamic efficiency. If the system under investigation fulfills the requirements of the engine hardware the T/C preselection is finished. Based on these results we can get initial and boundary conditions for the virtual combustion system development. It includes cylinder head swirl definition, injection system and piston bowl design. Regarding cylinder head swirl, in the case that new ports are designed an extensive investigation has to be undertaken by using 3D-CFD in order to optimize flow coefficient without compromising the target swirl. After finishing the virtual port development we are able to build rapid prototypes to test them in our flow bench facilities to verify the simulation results. In this article we will not concentrate in these activities. By fixed cylinder head design and turbo charger components the degrees of freedom for further development are decreasing. The next step is to simultaneously optimize piston bowl shape and nozzle layout. For this purpose 3D-combustion simulation is undertaken. The injection system components are not simulated. Instead a nozzle matrix is defined and each of these is measured in our FIE (Fuel Injection Equipment) lab. In this way we get the shape of the injection rate as function of nozzle geometry, injection pressure and cylinder pressure. This is very important information and one of the critical boundary conditions for successful combustion simulation.

**piston bowl comparison**

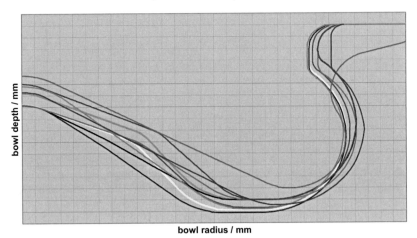

*Figure 2:* Bowl variation for a parametric study

An initial bowl design shown in the figure above is fixed prior to in-cylinder process simulation. For this diesel combustion simulation, KIVA-3V has been adopted and modified to incorporate detailed and/or reduced chemical mechanisms for reaction source term evaluations. A stiff ODE solver, DVODE, is linked to KIVA-3V to integrate the species and energy equations involving detailed chemical reactions and transport. To reproduce the ignition and subsequent combustion processes, various physical submodels are introduced. Here we have distinguished between full load and part load operation, regarding the above models. At full load operation, a significant portion of combustion is thought to be mixing-controlled and usually one injection event is utilized. For that reasons the characteristic time scale model is used because of its simplicity, easy to use capability and its ability to capture the main characteristics of the mixing-controlled combustion mode. Nevertheless, it is getting tougher to describe the combustion process with the afore mentioned model when multiple injection strategy is applied, especially at the low up to higher part load operation of the engine in combination with EGR (**E**xhaust **G**as **R**ecirculation). For this area of application we are applying a modified eddy dissipation concept (EDC). The modified EDC model was used to predict the reaction rate based on the interaction between chemical and mixing rates.

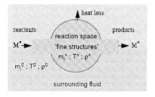

*Figure 3:* Schematic representation of the EDC model

Figure 3 shows a schematic representation of a computational cell based on the EDC model. Chemical reactions occur only in the fine structure where reactants are mixed at the molecular level at sufficiently high temperatures. In the bulk gas zone or surrounding fluid, only turbulent mixing takes place, thereby transporting the surrounding reactant and product gases to and from the fine structure. The coupling between the fine structure and the surrounding fluid interactively affects the overall combustion rate. The fine structure is not resolved in detail. Only the size of the fine structure is calculated using a prescribed equation proposed by Magnussen. Therefore, the EDC model effectively captures the two essential characteristics of the combustion process: chemical reaction and mixing, without having to resolve the sub-grid scale fine structures. The modified EDC governing equations for the fine structures are:

$$\frac{dY_m^*}{dt} = -\frac{1}{\tau_r}(Y_m^* - \overline{Y}_m) + \frac{\dot{\omega}_m^* W_m}{\rho^*} \tag{1}$$

$$\frac{dT^*}{dt} = \frac{1}{C_p^*}\left[\frac{1}{\tau_r}\sum_{m=1}^{M}\overline{Y}_m(\overline{h}_m - h_m^*) - \sum_{m=1}^{M}\frac{h_m^* \dot{\omega}_m^* W_m}{\rho^*}\right] \tag{2}$$

$Y_m$ – mass fraction of species m
$h_m$ – enthalpy of species m
$\dot{\omega}_m$ – reaction rate of species m
$W_m$ – molecular weight of species m
$C_p$ – heat capacity of the gas mixture
$\rho$ – density of the gas mixture
$\tau_r$ – residence time during which the species remain in the fine structure

where * represents the fine structures and bar represents the cell-averaged values. The residence time $\tau_r$ is expressed as:

$$\tau_r = \frac{(1-\chi\gamma^*)}{\dot{m}^*} \tag{3}$$

$$\dot{m}^* = 2.43(\frac{\varepsilon}{\nu})^{\frac{1}{2}} \tag{4}$$

$$\gamma^* = \left[2.13(\frac{\nu\varepsilon}{\kappa^2})^{\frac{1}{4}}\right]^3 \tag{5}$$

$\dot{m}^*$ – mass exchange rate between the fine structure and the surrounding fluid
$\gamma^*$ – mass fraction occupied by the fine structure
$\chi$ – fraction of the fine structure that reacts
$\nu$ – kinematic viscosity of the gas
$\varepsilon$ – dissipation rate of turbulent kinetic energy
$\kappa$ – turbulent kinetic energy

Assuming that chemical reactions take place only in the fine structure, the net mean species reaction rate for the transport equation is given by:

$$\overline{\dot{\omega}}_{m,EDC} = \frac{\overline{\rho}\chi\gamma^*}{W_m\tau_r}(Y_m^* - \overline{Y}_m) \tag{6}$$

The reaction rates in the fine structure are determined using CHEMKIN-II subroutines that are interfaced with the KIVA-3V code. It has been also assumed that the entirety of the fine structure reacts, hence $\chi$ is set to unity in eqs. (3) and (6).
In addition, NO formation rates are computed based on the extended Zeldovich mechanism. The Hiroyasu soot formation and oxidation model which consists of two processes that are kinetically controlled is used. [2]

To the EDC model a reduced chemical kinetic scheme of n-heptane [9] which is used as a surrogate fuel for diesel has been linked.

## 4. Results and Discussion

There are several parameters appearing in the spray, ignition and combustion, models which need to be determined before starting a parametric study of the engine operating conditions. For this purpose a specific simulation case was selected and used to assess the sensitivity of the modeling parameters such that optimal values for the parameters could be determined.
For the validation process a 2.0l four cylinder diesel engine has been chosen. Experimental results for two different piston bowls were available, hence properly defined initial and boundary conditions could be used. The compression ratio was 16.5, the air flow rate and the fuel flow rate have been measured. Based on a thermodynamic analysis of the measured pressure traces, initial conditions for temperature and pressure at the time when inlet valve closes (IVC) can be calculated. The injection rate profile has been measured at the FIE rig for the specific nozzle at conditions close to the engine operating conditions.

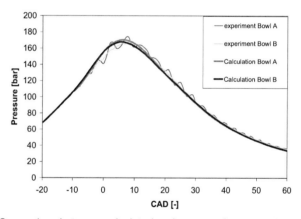

*Figure 4:* Comparison between calculated and measured pressure traces for two different piston bowls.

Figure 4 shows a comparison between measured and calculated pressure traces for two different piston bowls at 4000 rpm full load. The spray model used to describe the droplet dynamics is the Wave breakup model by including Rayleigh-Taylor accelerative instabilities, which are calculated simultaneously with a Kevin-Helmholtz wave model. The model is not described here but details can be found in the work of Patterson et. al. [11]. The combustion model used at full load operation is the characteristic time scale model and details can be also found in the work of Patterson et. al [2]. After achieving the optimal values for spray and combustion models the agreement between experimental and calculated values is very well. In order to avoid the adjustment of the model parameters before every simulation, the above achieved optimal values are fixed for all the simulation work performed for the specific and similar engines. Another important reason for fixing the parameter values is the fact that we want to rely on predictive results from the 3D-CFD simulation especially in the concept development phase when experimental data are not available.

To our experience the response of the CFD model is more sensitive in terms of thermodynamic prediction capability, on the correct initial conditions and less to the model parameters. Regarding ignition delay a validated chemical mechanism is used and the results are on a satisfied level. Nevertheless, it is difficult to achieve good quantitative agreement between experiment and simulation in terms of emissions prediction. This is because of the simplicity of the models especially the soot model but more important is the lack of detailed understanding of the complex chemical process and their interaction with mixing and fluid flow.

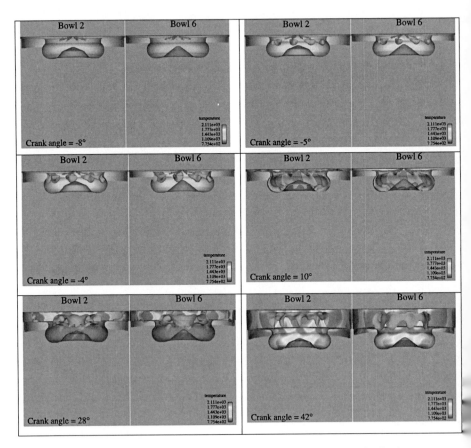

*Figure 5:* Visualization of injection, soot isosurface and temperature distribution on piston surface and liner

However, it is surprised to get a good phenomenological description of the process which agrees with the findings of Dec's investigation [1], but more detailed compared to Dec's model [1]. This allows us in a very earlier stage to make the hardware preselection based on parametric 3D-CFD study.

Figure 6 shows a visualization of the injection event combined with the subsequent vaporization of the liquid fuel, mixing with the surrounding air, ignition, combustion and soot formation. Based on the fact that the thermodynamics of the engine is well described, it gives us enough confidence to consider the above analysis at least as qualitatively correct. This is a valuable knowledge, because the CFD simulation can be used like optical diagnostics to explore all the processes taking place during engine operation in more detail. One big disadvantage of optical diagnostics is that simulation is cheaper, you can install a virtual "sensor" anywhere and the effort compared to optical diagnostics is less. Of course simulation always relies on optical diagnostics results for further model development and validation, so that these two areas complement one another.

Using the above described procedure a have made the piston bowl design in a variety of diesel engine development projects for serial application.

## 5. Conclusions

The main advantage of the simulation is its ability to gain insightful information of the process under investigation. In diesel combustion simulation a very detailed picture of the combustion course can be obtained, including formation and destruction rate of pollutants. In addition simulation results can be as valuable as the quality of the models used to describe the processes and their interactions.

In this work we have briefly described the role of simulation combined with engine testing in the diesel engine development process. If not anything has to be modeled in very detail, but instead someone can utilize the options that equipments like flow bench or fuel injection rig offer to create reliable boundary conditions for the in-cylinder 3D-CFD simulation, a qualitative description of the process can be achieved. This potential can be applied successfully to pre-select optimized hardware for further engine development. This can save time and money during development phase.

## Literature

[1] J.E. Dec, „A Conceptual Model of DI DieselCombustion Basedon Laser-sheet Imaging", SAE-970873
[2] M. A. Patterson, S.-C. Kong, G. J. Hampson, and R.D. Reitz, SAE 940523
[3] N. Peters, „Turbulent Combustion" Cambridge University Press, 2000
[4] Pitsch, H., Barths, H., and Peters, N., SAE Technical Paper, 962057, 1996
[5] Barths, H., Antoni, C., and Peters, N., SAE Technical Paper, 982459, 1998
[6] Barths, H., Hasse, C., Bikas, G., and Peters, N., Twenty-Eighth Symposium (International) on Combustion, The Combustion Institute, Pittsburgh, 2000.
[7] Hergart,C-A., "Modeling Combustion and Soot Emissions in a Small-Bore Direct-Injection Diesel Engine", PhD Thesis, RWTH Aachen, 2001
[8] Hasse,C., Bikas, G., and Peters, N., SAE Technical Paper, 2000-01-2934, 2000
[9] Bikas, G., "Kinetic Modeling of Hydrocarbon Ignition", PhD Thesis, RWTH Aachen, 2001

[10] Hong, S., Assanis, D. N., Wooldridge, M., Im, H. G., Kurtz, E., Pitsch, H., SAE Technical Paper, 2004-01-0107, 2004
[11] Patterson, M.A., Reitz, R.D., SAE Technical Paper, 980131, 1998

## 23 Einsatz der Ladungswechsel- und Prozesssimulation zur Bedatung aufgeladener Motoren
### Gas Exchange and Working Cycle Simulation as an Effective Method of Engine Control Unit Calibration of Supercharged Engines

Steffen Zwahr, Michael Günther

## Abstract

Increasing demands on fuel economy, emissions and ride comfort are necessitating the use of new technologies in mass production. Modern combustion processes as well as the fulfillment of stringent legislative requirements are posing new challenges to the calibration process. Demands for high quality in system calibration are set against the need to complete calibration processes in an ever-shorter period of time despite rising process complexity. Solving this conflict of objectives demands the use of effective methods in calibration.
For this reason, IAV is using simulation on an increasing scale in the calibration process. Computation is substituting a none-too insignificant proportion of measurements.

The complex of effective basic engine control-unit calibration using a combination of thermodynamic simulation and measurement is covered by an integrated tool chain – from standardized measurement processes for model calibration, automated model comparison and computation of data right through to the automatic generation of data sets.

IAV has already met with success in applying a combination of measurement and thermodynamic simulation to different engine concepts:
 - Supercharged, port-injected engines
 - Supercharged, directly injected engines
 - Naturally aspirated, port-injected engines
 - Naturally aspirated, directly injected engines
and verified the potential savings.

The process of simulation-aided calibration will be described in detail using the main basic functions in engine control, such as charge sensing, torque structure, definition of basic ignition timing and exhaust-gas temperature model. Attention will also turn briefly to the tools that are required.

## Kurzfassung

Steigende Anforderungen hinsichtlich Verbrauchswirtschaftlichkeit, Emissionen und Fahrkomfort machen den Einsatz neuer Technologien in der Serie erforderlich. Moderne Brennverfahren sowie die Erfüllung strenger gesetzlicher Vorschriften stellen neue Herausforderungen an den Applikationsprozess. Einerseits bestehen hohe Qualitätsansprüche bei der Bedatung des Systems – andererseits sind die Applikati-

onsprozesse in immer kürzerer Zeit bei gleichzeitig steigender Komplexität der Prozesse zu realisieren. Die Lösung dieses Zielkonflikts erfordert den Einsatz effektiver Methoden bei der Applikation.
In der IAV werden aus diesem Grund zunehmend Simulationsrechnungen im Applikationsprozess eingesetzt. Dabei wird ein nicht unbedeutender Anteil von Messungen durch Berechnungen ersetzt.

Der Komplex der effektiven Grundbedatung von Motorsteuersystemen auf der Basis der Kombination von thermodynamischer Simulation und Messung wird mit einer gesamten Toolkette abgedeckt - angefangen von standardisierten Messabläufen für die Modellkalibrierung, über automatisierten Modellabgleich und Berechnung von Daten bis hin zur automatisierten Datensatzerstellung.

Das Verfahren der Kombination von Messung und thermodynamischer Simulation wurde in der IAV bereits an den unterschiedlichen Motorkonzepten:
- Aufgeladene Motoren mit Kanaleinspritzung
- Aufgeladene Motoren mit Direkteinspritzung
- Saugmotoren mit Kanaleinspritzung
- Saugmotoren mit Direkteinspritzung
erfolgreich angewendet und das Einsparpotenzial nachgewiesen.

Der Prozess der simulationsunterstützten Bedatung wird am Beispiel wichtiger Grundfunktionen der Motorsteuerung, wie Füllungserfassung, Drehmomentstruktur, Festlegung der Grundzündwinkel und Abgastemperaturmodell näher beschrieben. Auf die erforderlichen Werkzeuge wird kurz eingegangen.

## 1. Einleitung

Steigende Anforderungen hinsichtlich Verbrauchswirtschaftlichkeit, Emissionen und Fahrkomfort machen den Einsatz neuer Technologien in der Serie erforderlich. Moderne Motorkonzepte wie Aufladung kombiniert mit Direkteinspritzung oder vollvariabler Ventilsteuerung sowie die Erfüllung strenger gesetzlicher Vorschriften stellen neue Herausforderungen an den Applikationsprozess. Einerseits bestehen hohe Qualitätsansprüche bei der Bedatung des Systems – andererseits sind die Applikationsprozesse in immer kürzerer Zeit bei gleichzeitig steigender Komplexität der Prozesse zu realisieren. Die Lösung dieses Zielkonflikts erfordert den Einsatz effektiver Methoden bei der Bedatung der Motorsteuersysteme.
In der IAV werden aus diesem Grund zunehmend Simulationsrechnungen im Applikationsprozess sowohl von Saug- als auch von aufgeladenen Motoren eingesetzt. Dabei wird ein nicht unbedeutender Anteil von Messungen durch Berechnungen ersetzt. Der Komplex der effektiven Bedatung von Motorsteuersystemen auf der Basis der Kombination von thermodynamischer Simulation und Messung wird mit einer gesamten Toolkette abgedeckt.

## 2. Motivation

Aufgrund der komplexen Funktionsstruktur von aufgeladenen Motoren sind die bei der Applikation einzustellenden Parameter, Kennlinien, Kennfelder und auch Neuronetze mittlerweile auf über 20.000 angestiegen. Somit ergeben sich große Parameterräume, die mit herkömmlichen Methoden (rasterförmige Messung der Zusammenhänge zwischen Einfluss- und Zielgrößen) nicht mehr zu beherrschen sind. Zur Erfüllung der z. T. gegenläufigen Anforderungen müssen deshalb in der Applikation neue Wege beschritten werden. Die DoE gilt als ein anerkanntes Werkzeug, um derart umfassende Variationen mit erträglichem Aufwand zu bewältigen.

Alternativ kann die Vorausberechnung auf der Basis physikalischer Modelle Freiheitsgrade reduzieren, indem sie unbekannte Größen berechnet und damit durch Bekannte ersetzt. Dies ermöglicht, erforderliche Zusammenhänge für die stationäre Grundbedatung mit Hilfe von Motormodellen in Kombination mit nur wenigen Messungen zur Modellkalibrierung bezüglich Füllung, Drehmoment, Abgastemperaturen bis hin zur Klopfgrenze vorauszuberechnen.

Besonders große Vorteile ergeben sich beim Einsatz der Prozesssimulation, wenn hardwareseitige Änderungen (z. B. an Aufladeeinheit bzw. Saug- oder Abgasanlage) die Neubedatung zugehöriger Funktionen erforderlich machen. In diesem Fall wird eine „echte" Vorausberechnung der Bedatungsgrößen durchgeführt, ohne dass nochmals ein vollständiges Messprogramm zur Modellkalibrierung notwendig wird.

## 3. Grundlagen zur Einbeziehung der Vorausberechnung in den Applikationsprozess

Basis für die Realisierung der stationären Grundbedatung ist die Kenntnis der Zusammenhänge zwischen Einfluss- und Zielgrößen. Der Bedatungsprozess läuft darauf hinaus, Parameter, Kennlinien, Kennfelder und Neuronetze im Motorsteuersystem so zu besetzen, dass die implementierte Funktionsstruktur die bestehenden Abhängigkeiten mit einem minimalen Fehler abbilden kann.

Zu berücksichtigen sind folgende wesentliche Einflussgrößen: Drehzahl, Saugrohrdruck (Last), Wastegatestellung, Luftverhältnis, Zündwinkel, Stellung der Nockenwelle(n), Ventilhub, Position Ladungsbewegungsklappe, Position Saugrohrumschaltung.

Die in Abhängigkeit von den o. a. Einflussgrößen darzustellenden Zielgrößen sind: Luft- und Restgasmasse im Zylinder, indiziertes und effektives Drehmoment, Ladungstemperatur vor/nach Verdichter, nach Ladeluftkühler, vor dem Einlassventil, Abgastemperaturen und –drücke nach Auslassventil und vor Turbine bzw. vor Katalysator, Massenstrom über Wastegate und Turbine.

Zur Grundbedatung gehört außerdem die Festlegung der Grundzündwinkel für wirkungsgradoptimale Verbrennungslage bzw. für den Motorbetrieb an der Klopfgrenze.

Die Ermittlung der erforderlichen Daten kann durch Rastermessung erfolgen, was aber einen erheblichen Aufwand bedeutet, der sich mit der Anzahl der Variabilitäten potenziert. Mit physikalischen Simulationsverfahren unterschiedlicher Modelltiefe lassen sich die Abhängigkeiten vorausberechnen.

CFD-Verfahren für die Füllungs- oder Momentenberechnung sind im Zusammenhang mit dem Applikationsprozess zur Zeit noch als ungeeignet zu bewerten, da der Aufwand zur Modellerstellung sehr groß und die Rechenzeiten sehr lang sind. Die 0D- bzw.1D-Ladungswechselsimulation bzw. die 0D-Arbeitsprozessrechnung können dagegen die Anforderungen:
- Abbildung der Abhängigkeiten mit der geforderten Genauigkeit
- überschaubarer Aufwand zur Modellerstellung und -kalibrierung
- erhebliche Reduzierung des Messaufwandes
- vertretbare Rechenzeiten

bei der Berechnung von Größen wie Füllung, Drehmoment oder Temperaturen für die Applikation der Basisfunktionen erfüllen. Die Genauigkeit der berechneten Daten kann als ausreichend eingeschätzt werden– geforderte Abweichungen von weniger als 3 % hinsichtlich der Füllung bzw. weniger als 5 % bzw. 5 Nm im Schwachlastbereich bzgl. des Drehmoments sind realisierbar. Die berechneten Abgastemperaturen sind für eine Erstbedatung im Hinblick auf eine spätere Korrektur im realen Fahrzeugbetrieb ebenfalls genau genug.

Die zur Berechnung von Kenngrößen erforderlichen physikalischen Grundlagen (z. B. instationäre Rohrströmungsvorgänge, Ein- und Ausströmvorgänge) und benötigte Teilmodelle (z. B. Verbrennungsablauf, Wärmeübergang, Reibung) sind in kommerzielle Ladungswechsel-Simulationsprogramme implementiert, so dass es nahe liegt, vorhandene Programme in die Serienapplikation einzubeziehen. Eigenentwickelte, auf die jeweilige Applikationsaufgabe zugeschnittene Software ergänzt diese zu einer gesamten Toolkette.

Auf Prüfstandsuntersuchungen kann nicht völlig verzichtet werden, da eine sorgfältige Modellkalibrierung unter Einbeziehung einiger (weniger) Messungen wesentliche Voraussetzung für brauchbare Berechnungsergebnisse ist.

Bei der Berechnung von Bedatungsgrößen aufgeladener Motoren sind gegenüber dem Saugmotor spezifische Besonderheiten zu beachten:

Die Füllungsberechnung von abgasturboaufgeladenen Motoren bis in den Schwachlastbetrieb erfordert Turboladerkennfelder auch für extrem niedrige Drehzahlen und für inverse Verdichterdruckverhältnisse, in denen die Diabatheit des Turboladers berücksichtigt ist. Entweder werden Kennfelder am Turboladerprüfstand im erweiterten Betriebsbereich vermessen oder es sind die Kennfelder mit entsprechenden Programmen zu extrapolieren. Alternativ können bei der Füllungsberechnung im Saugbetrieb die Strömungsmaschinen durch geeignete Ersatzmodelle substituiert werden. Für eine genaue Berechnung des Druckes vor der Turbine sind sowohl der effektive Wastegatequerschnitt als auch der von der Drehzahl des Laufzeugs abhängige äquivalente Turbinenquerschnitt exakt zu parametrieren.

In der Regel werden weiterhin die Ladeluftkühlerkennfelder für die Kühlleistung und den Druckverlust benötigt.

Die für den Modellabgleich erforderlichen Messungen beinhalten gegenüber dem Saugmotor zusätzliche Messgrößen wie z. B. Turboladerdrehzahl oder Druck- und Temperaturmessstellen in jeder Flut bei Twinscroll-Turbinen.

Bei der Festlegung der Klopfgrenzen für die Anwendung eines Klopfmodells anhand der Zylinderdruckverläufe ist sorgfältig zwischen wirklichem Klopfen und durch den großen Druckanstieg bei aufgeladenen Motoren bedingte Schwingungsanregung zu unterscheiden.

## 4. Werkzeuge zur effektiven Grundbedatung mit Vorausberechnung

Der Ersatz von Messungen durch die Vorausberechnung erfordert geeignete Werkzeuge. In der IAV ist für den Einsatz der Prozesssimulation im Applikationsprozess die gesamte Toolkette für unterschiedliche Anforderungen vorhanden (Abb. 1). Die Werkzeuge sind gleichermaßen für die Bedatung von Saug- und aufgeladenen Motoren einsetzbar.

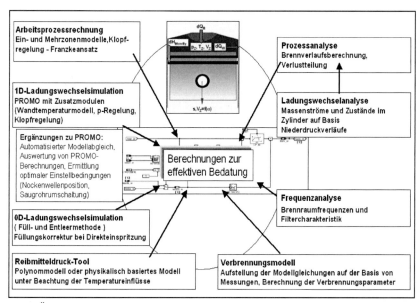

*Bild 1:* Übersicht zu den Werkzeugen

Die Tools lassen sich im wesentlichen in zwei große Gruppen einteilen: die Prozessanalyse und die Prozesssimulation. Die Prozessanalyse liefert auf der Basis von Messungen die für die Modellkalibrierung erforderlichen Daten. Mit der Prozesssimulation erfolgt anschließend die Berechnung von Kenngrößen, die im konventionellen Applikationsprozess messtechnisch ermittelt werden. Darüber hinaus erfordert die effektive Nutzung der Simulationsprogramme im Applikationsprozess eine Reihe von zusätzlichen Automatisierungstools.

Die Berechnung des Ladungswechsels kann je nach Randbedingungen sowohl mit der 0D- (Füll- und Entleermethode) als auch mit der 1D-Ladungswechselsimulation erfolgen. Für die 0D-Ladungswechselberechnung existiert eine Eigenentwicklung und als Programm für die 1D-Ladungswechselsimulation wird für diesen speziellen Anwendungsfall PROMO -ergänzt um wichtige Zusatzmodule wie Rohrwand-Temperaturmodell, Ladedruck- und Klopfregelung- angewendet.
Der Einsatz von 1D-Ladungswechsel-Simulationsprogrammen zur Vorausberechnung von Daten für die Applikation ist aber nur dann effektiv, wenn sowohl der zu-

meist sehr aufwändige Modellabgleich automatisiert wird als auch eine schnelle und effiziente Auswertung der Berechnungen erfolgt.

Werden Turbomotoren mit Direkteinspritzung kalibriert, ergeben sich zusätzliche Freiheitsgrade bzgl. der optimalen Parametrierung von z. B. Klopfverhalten. Der zugehörige Füllungseinfluss wird durch die Kopplung zwischen 1D- und 0D-Ladungswechselsimulation ermittelt, da das eigene 0D-Simulationsprogramm ein geeignetes Kraftstoffverdampfungsmodell enthält.

Die Berechnung der indizierten Momente des Hochdruckteils erfolgt auf der Basis der 0D-Arbeitsprozessrechnung (APR) mit einer ebenfalls selbst entwickelten Software. Vorteil der APR ist die hohe Rechengeschwindigkeit. Dies spielt im Zusammenhang mit dem Applikationsprozess eine große Rolle, da in Anbetracht der großen Anzahl von Parametern, die auf das indizierte Moment wirken, eine Vielzahl von Kombinationen zu berechnen sind.

Es kann wahlweise das Ein-, Zwei- oder für Sonderanwendungen ein Dreizonenmodell angewendet werden. Das APR-Programm beinhaltet weiterhin ein Klopf- und Extremwertregelungsmodul sowie die Berechnung des OHC-Modells (CO, $CO_2$, $H_2$, H, O, OH) und der NO-Bildung nach dem erweiterten Zeldovich-Mechanismus. Der Arbeitsverlust infolge frühen Öffnens des Auslassventils wird bei Bedarf mit einer im Programm integrierten, partiellen Ladungswechselsimulation berechnet. Ein weiterer Bestandteil des APR-Moduls ist die Berechnung der Abkühlung des Abgases bis zur Turbine bzw. zum Katalysator.

Bei der 0D-Arbeitsprozessrechnung wird die Verbrennung mit einem Ersatzbrennverlauf beschrieben. Form und Lage des Ersatzbrennverlaufs hängen von einer Vielzahl von Einflussfaktoren wie Drehzahl, Füllung, Luftverhältnis und Nockenwellenposition ab. Zur Beschreibung des Zusammenhangs zwischen Brennverlauf und den verbrennungsrelevanten Einflussgrößen wird ein so genanntes Verbrennungsmodell verwendet. Die Kalibrierung des Verbrennungsmodells erfolgt softwareunterstützt auf der Basis von Messungen.
Zur Berechnung des effektiven Drehmomentes im Motorsteuersystem ist die Bedatung des Kennfeldes für die mechanischen Verluste erforderlich. Das dafür vorhandene Modell wird i. d. R. parallel zum Verbrennungsmodell kalibriert.

Mit dem IAV-Prozessanalysetool werden aus Indizierdaten die für die Beschreibung des Verbrennungsablaufes relevanten Parameter berechnet und dem Programmteil zur Erstellung des Verbrennungsmodells zur Verfügung gestellt. Neben der Ermittlung der Verbrennungskenngrößen wird automatisch eine Verlustteilung durchgeführt, die bei Bedarf eine umfassendere Bewertung der Baustufe anhand der auftretenden Einzelverluste gestattet.
An die (Hochdruck)-Prozessanalyse ist eine Ladungswechselanalyse gekoppelt, die auf der Basis der gemessenen Niederdruckverläufe vor Einlass-/ nach Auslassventil die in den Zylinder ein- und austretenden Massen berechnet. Die so ermittelten Massenstromverläufe gestatten einerseits eine Bewertung des Ablaufs des Ladungswechsels – andererseits werden Größen berechnet, die einer einfachen Messung nicht zugänglich sind, wie Restgas- und Frischluftmasse nach Einlass schließt.

Mit einem Tool zur Frequenzanalyse werden Brennraumfrequenzen ermittelt, um auf dieser Basis die Filtercharakteristik für die Klopfregelfunktion festzulegen.

## 5. Anwendung für Füllungserfassung, Momentenstruktur und Zündwinkelvorgabe

*Füllungserfassung:*
Wesentlicher Bestandteil der Grundbedatung ist die Füllungserfassung. Die genaue Erfassung der im Zylinder des Ottomotors befindlichen Frischluftmasse ist eine grundlegende Aufgabe des Motorsteuersystems. Hierzu gibt es unterschiedliche Meß- bzw. Berechnungsverfahren. Am häufigsten erfolgt die Berechnung der Füllung auf der Basis des Saugrohrdrucks. Abgasgegendruck und -temperatur beeinflussen die Füllung und werden deshalb in Form von Modellen berücksichtigt. Für die Bedatung der Füllungserfassung ist der Zusammenhang zwischen der Zylinderladung und den relevanten Größen, wie Drehzahl, Saugrohrdruck, Wastegatestellung, Nockenwellenposition, Saugrohrumschaltung, Ladungsbewegungsklappe u. a. m. zu ermitteln.
Im Zusammenhang mit der Füllungserfassung sind die optimalen Nockenwellenpositionen für die unterschiedlichen Betriebsbereiche des Motors festzulegen, wobei je nach Betriebsbereich unterschiedliche Zielgrößen zu berücksichtigen sind.
Im Bild 2 sind beide Möglichkeiten zur Vorausberechnung der Füllung im Zusammenhang mit der Applikation gegenüber gestellt.

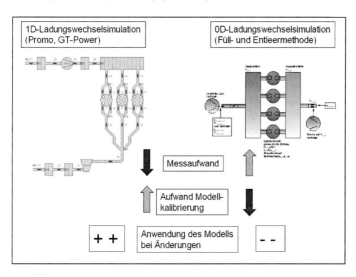

*Bild 2:* Modellansätze zur Füllungsberechnung

Für die 0D-Ladungswechselberechnung, welche die Wellenvorgänge nicht berücksichtigt, müssen zur Modellerstellung nur vergleichsweise wenige Daten vom Motor vorliegen. Parameter des Modells sind aber in praktisch fast jedem Betriebspunkt neu zu kalibrieren. Dazu ist insgesamt eine relativ große Anzahl von Messungen erforderlich. Einsparpotenzial gegenüber der reinen Messung ergibt sich hauptsächlich dadurch, dass bei Variation der Nockenwellenstellung nur wenige Punkte gemessen und die übrigen Punkte vorausberechnet werden. Die Einsparung an Messungen ist somit kleiner. Der Aufwand zur Modellkalibrierung selbst ist als sehr gering einzuschätzen. Werden jedoch füllungsrelevante Änderungen an der Ansaug- oder Abgasanlage des Motors vorgenommen, dann ist i. d. R. das Modell komplett neu zu kalibrieren, was mit einem entsprechend großen Messaufwand verbunden ist.

Die 1D-Ladungswechselsimulation kommt dagegen mit weniger Messpunkten für die Modellkalibrierung aus. Dafür ist aber der Aufwand für die Abstimmung des Modells deutlich größer. Einerseits ist dazu eine große Anzahl von Parametern zu variieren, andererseits erfordert die Berechnung von Daten für die Applikation eine hohe Modellgenauigkeit sowohl in der Voll- als auch in der Teillast. Eine wesentliche Voraussetzung für den effizienten Modellabgleich im gesamten Motorkennfeld ist ein geeignetes Automatisierungswerkzeug.
Wesentlichster Vorteil des 1D-Modells ist die Weiterverwendbarkeit bei Änderungen an der Hardware des Motors. Wird z. B. die Saugrohrgeometrie geändert, dann kann sofort nach der entsprechenden Modelländerung die Berechnung neuer Füllungsdaten für den geänderten Baustand erfolgen. Aus den genannten Gründen wird die 1D-Ladungswechselsimulation favorisiert. Der schematische Ablauf der Füllungsberechnung mit der 1D-Ladungswechselberechnung ist im Bild 3 dargestellt.

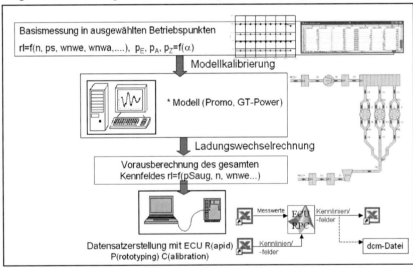

*Bild 3:* Schematischer Ablauf der Applikation der Füllungserfassung

Ausgangspunkt ist die für die Modellkalibrierung erforderliche Basismessung. In wenigen ausgewählten Betriebspunkten wird der Einfluss füllungsrelevanter Größen auf die Niederdruckverläufe vor Einlass-/ nach Auslassventil, den Zylinderdruckverlauf und die durchgesetzte Luftmasse ermittelt, um danach den Modellabgleich vorzunehmen. Dazu werden im ersten Schritt bestimmte Geometrien und Durchflusszahlen so variiert, dass berechnete Niederdruckverläufe mit gemessenen bestmöglich übereinstimmen. Im zweiten Schritt erfolgt der Abgleich auf die gemessene Füllung mit Größen, wie z. B. Wandtemperaturen. Zum automatisierten Modellabgleich wird ein selbstentwickeltes Tool eingesetzt (s. a. Bild 4).

Wesentliche Merkmale des Tools sind:
- einfache Parametrierung beliebiger, zu berücksichtigender Größen und ihrer Variationsbereiche
- Aufbereiten gemessener (aus Indizier-Rohdaten) und berechneter Druckverläufe
- Festlegung neuer Parameter nach vorgebbaren Strategien
- Automatisierte Erstellung von modifizierten Parameterdatensätzen
- Automatisierter Aufruf der modifizierten Varianten

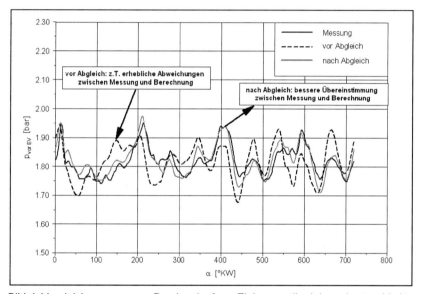

*Bild 4:* Vergleich gemessener Druckverlauf vor Einlassventil mit berechneten Verläufen vor bzw. nach Modellabgleich

Die Anwendung eines solchen Werkzeuges befreit den Berechnungsingenieur von Routinearbeiten. Die Abgleichschleife läuft, ohne dass Bedienungseingriffe oder Auswertungen vorgenommen werden müssen, rund um die Uhr und senkt dadurch die Zeit für die Modellkalibrierung.
Mit dem abgeglichenen Modell erfolgt die Berechnung des gesamten Kennfeldes, d.h. die Füllung wird in Abhängigkeit von den zu berücksichtigenden Einflussgrößen in den für die Bedatung wesentlichen Kennfeldpunkten vorausberechnet. Verifikationsmessungen haben gezeigt, dass Abweichungen ≤3 % bei der Füllung erreichbar sind (Bild 5).

Die berechneten Daten bilden letztendlich die Voraussetzung für die Datensatzerstellung mit dem IAV-Tool „ECU Rapid Prototyping Calibration", welches die Schnittstelle zwischen physikalischen Daten und der Steuergeräte-Funktionsstruktur bildet. Bei der Offline-Optimierung werden Parameter, Kennlinien und Kennfelder im Motorsteuersystem so besetzt bzw. Neuronetze so trainiert, dass mit der bestehenden Funktionsstruktur die Abhängigkeiten mit einem minimalen Fehler reproduziert werden.

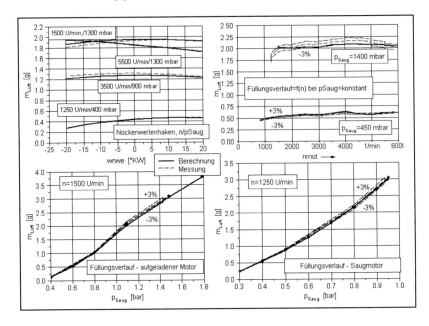

Bild 5: Gütebewertung der Füllungsberechnung

Im Zusammenhang mit der Grundbedatung sind ladungswechselrelevante Einstellgrößen, wie z. B. die Nockenwellenpositionen oder Umschaltpunkte bei einer Saugrohrumschaltung zu definieren. Im Ergebnis der Ladungswechselberechnung liegen die dafür benötigten Abhängigkeiten vor. Damit kann die Festlegung optimaler Einstellgrößen erfolgen. Die erforderlichen Optimierungsschritte werden nach der Füllungsberechnung mit Hilfe im Auswertesoftwarepaket enthaltener Module durchgeführt. Die Zielfunktion kann ein oder mehrere, ggf. unterschiedlich gewichtete Kriterien, wie z. B. spezifischer Verbrauch, Ladungswechselarbeit, Füllung beinhalten.

Zu beachten ist, dass im Ergebnis der Optimierung Brenngrenzen nicht überschritten werden. Beispielsweise wird eine Optimierung mit dem Ziel der Minimierung der Ladungswechselarbeit zum Frühanschlag der Einlass-Nockenwelle und damit zu großen Restgasanteilen führen. Aus diesem Grund ist das Optimierungsproblem mit der Randbedingung „Restgasgrenze" zu formulieren. Die Restgasgrenze wird mit einem (empirischen) Restgasverträglichkeitsmodell ermittelt.

Mit Festlegung der Nockenwellenpositionen werden die Ausspülvorgänge und die mit diesen im Zusammenhang stehenden Effekte (Klopfen, Ladedruckaufbau) definiert. Beispielsweise führt die Forderung nach hohem Moment in der Volllast zu einem multivariablen Optimierungsproblem: Auf der einen Seite ergibt sich eine Füllungserhöhung infolge Ausspülens. Außerdem kann auf der anderen Seite die Möglichkeit der Frühverstellung des Zündwinkels infolge verringerter Klopfgefahr wegen der Abnahme des Restgasanteils (Temperaturabsenkung) genutzt werden. Es kann auch die Stellung der Nockenwellen ermittelt werden, bei der Restgasausspülen ohne nennenswerte Frischgas-Spülverluste auftritt.

*Drehmomentstruktur:*
Diese Funktion berechnet das indizierte sowie das effektive Motormoment unter Einbeziehung der mechanischen Verluste und der Ladungswechselarbeit.
Wesentliche Aufgabe der Funktion ist die Berechnung des indizierten Drehmoments in Abhängigkeit von Drehzahl, Füllung der Zylinder mit Frischladung, Luftverhältnis und Zündwinkel sowie von anderen verbrennungsrelevanten Parametern, wie z.b. Nockenwellenstellung oder Position der Ladungsbewegungsklappe. In der Umkehrung wird im Steuergerät die für ein bestimmtes Drehmoment erforderliche Füllung berechnet und auch die benötigte Spätstellung des Zündwinkels ermittelt, um schnell eine bestimmte, z. B. aus Gründen der Fahrstabilität geforderte Drehmomentabsenkung zu realisieren.
Analog zur Füllungserfassung sind für die Bedatung dieser Funktion die Zusammenhänge zwischen Drehmoment und den zu berücksichtigenden Freiheitsgraden zu ermitteln.

Die Vorausberechnung des indizierten Hochdruckteil-Drehmomentes für die Applikation erfolgt mit der 0D-Arbeitsprozessrechnung. Der Verlauf der Energieumsetzung, der maßgeblich bestimmt, wie viel von der im Kraftstoff enthaltenen Energie in Kreisprozessarbeit umgewandelt wird, wird mit einem Ersatzbrennverlauf beschrieben. Deshalb nimmt die modellhafte Beschreibung der Abhängigkeiten des Verbrennungsablaufes (Verbrennungsmodell) eine zentrale Stellung ein.
Auch bei der Momentenberechnung ist die für die Modellkalibrierung notwendige Basismessung Startpunkt der Prozedur (Bild 6).

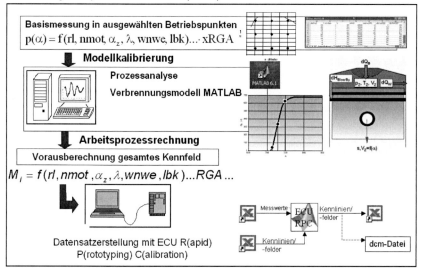

*Bild 6:* Ablauf der Momentenberechnung

In wenigen, durch Drehzahl und Füllung festgelegten Betriebspunkten werden die die Verbrennung beeinflussenden Größen variiert und im wesentlichen die Druckverläufe in allen Zylindern gemessen. Die Zylinderdruckverläufe werden hinsichtlich des Verbrennungsablaufs analysiert. Die Ergebnisse der Brennverlaufsanalyse bilden die Grundlage für das Aufstellen des Verbrennungsmodells. Damit wird die Abhängigkeit der charakteristischen Umsatzpunkten des Brennverlaufs von den definierten Parametern beschrieben. Das Verbrennungsmodell ermöglicht, für beliebige Kombinationen von Einflussgrößen die charakteristischen Umsatzpunkte vorauszuberechnen und daraus wieder einen Ersatzbrennverlauf für die Arbeitsprozessrechnung zu bilden. Im einfachsten Fall ist das eine Vibefunktion. Die bisherigen Anwendungsfälle haben gezeigt, dass mit der Vibefunktion als Ersatzbrennverlauf für homogenen Motorbetrieb die Genauigkeitsanforderungen bzgl. des indizierten Momentes erfüllt werden.

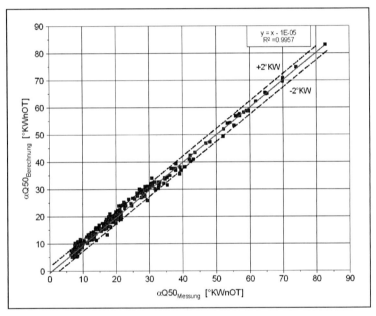

*Bild 7:* Bewertung der Güte des Verbrennungsmodells

Bei ausreichender Modellgenauigkeit (vgl. Abweichungen $\alpha_{Q50}$ modelliert – gemessen, Bild 7) werden die Zusammenhänge zwischen Einflussgrößen und Drehmoment (Mitteldruck) mit der Prozesssimulation ausreichend genau abgebildet - die erreichbaren Abweichungen liegen bei ca. 5 % (Bild 8). Eine nochmalige Verringerung der Abweichungen wird erreichbar, wenn die bei der Verifikationsmessung gewonnenen Ergebnisse zur Korrektur herangezogen werden.

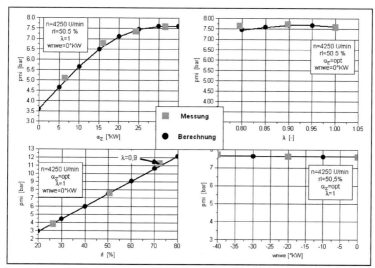

*Bild 8:* Bewertung der Güte der Drehmomentberechnung

Die Berechnungsergebnisse werden dem RPC-Tool zur Datensatzerstellung übergeben. RPC optimiert analog zur Füllungserfassung die betreffenden Parameter, Kennlinien und Kennfelder des Motorsteuersystems so, dass mit der in der Motorsteuerung abgelegten Funktionsstruktur die vorgegebenen Zusammenhänge zwischen Einflussgrößen und Drehmoment mit dem geringsten Fehler reproduziert werden.

Zur Berechnung der Effektivwerte aus dem indizierten Hochdruckteil-Drehmoment ist die Kenntnis der Ladungswechselarbeit und des mechanischen Verlustes erforderlich. Die Ladungswechselarbeit ist ein Nebenprodukt der Füllungsberechnungen und steht in Kennfeldform für die Berechnung des indizierten Momentes zur Verfügung. Die mechanischen Verlustmomente werden mit Hilfe von Modellen beschrieben, wobei zwischen rein empirischen Polynommodellen

$$M_{Vmech} = f(n^a, n^b, p_{mi}) \tag{1}$$

und Ansätzen, die auf der Berücksichtigung einzelner Tribosysteme beruhen

$$M_{Vmech} = f(n, p_{me}, D, H, T_{Öl}, T_{ZylW}) \tag{2}$$

(z. B. Modell nach Schwarzmeier [1] oder Fischer [2]) gewählt werden kann.
Zur Kalibrierung des Reibmodells werden die bei der Basismessung zur Momenten- bzw. Füllungsberechnung gewonnenen Ergebnisse genutzt. Es sind demzufolge keine zusätzlichen Messungen notwendig.

*Zündwinkel:*
Der vom Steuergerät ausgegebene Zündzeitpunkt wird im realen Betrieb auf der Basis des zu bedatenden Grundzündwinkels berechnet. Dieser kann bei der simulationsgestützten Applikation aus dem Verbrennungsmodell, welches u.a. auch die Abhängigkeit der charakteristischen Umsatzpunkte vom Zündwinkel beschreibt, bestimmt werden. Bei Vorgabe der gewünschten Lage des Verbrennungsschwerpunk-

tes $\alpha_{Q50}$ kann mit Hilfe des invertierten Verbrennungsmodells der dazugehörige Zündwinkel ermittelt werden (Abb. 9).

Besonders bei aufgeladenen Motoren ist der klopfbegrenzte Bereich, in dem der Zündwinkel nicht wirkungsgradoptimal parametriert werden kann, sehr groß. Zur Ermittlung der zum Einhalten der Klopfgrenze erforderlichen Verbrennungslage kann ebenfalls die Arbeitsprozessrechnung herangezogen werden. Dazu wird unter Anwendung des Zweizonenmodells das kritische Vorreaktionsintegral in der Zone des Unverbrannten nach Franzke [3] bzw. mit auf darauf aufbauenden Verfahren nach Spicher/Worret [4] berechnet.

$$I = \frac{1}{\omega} \cdot \int_{\alpha_{Es}}^{\alpha_{pmax}} \frac{p^a}{e^{b/T_{uv}}} d\alpha \tag{3}$$

Betrieb an der Klopfgrenze ist so definiert, dass genau bei Vorliegen des maximalen Brennraumdruckes der kritische Wert des Vorreaktionsintegrals $I_K$ erreicht wird. Bei Überschreiten von $I_K$ vor dem Auftreten des Maximaldrucks tritt Klopfen auf. $I_K$ wird in unterschiedlichen Kennfeldbereichen durch Einstellen einer exakt definierten Klopfgrenze ermittelt. Ist die Verbrennungslage an der Klopfgrenze bekannt, kann ebenso wie bei wirkungsgradoptimaler Verbrennungslage der Zündwinkel aus dem invertierten Verbrennungsmodell abgeleitet werden.

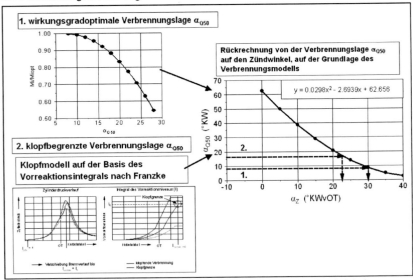

*Bild 9:* Berechnung wirkungsgradoptimaler und klopfbegrenzter Zündwinkel

*Abgastemperatur und Bauteilschutz:*
Für mehrere Funktionen im Steuergerät wird die Abgastemperatur benötigt. Beispielsweise nimmt diese über das Restgas Einfluss auf die Füllung. Darüber hinaus sind Temperaturgrenzen vor Turbine bzw. Katalysator einzuhalten (Bauteilschutz). In der Regel wird die Temperatur nicht gemessen, sondern im Steuergerät berechnet.

Dazu ist ein Abgastemperaturmodell zu applizieren, wobei die Zusammenhänge zwischen Abgastemperatur und Größen wie Abgasmassenstrom über Turbine und Wastegate, Zündwinkel, Luftverhältnis und Turbinendruckverhältnis bekannt sein müssen.
Für die Stationärbedatung liefert die Prozesssimulation diesbezüglich brauchbare Werte. Bei den Arbeitsprozessrechnungen zur Momentenbedatung wird ohnehin die Temperatur des Arbeitsstoffes im Zylinder bei „Auslass öffnet" für eine Vielzahl von Parameterkombinationen berechnet. Ausgehend von dieser Temperatur wird mit geeigneten Wärmeübergangsmodellen die weitere Abkühlung bis zur Turbine bzw. zum Katalysator beschrieben. Die Temperaturabsenkung des Abgases über die Turbine wird mit Hilfe der Energiebilanz und der Massenstromaufteilung berechnet.
Im Zusammenhang mit Abgastemperaturberechnungen kann auch der für den Bauteilschutz erforderliche Anfettungsbedarf ermittelt werden. Dazu wird ebenfalls die Arbeitsprozessrechnung eingesetzt. Unter Anwendung einer geeigneten Suchstrategie wird das Luftverhältnis solange in Richtung „fett" verstellt und der Arbeitsprozess sowie der auspuffseitige Wärmeübergang berechnet, bis die Grenze für die Temperatur vor Turbine bzw. vor Katalysator gerade eingehalten wird. Gleichzeitig kann der Einfluss der geänderten Gemischzusammensetzung auf das Klopfverhalten berücksichtigt werden, d. h. durch Auswertung des kritischen Vorreaktionsintegrals wird parallel eine ebenfalls die Abgastemperatur beeinflussende Verstellung der Verbrennungslage vorgenommen (Bild 10).

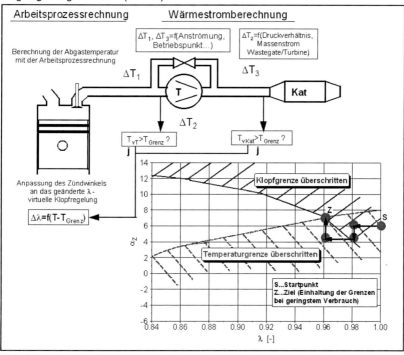

*Bild 10:* Berechnung des Anfettungsbedarfs zur Temperaturabsenkung

# 6. Weitere Einsatzmöglichkeiten der Simulation im Applikationsprozess

Die Vorausberechnung kann über die betrachteten Beispiele hinaus für die Bedatung weiterer Funktionen eingesetzt werden.

*Festlegung der Filtermittenfrequenzen für Klopfregelung:*
Zur Festlegung der Filtermittenfrequenzen werden theoretische Betrachtungen zu dem beim Klopfen auftretenden Schwingverhalten einbezogen:
Die Eigenfrequenzen bei Anregung des Arbeitsstoffes bei klopfender Verbrennung lassen sich mit der Gleichung (4) berechnen:

$$fn = \frac{c \cdot \gamma n, v}{D} \quad (4)$$

und

$$c = \sqrt{\kappa \cdot R \cdot T} \quad (5)$$

Die detaillierte thermodynamische Analyse des Arbeitsprozesses klopfender Arbeitsspiele liefert die Information über die mittlere Arbeitsstofftemperatur. Damit kann auf eine mittlere Schallgeschwindigkeit und mit dieser Größe auf die typischen Brennraumeigenfrequenzen geschlossen werden.
Die Kenntnis der Zylinderbohrung D vorausgesetzt, liegen damit die Informationen zur Vorauswahl der Filtermittenfrequenzen vor.

*Höhenkorrektur:*
Der Einfluss des mit steigender Höhe abnehmenden Umgebungsdruckes auf Ladedruck bzw. Füllung kann mit Hilfe der 1D-Ladungswechselsimulation rein rechnerisch ermittelt werden. Damit können aufwändige Untersuchungen in Höhenkammern reduziert werden.
Auf der Basis von Simulationsrechnungen kann auch die Höhe ermittelt werden, bis zu der eine Einhaltung des Ladedrucks ohne Überschreiten der zulässigen Laufzeugdrehzahl möglich ist.

*Temperaturkompensation:*
Die Temperaturkompensation im Motorsteuersystem berechnet die Temperaturen vor, in und nach dem Saugrohr, um die ins bzw. aus dem Saugrohr strömenden Massen darzustellen. Die Temperaturen der Ladung werden für beliebig zu definierende Stellen bei der Ladungswechselsimulation berechnet und in die Applikation einbezogen.

*Umschaltpunkte variabler Steller zur Füllungssteuerung:*
Die Ladungswechselsimulation ermöglicht die Festlegung momenten- bzw. füllungsneutraler Umschaltpunkte an Ventiltrieb bzw. Saugrohr. Die Saugrohrumschaltung erfolgt in der Regel so, dass maximale Füllung entlang der Volllast erreicht wird. Die Umschaltung zwischen Ventilhüben (2-Punkt-Verstellung) muss Momenten neutral vorgenommen werden. Dazu sind Nockenwellenposition und Androsselungszustand (Saugrohrdruck) für den Umschaltvorgang drehzahlabhängig so zu wählen, dass bei Umschaltung nur eine solche Füllungsänderung vorliegt, die Änderungen der inneren Verluste ( z. B. Ladungswechselarbeit) kompensiert. Mit Hilfe des Verbrennungsmodells und der bei der Momentenberechnung ermittelten Zusammenhänge kann wei-

terhin die für eine gewünschte Momentenänderung erforderliche Zündwinkelverstellung berechnet werden.

*Simulation des Streckenverhaltens zur Abstimmung der Ladedruckregelung*
Die in Ladungswechselprogramme implementierten Module zur Berechnung der Motordynamik gestatten die Berechnung des Ladedruckauf- bzw. -abbaus bei z. B. sprungförmiger Verstellung der Drosselklappe. Die für verschiedene Betriebsbedingungen berechneten Verstell- und Ladedruckverläufe werden einem Modul des RPC-Tools (RPC-Control) übergeben, um zunächst das Streckenverhalten zu beschreiben und dann im weiteren die optimalen Parameter für die Reglereinstellung zu ermitteln.

## 7. Fazit

Im Applikationsprozess kann ein erheblicher Teil der Grundbedatung aufgeladener Motoren durch die Anwendung physikalischer Modelle unterstützt werden. Dabei ergeben sich deutliche Zeit- und Kosteneinsparungen. Gegenüber herkömmlichen Methoden ist eine Verringerung des Messaufwands um ca. 80...90 % bei ausreichender Qualität erreichbar.

Das Verfahren der Kombination von Messung und thermodynamischer Simulation wurde in der IAV bereits an den unterschiedlichen Motorkonzepten:
- Aufgeladene Motoren mit Kanaleinspritzung
- Aufgeladene Motoren mit Direkteinspritzung
- Saugmotoren mit Kanaleinspritzung
- Saugmotoren mit Direkteinspritzung

erfolgreich angewendet und das Einsparpotenzial nachgewiesen.

Der Einsatz derartiger Modelle hat vor allem in der Konzeptphase, die oftmals durch Änderungen an der Hardware des Motors geprägt ist, einen wesentlichen Vorteil: Die physikalischen Modelle weisen einen hohen Grad der Wiederverwendbarkeit auf und gestatten nach Änderungen der Motorhardware eine Vorausberechnung von Daten für die Applikation -je nach Genauigkeitsanspruch auch ohne Messungen.

Die Anwendung physikalischer Modelle erlaubt innerhalb gewisser Genauigkeitsgrenzen auch eine Vorhersage von Kenngrößen von zukünftigen Motorkonzepten bzw. ist die Erstellung von Datensätzen für Vergleichsfahrten mit Konzeptmotoren möglich.
Damit wird die Flexibilisierung des Ablaufs von der Konzeptbewertung bis hin zur Serienbedatung erreicht.

Die IAV verfügt über die gesamte Toolkette zur Vorausberechnung von Werten für die Grundbedatung für unterschiedlichste Anforderungsprofile.

## 8. Zusammenfassung

In der IAV wird ständig an neuen Methoden und Tools zur effizienteren Gestaltung des Applikationsprozesses gearbeitet.
Im Ergebnis liegen Methoden und Tools sowohl für die effektive Berechnung von Daten mit physikalischen Modellen für die Applikation einer Reihe von wichtigen Funktionen von Motorsteuersystemen aufgeladener Motoren, wie z. B. Füllungserfassung, Momentenstruktur, Temperaturmodelle als auch für die automatisierte Datensatzerstellung vor.

Die Methoden und Tools bilden eine durchgängige Gesamtprozesskette - angefangen von standardisierten Messabläufen, über Modellkalibrierung und Berechnung von Daten bis hin zur automatisierten Datensatzerstellung (dcm-File) mittels RPC.
Die Methode der Berechnung mit physikalischen Modellen führt bei ausreichender Genauigkeit zu erheblichen Kosten- und Zeiteinsparungen bei gleichzeitiger Flexibilisierung des Ablaufs.

## Literatur

[1] Schwarzmeier, M.   Der Einfluß des Arbeitsprozessverlaufs auf den Reibmitteldruck von Dieselmotoren
Dissertation, TU München, 1992

[2] Fischer, G.   Expertenmodell zur Berechnung der Reibungsverluste von Ottomotoren
Dissertation TU Darmstadt, 2000

[3] Franzke, D.E.   Beitrag zur Ermittlung eines Klopfkriteriums der ottomotorischen Verbrennung und zur Vorausberechnung der Klopfgrenze
Dissertation TU München, 1981

[4] Spicher, U.
Worret, R.   Entwicklung eines Kriteriums zur Vorausberechnung der Klopfgrenze
FVV-Forschungsbericht Nr. 700/2002

## 24 Erweiterte thermodynamische Analyse mittels AVL-GCA zur effektiven Unterstützung der Entwicklung und Kalibrierung von Verbrennungsmotoren
## Advanced Thermodynamic Analysis with AVL-GCA Efficiently Supports Development and Calibration of Internal Combustion Engines

Robert Fairbrother, Thomas Leifert, Fernando Moreno Nevado

## Abstract

One dimensional thermodynamic simulation is a central element in the development process of internal combustion engines. These calculations usually take place at an early phase of the engine development process and are used to consider the whole engine. For example, when it comes to optimizing the breathing capabilities of a given engine by modifying its main geometric data, this approach proves to be very useful. Nonetheless relatively long CPU times for such calculations are still required and time consuming calibration loops are needed for high accuracy. These limitations, as well as the wish to obtain simulation results directly during the measurements, were the motivations for the development of AVL-GCA (Gas exchange and Combustion Analysis) the advanced thermodynamic analysis module that is available in IndiCom (AVL flexible data acquisition software) as well as in CONCERTO (AVL data post-processing software). AVL-GCA – which is based on the same calculation kernel as AVL advanced software for one dimensional engine cycle and gas exchange simulation AVL-BOOST– features a reduced simulation model whose boundary elements use measured low pressure (intake / exhaust) indicating curves. This approach significantly reduces the calculation time by simultaneously increasing the accuracy in the description of the in-cylinder processes. Moreover as it can be used at the test bed, AVL-GCA brings simulation and measurement closer together.

Some of the advantages derived from such an approach are listed below:
- increased reliability of the indicating measurements,
- access to highly relevant non measurable parameters (internal EGR rate, valve timings, compression ratio, etc)
- accelerated calibration of the air charge determination related functions of state of the art electronic control system,
- efficient support for the development of innovative combustion systems.

This is illustrated by a series of application examples, after the basic principles of AVL-GCA has been briefly explained, its consistency with AVL-BOOST has been shown and its validity by comparison to measured internal EGR rate has been clearly demonstrated.

## Kurzfassung

Die eindimensionale thermodynamische Simulation stellt ein zentrales Element im Entwicklungsprozess von Verbrennungsmotoren dar. Diese Berechnungen finden normalerweise in einem frühen Stadium des Motorentwicklungsprozesses statt und werden für den gesamten Motor durchgeführt. Dieses Verfahren erweist sich als zielführend, z. B. bei der Optimierung der Füllung eines Motors durch Modifikation seiner hauptgeometrischen Daten. Einschränkungen sind immer noch sowohl relativ lange CPU Rechenzeiten für derartige Berechnungen als auch zeitaufwendige Kalibrierschleifen zum Erzielen hoher Genauigkeit. Dies lieferte den Anstoß zur Entwicklung von AVL-GCA (Gas Exchange and Combustion Analysis), das erweiterte thermodynamische Analysemodul, das sowohl in "AVL-IndiCom", der flexiblen Datenerfassungssoftware, als auch in „AVL-CONCERTO", der Daten-Nachbearbeitungssoftware, zur Verfügung steht.

AVL-GCA beruht auf dem gleichen Rechenkern wie die erweiterte AVL-Software für eindimensionale Simulation „AVL-BOOST" und bietet ein reduziertes Simulationsmodell, dessen Systemgrenzen bzw. Randbedingungen die gemessenen Niederdruck-Indizierkurven (Einlass / Auslass) sind. Dieses Vorgehen reduziert die Rechenzeit bei gleichzeitiger erheblicher Steigerung der Genauigkeit in der Beschreibung der Zylinderinternen Vorgänge. Mit der Online-Implementierung am Prüfstand ermöglicht AVL-GCA, Simulation und Messung einander näher zu bringen.

Im Folgenden werden die Grundzüge von AVL-GCA beschrieben, im Anschluss wird eine Reihe von Applikationsbeispielen vorgestellt. Unter anderem wird an Hand dieser gezeigt, wie durch AVL-GCA:
- die Zuverlässigkeit der Indiziermessungen erhöht wird (Plausibilität),
- der Zugang zu wichtigen, nicht messbaren Daten ermöglicht wird (Ventilsteuerzeiten, Verdichtungsverhältnis, interner AGR-Gehalt)
- die Füllungserfassungsfunktionen des Steuergerätes bedatet werden,
- der Entwicklungsprozess für innovative Verbrennungsverfahren/-systeme effizient unterstützt wird.

## 1. Einleitung

Die Synergie von Simulation und Messung bildet die Grundlage einer effektiven Beschaffung zusätzlicher Information und Wissensbildung aus der Messung.

Die Niederdruck-Indizierung wird zum Beispiel sowohl an Turboaufgeladenen als auch bei Saug-Motoren durchgeführt. Sie verschafft Einblick in die thermodynamischen Vorgänge, die während der kritischen Ladungswechselphase des Motorzyklus stattfinden. Die Kombination von Niederdruck-Indizierung und entsprechenden Rechenalgorithmen verschafft mit hoher Genauigkeit Zugang zu Größen wie innere Abgasrückführung und Fanggrad.

Die Software AVL-GCA, die aus einer Verbrennungsanalyse gefolgt von einer Ladungswechselanalyse besteht (siehe Bild 1), geht einen Schritt weiter, sie verbindet eindimensionale Simulation, Indiziermessungen und Standard-Prüfstanderfassungen. Bei der Berechnung der Zylinderdruck-Kurve in Verbindung mit einem gasdynamischen Model in den Kanälen liefert AVL-GCA umfassende Information über den gesamten thermodynamischen Prozess im Verbrennungsmotor.

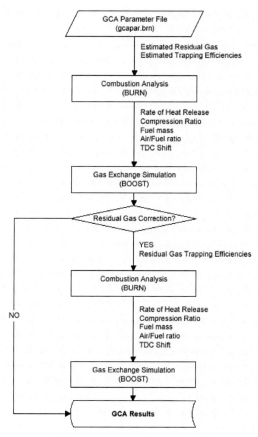

*Bild 1* : AVL-GCA Work Flow [1]

## 2. AVL-GCA Konsistenz

AVL-BOOST ist eine eindimensionale Simulation des gesamten Motorzyklus mit Ladungswechselsimulation. Die Parametrisierung eindimensionaler Simulationsmodelle basiert üblicher Weise auf der Messung. Obwohl auf diesem Gebiet quasi-dimensionale Verbrennungsmodelle [2, 3, 4] existieren, wie die so genannten „fraktalen Verbrennungsmodelle", die in AVL-BOOST implementiert sind, wurden in letzter Zeit beachtliche Fortschritte in der Zielsicherheit eindimensionaler Simulation erreicht. Der Brennverlauf (ROHR: rate of heat release) zum Beispiel ist typischerweise von Indiziermessungen abgeleitet. Dies verlangt einen Datenaustausch zwischen der eindimensionalen Simulationssoftware AVL- BOOST und der Software, die zur Verbrennungsanalyse verwendet wird (z.B. Indiziersoftware AVL IndiCom mit AVL-GCA), was unter anderem schließlich zu dem Ergebnis Brennverlauf führt. Dieser Datentransfer verlangt Konsistenz zwischen Simulationssoftware und Indiziersoftware. Da AVL-GCA die gleiche Berechnung zugrunde liegt wie AVL-BOOST, ist die Übereinstimmung der Daten gewährleistet und die Information aus der Indiziermessung kann direkt im eindimensionalen Simulationsmodell verwendet werden. Dies erhöht die Genauigkeit des gesamten Motormodels. Die Übereinstimmung zwischen AVL-BOOST und AVL-GCA wurde weiter untersucht indem ein komplettes AVL-BOOST Motorsimulations-Model eines virtuellen Motors verwendet wurde. Die geeigneten Eingabedaten für AVL-GCA wurden dem Simulationsmodel des Vollmotors entnommen. Dies enthält sowohl die Zylinderdruckkurve für einen Motorzyklus (Eingabesatz für die Verbrennungsanalyse) als auch Einlass- und Auslassdruckverläufe des gleichen Motorzyklus bei entsprechenden Betriebspunkten im gesamten Motormodel. Statische Druck- und Temperaturwerte werden an den Systemgrenzen von Einlass und Auslass entnommen; es sind über den Zyklus gemittelte Werte in denselben Betriebspunkten.

Auch die Daten von Kraftstoff- und Luftmassenstrom werden diesen Betriebspunkten entnommen, sodass die exakten Massenströme des entsprechenden Zylinders vorliegen und verwendet werden. Am Prüfstand wird der Gesamtmassenstrom des Motors (entweder direkte Messung mittels Massenstromsensor oder indirekt über den Kraftstoffdurchfluss und das Luftverhältnis) ermittelt. In diesem Fall ist angenommen, dass der untersuchte Motor eine gleichmäßige Verteilung des Durchflusses auf jeden einzelnen Zylinder aufweist.

Sobald die gemessenen Abläufe und Daten vom virtuellen Motor übertragen sind, wird die AVL-BOOST – AVL-GCA Übereinstimmung durch den Vergleich von Resultatwerten und Resultatkurven beider Simulationen nachgewiesen. Der Zylinderdruckverlauf von AVL-BOOST wird als Eingabe für die Verbrennungsanalyse in AVL-GCA zur Ermittlung des Brennverlaufs verwendet. Der Verlauf von ROHR, nicht sein Betrag, wird als Eingabe für den Ladungswechselteil in AVL-GCA verwendet, um anschließend den Zylinderdruck erneut zu berechnen. Dieser berechnete Zylinderdruckverlauf wiederum wird mit dem Originaldruckverlauf des gesamten Motormodels verglichen.

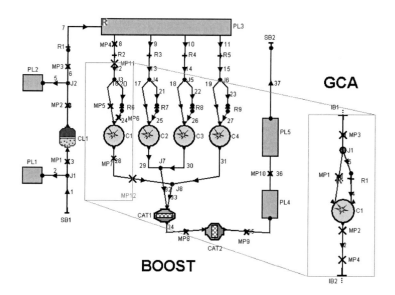

*Bild 2* : AVL-BOOST und AVL-GCA Berechnungsmodel

Eine Darstellung des gesamten AVL-BOOST Motormodels, das in diesem Beispiel verwendet wurde, ist in Bild 2 gemeinsam mit einem Einzylindermodel, das von AVL-GCA verwendet wird, dargestellt. Das AVL-GCA Modell enthält sowohl die Einlass- als auch Auslass-Kanalgeometrie bis hin zu den virtuellen Sensorstellen im Motormodel (Messpunkte). Bei der Anwendung am „physikalischen" Motor und der Verwendung von Messdaten berücksichtigt AVL-GCA die akustischen (gasdynamischen) Phänomene in den Einlass- und Auslasskanälen, die zwischen Druckaufnehmer und dem oder den Ventilen auftreten. Die Resultatwerte beider Simulationen sind in Tabelle 1 dargestellt und weisen eine exzellente Korrelation (typischerweise innerhalb 1% von einander) auf.

| Ergebnis | | AVL-BOOST | AVL-GCA | Δ% |
|---|---|---|---|---|
| $p_i$ | [bar] | 9.8447 | 9.9229 | +0.8 % |
| Energiebilanz | [-] | 0.9820 | 0.9825 | +0.05 % |
| Luftströmung | [] | 3.2465 | 3.2765 | +0.9 % |
| Fanggrad (Masse) | [g] | 0.4353 | 0.4386 | +0.75 % |
| Restgas | [%] | 6.27 | 6.17 | -1.6 % |

*Tabelle 1* : Vergleich der Summenwerte

**Bild 3** zeigt den Vergleich des Druckverlaufes (Einlass, Zylinder & Auslass) bei 2000 min$^{-1}$, Volllast. Diese Verläufe weisen exzellente Übereinstimmung im gesamten Zyklus auf.

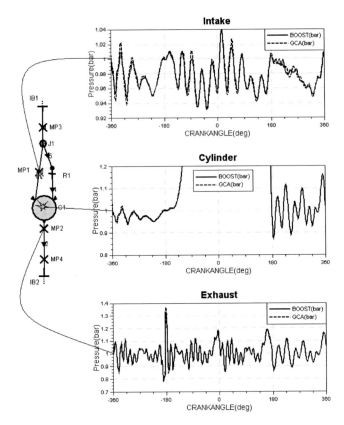

*Bild 3* : Vergleich der BOOST- und GCA-Druckverläufe

Ein effizientes Mittel zur Optimierung von Verbrennungsmotoren mit entsprechend vielen Freiheitsgraden, also einem hohen Maß an Flexibilität, stellt die eindimensionale Simulation dar. Da Ventiltrieb-Variabilitäten bekannter Weise die Verbrennung von Benzinmotoren erheblich beeinflussen, sind solche Berechnungen nur vorhersagend, wenn sie mit Verbrennungsmodellen gekoppelt sind.

Verbrennungsmodelle sind mathematische Zusammenhänge, die verbrennungscharakteristische Parameter (z. B. Umsatzpunkte) mit motorbezogenen Parametern (Drehzahl, Last, ZZP, innerer AGR, usw.) verbinden. Die enge Verbindung von Mess- und Simulationsdaten, angewandt auf einen Einzylinder, kann einen genauen Brennverlauf (Profil) ermitteln, der letztlich direkt im Model verwendet wird. Die Energiebilanz, insbesondere bei niedriger Drehzahl, wird zur Überprüfung der Genauigkeit von Wärmeübergang und Wandwärme herangezogen. Die Kalibrierung des Verbrennungsmodels kann daraufhin separiert von der Gasdynamik des Einlass- und Auslassmodels behandelt werden. Dies bedeutet letztendlich, dass weniger Zeit für die Entwicklung eines geeigneten Models für den kompletten Motor benötigt wird.

## 3. AVL-GCA Gültigkeit

### 3.1 Verbrennungsanalyse – Vergleich von AVL-GCA und AVL-FIRE

Die genaue Ermittlung des Brennverlaufs verlangt eine genaue Einschätzung des Fanggrades also der gefangenen Luftmasse im Zylinder. Die Masse im Zylinder kann sich von der angesaugt Luftmasse aufgrund von Spüleffekten (Volllast) oder innerer AGR (Teillast) unterscheiden. AVL-GCA berücksichtigt beide Phänomene und korrigiert die angesaugte Masse mittels gerechnetem Fanggrad und einer berechneten inneren Abgasrückführung bevor der Brennverlauf berechnet wird.

Für die Auswertung der Ergebnisse wurde ein Vergleich mit AVL-FIRE 3D CFD Berechnungen durchgeführt. Die 3D CFD Berechnungen betrachten den Hochdruckteil des Zyklus (ES bis AÖ). Ziel dieser Berechnungen ist, die Zielsicherheit des AKTIM Verbrennungsmodels [5, 6] beim Einsatz an einem hochleistungsfähigen Motor [7]. einzuschätzen. Die Robustheit dieses Modellalgorithmus ist durch die Wahl eines hoch entwickelten Rennmotors mit flachem Brennraum und im Einsatz bei hoher Drehzahl überprüft. Bild 4 zeigt eine herausragende Übereinstimmung beider berechneten ROHR-Kurven.

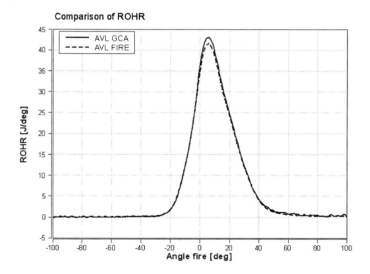

*Bild 4* : Brennverlauf-Vergleich: AVL-GCA / AVL-Fire

### 3.2 Ladungswechselanalyse – Vergleich von AVL-GCA und Messungen

Die direkte Messung von innerer Abgasrückführung ist mittels „Gasentnahme" [8] möglich; deren Messungen basiert auf dem $CO_2$-Anteil im Brennraum nach ES. Entnahmeventile sind seit vielen Jahren zur Untersuchung der Eigenschaften von Verbrennungsmotoren im Einsatz. Auch wenn sie brauchbare Information für das

Verständnis von Verbrennungsmotorverhalten liefern, stellen sie eine technische Beeinträchtigung in ihrer Anwendung dar, denn die Größe dieser Ausrüstung erlaubt nicht immer die Messung an einem serienreifen Mehrzylindermotor. Daher wird diese Technik normalerweise bei Einzylinderforschungsmotoren eingesetzt, die jedoch nicht unbedingt das gleiche gasdynamische Verhalten in Ein- und Auslass aufweisen wie Mehrzylindermotoren. Dies schränkt die direkte Übertragung der Ergebnisse vom Einzylindermotor auf den Mehrzylindermotor ein. Da diese Entnahmeventile lokal bei vorgegebenem Kurbelwinkelintervall messen, sollten die Position des Ventils und die Zeit, zu der die Entnahme durchgeführt wird, sorgfältig mittels zeitaufwendiger 3D CFD Berechnung untersucht werden, da bekannt ist [9], dass - sogar erst später im Zyklus, also z. B. beim ZZP - das Restgas im Brennraum nicht zwangsläufig homogen sein muss.

Bei 2000 min$^{-1}$ und Volllast wurde eine Variation des Abgasgegendrucks über eine in der Abgasleitung eingebaute Drossel durchgeführt. Der Vergleich der Messungen, der mit dem Entnahmeventil gemessenen inneren AGR mit denjenigen Ergebnissen, die mit AVL-GCA ermittelt wurden, ist in Bild 5 dargestellt. Der Vergleich zeigt eine ausgezeichnete Übereinstimmung innerhalb 1%.

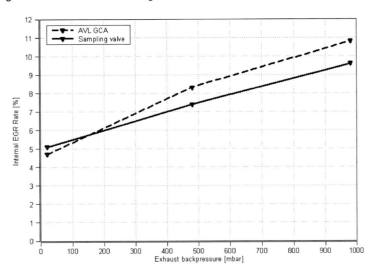

*Bild 5*: Vergleich von AVL-GCA-Ergebnissen mit Messungen am Gasentnahmeventil

## 4. Fehlerdiagnose bei der Indiziermessung

Die Indiziermessung ist zentrales Element in der Entwicklung von Verbrennungskraftmaschinen. Sie liefert wichtige Parameter, deren Genauigkeit und Zuverlässigkeit für eine erfolgreiche Motorenentwicklung gesichert sein muss. Bei der Applikation von Mehrzylindermotoren wird wichtige Information direkt aus der Messung des Zylinderdrucks abgeleitet. Erwähnenswert sind hier zum Beispiel der Reibmitteldruck ($p_r = p_i - p_e$) oder die $p_i$-Schwankung, die der Quantifizierung der Verbrennungsstabilität dient.

Einzylindermotoren werden üblicherweise zur Entwicklung neuer Verbrennungssysteme [10] verwendet, da sie sich durch ausgesprochene Flexibilität, gute Zugänglichkeit und hohe mechanische Stabilität (geringe Vibrationen) auszeichnen. Weil sie hinsichtlich Reibung nicht mit Mehrzylindermotoren vergleichbar sind, beruht der gesamte Entwicklungsprozess an Einzylindermotoren normalerweise auf der Indiziermessung. Daher wird $p_i$ maximiert, wenn das Ziel die Entwicklung eines Verbrennungssystems für maximale Leistung ist, und $b_e$ wird minimiert, wenn Kraftstoffreduktion das Entwicklungsziel ist. In beiden Fällen sind Genauigkeit, Zuverlässigkeit und Qualität der Indiziermessungen unabdingbare Voraussetzungen für eine erfolgreiche Entwicklung. Deshalb sind Plausibilitätskontrollen der Indiziermessung für die Absicherung der Entwicklung unabdingbar. Plausibilitätskontrollen können mit AVL-GCA durchgeführt werden. Tatsächlich verwendet AVL-GCA den Zylinderdruckverlauf zur Ermittlung des Profils des Brennverlaufs (nicht den Betrag) und berechnet folglich – auf den gemessenen Einlass- und Auslassdruckkurven beruhend – den gesamten Zylinderdruckverlauf noch einmal. Dieser Vorgang erlaubt einen direkten Vergleich der gemessenen Zylinderdruckkurve mit der Simulationskurve, wonach signifikante Abweichungen zwischen beiden Kurven zur Diagnose von unplausiblem Verhalten herangezogen werden können. Dies wird anhand zweier Applikationsbeispielen dargestellt. Es wird gezeigt, wie die Kurve selbst abweichen kann bzw. warum die Nullpunktkorrektur, die während der Messung durchgeführt wird, nicht genau genug ist.

4.1 Abweichung in der gemessene Zylinderdruckkurve

Kurzzeitdrift (Thermoshock) beim piezoelektrischen Druckaufnehmer kann kritische Messfehler verursachen. Zyklisches Beheizen des Druckaufnehmers, hervorgerufen durch Beaufschlagung mit heißem Arbeitsgas während der Verbrennung, verändern seine messtechnischen Eigenschaften. Untersuchungen [11, 12] zeigen, dass dieser Effekt eine Reduktion der auf den Druckaufnehmer ausgeübten Kraft hervorruft und somit in einer Unterbestimmung der gemessenen Kurve resultiert. In diesem Fall neigt der Verlauf des Integrals des Brennverlaufs zur Abnahme, nach dem Maximum (Bild 6 - links). Da die Größe des Thermoshocks mit der Motorlast steigt, scheint das Reibmoment $p_r$ mit zunehmender Motorlast abzunehmen. Wie in [13] berichtet, kann dieses Phänomen auch zu einer Überbestimmung der Zylinderdruckkurve führen. In diesem Fall steigt die Energieumsatzkurve stetig (Bild 6 - rechts). Hier sind typische Symptome eine längere Verbrennungsdauer, da die Verbrennung sehr langsam abläuft, und eine signifikante Überbewertung von $p_i$ und $p_r$.

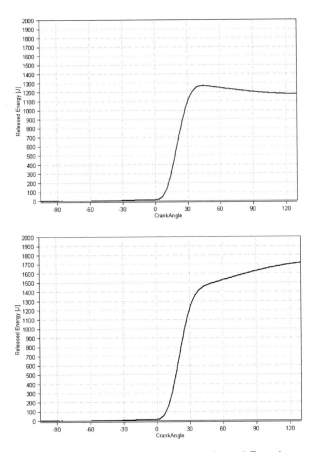

*Bild 6* : Unterbewertete (oben) und überbewertete (unten) Energieumsatzkurven

Die Form der Energieumsatzkurve, genau berechnet mittels AVL-GCA, kann für das Erkennen von Anomalien in der Hochdruckphase der gemessenen Zylinderdruckkurve verwendet werden. In beiden Fällen haben die durchgeführten Untersuchungen bewiesen, dass die Abweichungen zwischen der gerechneten und der gemessenen Druckkurve signifikant während der Verbrennung sind und geringfügig bis zum Ladungswechsel-OT abnehmen. Die Änderung im Verhalten des Druckaufnehmers ist reversibel, die spezifizierten Eigenschaften kehren bis zum Ende des Einlasstaktes zurück. Bild 7 (oben) zeigt eine Anomalie in der Zylinderdruckkurve, die nicht zu diesem Verhalten passt, da der Druck zunächst unerklärlicherweise bei ca. 450 °KW steigt, obwohl der Einlassdruckverlauf (gemessener Druck im Saugrohr) unverändert bleibt.

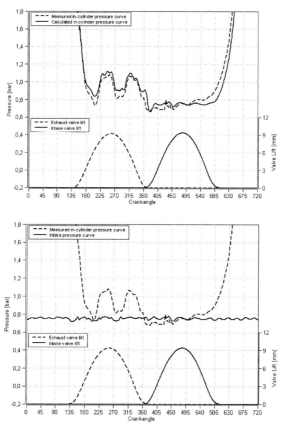

*Bild 7* : Diagnose von unplausiblem Zylinderdruckverlauf

Frischluft, die während des Einlasstaktes in den Zylinder strömt, kühlt den Druckaufnehmer und beeinflusst so sein Verhalten maßgeblich. Tatsächlich - und wie in [14] vorgeschlagen - würde die neuerliche Berechnung des Massendurchflusses über die Ventile mit dieser gemessenen Zylinderdruckkurve zu einer erheblichen Überbewertung bei der Ermittlung des Luftaufwandes, verglichen mit den gemessenen oder gerechneten Werten, führen. Die Annahme einer Anomalie in der Druckkurve wird bestätigt, indem die gemessene Kurve mit der mit AVL-GCA berechneten Kurve (Bild 7 – unten) verglichen wird. Die überbewerteten Kurven im zweiten Teil des Einlasstaktes und zu Beginn des Kompressionshubs haben zwangsläufig Einfluss auf die Druckeinpassung.

Die automatische Nullpunktkorrektur wird in AVL-IndiCom mittels eines Algorithmus durchgeführt, der eine adiabate Kompression zwischen zwei Kurbelwinkelpositionen voraussetzt; üblicher Weise wird der Bereich zwischen -100 °KW und -65 °KW verwendet. Weiterhin wird ein konstanter Polytropenkoeffizient angenommen. Hieraus folgt, dass eine Überbewertung des Druckes während der Kompression eine Unterbestimmung bei der Nullpunktkorrektur nach sich zieht und somit die zunächst unerklärliche Abweichung zwischen gemessenem und gerechnetem Druck verstehen lässt. Diese Unterbewertung führt dazu, dass die gemessene Druckkurve sogar in demjenigen Bereich, in dem die beschriebene Anomalie nicht mehr vorkommt, falsche Werte aufweist.

Diese Messungen wurden bei Untersuchungen an einem Einzylindermotor zur Reduktion des Kraftstoffverbrauchs durchgeführt. Die Anomalie in der Zylinderdruckkurve führt zu einer erheblich Unterschätzung des $p_i$ im Niederdruckteil und einer Überschätzung des gesamten $p_i$, was zu einer Unterbewertung des spezifischen indizierten Kraftstoffverbrauchs $b_i$ führt. Im Falle einer solchen Fehldiagnose kann die Unterschätzung von $b_i$ fälschlicherweise als Teil des Potentials zur Verbrauchsreduktion interpretiert werden.

## 4.2 Druckanpassung

Im oben beschriebenen Fall führte die Thermodynamische Nullpunkt-Anpassung nicht zu einem befriedigenden Ergebnis, da eine Anomalie im Verhalten des Druckaufnehmers eine Überbewertung des Zylinderdrucks während des Einlass- und Kompressionstaktes verursachte.

In anderen Anwendungen, ist die Nullpunkt-Korrektur z.B. wegen Rauschens auch nicht ausreichend genau. Eine solche Anwendung wird am Beispiel von Konzepten an hochdrehenden Motoren dargestellt. Bild 8 zeigt einen solchen Fall.

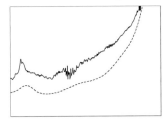 

*Bild 8*: Gemessene und berechnete Druckkurven während des Einlasstaktes am hochdrehenden Motor vor (links) und nach (rechts) der Druckanpassung

Wie Bild 8 (links) zeigt, stimmen der berechnete (gepunktete Linie) und gemessene Zylinderdruck während des Einlasstaktes nicht überein. Die relative Position beider Kurven lässt vermuten, dass der Algorithmus zur Druckanpassung zu stark korrigiert, also überbestimmt.

Eine alternative Methode die Nullpunkt-Korrektur durchzuführen, besteht darin die Druckkurve iterativ so zu verschieben, dass das Integral des Brennverlaufs im Bereich der Kompressionsphase minimiert wird. Dies bietet höchste Genauigkeit, ist aber nicht für Echtzeitanwendungen geeignet ist. Diese Methode wurde über ein CONCERTO Skript eingebunden und mit der AVL-GCA Berechnungen gekoppelt. Der daraus ermittelte Zylinderdruckverlauf (Bild 8 rechts) liegt nun sehr nahe an der Messung. Diese Korrektur erhöht die Genauigkeit der Brennverlaufberechnung erheblich und hilft bei der richtigen Interpretation der Messungen.

# 5. Bewertung von Steuerzeiten und AGR

## 5.1 Ventilsteuerzeit

Die Steuerzeiten haben maßgeblichen Einfluss auf das Verhalten des Verbrennungsmotors. Der Kraftstoffverbrauch in Teillast wird beispielsweise stark von Ventilüberschneidung (interne AGR) geprägt und die Füllung bei Volllast hängt erheblich vom Zeitpunkt „Einlass schließt" (ES) ab.

Ungünstigerweise ist die Einstellung bzw. Kontrolle der Ventilsteuerzeiten in der Werkstatt oder direkt am Prüfstand eine zeitaufwendige Aufgabe (z.b. Hydraulikstössel einstellen), wobei die Genauigkeit nicht immer ein ausreichend hohes Maß erreicht. Überdies berücksichtigt diese Art der Einstellung keine dynamischen Effekte, und ob der Motor die so bestimmten Ventilsteuerzeiten auch im Betrieb aufweist ist ungewiss.

Durch den direkten Vergleich von gemessener und berechneter Zylinderdruckkurve stellt AVL-GCA fest, ob die angenommenen Ventilsteuerzeiten (Eingabesatz für AVL-GCA) richtig sind. Wie in Bild 9 (oben) zu sehen ist, kann eine optische Kontrolle der verglichenen Zylinderdruckkurven einen geringeren Offset in der Anpassung der Auslassventilsteuerzeit dank des charakteristischen Verlaufs der Zylinderdruckkurve in diesem Bereich aufdecken. Durch die Verschiebung von AÖ um 10 °KW wird gute Übereinstimmung erreicht, Bild 9 (unten).

Es ist wichtig hervorzuheben, dass nicht nur der Vergleich von gemessener und berechneter Druckkurve am Ende der Expansion zu einem besserem Ergebnis führt, sondern dass auch der Unterschied bezüglich des Luftmassenstromes erheblich reduziert ist. Dies ist ein weiterer Beweis, dass die Anpassung der Ventilsteuerzeit richtig ist. Da die interne AGR Grad unmittelbar mit der vom Motor angesaugten Luftmasse verknüpft ist, ist die Verbesserung in der Genauigkeit bei der Ermittlung der internen AGR ein Nebeneffekt. Für die Anpassung der Steuerzeit AÖ sollte das Ende des Expansionstaktes herangezogen werden. Für die Betrachtung von Einlassöffnung sollte der Ladungswechsel-OT herangezogen werden.

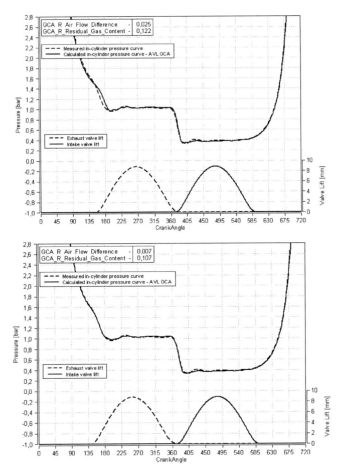

*Bild 9* : Einfluss von AÖ, beim Vergleich von gemessener mit berechneter Druckkurve mit schlechter (oben) und verbesserter (unten) Übereinstimmung im Bereich AÖ

## 5.2 Interne / Externe Abgasrückführung

In Dieselmotorapplikationen wird externe AGR verwendet, um $NO_x$ zu steuern.

Bei Benzinmotoren kann externe AGR für eine Vielzahl von Applikationen verwendet werden:
- Kraftstoffverbrauch in Teillast (CBR1 Technik [15]),
- Reduktion von Volllastanreicherung
- Reduktion von Klopfneigung [16],
- $NO_x$ Kontrolle für die zweite Generation GDI Motoren.

Die derzeitige Auslegung von AGR-Systemen zielt aufgrund des Verhaltens im transienten Betrieb und der ungleichmäßigen Verteilung zwischen den einzelnen Zylindern auf die zylinderselektive AGR. Nichtsdestotrotz ist während der Entwicklung oder Kalibrierung solcher Systeme die direkte Messung der externen AGR am Prüfstand nicht möglich, ist doch dieser Parameter für die Auslegung des AGR-Kühlers nötig. Die iterative Methode zu Bestimmung von externer AGR ist in Bild 10 beschrieben.

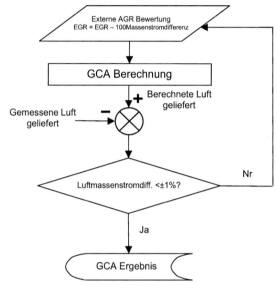

*Bild 10* : AVL-GCA: Informationsfluss zur Beurteilung externer AGR

Diese Methode wurde getestet, indem die Ergebnisse aus Messung und Rechnung von einem Motor mit Niederdruck AGR System verglichen wurden. Bei diesem Motor wurde die externe AGR Rate über den $CO_2$ Gehalt im Einlasskanal ermittelt. Die Resultate sind in Bild 11 dargestellt und zeigen eine hervorragende Übereinstimmung.

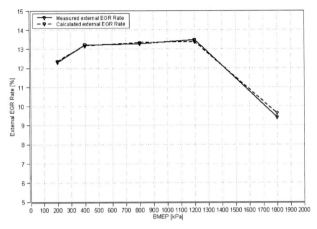

Bild 11: Vergleich zwischen gemessener und berechneter externer AGR

Bei der Betrachtung der Komponenten des Massenstroms durch Ein- und Auslassventile ist es möglich, die „Herkunft" des Restgasgehaltes zu Beginn der Hochdruckphase (ES) zu beurteilen. Das heißt, der Restgasgehalt im Zylinder kann nach den Bestandteilen, die durch den Einlass und durch den Auslass zurück fließen und den im Zylinder verbliebenen Anteil unterschieden werden.

Abgesehen vom besseren Verständnis des Ladungswechselvorganges kann dies auch zur Unterstützung der genaueren Beurteilungen der Technologie von AGR Kühlung und der Effekte auf Emission und Verbrennung beitragen.

Um die Herkunft des Restgases zu ermitteln, wird der Massenstrom der Verbrennungsprodukte über die Ventile kontinuierlich aufsummiert (größer Null). Dies bedeutet, dass Rückströmen zu Beginn der Auslassphase nicht eingeschlossen ist. Der aufsummierte Massendurchfluss am Ende der Auslassventilöffnungsphase wird zur Ermittlung der Restgasmasse herangezogen, die vom Rückströmen herrührt.

Wenn sich das Einlassventil öffnet fließt ein Teil der Verbrennungsprodukte in den Einlasskanal zurück. Dies wird dann vor der Frischladung wieder in den Zylinder zurückgeschoben; das erklärt die Herkunft Restgas vom Einlass.

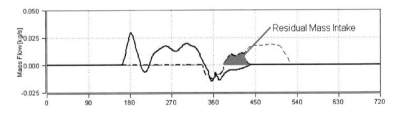

Bild 12 : Einlass und Auslass Restgasmassenströme

Das Beispiel aus Bild 12 weist einen Restgasgehalt von 38.6 % auf. Aus den integrierten Werten der Massenströme über die Ventile wurde ein Anteil AGR von 59 % ermittelt, der über das Auslassventil rückströmt, entsprechend beträgt der Anteil, der über das Einlassventil strömt 41 %.

# 6. Basis Kalibrierung

Als Antwort auf die wachsende Komplexität von Motormanagementsystemen läuft der derzeitige Trend in der ECU Entwicklung in Richtung physikalisch basierte Funktionen. Die Ermittlung der Füllung zielt auf eine Modellierung der Masse von angesaugter Luft. Da ein Großteil der ECU Variablen (Kennfelder, Kennkurven, Werte) auf diesen Parameter zugreift, ist dessen genaue Kalibrierung von höchster Bedeutung. Die vom Motor angesaugte Luftmasse wird über den Druck im Einlasskanal ermittelt. Dieser wird entweder direkt mit einem Druckaufnehmer gemessen oder über ein Luftmassenstrommessgerät, das in der Einlassleitung eingebaut ist, ermittelt. Selbst wenn man ein lineares Verhalten der Luftmasse als eine Funktion des Einlassdruckverlaufs [17] annimmt, können manch signifikante Abweichungen auf Grund der internen AGR oder aufgrund von Spüleffekten auftreten. Diese Effekte sind umso ausgeprägter, je flexibler der untersuchte Motor hinsichtlich seines Einflusses (Stellgrößen) auf die Gesamtmasse und die Zusammensetzung des Arbeitsgases ist.

Daher berücksichtigen einige neue ECU Funktionen [18] im Hinblick auf die Bestimmung der Füllung insbesondere die interne Restgasmasse und die Spülmasse. Diese Werte werden mit einfachen thermodynamischen Modellen ermittelt. Diese Parameter können jedoch nicht direkt am Serienmotor am Prüfstand gemessen werden.

Der Kalibrierprozess solcher ECU Funktionen basiert normalerweise auf dem direktem Vergleich jener Werte, die in der ECU abgelegt sind mit einem Referenzwert, der gemessen wird.

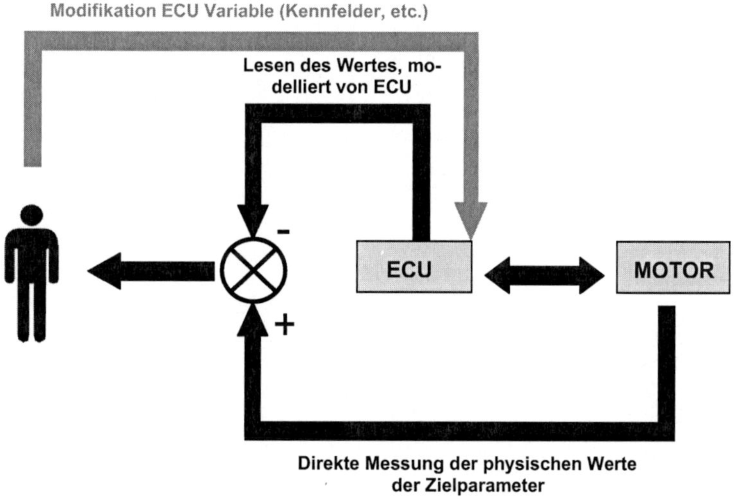

*Bild 13* : ECU Kalibrierprozess

Der Trend in der ECU Entwicklung in Richtung physikalisch basierter Funktionen folgt einem weiteren Trend in der Benzinmotorentechnologie im Hinblick auf den turbogeladenen Direkteinspritzermotor [19]. Dieses Motorenkonzept enthält außergewöhnliche Vorteile hinsichtlich Kraftstoffverbrauch, Fahrbarkeit und Emission unter Zuhilfenahme signifikanter Spülung bei Volllast und Entdrosseln in Teillast mittels interner AGR.

Bei AVL beruht der Kalibrierprozess der ECU Funktionen auf hausintern entwickelten Optimierungsalgorithmen [20]. Diese Funktionen modifizieren iterativ die relevanten ECU Variablen, sodass die Unterschiede zwischen den Werten, die in den Modellen der ECU abgelegt sind, und einem Referenz- oder Zielwert, minimiert werden. Die vom Kalibrierprozess verlangten Referenzwerte werden von AVL-GCA geliefert. Diese schließen wichtige Parameter wie Restgas- und Spülmasse ein, die nicht direkt am Serienmotor Motor gemessen werden können.

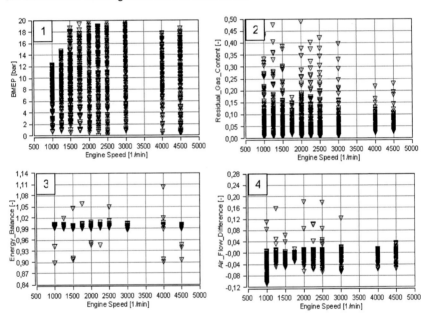

*Bild 14*: AVL-GCA Ergebnis, ermittelt bei der Kalibrierung der ECU-Funktionen eines Turboaufgeladenen Direkteinspritzbenzinmotors

Bild 14 zeigt Ergebnisse, die mit AVL-GCA bei der Kalibrierung der Füllung eines turbogeladenen Direkteinspritzbenzinmotors ermittelt wurden. Das Bild oben links (1) zeigt alle Betriebspunkte im Kennfeld Drehzahl-Reibmitteldruck. Das Bild oben rechts (2) zeigt die mit AVL-GCA ermittelte interne AGR.

Während des Kalibrierprozesses werden Motorparameter wie Ventilsteuerzeiten über Phasensteller erheblich variiert, um eine große Datenmenge zu erfassen. Dies sichert die Kalibrierung der relevanten ECU Funktion, führt aber bei manchen Einstellungen zu einer ECU-Parametrierung, die die Verbrennungsstabilität nicht in allen Belangen erfüllt. Die Einstellungen werden natürlich für die finale ECU-Bedatung

nicht herangezogen. Das Bild unten links (3) zeigt die Energiebilanz, das Bild unten rechts (4) zeigt den Unterschied im Luftmassenstrom. Alle Parameter sind in Abhängigkeit von der Drehzahl aufgetragen.
Energiebilanz und Abweichung im Luftmassenstrom können zur raschen Beurteilung der Genauigkeit der AVL-GCA Rechnung verwendet werden. Eine Energiebilanz nahe „1" und ein Unterschied beim Massenstrom nahe „0" entsprechen einer exzellenten Übereinstimmung zwischen AVL-GCA Rechnungen und Messung am Prüfstand. Wie man sieht, liegen 95 % der Ergebnisse „Luftmassenstrom" innerhalb ±5 %.

## 7. Thermodynamische Entwicklung

Bei der Entwicklung der Volllastkurve eines Turboaufgeladenem direkteinspritzenden Motors müssen zwei Betriebspunkte aufmerksam behandelt werden: das maximale Drehmoment sowie die Drehzahl bei diesem Moment und die maximale Leistung.
Beim Vergleich von Fahrzeugen mit ähnlicher Leistung wird das höhere maximale Drehmoment den Kraftstoffverbrauch entweder über reduzierten Hubraum (downsizing) oder längere Getriebeübersetzung (downspeeding) [21] verbessern. Das Senken der Drehzahl bei der das maximale Drehmoment erreicht ist, steigert die Fahrbarkeit erheblich. Viele Strategien können betrieben werden, um die Drehzahl bei maximalem Drehmoment zu reduzieren. Eine von ihnen beruht auf der Implementierung einer Doppelaufladung. Eine eher thermodynamische Lösung bewirkt einen Spüleffekt, der gemäß Bild 15 den effektiven Mitteldruck $p_e$ positiv beeinflusst.

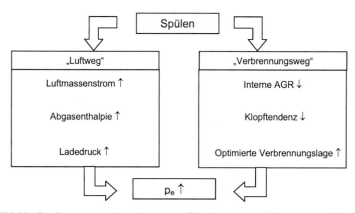

Bild 15 : Spülprozessmechanismen zur Erhöhung des effektiven Mitteldrucks

Spülen allein mag nicht die Lösung für ein höheres Drehmoment sein, da auch andere Mechanismen berücksichtigt werden müssen. Tatsächlich muss bei der Optimierung der Ventilsteuerzeiten mehr Spülluft nicht zwangsläufig zu einem höheren Drehmoment führen, da die Klopftendenz steigen kann.
Dies zeigt, dass die Phänomene, die das Motorverhalten beeinflussen, nicht länger ausschließlich mit Standardprüfstandsdaten erklärt werden können, und es zeigt außerdem, dass die zylinderinternen thermodynamischen Prozesse genauer untersucht werden müssen.

Diese Phänomene können mit AVL-GCA weiter untersucht und verstanden werden. Die Kurven „Massenstrom über das Ventil" können nachweisen, dass ein „Rückspül"-Vorgang stattgefunden hat, Bild16. Dies führt zu einer wesentlichen Erhöhung der Gemischtemperatur zum Zündzeitpunkt. In diesem Fall kann dies verwendet werden, um die Wechselbeziehung mit der Klopftendenz in Betracht zu ziehen.

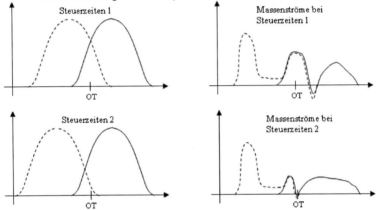

*Bild 16* : Ursprüngliche Ventilsteuerzeiten sowie zugehörige Massendurchflüsse für Steuerzeiten "Fall 1" (oben) und angepasste Ventilsteuerzeiten sowie zugehörige Massendurchflüsse für Steuerzeiten "Fall 2" (unten)

## 8. Schlussfolgerung

Die Verbindung von Messung und Simulation erweist sich als effektiver Weg mehr Information und Wissen aus gemessenen Parameterdatensätzen zu ziehen. AVL-GCA geht hier weiter und verbindet Simulation, Indiziermessung und Standardprüfstanderfassungen. Dies kann effiziente Unterstützung bei Entwicklungsprozessen von innovativen Verbrennungssystemen bieten und signifikant zur Reduktion von Entwicklungszeiten beitragen. Es wurde gezeigt, dass AVL-GCA sowohl mit vollen gasdynamischen Simulationen konsistent ist als auch ein beständiges Werkzeug darstellt, das eine gesicherte Beurteilung der internen AGR ermöglicht.
AVL-GCA kann Inkonsistenzen und Anomalien aus der Indiziermessung erkennen und korrigieren und hilft so die Qualität dieser Messung zu erhöhen. Die Software ist besonders effektiv bei der Kontrolle der Ventilsteuerzeiten im Betrieb des Motors. Dies trägt dazu bei, Fehler zu vermeiden und Messzeiten zu einzusparen.
Letztendlich unterstützt AVL-GCA den Kalibrierprozess derzeitiger ECU Funktionen, indem Referenzwerte und auch nicht messbare Werte einfach zugänglich gemacht werden.

# Nomenklatur

| | | |
|---|---|---|
| BMEP | Brake Mean Effective Pressure | eff. Mitteldruck |
| CFD | Computational Fluid Dynamics | Strömungsmechanik, (computed) |
| ECU | Engine Control Unit | Motorsteuergerät |
| EGR | Exhaust Gas Recirculation | Abgasrückführung |
| EVO | Exhaust Valve Opening | Auslass öffnet, AÖ |
| ISFC | Indic. Specific Fuel Consum. | Spez. indizierter Kraftstoffverbrauch |
| IVC | Intake Valve Closing | Einlass schließt, ES |
| ROHR | Rate of Heat Release | Brennverlauf |
| FTDC | Firing Top Dead Center | Hochdruck-OT |

# Literatur

[1] Concerto 3.9, GCA Users Manual, 2006.
[2] Noske, G., Ein quasi-dimensionales Modell zur Beschreibung des ottomotorischen Verbrennungsablaufes, Eggenstein, VDI, Fortschrittsberichte, Reihe 12, Nr 211
[3] Performance Analysis and Valve Event Optimization for SI Engines Using Fractal Combustion Model - Regner, Gerhard;Teng, Ho;Van Wieren, Peter;Park, Jae In;Park, Soo Youl;Yeom, Dae Joon
[4] Bozza F., Gimelli A., "A Comprehensive 1D Model for the Simulation of a Small-Size Two-Stroke SI Engine", SAE Paper 2004-01-0999, 2004
[5] Guide utilisateur AVL FIRE, « User's Guide », version 8.4, AVL, May 2005
[6] J.-M. Duclos, O. Colin, « Arc and Kernel Tracking Ignition Model for 3D Spark-ignition engine calculations », COMODIA 2001, 343-350, 2001
[7] Modélisation 1D et 3D des moteurs à hautes performances - Genty Nicolas - Diploma thesis – AVL France – 2006
[8] Zwischenbericht über das Vorhaben Nr 674 (AIF-Nr. 12247) Entwicklung eines allgemeingültigen Restgasmodells für Verbrennungsmotoren - Prof. Dr.-Ing. U. Spicher, Prof. Dr.-Ing. U. Spicher, Dipl.-Ing. U. Köhler, Dipl.-Ing. F. Schwarz
[9] Zwischenbericht über das Vorhaben Nr 816 – Ursachenforschung nach schadensrelevanten klopfenden Arbeitsspielen - Prof. Dr.-Ing. U. Spicher, Dipl.-Ing. M. Rothe
[10] www.avl.com - Single Cylinder Research Engine
[11] SAE Paper 1999 – 01 – 1329 - Quantification and reduction of IMEP errors resulting from pressure transducer thermal shock in an S.I. engine - Rai, Harjit S - Brunt, Michael F. J - Loader, Colin P.
[12] SAE 870455 – Effect of Thermal Strain on measurement of cylinder pressure – Robert A. Stein, Dennis Z. Mencik and Christopher C. Warren
[13] SAE 2006-01-1346 Cylinder Pressure Data Quality Checks and Procedures to Maximize Data Accuracy – Richard S. Davis and Gary J. Patterson
[14] SAE Paper : 820407 - Dynamic inlet pressure and volumetric efficiency of four cycle four cylinder engine - Ohata, A. - Ishida, Y.

[15] Der Dreizylinder Ecotec Compact Motor von Opel mit Kanalabschaltung - Ein Beitrag zur Absenkung des Flottenverbrauchs - Kapus, P.;Pötscher, P - VDI/VW Gemeinschaftstagung: Technologien um das 3-Liter-Auto,16.-18.11.99,Stadthalle Braunschweig

[16] SAE 2006-01-1266 - The Turbocharged GDI engine: Boosted synergies for high fuel economy plus ultra-low emission. W. Bandel; G.K. Fraidl; P.E. Kapus, H. Sikinger - AVL LIST GmbH C.N. Cowland - AVL Powertrain Engineering Inc.

[17] SAE 960037 – Modelling of the Intake Manifold Filling Dynamics - Elbert Hendricks, Alain Chevalier, Michael Jensen and Spencer C. Sorenson – Technical University of Denmark Dave Trumpy, Joe Asik – Ford Motor Co.

[18] DI Turbo mit Scavenging – Weniger Verbrauch durch mehr Drehmoment – Motor und Umwelt 2006 – Dr.-Ing. Martin Brandt, Dipl.-Ing Michael Bäuerle, Dipl.-Ing. Martin Klenk, Dr.-Ing. Michael Nau, Dipl.-Ing. Martin Rauscher.

[19] SAE 2006-01-1266 - The Turbocharged GDI engine: Boosted synergies for high fuel economy plus ultra-low emission. W. Bandel; G.K. Fraidl; P.E. Kapus, H. Sikinger - AVL LIST GmbH C.N. Cowland - AVL Powertrain Engineering Inc.

[20] Smart Calibration – Erfolgreiche Kombination von Prozess, Know-how und Tools - Dipl.-Ing.(FH) Dipl.-Wirt.-Ing. (FH) Eike Martini, Dr.-Ing. Matthias H. Wellers, Dipl.-Ing. Martin Büchel

[21] DI Turbo: Die nächsten Schritte GDI Turbo: The next Steps - Dr. G.K. Fraidl, Dr. P.E. Kapus, Ing. K. Prevedel, Dipl.-Ing. A. Fürhapter

# Autorenverzeichnis – The Authors

Prof. Dr.-Ing. Helmut Pucher
Technische Universität Berlin
Berlin

Dipl.-Ing. Jörn Kahrstedt
IAV GmbH
Berlin

Dr. Antoine Albrecht
IFP
Rueil-Malmaison / Frankreich

Dr.-Ing. Stefan Arndt
Robert Bosch GmbH
Stuttgart

Dr. Nick Baines
Concepts NREC
Oxford / Großbritannien

Dipl.-Ing. (FH) Bodo Banischewski
BMW Group
München

Prof. Dr.-Ing. Michael Bargende
Universität Stuttgart FKFS
Stuttgart

Houcine Benali
IAV GmbH
Gifhorn

Dr.-Ing. Georgios Bikas
Hyundai Motor Europe
Technical Center GmbH (HMETC)
Rüsselsheim

Dipl.-Ing. Busso von Bismarck
Technische Universität
Berlin

Dipl.-Ing. Hannes Böhm
Engineering and Technology
Powertrain Systems
AVL List GmbH
Graz / Österreich

Dipl.-Ing. Holger Bolz
KRATZER Automation AG
München

Prof. Dr.-Ing. Andreas Brümmer
Universität Dortmund
Dortmund

Dipl.-Ing. Dr. techn. Franz Chmela
LEC
Large Engines Competence Center
Graz / Österreich

Dr.-Ing. Lorenz Däubler
IAV GmbH
Gifhorn

Dipl.-Ing. (FH) Lutz Drischmann
Westsächsische Hochschule
Zwickau

Dr. Robert Fairbrother
AVL List GmbH
Graz / Österreich

Dr.-Ing. Michael Fischer
Hyundai Motor Europe
Technical Center GmbH (HMETC)
Rüsselsheim

Prof. Dr.-Ing. Rudolf Flierl
Technische Universität
Kaiserslautern

Dipl.-Ing. Laurent Fontvieille
Renault S.A.
Lardy / Frankreich

Carl Fredriksson
Concepts NREC
Kinna / Schweden

Dr. Takao Fukuma
Toyota Motor Corporation
Shizuoka / Japan

Dipl.-Ing. Jürgen Grimm
Hyundai Motor Europe
Technical Center GmbH (HMETC)
Rüsselsheim

Dipl.-Ing. Michael Günther
IAV GmbH
Chemnitz

Dipl.-Ing. Arnaud Guinois
Renault S.A.
Lardy / Frankreich

Dipl.-Ing. Marko Gustke
IAV GmbH
Berlin

Dr.-Ing. Andre Hering
Helmut-Schmidt-Universität /
Universität der Bundeswehr
Hamburg

Dipl.-Ing. Daniel Hess
IAV GmbH
Berlin

Dipl.-Ing. (FH) Bernd Hollauf
Engineering and Technology
Powertrain Systems AVL List GmbH
Graz / Österreich

Dr. Holger Hülser
Engineering and Technology
Powertrain Systems AVL List GmbH
Graz / Österreich

Kazuhisa Inagaki
Toyota Central R&D Labs., Inc.
Aichi / Japan

Prof. Dr.-Ing. Dr. h. c. Rolf Isermann
Technische Universität
Darmstadt

Dipl.-Ing. Magnus Janicki
Universität Dortmund

Dipl.-Ing. Jan Kabitzke
IAV GmbH
Berlin

Dipl.-Ing. Edwin Kamphues
Mitsuhishi Heavy Industries
Europe B.V.
Almere / Niederlande

em. Prof. Dr.-Ing. Knut Kauder
Universität Dortmund
Dortmund

Dipl.-Math. Torsten Kluge
dSPACE GmbH
Paderborn

Dr.-Ing. Andreas Kufferath
Robert Bosch GmbH
Schwieberdingen

Dr.-Ing. André Kulzer
Robert Bosch GmbH
Schwieberdingen

Dr.-Ing. Thomas Leifert
AVL List GmbH
Graz / Österreich

Dipl.-Ing. David Lejsek
Robert Bosch GmbH
Schwieberdingen

Dipl.-Ing. Michaël Marbaix
IFP
Rueil-Malmaison / Frankreich

Dipl.-Ing. Fernando Moreno Nevado
AVL List GmbH
Graz / Österreich

Dipl.-Ing. Philippe Moulin
IFP
Rueil-Malmaison / Frankreich

Dr. Kiyomi Nakakita
Toyota Central R&D Labs., Inc.
Aichi / Japan

Shigeki Nakayama
Toyota Motor Corporation
Shizuoka / Japan

Dr.-Ing. Jens Neumann
BMW Group
München

Dipl.-Ing. Mark Paulov
Technische Universität
Kaiserslautern

Dipl.-Ing. Dr. techn. Gerhard Pirker
LEC
Large Engines Competence Center
Graz / Österreich

Dipl.-Ing. Gerhard Putz
Engineering and Technology
Powertrain Systems
AVL List GmbH
Graz / Österreich

Dipl.-Ing. Carsten Roesler
Technische Universität
Berlin

Dipl.-Ing. Daniel Scherrer
Robert Bosch GmbH
Schwieberdingen

cand. aer. Caroline Schmid
Robert Bosch GmbH
Stuttgart

Dipl.-Ing. Heinz-Georg Schmitz
erphi electronic GmbH
Holzkirchen

Dr. Peter Schöggl
Engineering and Technology
Powertrain Systems
AVL List GmbH
Graz / Österreich

Dipl.-Ing. Frank Schürg, M.Sc.
Robert Bosch GmbH
Stuttgart

Dr. Martin Schüssler
Engineering and Technology
Powertrain Systems
AVL List GmbH
Graz / Österreich

Dr.-Ing. Herbert Schuette
dSPACE GmbH
Paderborn

Dipl.-Ing. Tino Schulze
dSPACE GmbH
Paderborn

Dr.-Ing. Eberhard Schutting
Technische Universität
Graz / Österreich

Dipl.-Ing. Marc Sens
IAV GmbH
Berlin

John Shutty
IAV GmbH
Auburn Hills / U.S.A.

Dipl.-Ing. Ansgar Sommer
IAV GmbH
Berlin

Prof. Dr.-Ing. habil.
Prof. E. h. Dr. h. c. Cornel Stan
Westsächsische Hochschule
Zwickau

Dr.-Ing. Andrei Stanciu
BMW Group
München

Dipl.-Ing. (FH) Sören Täubert
Westsächsische Hochschule
Zwickau

Dipl.-Ing. Jörg Temming
Universität Dortmund

Univ.-Prof. Dr.-Ing.
Wolfgang Thiemann
Helmut-Schmidt-Universität /
Universität der Bundeswehr
Hamburg

Dipl.-Ing. Torsten Tietze
IAV GmbH
Berlin

Michael Traver, PhD
IAV Inc.
Ann Arbor / U.S.A.

Dr. Matsuei Ueda
Toyota Central R&D Labs., Inc.
Aichi / Japan

Günther Vogt
erphi electronic GmbH
Holzkirchen

Prof. Dr.-Ing. habil.
Bernhard Weigand
Institut für Thermodynamik
der Luft- und Raumfahrt
Stuttgart

Dipl.-Ing. Michael Weinrich
Universität Stuttgart FKFS
Stuttgart

Dipl.-Ing. Markus Wiedemeier
dSPACE GmbH
Paderborn

Ao. Univ.-Prof. Dipl.-Ing. Dr. techn.
Andreas Wimmer
Institut für
Verbrennungskraftmaschinen
und Thermodynamik
Technische Universität Graz
LEC
Large Engines Competence Center
Graz / Österreich

Dr.-Ing. Friedrich Wirbeleit
erphi electronic GmbH
Holzkirchen

Dipl.-Ing. Sebastian Zahn
Technische Universität
Darmstadt

Dr.-Ing. Steffen Zwahr
IAV GmbH
Chemnitz

Erlesene Weiterbildung®

Prof. Dr.-Ing. Helmut Pucher,
Dipl.-Ing. Jörn Kahrstedt (Hrsg.)
und 77 Mitautoren

# Motorprozesssimulation und Aufladung I

2005, 441 S., 337 Abb., 18 Tab., € 69,00, CHF 117,00
Haus der Technik Fachbuch, 54
ISBN 978-3-8169-2503-3

**Inhalt:**
Motorprozesssimulation und Aufladung: Rückblick – Aufladung: Ein Schlüssel zur Erfüllung zukünftiger Abgas- und Verbrauchsgrenzwerte bei Otto- und Dieselmotoren – Innovation Trends in the Fields of Engine Charging and Engine Control – Das Programmpaket von ABB Turbo Systems AG für das Design und die Optimierung von Aufladesystemen – Thermodynamische Analyse von Verbrennung und Ladungswechsel auf dem Prüfstand – Druckverlaufsanalyse: Ein mächtiges Werkzeug für das Kalibrieren neuer Brennverfahren – Methodeneinsatz bei der Potenzialbeurteilung aufgeladener Verbrennungsmotoren – Geregelte zweistufige Abgasturboaufladung und ein CNG Brennverfahren: Eine vielversprechende Kombination – Simulation von Zündverzug, Brennrate und NOx-Bildung für direktgezündete Gasmotoren – Simulation der Zündung und Energieumsetzung in Motoren mit HCCI-Brennverfahren mit Reaktornetzwerke – Design of Real-Time Torque Balancing Control for Highly Premixed Combustion Engine Using a 1D Diesel Engine Model – Durchgängiger Einsatz der Simulation beim modellbasierten Entwicklungsprozess am Beispiel des Ladungswechselsystems: Von der Bauteilauslegung bis zur Kalibrierung der Regelalgorithmen – Optimierungsstrategie zu den gekoppelten Innenvorgängen in Ottomotoren mit hoher Leistungsdichte – Bewertung turbulenzsteigender Maßnahmen mit Hilfe der CFD-Rechnung am Beispiel eines Ottomotors mit Kanaleinspritzung – Analyse eines Ottomotors mit Benzin-Selbstzündung (HCCI) mittels 1D-und 3D-Simulation – Analyse und Simulation von Ladungswechselstrategien für alternative Dieselbrennverfahren – Anforderungen an das Aufladesystem zur Erweiterung des Kennfeldbereiches eines Low-Nox-Brennverfahrens – Die Turboladermodellierung für Prozessrechnungen bei erweiterter Leistungsbilanz – Einfluss eines diabaten Turboladermodells auf die Gesamtprozesssimulation abgasturboaufgeladener PKW-Dieselmotoren – Power Prediction from a Turbocharger Turbine Using Crank Angle Resolved Simulation – 3D-CFD Simulation der dieselmotorischen Verbrennung: Fortschritte und Herausforderungen – Zu berücksichtigende Aspekte bei der Steigerung der Leistungsdichte von PKW-Dieselmotoren

**Die Interessenten:**
Angesprochen sind alle, deren Arbeitsfelder Themen der Motorprozesssimulation und/oder der Aufladung beinhalten und die sich über den aktuellen Stand und die Entwicklungstendenzen zu beiden Themen informieren wollen.

Fordern Sie unser Verlagsverzeichnis auf CD-ROM an!
Telefon: (0 71 59) 92 65-0, Telefax: (0 71 59) 92 65-20
E-Mail: expert@expertverlag.de
Internet: www.expertverlag.de

expert verlag GmbH · Postfach 2020 · D-71268 Renningen

Erlesene Weiterbildung®

Dr. sc. tech. ETH Mario Arno Skopil

# Moderne Turboaufladung

Grundlagen der Aufladetechnik für Diesel- und Ottomotoren

2006, 115 S., CD-ROM, 44,80, CHF 77,00
(Edition expertsoft, 74)
ISBN 978-3-8169-2563-7

**Zum Buch:**
Die »Moderne Turboaufladung« beruht darauf, dass man bei neuen Entwicklungen zuerst alle wichtigen Parameter anhand von rechnerischen Simulationen studiert, um das Zusammenspiel von Verbrennungskraftmaschine und Turbolader aus thermodynamischer Sicht zu optimieren.
Dieses Buch zeigt daher vor dem allgemeinen Hintergrund der Turboaufladung auch das Handwerkszeug, mit dem man solche Simulationen durchführen kann, und fördert somit das Verständnis für das System als Ganzes.
Zur Vertiefung können anhand eines Beispielprogramms auf CD die wichtigsten Zusammenhänge rechnerisch nachvollzogen werden.

**Inhalt:**
Allgemeines zum Turbolader – Der Radialverdichter – Die Radialturbine (Axialturbine) – Wirkungsgrade und Verluste – Die Ladeluftkühlung – Regeleinrichtungen (Wastegate, Bypass, VTG) – Aufladesysteme – Numerische Darstellung von Turbolader-Kennfeldern – Die wichtigsten Kenngrößen und Formeln zur Motorsimulation – Berechnung von gasdynamischen Vorgängen bei Stoßaufladung – Dynamisches Verdichterverhalten und seine Einflussparameter – Simulation von Verdichterpumpen

**Die Interessenten:**
Angesprochen sind alle Ingenieure und Studenten, die sich jetzt oder in Zukunft mit Turboaufladung beschäftigen.

Fordern Sie unser Verlagsverzeichnis auf CD-ROM an!
Telefon: (0 71 59) 92 65- 0, Telefax: (0 71 59) 92 65-20
E-Mail: expert@expertverlag.de
Internet: www.expertverlag.de

**expert verlag GmbH · Postfach 2020 · D-71268 Renningen**